上海市科协蓝皮书

BLUE BOOK OF SHANGHAI ASSOCIATION FOR SCIENCE & TECHNOLOGY

上海科技工作者发展报告
（2015—2019）

Report on the development
of science and technology professionals in Shanghai (2015—2019)

主　　编　马兴发

执行主编　黄兴华　王建平

上海科学普及出版社

编辑委员会

主　　　编	马兴发
执 行 主 编	黄兴华　王建平
执行副主编	石　谦　刘晋元
编　　　委	章荣冰　刘如溪　宋明毅　杨耀武 何西亮　于　博　顾承卫　祝　侣 吴贝贝　童欧蓝　张　群　齐丹莉 武雨婷

前 言

　　人才是第一资源,创新是第一动力。五年前,习近平总书记对上海提出"加快向具有全球影响力的科技创新中心进军"的要求。五年来,上海科创中心建设一步一个脚印向前推进,从重大成果、项目到政策,都进入了快车道。特别是上海科技工作者,勇立潮头、勇攀高峰,焕发出了蓬勃的创造活力,墨子号量子卫星、克隆猴、人造单染色体真核细胞、抗阿尔茨海默症新药等一批影响海内外的重大原创成果不断涌现。上海获得国家科技奖项数量位居全国前列,公民科学素质达标率全国第一,230多万上海科技工作者倾注智慧、心血和汗水,谱写了上海科技发展的辉煌篇章。

　　2018年11月,习近平总书记在沪考察时指出,上海要"在增强创新策源能力上下功夫"。2019年11月,习近平总书记再次考察上海时强调,上海"要强化科技创新策源功能,努力实现科学新发现、技术新发明、产业新方向、发展新理念从无到有的跨越,成为科学规律的第一发现者、技术发明的第一创造者、创新产业的第一开拓者、创新理念的第一实践者"。干事创业关键在人,要实现上海科技创新"四个第一"的目标,人才是根本性的战略资源,亟须"培养造就一大批具有国际水平的战略科技人才、科技领军人才、青年科技人才和高水平创新团队",最大限度地释放科技工作者的创造活力,最广泛地凝聚上海科技创新的磅礴力量。

作为党和政府联系科技工作者的桥梁和纽带,为科技工作者服务、为创新驱动发展服务、为提高公民科学素质服务、为党和政府科学决策服务,是党和政府赋予科协组织的职责定位。因此,深入开展科技工作者状况调查,在开放流动的国际人才竞争环境中把握人才发展规律,及时问需问策问效于科技工作者,关注并响应科技工作者的所思所想所盼,协调和推动解决科技工作者职业发展中最关心、最直接、最现实的重大问题,从而引领科技工作者投身上海建设"五个中心"、卓越的全球城市和具有世界影响力的社会主义现代化国际大都市,是科协组织的使命所在。基于此,上海市科学技术协会(以下简称上海市科协)联合上海科技管理干部学院、上海市科学学研究所、上海市科技研发公共服务平台等单位,依托全市50余家科技工作者调查站点,在翔实细致的调查研究基础上,分析当前科技工作者队伍中的现状和问题,并提出对策建议,形成了《上海科技工作者发展报告(2015—2019)》一书。本书的主要特点可概括为"123"。

"1",即以一条主线贯穿全书,努力反映上海市科技工作者队伍的全貌。

本书始终把握对上海科技工作者队伍(2015—2019)的事实描述和客观反映这一主线,对上海科技工作者队伍的数量和质量、结构与分布,以及在全国、全球对标下的地位状况等方面进行了全面调查、分析,用数据和事实说话,力求及时准确反映新时代下,上海市科技工作者队伍在就业方式、科研环境、生活状况、流动趋势、思想观念等方面的总体情况,为党和政府制定科技工作者相关政策提供新参考。

"2",即以两类信息资源为支撑,系统反映上海科技工作者的发展动态。

本书以《科创中心和卓越全球城市建设中的上海科技工作者调研问卷》和《上海科技统计年鉴》《上海市统计年鉴》等数据库作为两类基本信息来源。依托科协组织独有的科技工作者状况调查站点体系,邀请了高等院校、科研院所、企业、医院、高新技术园区、中学、基层科协、市级科技学会等50余家调查站点单位,1 800多名科技工作者参与了问卷调查;同时挖掘和整理了来自统计部门的各项统计数据和数百个图表,使报告充分体现了定性描述与定量统计结合,年度动态与空间分布结合,本地状况与全国对比结合,上海胸怀与全球格局结合,集中反映五年来上海科技工作者队伍建设的新情况、新问题、新趋势。

"3",即以三个分报告为依托,与总报告互相呼应成为一体。

总报告和三个分报告分别从不同的角度,对上海科技工作者队伍状况进行了描绘和阐述。其中,总报告从上海科技工作者队伍建设的形势与任务、现状与问题、未来的人才战略取向等方面进行了总体分析和论述;分报告一为调查研究篇,用统计数字、问卷调研等系统展现了上海科技工作者队伍的客观状况;分报告二为政策保障篇,从科技工作者成长舞台与政策体系的视角出发,分别对人才引进、培养、评价、政策激励等方面提出了对策建议;分报告三为人才环境篇,分别从科技工作者成长的外部影响因素,全球视野下的人才多元化的共融环境建设,融会中西包容多元的科创文化建设等方面进行了全面论述。总报告和三个分报告在内容、主题、逻辑上,形成了前后对应、内容协同、互相联系的整体。

《上海科技工作者发展报告(2015—2019)》是上海市科协公开发布的第二部蓝皮书,是上海市科协贯彻落实党的十九大和十九届二中、三中、四中全会精神,习近平总书记考察上海重要讲话精神,以及市委、市政府和中国科学技术协会关于科技人才发展战略的重要举措,是上海市科协建设科技创新智库的重要成果,是上海科技工作者共同努力的结晶。希望本书的出版能为更好了解上海科技工作者队伍、更好壮大上海科技工作者队伍、更好发挥科技工作者力量尽绵薄之力。由于受时间、调查范围以及调查水平的限制,不完善之处敬请批评指正。

编　者
2019 年 12 月 28 日

目 录

总报告

一、上海科技工作者队伍建设的形势与任务 …………………………（3）

（一）全球竞争、创新驱动下的国内外科技发展的新趋势 …………（3）
    1. 新一轮科技革命和产业变革正在重构全球创新版图 …………（3）
    2. 中国正迎来建设世界科技强国的重要时期 ……………………（6）

（二）上海建设科创中心和卓越全球城市的新要求 …………………（7）
    1. 加快建设具有全球影响力的科创中心 …………………………（7）
    2. 加快迈向卓越全球城市的美好愿景 ……………………………（8）
    3. 加快让上海成为天下英才向往和集聚的地方 …………………（9）

（三）上海科技工作者队伍建设的新任务 ……………………………（11）
    1. 科技工作者的使命与选择 ………………………………………（11）
    2. 科技工作者的责任与担当 ………………………………………（13）
    3. 科技工作者的开拓与创新 ………………………………………（14）

二、上海科技工作者队伍建设的现状分析 ………………………………（15）

（一）科技工作者的内涵、分类和特征 ………………………………（15）
    1. 科技工作者的内涵 ………………………………………………（15）
    2. 科技工作者的分类 ………………………………………………（15）
    3. 科技工作者的特征 ………………………………………………（16）

（二）上海科技工作者队伍结构与分布状况 …………………………（17）
　　1. 上海科技工作者的结构 ……………………………………（17）
　　2. 上海科技工作者的分布 ……………………………………（19）
　　3. 上海科技工作者的集中度和显示度 ………………………（20）
（三）上海科技工作者数量、质量及其在全国的地位分析 …………（22）
　　1. 上海科技工作者的数量统计 ………………………………（22）
　　2. 上海科技工作者的质量分析 ………………………………（23）
　　3. 国内比较背景下的上海科技工作者队伍 …………………（25）
（四）卓越全球城市对标下的上海科技工作者队伍状况分析 ………（28）
　　1. 国外重要地区科技人才的现状 ……………………………（28）
　　2. 科研产出的重要指标分析 …………………………………（29）
　　3. 国外比较背景下的上海科技工作者队伍 …………………（30）
（五）上海科技工作者队伍政策创新情况 ……………………………（32）
　　1. 吸引海内外科技工作者的政策创新 ………………………（32）
　　2. 完善科技工作者建设的管理机制创新 ……………………（33）
　　3. 保障科技工作者成长发展的生态环境建设 ………………（36）

三、上海科技工作者队伍建设存在的主要问题 ……………………（37）

（一）科技工作者队伍的供给与结构 …………………………………（37）
　　1. 科技工作者队伍的供给问题 ………………………………（38）
　　2. 科技工作者队伍的结构性瓶颈 ……………………………（39）
（二）科技工作者队伍的培养和成长 …………………………………（42）
　　1. 内生基础研究人才培养上的欠缺 …………………………（42）
　　2. 人才成长的支持力度不够 …………………………………（43）
（三）科技工作者队伍的体制与机制 …………………………………（44）
　　1. 人才发展的创新创业平台有待完善 ………………………（44）
　　2. 人才引进后的服务保障有待改进 …………………………（45）
　　3. 淘汰机制有待建立和优化 …………………………………（46）
（四）科技工作者队伍的发展生态 ……………………………………（47）
　　1. 创新策源能力提升的人才发展环境 ………………………（47）
　　2. 人才创新发展的宽容环境 …………………………………（47）
　　3. 融会中西、包容多元的科创文化建设 ……………………（48）

四、上海科技工作者队伍建设的人才战略取向 （49）

（一）推进人才理念变革与创新 （49）
1. 创新发展、大胆突破 （49）
2. 放眼全球、对标国际 （49）
3. 聚焦战略、突出优势 （50）
4. 合作发展、协同推进 （50）

（二）把握几对重要关系 （50）
1. 准确把握"十四五"规划与2035、2050中长期发展目标之间的关系 （50）
2. 准确把握政府、市场和用人主体之间的关系 （51）
3. 准确把握产业结构、社会发展、城市空间之间的关系 （51）
4. 准确把握内生变量（培育）与外生变量（引进）之间的关系 （51）
5. 准确把握人才高峰和人才高地之间的关系 （51）

（三）优化与提升科技工作者队伍结构和质量 （51）
1. 优化科技工作者队伍结构 （51）
2. 提升科技工作者队伍质量 （52）

（四）建立人才生态系统，提高创新策源能力 （53）
1. 满足创新创业者事业发展生态的需求 （53）
2. 满足科技工作者生活保障的需求 （53）
3. 通过优惠政策弥补薪酬体系不足 （54）

（五）匹配重点产业科技人才的需求与供给 （54）
1. 以产业定向精准聚集人才 （54）
2. 为产业进行梯度化育才 （54）
3. 政策倾斜重点产业人才 （54）

（六）促进人才多元化、国际化的协调与共融 （54）
1. 完善海外科技人才引进制度 （55）
2. 建立国际化视野的人才培育机制 （56）
3. 探索全球化人才的使用机制 （56）
4. 营造国际人才交流环境 （57）

（七）加强党的政治引领和政治吸纳 （58）

分报告一 调查研究篇（上海科技工作者基本状况）

一、上海科技工作者总量特征 ………………………………………（61）

（一）上海科技工作者基本情况 …………………………………（61）
1. 上海科技工作者的数量统计 …………………………………（61）
2. 近十年上海市从事科技活动人员数量 ………………………（61）

（二）三类主体科技工作者数量情况 ……………………………（66）
1. 近十年上海市科研机构研究与试验发展（R&D）活动情况 ……（66）
2. 近十年上海市高等学校研究与试验发展（R&D）活动情况 ……（68）
3. 近十年上海市规模以上工业企业研究与试验发展（R&D）活动情况 ………………………………………………………………（70）

（三）上海科技工作者数量及国内外比较 ………………………（74）
1. 近十年全国科技工作者基本情况 ……………………………（74）
2. 外籍人才眼中最具吸引力中国城市 …………………………（78）
3. 上海研发人力投入及强度的国际比较 ………………………（79）

二、上海科技工作者分布特征 ………………………………………（80）

（一）上海科技工作者地区分布情况 ……………………………（81）
1. 自然科学研发机构从业人员地区分布 ………………………（81）
2. 社会人文科学研发机构从业人员地区分布 …………………（82）
3. 规模以上工业企业科技活动人员地区分布 …………………（87）
4. 科技信息与文献机构从业人员地区分布 ……………………（91）
5. 区属研究开发机构从业人员地区分布 ………………………（94）

（二）上海科技工作者园区分布情况 ……………………………（97）
1. 张江示范区人才及发展环境概要 ……………………………（97）
2. 张江示范区人才园区分布 ……………………………………（98）

（三）上海与其他省市科技工作者分布比较 ……………………（104）
1. 上海张江示范区与北京中关村示范区人员分布比较 ………（104）

  2. 上海张江示范区与北京中关村示范区人才工作比较 .... (105)

  3. 典型省市国家高新区企业从业人员分布比较 .... (108)

三、上海科技工作者整体状况调查 .... (109)

（一）上海科技工作者的基本情况 .... (109)

  1. 科技工作者概况 .... (109)

  2. 科技工作者的从业概况 .... (113)

（二）科研活动 .... (120)

  1. 整体情况 .... (120)

  2. 高校和科研院所科技工作者科研中存在的问题 .... (122)

  3. 企业科技工作者科研中存在的问题 .... (124)

  4. 公益服务类机构科技工作者科研中存在的问题 .... (127)

（三）交流与进修 .... (129)

  1. 整体情况 .... (129)

  2. 高校和科研院所科技工作者交流与进修 .... (130)

  3. 企业科技工作者交流与进修 .... (132)

  4. 公益服务类机构科技工作者交流与进修 .... (132)

（四）工作评价和个人发展 .... (134)

  1. 整体情况 .... (134)

  2. 高校和科研院所科技工作者工作评价和个人发展 ...... (138)

  3. 企业科技工作者工作评价和个人发展 .... (141)

  4. 公益服务类机构科技工作者工作评价和个人发展 ...... (144)

（五）生活状况 .... (147)

  1. 整体情况 .... (147)

  2. 高校和科研院所科技工作者生活状况 .... (152)

  3. 企业科技工作者生活状况 .... (155)

  4. 公益服务类机构科技工作者生活状况 .... (158)

（六）社会参与 .... (162)

  1. 整体情况 .... (162)

  2. 高校和科研院所科技工作者社会参与 .... (162)

  3. 企业科技工作者社会参与 .... (164)

  4. 公益服务类机构科技工作者社会参与 .... (166)

   （七）观念态度 …………………………………………………………（167）
      1. 整体情况 …………………………………………………………（167）
      2. 高校和科研院所科技工作者观念态度 ……………………………（169）
      3. 企业科技工作者观念态度 …………………………………………（171）
      4. 公益服务类机构科技工作者观念态度 ……………………………（173）
   （八）海外经历 …………………………………………………………（175）
      1. 整体情况 …………………………………………………………（175）
      2. 高校和科研院所科技工作者海外经历 ……………………………（176）
      3. 企业科技工作者海外经历 …………………………………………（176）
      4. 公益服务类机构科技工作者海外经历 ……………………………（177）
   （九）关于上海的科技创新环境 ………………………………………（177）
      1. 整体情况 …………………………………………………………（177）
      2. 高校和科研院所科技工作者评价上海科技创新环境 ……………（185）
      3. 企业科技工作者评价上海科技创新环境 …………………………（192）
      4. 公益服务机构科技工作者评价上海科技创新环境 ………………（199）

分报告二 人才环境篇（多元化的协调与共融环境研究）

一、科技工作者成长的外部影响因素 ……………………………………（209）

   （一）国家、地区环境影响 ……………………………………………（210）
      1. 政治环境是科技工作者成长的先决条件 …………………………（210）
      2. 人才机制体制是科技工作者成长的重要保障 ……………………（211）
      3. 教育体系是培育科技工作者的沃土 ………………………………（212）
      4. 科技、经济、产业发展助推科技工作者结构、素质变化 ………（213）
      5. 社会环境是科技工作者成长的外在引擎 …………………………（214）
   （二）单位、工作环境影响 ……………………………………………（215）
      1. 工作环境是科技工作者成长的质量保证 …………………………（215）
      2. 组织管理体制是科技工作者成长的动力保障 ……………………（216）
      3. 科创文化氛围是科技工作者勇于创新的活力源泉 ………………（216）

4. 服务环境是科技工作者成长的支撑条件 …………………………（218）

二、科技工作者成长生态环境构建与治理 ……………………………………（219）

　　（一）科技工作者成长生态需求导向 ……………………………………（220）
　　　　1. 国际导向 …………………………………………………………（220）
　　　　2. 市场导向 …………………………………………………………（221）
　　　　3. 精准导向 …………………………………………………………（222）

　　（二）人才生态环境的一体化治理发展趋势 ……………………………（223）
　　　　1. 树立差异化发展思维，规避同质化竞争 ………………………（223）
　　　　2. 强化一体化区域共建，克服比拼性桎梏 ………………………（224）
　　　　3. 建设可持续发展生态，破解家传性困境 ………………………（224）

三、科创中心建设中科技工作者的应用新策 …………………………………（225）

　　（一）拓宽创新研究领域，体现信息化时代精神 ………………………（226）
　　　　1. 科技工作者助推产业链重塑和价值链升级 ……………………（226）
　　　　2. 搭建一体化的科研、创新创业、合作交流发展平台 …………（227）
　　　　3. 营造新鲜、动态、流动的集聚环境 ……………………………（228）

　　（二）深化国际创新交流，倡导多元化培养途径 ………………………（228）
　　　　1. 基础途径：学校教育培养 ………………………………………（229）
　　　　2. 发展途径：产学研合作培养 ……………………………………（229）
　　　　3. 扩大途径：合作交流培养 ………………………………………（230）

　　（三）推进服务市场化改革，壮大专业化服务网络 ……………………（231）
　　　　1. 政府政策机制引导，用人主体拓展服务领域 …………………（231）
　　　　2. 完善创新创业服务平台，扶持科技工作者事业发展 …………（232）
　　　　3. 培育扶持社会组织，提升社会组织服务功能 …………………（232）

四、全球视野下的人才多元化的共融环境建设 ………………………………（233）

　　（一）城市创新管理建设，提升城市的竞争力 …………………………（233）
　　　　1. 城市管理软环境 …………………………………………………（233）
　　　　2. 多元化文化融合 …………………………………………………（234）
　　　　3. 医疗教育的支撑保障 ……………………………………………（235）

　　（二）人才合作交流建设，增强城市的吸引力 …………………………（236）

  1. 人才引进建设下高层次人才集聚明显 ………………………… (236)
  2. 科创中心建设下创新资源取得新成效 ………………………… (237)
  3. 长三角一体化助推人才一体化新机制 ………………………… (238)
 (三) 科研创新平台建设,激发城市的集聚力 ……………………… (238)
  1. "科改 25 条"破除体制障碍,提供政策保障平台 …………… (238)
  2. 搭建学会联盟科技联合体,引领城市创新活力 ……………… (239)
  3. 举办大型论坛及赛事活动,激发社会创新热情 ……………… (240)

五、融会中西包容多元的创新文化建设 ………………………………… (241)

 (一) 加强科研诚信建设,树立创新文化信念 ……………………… (241)
  1. 完善科研诚信制度,守住科技创新"生命线" ……………… (241)
  2. 强化社会宣传教育,提升科技创新"控制力" ……………… (242)
  3. 惩治科研失信行为,增强科技创新"免疫力" ……………… (243)
 (二) 强化"协同创新"策略,完善创新文化机制 ………………… (244)
  1. 以科创中心建设为抓手,建立需求驱动的协同创新链 ……… (245)
  2. 以长三角一体化为驱动,合理配置区域科技创新资源 ……… (246)
  3. 以全球卓越城市为目标,全面融入全球科技创新网络 ……… (248)
 (三) 突出"原始创新"导向,浓厚创新文化氛围 ………………… (250)
  1. 提升创新策源能力 ……………………………………………… (250)
  2. 完善人才评价体系 ……………………………………………… (252)
  3. 营造科学探索氛围 ……………………………………………… (253)

分报告三
政策保障篇(科技工作者成长舞台与政策体系)

一、科技人才发展的政策评析 ……………………………………………… (259)

 (一) 国家层面科技人才政策评析 …………………………………… (259)
  1. 我国科技人才政策发展历程 …………………………………… (259)
  2. 国家出台的主要科技政策 ……………………………………… (261)
 (二) 各省市科技人才政策主要亮点与借鉴 ………………………… (263)

  1. 各省市人才政策创新举措 ………………………………………… (263)

  2. 对上海的启示 ……………………………………………………… (266)

二、科技人才分类评价机制改革 …………………………………………… (269)

 (一) 上海科技人才评价的现状与瓶颈问题 ………………………………… (269)

  1. 上海科技人才评价总体情况 ……………………………………… (269)

  2. 上海科技工作者评价调查主要结论 ……………………………… (270)

  3. 上海科技人才评价存在的主要问题 ……………………………… (271)

 (二) 科技人才评价的国外经验 …………………………………………… (273)

  1. 各类主体在科技人才评价中享有较高的自主权 ………………… (273)

  2. 强调人才评价的社会价值导向 …………………………………… (273)

  3. 强调人才评价的岗位贡献度 ……………………………………… (273)

  4. 建立科学评价方法体系 …………………………………………… (274)

  5. 具有良好的监督机制 ……………………………………………… (274)

  6. 国外社会组织通过制定规范和标准等措施促进人才的专业化
   建设 ………………………………………………………………… (274)

三、优秀科技人才的激励 …………………………………………………… (274)

 (一) 上海优秀科技人才激励的现状与瓶颈问题 ………………………… (275)

  1. 上海优秀科技人才激励总体情况 ………………………………… (275)

  2. 上海科技工作者激励调查主要结论 ……………………………… (276)

  3. 上海优秀科技人才激励机制存在的主要问题 …………………… (278)

 (二) 优秀科技人才激励的国外经验 ……………………………………… (280)

  1. 建立完善的科技奖励制度 ………………………………………… (280)

  2. 运用优厚丰富的人才激励手段 …………………………………… (281)

  3. 出台吸引人才的税收激励政策 …………………………………… (282)

  4. 营造良好的科研创新环境 ………………………………………… (282)

四、国际顶尖科技人才的引进 ……………………………………………… (282)

 (一) 上海国际顶尖科技人才引进的现状与瓶颈问题 …………………… (283)

  1. 上海国际顶尖科技人才引进总体情况 …………………………… (283)

  2. 上海科技工作者引进调查主要结论 ……………………………… (283)

  3. 上海国际顶尖科技人才引进存在的主要问题 …………………（285）

(二) 国际顶尖科技人才引进的国外经验 ………………………………（286）

  1. 完善移民法,为人才引进提供政策保障 ……………………（286）

  2. 出台人才引进计划,吸引集聚顶尖人才 ……………………（287）

  3. 设立全球猎头机构,搜寻并挖掘国际顶尖人才 ……………（289）

  4. 利用重金引进人才 ……………………………………………（289）

五、上海市科技人才政策体系建设与完善 ………………………………（290）

(一) 当前上海科技人才政策解读 ………………………………………（290）

  1. 上海科技人才政策的主要进展 ………………………………（290）

  2. 上海科技人才政策体系建设调查的主要结论 ………………（295）

(二) 新形势下上海科技人才政策体系的建设与完善建议 …………（297）

  1. 上海科技人才政策体系建设的相关建议 ……………………（298）

  2. 分类推进上海科技人才评价机制改革的对策建议 …………（298）

  3. 优秀科技人才激励的对策建议 ………………………………（299）

  4. 国际顶尖科技人才引进的对策建议 …………………………（301）

后记 …………………………………………………………………………（303）

总报告

SHSKXLPS

2014年5月,习近平总书记考察上海,要求上海始终立足国内、放眼全球,着力实施创新驱动发展战略,提出上海要加快建设具有全球影响力的科技创新中心。2017年12月,国务院批复《上海市城市总体规划(2017—2035年)》,规划到2035年,上海要基本建成卓越的全球城市,令人向往的创新之城、人文之城、生态之城,具有世界影响力的社会主义现代化国际大都市。2018年11月,首届中国国际进口博览会开幕式上,习近平总书记对上海提出了增设自贸试验区新片区、设立科创板并试点注册制、推动长三角更高质量一体化发展三项新的重大任务。在科创中心和卓越全球城市建设的新征程中,创新驱动是上海提升城市能级和核心竞争力的不竭动力,未来上海要增强城市创新策源能力,瞄准世界科技前沿,强化科技创新的前瞻布局和融通发展,使上海成为全球学术新思想、科学新发现、技术新发明、产业新方向的重要策源地;其中,人才作为支撑发展的第一资源,是推进上海高质量发展的核心动力,上海科技工作者队伍状况、发展壮大和作用发挥是关乎上海未来科技创新引领发展的关键。

一、上海科技工作者队伍建设的形势与任务

(一)全球竞争、创新驱动下的国内外科技发展的新趋势

1. 新一轮科技革命和产业变革正在重构全球创新版图

当前,世界多极化格局凸显、新兴大国影响日增、贸易保护主义抬头、"技术冷战",特别是美国对华遏制、强力阻止中国崛起和发展的问题长期存在,我国面临国际环境深刻变化及面临各种风险挑战。从技术层面看,新一轮世界科技革命和产业变革方兴未艾,正在对全球经济发展、社会进步和人类文明产生重大而深远的影响。全球科技创新进入了空前密集的活跃期,科学技术以前所未有的力量驱动着经济社会的发展。把握好历史大变革的趋势,抢抓新的发展机遇,是我国赢得未来发展的关键。正如2018年5月习近平总书记在中国科学院第十九次院士大会、中国工程院第十四次院士大会上的讲话中所指出的:"以人工智能、量子信息、移动通信、物联网、区块链为代表的新一代信息技术加速突破应用,以合成生物学、基因编辑、脑科学、再生医学等为代表的生命科学领域孕育新的变革,融合机器人、数字化、新材料的先进制造技术正在加速推进制造业向智

能化、服务化、绿色化转型,以清洁高效可持续为目标的能源技术加速发展将引发全球能源变革,空间和海洋技术正在拓展人类生存发展新疆域。总之,信息、生命、制造、能源、空间、海洋等的原创突破为前沿技术、颠覆性技术提供了更多创新源泉,学科之间、科学和技术之间、技术之间、自然科学和人文社会科学之间日益呈现交叉融合趋势,科学技术从来没有像今天这样深刻影响着国家前途命运,从来没有像今天这样深刻影响着人民生活福祉"。

在科技创新的大潮面前,大国间科技竞争态势更趋激烈,各国在基因编辑、量子、人工智能等颠覆性技术领域和信息、能源、先进制造等基础性科技领域均纷纷加强战略性和针对性布局,确保紧跟新科技革命浪潮、把握发展先机,以期形成非对称战略优势。

近年来,全球研发投入稳步攀升。据美国权威科学技术杂志 Rdmag 测算[①],2018年全球研发投入约2.19万亿美元,同比增长4.14%。从地区分布看,亚洲研发投入已达到全球份额的44%,相比10年前增长10个百分点;美国、欧洲和俄罗斯/独联体地区的研发投入比上年略有下降。各国中,美国仍以5 529.8亿美元保持全球第一,并同比增长2.86%,但由于全球研发投入的绝对值不断增加,美国研发投入占全球投入的份额由10年前的33.3%缩减至25.25%。中国的研发投入持续强劲增长,2018年以4 748.1亿美元占全球21.68%。同在亚洲的日本位列第三,研发投入为1 866.4亿美元;韩国一如既往重视研发,研发投入占GDP比重为世界第一,高达4.32%;印度最近几年注重创新和研发,2018年研发投入同比涨幅高达8.27%。欧洲虽然部分国家经济疲软,研发投入增长乏力,但德、法、英等国的科技投入和创新依然强劲,处于世界先进之列[②]。

在以专利为代表的科技创新成果方面,据世界知识产权组织(WIPO)最新发布的数据,2018年,美国以56 142件PCT专利申请量排名第一,其次是中国(53 345件)和日本(49 702件),德国和韩国位列第四和第五,申请量分别为19 883件和17 014件。在PCT申请的前15个原属地中,中国和印度(2 013件)是仅有的两个中等收入国家。2018年提交的所有PCT申请中,超过半数来自亚洲(50.5%),欧洲占24.5%,北美占23.1%。在前15个原属地中,印度(+27.2%)和芬兰(+14.7%)是仅有的年增长率在2018年取得两位数的国家,中国(+9.1%)和韩国(+8%)也各有强劲增长。英国在申请量方面的增长为1.3%,连续第五年保持增长趋势。相比之下,荷兰(-6.6%)、法国(-1.2%)和美国(-0.9%)的申请量均有减少。按公司排名,中国有三家企业进入TOP10,其中华为以5 405件

---

① 国际技术研究所:2018年世界前沿科技发展态势及2019年趋势展望——综述篇,2019-02-05.
② 国际技术研究所:2018年世界前沿科技发展态势及2019年趋势展望——综述篇,2019-02-05.

PCT专利申请量排名第一,中兴以2 080件PCT专利申请量排名第五,BOE(京东方)以1 813件PCT专利申请量位列全球第七①。

从技术层面看,在PCT专利分布的35个技术领域里,美、日、中、德、韩五国竞争优势明显,几乎囊括所有技术领域专利申请量的前五位,并且信息技术、生物技术、新能源技术、新材料技术成为各国研发的重点领域。

美国近年来围绕国家安全与重大领域科技优势进行战略布局,2018年,美国就在量子技术、人工智能、太空安全、进攻性网络安全和生物安全等领域密集发布了10余项国家级战略规划,尤其对军用量子技术和量子计算机研发更是启动专项规划,并投入数十亿美元巨资支持,力求在重点领域保持和扩大领先优势,巩固其科技"霸主"地位。

欧盟及其成员国也结合国情,根据自身发展需要和技术优势纷纷调整科技战略。例如,欧盟更新了《第九研发框架计划》,对即将到来的新一轮数字革命提前布局;英国发布《数字宪章》,推动数字经济领域的技术创新;德国发布《高科技战略2025》,确定未来7年高科技创新重点领域,提出2025年前研发投入将占GDP的3.5%。2018年,英、法、德聚焦量子信息和人工智能领域发布国家战略、启动专项规划、落地产业项目等,成为当年欧洲科技政策的突出亮点。

日本也高度重视前沿科技,在《第五期科学技术基本计划》框架下,2018年发布2018—2019年度科技政策基本方针《综合创新战略》,提出推进大学改革,加强对人工智能、农业发展、能源环境等领域创新研究的支持,并强调将重点培养人工智能领域的青年人才。同时,日本在2018年还加强了航天领域的战略布局,发布多份政策文件,重点扶持商业航天,提出将积极发展空间科学与探索技术,并实现航天海外市场规模增长2倍的目标②。

未来,随着各国战略规划的不断落实、科技成果的不断涌现和成熟,这种趋势还会加强,并可能对今后的国际政治、经济、军事和国家安全利益产生深刻影响。综合来看,美国因素或将成为影响全球政治、经济、科技发展格局的最主要变量;同时,英、法、德等科技强国可能会跟随美国脚步,也开始加大科技投资审查力度,逐渐收紧海外资本对国内科技企业的收并购交易。中美这两个全球最大经济体之间的博弈或才刚刚拉开帷幕,并从贸易战开始延伸到科技、金融、文化甚至军事等各个领域,未来中美两个大国及中国与其他发达国家在科技领域的竞争和合作,每一步的选择都必将对中国乃至全球科技发展环境带来巨大的冲击和深刻影响③。

---

① 2019年3月18日,世界知识产权组织(WIPO)新闻发布会公布。
② 国际技术研究所:2018年世界前沿科技发展态势及2019年趋势展望——综述篇,2019-02-05.
③ 国际技术研究所:2018年世界前沿科技发展态势及2019年趋势展望——综述篇,2019-02-05.

2. 中国正迎来建设世界科技强国的重要时期

从国情来看,我国进入新时代,社会主要矛盾发生变化,经济由高速增长阶段转向高质量发展阶段。面对实现传统的高速度增长转变为高质量发展、防止中等收入陷阱的挑战,必须充分突出"人才是实现民族振兴、赢得国际竞争主动的战略资源",必须突出人才的引领作用;同时,我国科技处于从量的积累向质的飞跃、点的突破向系统能力提升的重要时期,从"跟跑"逻辑到"领跑"逻辑转变的关键跨越阶段,要求把握全球发展趋势,跟踪美欧等发达国家战略布局,抓紧开展研究落实,以期从追赶国际先进水平"跟跑"逻辑,转到在实现多数领域科技创新处于领先地位、发现前人没有发现的规律和成果、为人类命运共同体做出更大贡献的"领跑"逻辑。

2016年5月,习近平总书记在全国科技创新大会、两院院士大会、中国科学技术协会第九次全国代表大会上发出了建设世界科技强国的号召。2017年10月,党的十九大从全面建成社会主义现代化强国、实现中华民族伟大复兴中国梦的战略高度,进一步强调把创新作为引领发展的第一动力,作为建设现代化经济体系的战略支撑,坚定实施科教兴国战略、人才强国战略、创新驱动发展战略,加快建设创新型国家和世界科技强国。2018年5月,习近平总书记在中国科学院第十九次院士大会、中国工程院第十四次院士大会上进一步指出:"中国要强盛、要复兴,就一定要大力发展科学技术,努力成为世界主要科学中心和创新高地。我们比历史上任何时期都更接近中华民族伟大复兴的目标,我们比历史上任何时期都更需要建设世界科技强国。"建设世界科技强国,迫切需要健全国家创新体系,提升国家创新体系的整体效能,强化科技和创新的战略支撑作用。

新一轮科技革命和产业变革风起云涌,我国科技发展再次面临重大机遇。尤其是党的十八大以来,在以习近平同志为核心的党中央坚强领导下,创新作为引领发展的第一动力,被摆在国家发展全局的核心位置。我国科技发展再次提速,取得了举世瞩目的显著成绩,实现了从过去的追踪跟跑逐步向并跑、部分领跑的历史性转变,踏上了从科技大国迈向科技强国的新征程。

当前,我国科技创新已站在新的历史起点上,必须把握好以下三个关键点。一是世界科学技术演进站在新起点。新一轮科技革命和产业变革正在兴起,一些重要科学问题和关键核心技术已呈现出革命性突破的先兆,带动关键技术交叉融合、群体跃进,变革突破的能量正在不断积累。我们必须抢抓科技革命的大好时机,洞察创新的时代潮流,推动产业变革的迅速赶超,牢牢掌握未来发展主动权。二是我国经济社会发展站在新起点。我国经济发展进入新常态,创新驱动既是当前稳增长的着力点,也是长期调结构的战略路径,是经济增长最重要、最持久的动力引擎。同时,当前社会民生领域对科技创新的需求越来越大,需要促进科技创新与教育文化、卫生健康、生态文明建设结合,为"五位一体"发展提供坚实支撑。三是国际创新竞争站在新起点。国际金融危机带来全球发展大调整,中美贸易战打破了世界经济和贸易的平衡,各主要国家都在围绕科技创新展开新的部署,竞争日趋白热化。我们在这场竞争中不仅不能掉队,还要争取走在前面①。

在世界百年未有之大变局新形势下,全球科技产业变革与我国经济优化升级交汇融合,中国发展战略机遇期的内涵和条件发生新变化,建设世界科技强国更具复杂性和紧迫性。为此,要保持战略定力,准确把握我国科技强国建设的资源要素基础条件和战略机遇,充分发挥中国特色社会主义制度优势,坚定走中国特色的科技强国之路,加速新技术-经济范式的形成与发展。

(二)上海建设科创中心和卓越全球城市的新要求

1. 加快建设具有全球影响力的科创中心

上海建设具有全球影响力的科技创新中心(以下简称科创中心),是党中央、国务院做出的重大战略部署。自习近平总书记2014年5月指示上海"要加快向具有全球影响力的科技创新中心进军"以来,上海市委、市政府将科技创新摆在突出位置,将服务国家重大战略作为根本遵循,举全市之力推进科创中心建设。五年以来,重大科技成果不断涌现,上海市创新策源能力逐步提升。如2014—2018年,中国每年的十大科学进展,上海均有成果入选,五年中50项重大进展,上海牵头或参与11项;2017年超强超短激光装置实现10拍瓦激光放大输出,脉冲峰值功率创世界纪录;2018年上海诞生国际首个体细胞克隆猴、国际首次人工创建单条染色体的真核细胞,两项成果位居当年中国十大科技进展的前两位。在经济社会主战场方面,上海在关键核心技术和突破"卡脖子"领域,如集成电路、人工智能、生物医药等方面都取得了阶段性突破;同时,提升创新策源能力的重大布局也基本形成,张江实验室和上海脑科学与类脑研究中心、李政道研究所、张江药物实验室、复旦张江国际创新中心、上海交大张江科学园等高水平创新机构和平台已启动建设或初具规模。目前,上海全社会研发投入占GDP比例达4%,比五年前提升0.35个百分点;每万人口发明专利拥有量达到47.5件,比五年前翻了一倍;平均每个工作日新注册企业达1 332家,活跃度达到80%以上。五年来,上海综合科技进步水平指数始终处在全国前两位,科技对经济发展的

---

① 刘延东.实施创新驱动发展战略 为建设世界科技强国而奋斗.《求是》.2017年2月.

贡献稳步提高。根据2018上海科技创新中心指数报告显示：上海科技成果影响力指数由2015年的183提升至2017年的316.13。在国家重大战略和世界前沿领域，上海不断涌现具有国际影响力的原创成果，论文专利等成果数量快速增长①。

随着"大科学时代"到来，从国际上来看，创新要素在全球范围内的流动空前活跃，科研资金、科学技术和研究人员的国际流动日益加快，创新要素全球化配置、创新主体全球化布局、创新活动全球化合作的态势日益明显，以英国伦敦、剑桥、牛津和以美国纽约、波士顿、费城为代表的城市区域，正在利用高校和科技型企业数量众多、智力高度密集、创新思想迸发的优势，大力引进全球顶级大学和研发机构、全球一流的高科技公司、全球顶尖的创新人才，不断增强全球城市区域的创新资源集聚和辐射功能，不断强化全球创新网络关键节点的地位。从国内来看，多个大城市正在雄心勃勃积极建设各类科技创新中心，一轮科技创新中心全国竞赛已经拉开帷幕。比如，北京在京津冀协同发展的大背景下，立足特别丰富的高校院所、创新型企业资源，积极谋篇布局、精心筹划，抓好推进科技创新中心建设的顶层设计，构建了战略布局、组织模式和实施机制；同时，以重大项目和科学工程为抓手，积极推动网络安全、空间科学等领域国家实验室和重大任务在北京培育布局。广东省正在依托粤港澳大湾区建设契机，结合独特的地理位置优势和开放合作基础，着力打造具有世界级经济平台功能的国际科技创新中心，深圳、广州、武汉、杭州、南京、合肥等城市的创新功能也在快速提升，这将使上海具有全球影响力的科创中心建设面临创新资源可能被稀释的影响。因此，在前期基础上，上海亟须大力实施创新全球化战略，打造与卓越全球城市地位匹配的人才集聚中心、科技创新策源中心、产业创新中心，加快向具有全球影响力的科创中心进军。

未来，科技创新将会继续成为中国的年度关键词，国家层面对于科技创新的重视与支持力度会不断加大，国内各城市都陆续将科技创新作为重中之重，形成百舸争流、奋勇争先的局面。上海作为科技创新中心建设的先行者，要以更强担当满足国家提出的更高要求，以上海精神和实际行动推动上海建设具有全球影响力的科技创新中心迈上新台阶，继续领跑国内科技创新发展②。

2. 加快迈向卓越全球城市的美好愿景

2016年，上海市委、市政府提出了建设卓越全球城市的发展愿景。面对新形势、新要求，上海发展的自我认知与外部评价是否匹配，上海的国际形象发生

---

① 上海推进科技创新中心建设办公室.《关于上海科技创新中心五周年建设成果的报告》.2019年4月26日。
② 钱智，史晓琛.2019年上海深化科创中心建设思路与举措.《科学发展》.2019年2月.

了哪些变化,上海建设卓越的全球城市还存在哪些短板,有必要深入研究分析。上海要建设卓越的全球城市,必须树立全球视野,主动对标国际一流,贯彻落实好习近平总书记对上海提出的强化全球资源配置功能、强化科技创新策源功能、强化高端产业引领功能和强化开放枢纽门户功能的新要求,继续做好优长板、加快补齐短板。要学习借鉴其他国际大都市经验,在分析排名中找准工作方位,在寻找差距中明确前进方向,进一步加快自身发展,朝着卓越的全球城市不断迈进。

2017年12月15日,国务院批复原则同意的《上海市城市总体规划(2017—2035年)》(以下简称"上海2035"),明确了上海至2035年并远景展望至2050年的总体目标、发展模式、空间格局、发展任务和主要举措,为上海未来发展描绘了美好蓝图。《上海市城市总体规划(2017—2035年)》是党的十九大召开后国务院第一个批复的超大城市总体规划,也是改革开放以来,上海经国务院正式批准实施的第三轮城市总体规划。规划明确了上海的城市性质,即:上海是我国的直辖市之一,长江三角洲世界级城市群的核心城市,国际经济、金融、贸易、航运、科技创新中心和文化大都市,国家历史文化名城,并将建设成为卓越的全球城市、具有世界影响力的社会主义现代化国际大都市。同时,阐述了上海的城市目标愿景。

党的十九大明确了"两个一百年"奋斗目标和"两个阶段"战略安排,"上海2035"提出了近期(2020年)、远期(2035年)和远景(2050年)三个阶段的城市目标愿景:立足2020年,建成具有全球影响力的科技创新中心基本框架,基本建成国际经济、金融、贸易、航运中心和社会主义现代化国际大都市,在更高水平上全面建成小康社会,为我国决胜全面建成小康社会贡献上海力量;展望2035年,基本建成卓越的全球城市,令人向往的创新之城、人文之城、生态之城,具有世界影响力的社会主义现代化国际大都市,重要发展指标达到国际领先水平,在我国基本实现社会主义现代化的进程中,始终当好新时代改革开放排头兵、创新发展先行者;梦圆2050年,全面建成卓越的全球城市,令人向往的创新之城、人文之城、生态之城,具有世界影响力的社会主义现代化国际大都市,各项发展指标全面达到国际领先水平,为我国建成富强民主文明和谐美丽的社会主义现代化强国、实现中华民族伟大复兴中国梦谱写更美好的上海篇章。

3. 加快让上海成为天下英才向往和集聚的地方

2018年3月26日,上海市人才工作大会举行,市委书记李强同志指出,抓人才是上海构筑战略优势、打造战略品牌、实现战略目标的第一选择和最优路径,要持之以恒厚植上海发展的人才优势,加快构建具有全球竞争力的人才制度体系,努力建设世界一流的人才发展环境,让上海成为天下英才最向往的地方之一。

作为支撑建设具有全球影响力的科创中心和卓越全球城市的关键要素，人才发展再一次牵动着上海各方面的神经。上海这座城市比以往任何时候都更加需要人才、渴求人才。2015年7月，上海出台《关于深化人才工作体制机制改革促进人才创新创业的实施意见》，被称为"人才20条"。一年后，上海又出台了《关于进一步深化人才发展体制机制改革加快推进具有全球影响力的科技创新中心建设的实施意见》，在"人才20条"的基础上推出了"人才30条"，形成了人才体制改革的"四梁八柱"。2018年3月上海出台"人才高峰工程行动方案"，聚焦生命科学与生物医药、集成电路与计算科学等13个上海有基础、有优势、能突破的重点领域，"量身定制，一人一策"遴选高峰人才。目标是在基础研究领域，集聚一批能够引领国际科技发展趋势、具有全球号召力的科学家；在应用研究领域，集聚一批能够突破关键核心技术、发展高新技术产业的领军人才。立足于建设具有全球影响力的科技创新中心，上海还需要进一步集聚造就一批具有全球影响力的战略科学家、战略企业家、艺术大师和理论大家。要以全球视野和国际标准，出台更具针对性的人才政策，吸引全球顶尖人才集聚上海，打造人才高峰，巩固人才优势。

从配套改革和人才保障的角度看，与人才高峰工程行动方案中"量身定制、一人一策""健全高峰人才及其团队的社会保障"等要求相衔接，上海市公安局出台了《"上海出入境聚英计划"相关政策实施办法》。2018年，公安部和上海市政府共同推出了"上海出入境聚英计划（2017—2021）"。根据"聚英计划"，每年将陆续出台一批出入境政策在上海先行先试，如2018年首批三项新政包括为顶尖科研团队外籍核心成员申请永居提供便利，允许外籍人才在"双自"[即中国（上海）自由贸易试验区、上海张江国家自主创新示范区]、"双创"（即大众创业、万众创新）单位兼职创新创业，为全球外籍优秀毕业生在沪创新创业提供长期居留、永久居留便利等。

在打响上海"四大品牌"过程中，人才亦被提到前所未有的高度。在《全力打响"上海制造"品牌加快迈向全球卓越制造基地三年行动计划》中指出，发展"上海制造"要加快落实人才高峰工程，汇聚领军人才。面向集成电路与计算科学、脑科学与人工智能等重点领域，坚持引进和培育并举，造就产业高峰人才，实行量身定制、一人一策。同时还将实施卓越制造人才计划，打造一批"上海工程师""上海师傅"，倡导精益求精的工匠精神、勇于创新的企业家精神。上海国企通过委托知名猎头公司全球猎聘、赴海外招聘、邀请海外人才担任顾问等举措，吸引了一批中高级管理人才，为企业发展提供了有力支撑。同时，上海市有关部门密切注意国际人才市场的新变化、新趋势，认真研究和发挥好国际化职业社交平台和有关数据库的重要作用。

从上海各区的人才情况来看,浦东新区已发布《浦东新区关于支持人才创新创业促进人才发展的若干意见》,突破性地将永久居留推荐权下放给承担国家、市重大项目的科研团队负责人。同时,率先试点外籍高层次人才技术入股市场协议机制。率先试点持永居证外籍高层次人才在上海自贸试验区科技创业开放政策,设立科技型企业享受中国公民同等待遇。徐汇区2019年开始实施《徐汇区"光启高峰人才计划"行动方案》,构建人才高峰,以个性化突破解决个案性问题,为徐汇区重点领域产业发展聚能增效。杨浦区20余家国内外知名企业负责人远赴美国等地,介绍杨浦区优良的营商环境、独有的创新创业氛围和人才政策,主动面向海内外精准"猎才"。

总之,上海发展正站在一个新的起点上。要当好新时代全国改革开放排头兵、创新发展先行者,加快建设"五个中心",建设卓越的全球城市和具有世界影响力的社会主义现代化国际大都市,人才将是决定性因素,上海当前比以往任何时候更加渴求人才,特别是卓越人才。

(三) 上海科技工作者队伍建设的新任务

2019年11月,习近平总书记在上海考察时强调,要强化科技创新策源功能,努力实现科学新发现、技术新发明、产业新方向、发展新理念从无到有的跨越,成为科学规律的第一发现者、技术发明的第一创造者、创新产业的第一开拓者、创新理念的第一实践者。面临全球竞争、国家创新驱动发展、上海建设全球科技创新中心和卓越全球城市的新形势、新机遇、新挑战,上海科技工作者肩负的责任与使命越来越重,上海科技工作者在推动上海高质量发展中的作用也将越来越大,需要进一步的开拓与创新。

1. 科技工作者的使命与选择

在上海市科协第十次代表大会上,李强书记指出,全市广大科技工作者为上海城市发展特别是科创中心建设做出了重要贡献。实践证明,广大科技工作者不愧为推进科技创新的中坚力量。科技工作者将是上海创新驱动发展的推动者,经济建设的贡献者,高质量发展的生力军。

(1) 积极投身科技创新主战场,为创新驱动发展贡献力量

科技工作者是第一生产力的开拓者和科技创新的践行者。上海经济建设面临着转型升级、高质量发展的新要求,上海科技工作者要始终牢记初心使命,立足本职岗位,贴近现实需求,聚焦重点领域,围绕创新发展科技难题,自觉地参与

到"大众创业、万众创新"的时代潮流中,主动发挥聪明才智和"智囊团"作用,勇攀科学研究和科技创新高峰,让更多的科技成果转化为服务经济社会建设、产业转型发展的实际成效,为上海提供强有力的科技支撑。

上海科创中心和全球卓越城市战略提出以来,上海科技改革创新进程中经历极不平凡的发展,量子、生命、空间等领域与战略高技术等一系列重大科技成果引领上海创新发展不断迈进新阶段,科技管理平台、技术转移体系、研究中心、技术创新中心等一系列重大创新平台引领上海创新能力不断迈上新台阶,这些成绩凝结着所有科技工作者的共同努力与不懈奋斗。上海科技创新工作要认真贯彻落实习近平总书记的新要求,面向世界科技前沿,面向国家重大需求,面向国民经济主战场,以强化科技创新策源功能为主线,在增强原始创新能力、支撑产业创新、优化创新生态、融入全球创新网络、深化科技体制机制改革、创新人才队伍建设等六个方面下功夫,加快建设具有全球影响力的科技创新中心。

(2) 积极投身经济社会建设主战场,为全面改革发展贡献力量

时代的发展离不开科技的支撑,更离不开具有科学精神和科学思想的科技工作者。上海科技工作者要紧紧围绕科创中心和卓越全球城市建设发展重大战略,密切关注民生,主动回应社会关切,大力传播科学思想、弘扬科学精神,自觉倡导和践行科学道德,着力做好科学普及、技术推广、技术咨询、学术交流等工作,推动全社会进一步形成爱科学、学科学、用科学的良好风尚,为上海全面改革发展贡献力量。

多年以来,上海科技工作者一直是推进上海市科技进步与创新的中坚力量和生力军,他们牢固树立坚定的政治信念,坚决贯彻中央和上海市的决策和主张,自觉、主动、积极地投身到全市改革开放和经济建设的实践中,坚定不移贯彻新发展理念,坚决支持改革发展,主动参与改革发展,积极推动上海实现高质量发展。

(3) 积极投身三大攻坚主战场,为人民美好生活贡献力量

在全面建成小康社会的决胜阶段,打赢防范风险、精准脱贫和污染防治这三大攻坚战是实现人民美好生活的有力保障。上海科技工作者要主动走到群众中去,强化重大科技创新的民生导向,积极实施科技创新工程,推动科技创新,做好科技服务工作,对扶贫地区进行技术指导、技术咨询、技术培训和信息服务,推动对西部地区科技服务和创业带动全覆盖。积极参与构建市场为导向的绿色技术创新体系,加大环境资源、人口健康、新型城镇化、公共安全等民生科技领域的技术攻关和转化应用,为上海及对口支援地区经济社会全面发展贡献力量。

时代呼唤创新,创新主导发展。上海科技工作者要自觉肩负起新时代赋予的光荣职责和神圣使命,秉承上海精神,不忘初心、牢记使命,奋进新时代、敢有

新作为,为决战决胜全面小康创造出无愧于时代、无愧于人民的辉煌业绩。

2. 科技工作者的责任与担当

今天的世界,科技的竞争更加激烈;今天的中国,科技创新的地位更加凸显;今天的上海,科技创新的任务更加艰巨。推动科技创新工程取得新突破,让科技创新成为上海经济社会发展的鲜明特征和时代强音,上海科技工作者责无旁贷,任重道远。上海科技工作者要把握经济社会发展的新形势、新任务、新要求,自觉肩负起党和人民的期待和重托,在建设上海科创中心和卓越全球城市的征程中争做创新争先的排头兵。

(1) 在提高自主创新能力的实践中创新争先、奋发作为

上海科技工作者要坚定自信,在提高自主创新能力的实践中创新争先、奋发作为。自信,不仅仅是对自己的认可,也是对自己、对未来的期许;自信,不仅仅是一种信念,更是一种前进的动力。自信者胜,自信者强,自信者日进。上海科技工作者要坚定信心,紧贴世界科技的发展前沿,紧跟新一轮科技革命、产业革命和信息革命步伐,把握科技创新的脉搏,提高自主创新能力,力争由"跟跑者"变成"并行者",甚至"领跑者",研究出更多具有自主知识产权的核心技术,让上海创造叫响中国,叫响世界。

(2) 在追求科学真理、弘扬科学精神的实践中创新争先、奋发作为

上海科技工作者要求真务实,在追求科学真理、弘扬科学精神的实践中创新争先、奋发作为。在弘扬科学精神上,上海科技工作者要弘扬山高我为峰、路险我敢闯的探索精神,弘扬敢为天下先、敢啃硬骨头的钻研精神,弘扬不达目的不罢手、不到终点誓不休的执着精神,弘扬挑战自我、挑战权威的挑战精神,弘扬扎根基层、善接地气的务实精神,弘扬精诚合作、携手并肩的协作精神,弘扬接长手臂、借智借力的开放精神,弘扬锲而不舍、薪火相传的接力精神,让创新的精神在全社会不断发扬光大。

(3) 在继承优良传统、引领社会风尚的实践中创新争先、奋发作为

上海科技工作者要崇德向善,在继承优良传统、引领社会风尚的实践中创新争先、奋发作为。老一辈科学家是"名利双收"的典范,他们求的"名"是万世名,他们计的"利"是天下利。他们把国家利益、民族利益、人民利益看得高于一切,把爱国之情、报国之志转化为投身科研的实践活动。上海科技工作者要继承和弘扬老一辈科学家的优良传统,坚持立德、立学、立言、立行、立功相统一,以模范行动引领大众创业、万众创新。上海科技工作者要自觉践行社会主义核心价值观,倡导优良学风,讲求科学伦理,遵守学术道德和学术规范,以优良的学风带动和影响全社会。

3. 科技工作者的开拓与创新

我们正处在一个伟大变革的历史时期,高质量发展已成为今天发展的主题,科技革命已是深刻改变我们生活的重要力量,科技工作者是上海科创中心建设和全球卓越城市建设最前沿的引导者,是科技创新的生力军。特别是习近平总书记提出的第一发现者、第一创造者、第一开拓者、第一实践者,这四个"第一",对上海强化科技创新策源功能提出了更高的标准和要求。上海科技工作者应把个人追求、自身发展与新时代建设紧紧联系在一起,以强化科技创新策源功能为主线,努力成为上海未来高质量发展的中坚力量。

(1) 加强政治意识,做先进思想的践行者

上海科技工作者要切实增强政治意识、大局意识、核心意识和看齐意识,不断强化对新时代中国特色社会主义的道路自信、理论自信、制度自信、文化自信,对党绝对忠诚,听党话、跟党走,自觉把个人理想融入国家发展、民族复兴和科技创新的伟业之中,在上海建设科创中心和全球卓越城市的历史征程中建功立业。

(2) 勇攀科学高峰,做科技进步的引领者

上海科技工作者要弘扬科学报国的光荣传统、严谨求实的科学精神,坚信关键核心技术是要不来、买不来、讨不来的,必须掌握在自己手里,勇担重任、勇攀高峰,勇于挑战最前沿的科学难题,提出更多原创理论,做出更多原创发现,力争在重要科技领域实现重大突破,跟上甚至引领世界科技发展新方向,让上海继续成为国家参与新一轮全球科技竞争的重要战略支点,推动上海科技创新发展再上新台阶。

(3) 积极创新创业,做高质量发展的推动者

上海科技工作者要面向上海经济发展主战场、面向国家重大需求,瞄准上海经济和产业发展亟须解决的科技难题,用科技创新为经济发展注入新动力,在国家创新驱动发展战略中发挥中坚作用,积极创新创业,做上海科创中心和卓越全球城市的推动者,不断加速创新优势转换,助推上海保持全国高质量发展的排头兵,勇攀创新创业高峰,真正把科技创新作为科技工作者推动创新事业发展的核心力量。

(4) 加强科普实践,做科学知识的传播者

科技创新、科学普及是实现创新发展的两翼。作为先进科学技术的承载者,上海科技工作者要以提高全民科学素质为己任,把普及科学知识、弘扬科学精神、传播科学思想、倡导科学方法作为义不容辞的责任,在全社会推动形成讲科学、爱科学、学科学、用科学的良好氛围,促进上海市民科学素质不断提升,让不断涌现的高素质创新大军成为上海高质量发展的生力军和坚实基础。

二、上海科技工作者队伍建设的现状分析

（一）科技工作者的内涵、分类和特征

1. 科技工作者的内涵

科技工作者，是指在自然科学领域和技术科学领域掌握相关专业的系统知识，从事科学技术的研究、开发、传播、推广、应用以及专门从事科技工作管理等方面的人员，主要包括科学研究人员、工程技术人员、农业技术人员、卫生技术人员、自然科学教学人员以及在相应岗位上从事实际工作的专业技术人员等[①]。

具体看，由于理论界对"科学技术"的定义有较大分歧，对"科技工作"的理解也不尽相同，因此引发了对"科技工作者"概念和内涵的不同界定。科学技术作为一个知识系统，是人类关于自然的理论及方法这一知识宝库不断积累的结晶。从这一角度来说，对科学技术可分为广义、狭义两种理解：狭义的科学技术，主要包括自然科学及以其为基础的工程技术和部分社会科学；广义的科学技术，则包含目前高等教育体系中所有的专业学科。为了更好地团结、动员广大科技工作者建设创新型国家，并有针对性地关注与科技创新和社会经济发展密切相关的科学技术领域，中国科学技术协会将自然科学、工程与技术科学、农业科学、医药科学、部分人文与社会科学领域的学科（只涉及与科学和技术知识的产生、促进、传播和应用密切相关的专业领域）视为科技工作的领域范围。

2. 科技工作者的分类

（1）根据社会组织中的职业岗位设置

根据供职机构的不同，可将科技工作者分为政府及其事业单位中的科技工作者、企业中的科技工作者和非营利组织中的科技工作者。

（2）根据从事科技工作类型

科学技术工作可分为研究探索、开发创新、传播普及、应用维护、管理决策等，据此可对科技岗位及其科技工作者相应分类。

一是从事研究探索的科技工作者。这类科技工作者往往被称为科学家或科

---

① 中国科协办公厅文件：中国科协办公厅关于开展第四次全国科技工作者状况调查的通知.2017-06-21.

研人员,其主要任务是从事基础科学、应用科学等方面的研究,是探索未知世界、寻求客观规律的先锋队。

二是从事开发创新的科技工作者。这类科技工作者经常被称为研究开发人员或发明家、工程师等,其主要任务是从事研究开发或发明新产品、新工艺、新创意等。他们是将现代科学转化为新生产力的推动者,是企业技术创新的主要力量,是改变世界面貌的主要体现者,其工作成果具有很高的经济价值和社会价值。

三是从事应用维护的科技工作者。这类科技工作者主要承担模仿创新工作,主要体现在将已有科学技术成果转移和扩散到其工作领域,并保持科学技术在经济、社会活动中发挥正常作用。

四是从事传播普及的科技工作者。这类科技工作者主要是从事科学技术类教育的教师及专职科普工作者。

五是从事科技管理决策的科技工作者。其中既有高层的影响国家科技方针和政策的科技领导干部,也有普通的基层科技管理干部。在中国目前的体制下,大多数科技资源集中在政府或有关部门,因此这类科技工作者的作用和影响较为显著。

3. 科技工作者的特征

为了全面了解和评估上海科技创新中心和卓越全球城市建设中科技工作者的现实情况,上海市科协联合上海科技管理干部学院、上海市科学学研究所、上海市研发公共服务平台管理中心等部门于2019年6月组织开展了上海科技工作者状况调查。本次调查的科技工作者对象主要来自高校及科研院所、公益事业(教育、医疗卫生、科普推广等)和企业等单位,共回收有效问卷1 355份。调查样本的选择和分布较为合理,能够较好地代表上海科技工作者的基本状况。

(1)受访科技工作者的基本情况

根据2019年6月上海市科协的问卷调查显示,在接受调查的1 355位科技工作者中,53.8%的受访者年龄在31~45岁之间,98%为大专及以上学历,硕士和博士研究生比例达43.5%,科技工作者整体以高学历中青年为主(见图1)。受访科技工作者中,62.2%的学科背景集中在理学和工学,56.4%的科技工作者具有中级及以上技术职称。可以说,科技工作者大多具有理工科背景和中级及以上职称。其中,在接受调查的高校和科研院所科技

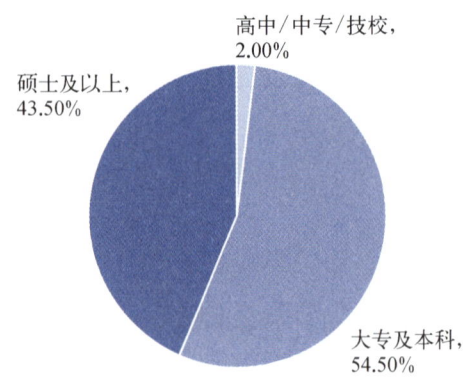

图1 上海科技工作者学历分布

工作者中,62.6%的受访者年龄在 31~45 岁之间,100%为大专及以上学历,硕士和博士研究生占比 66%。具有中级及以上技术职称的高校院所科技工作者占比 67.9%。

(2) 受访科技工作者的从业情况

根据 2019 年 6 月上海市科协的问卷调查显示,54.7%的受访科技工作者从事基础研究、应用开发研究和设计工作,35.6%的科技工作者从事科技管理和一般行政管理工作(见图 2)。可见,科技工作者主要从事研究和管理工作。之所以选择当前的职业,科技工作者主要看重的是发挥专业技能、符合个人兴趣和工作稳定性等因素。

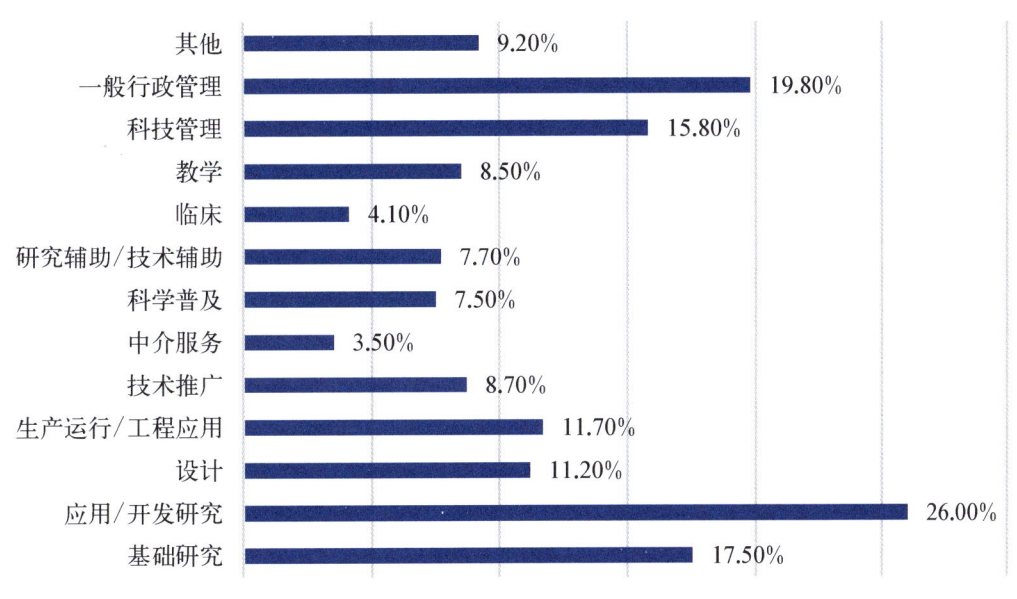

图 2　上海科技工作者职业领域分布

(二) 上海科技工作者队伍结构与分布状况

1. 上海科技工作者的结构

(1) 高校院所研发人员约 4 万,规模以上企业研发人员超 10 万

根据《上海统计年鉴》数据显示,从科研人员主体看,2010—2017 年本市高等学校 R&D 人员年均增长 2.8%。其中,2017 年比 2012 年增加 0.79 万人,增幅为 20.5%。本市科研机构 R&D 人员年均增长 3.1%。其中,2017 年比 2012 年增加 0.27 万人,增幅为 9.1%。本市规模以上工业企业 R&D 人员年均增长 5.6%。其中,2017 年比 2012 年增加 1.19 万人,增幅为 10.9%(见图 3)。

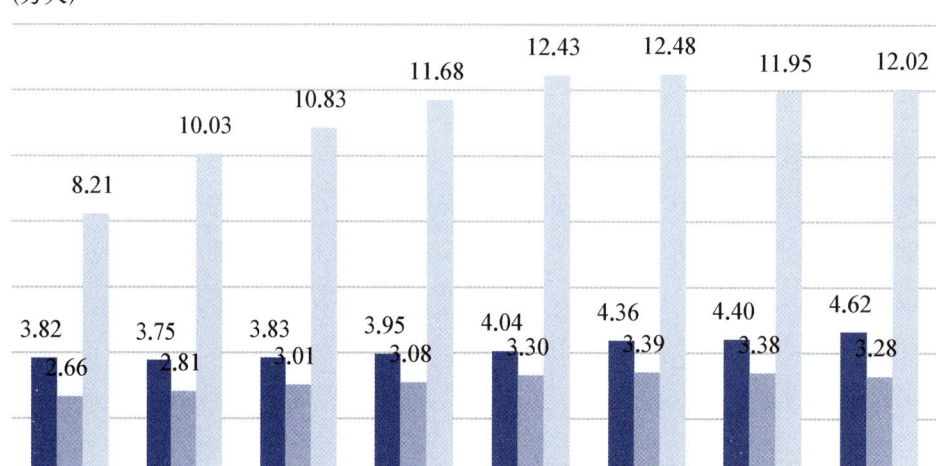

图3　2010—2017年上海各科研人员主体R&D人员分布

(2) 国企专技人员中,女性科研人员占比70%以上

根据《上海统计年鉴》数据显示,在国有企事业单位专业技术人员中,科学研究人员数年均增长1.0%。其中,2017年比2012年增加1.03万人,增幅为9.7%。从性别看,女性科学研究人员占比逐年增长,在71.5%～75.2%之间。从学历看,在国有企事业单位专业技术人员中,大学本专科及以上科学研究人员占比逐年增长,在79.4%～92.8%之间(见图4)。

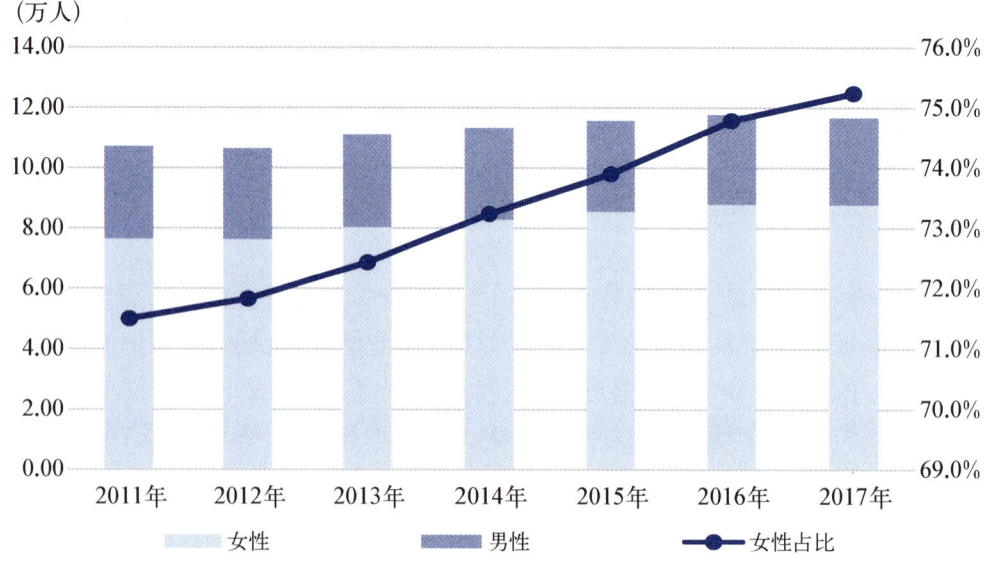

图4　2010—2017年上海国企专技人员中女性科研人员占比

(3) 近十年试验发展三类 R&D 人员全时当量占比达 70% 以上

根据《上海统计年鉴》数据显示,2009—2017 年,基础研究、应用研究和试验发展三类 R&D 人员中,从事试验发展的 R&D 人员全时当量始终占比最大。具体看,试验发展 R&D 人员全时当量占比在 72.5%~75.9% 之间(见图 5)。

图 5　2009—2017 年上海三类项目活动 R&D 人员全时当量

2. 上海科技工作者的分布

(1) 近十年自然科学研究与开发机构从业人员各区分布

2008—2017 年,从上海自然科学研究与开发机构从业人员地区分布看,发生显著变化的区域如下:区域分布占比显著下降的有徐汇区、长宁区和虹口区;区域分布占比显著上升的有闵行区、浦东新区和嘉定区(见图 6)。

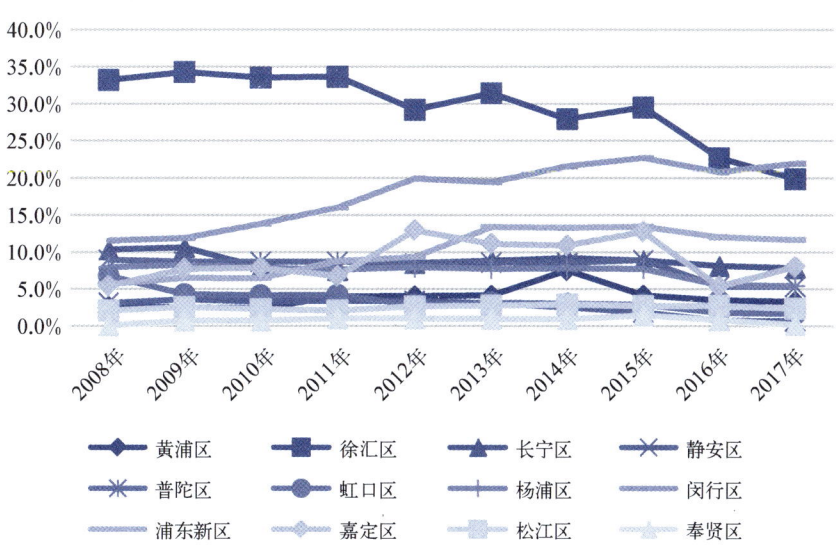

图 6　2008—2017 年上海自然科学研究与开发机构从业人员地区占比变化

（2）自然科学研发机构从事科技活动人员地区分布

从自然科学研发机构从事科技活动人员地区分布来看，2017年上海自然科学研发机构从事科技活动人员达36 686人。人员主要集中在闵行区、徐汇区和浦东新区，这三个区科技活动人员占比达62.3%；其次为嘉定区、长宁区和普陀区，占比为23.0%（见图7）。

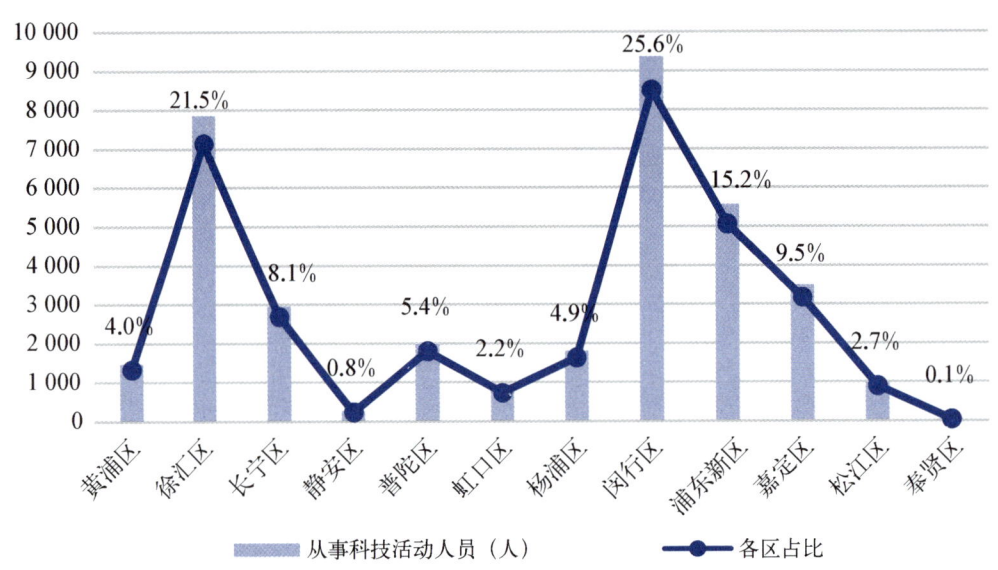

图7　2017年上海自然科学研发机构从事科技活动人员地区分布

（3）张江示范区各园区从业人员分布

2018年，张江示范区共有从业人员234.57万人，从业人员分布最多的是张江核心园、漕河泾园和金桥园，三个园区人数占比为36.5%；宝山园、杨浦园和嘉定园从业人数相当，约17万~18万人，人数占比为22.5%（见图8）。

3. 上海科技工作者的集中度和显示度

（1）上海科技工作者的集中度

根据《上海统计年鉴》数据显示，2009—2017年，本市规模以上工业企业中，六个重点发展工业行业R&D人员由每年6.88万人年增至9.22万人年，年均增长3.7%。六个重点发展工业行业R&D人员在规模以上企业占比为75.1%~79.2%（见图9）。其中，近五年占比持续在75%以上。并且，电子信息产品制造业、汽车制造业、成套设备制造业三个工业行业R&D人员占比达60%左右，科技研发人才集中度较高。具体看，成套设备制造业R&D人员在规模以上企业占比为21.2%~25.8%，电子信息产品制造业R&D人员在规模以上企业占比18.7%~25.5%，分居前两位。

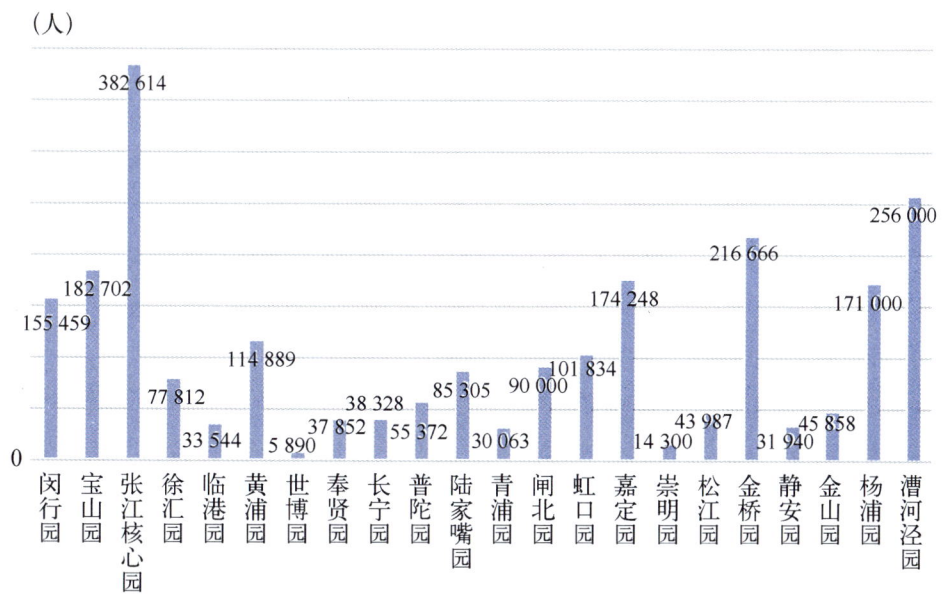

图 8　2018 年张江示范区从业人员园区分布

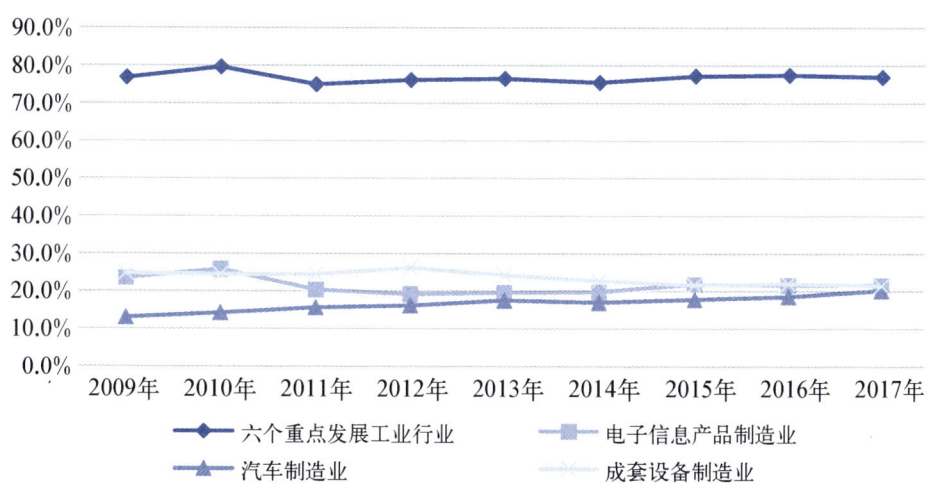

图 9　2009—2017 年上海部分重点发展工业行业 R&D 人员占比

（2）上海科技工作者的显示度

2012—2018 年，科技部、国家外国专家局发布"魅力中国——外籍人才眼中最具吸引力的中国城市"，上海实现"七连冠"。其中，2018 年十强城市依次是：上海、北京、合肥、杭州、深圳、苏州、青岛、天津、西安、武汉。截至 2018 年年底，有 1 504 人入选"上海领军人才计划"；3 704 名留学人员入选"上海市浦江人才计划"；1 617 人获得上海市首席技师资助；来沪工作创业的留学人员达 16 万余人；有 21.5 万名外国人在沪工作，占全国的 23.7%，居全国首位。有 55 名外国专家荣获中国政府"友谊奖"。2017—2018年,累计引进国内科技创新创业人才逾7.5万人。其中,通过科创人才新政引进的创业人才、创新创业中介服务人才、风险投资管理运营人才、企业高级管理和科技技能人才、企业家等五类重点人才近9 000人。

(三)上海科技工作者数量、质量及其在全国的地位分析

1. 上海科技工作者的数量统计

(1) 上海科技工作者规模不断扩大

科技工作者主要包括科学研究人员、工程技术人员、农业技术人员、卫生技术人员、自然科学教学人员以及在相应岗位上从事实际工作的专业技术人员等。根据2010年全国人口普查上海10%抽查数据的行业分类,上海科技工作者分布在20个大类行业、95个小类行业,分别为:农林牧渔业,采矿业,制造业,电力、燃气及水的生产和供应业,建筑业,交通运输、仓储和邮政业,信息传输、计算机服务和软件业,批发零售业,住宿和餐饮业,金融业,房地产业,租赁和商务服务业,科学研究、技术服务和地质勘查,水利、环境和公共设施管理业,居民服务和其他服务业,教育,卫生、社会保障和社会服务业,文化、体育和娱乐业,公共管理和社会组织,国际组织等。

目前对非公企业科技工作者的全口径普查统计还不完善,为此我们结合2010年人口普查10%抽样调查数据及《上海市统计年鉴》数据[①],推算出2017—2018年上海科技工作者队伍规模分别为222.92万人和231.84万人。2018年比2013年增加71.47万人,近五年增幅为44.6%(见图10)。不断增加的科技工作者数量,为上海建设具有全球影响力的科技创新中心提供了坚实的人才支撑和智力保障。

(2) 近十年本市科技活动人员年均增长9.1%

根据《上海统计年鉴》数据显示,2007—2016年,本市科技活动人员年均增长9.1%[②]。其中,2016年本市科技活动人员同比增长11.3%,增幅比2015年上升10.7个百分点。从本市R&D人员看,2009—2017年年均增长达7.7%。其中,2017年本市R&D人员同比增长2.9%,比2012年增加5.35万人,近五年增幅为25.6%(见图11)。

---

① 2010—2013年数据摘自《迈向全球科技创新中心的上海科技工作者:上海市科协蓝皮书(2014)》。2014—2018年科技工作者推算数包括国有企事业单位专业技术人员,科技型企业、科技中介等科技工作者数量。

② 2017年上海科技统计无科技活动人员统计数据。

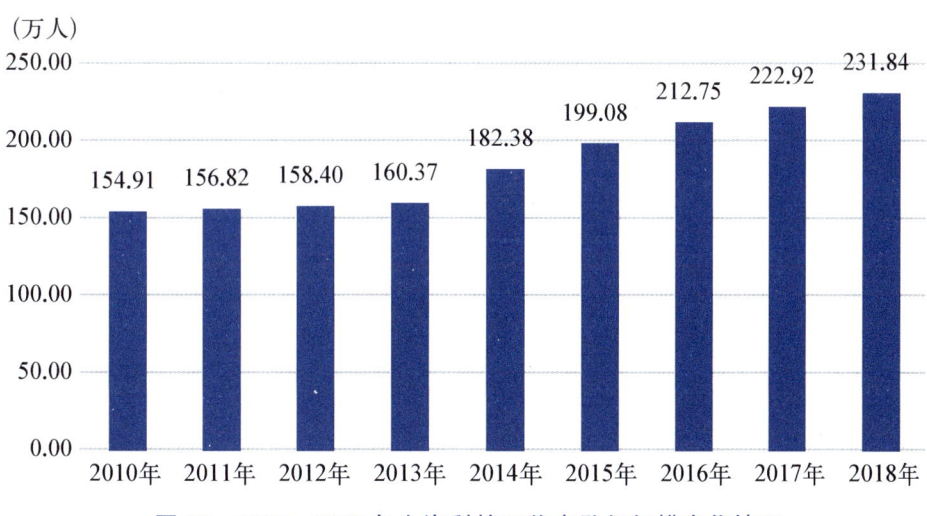

图 10　2010—2018 年上海科技工作者队伍规模变化情况

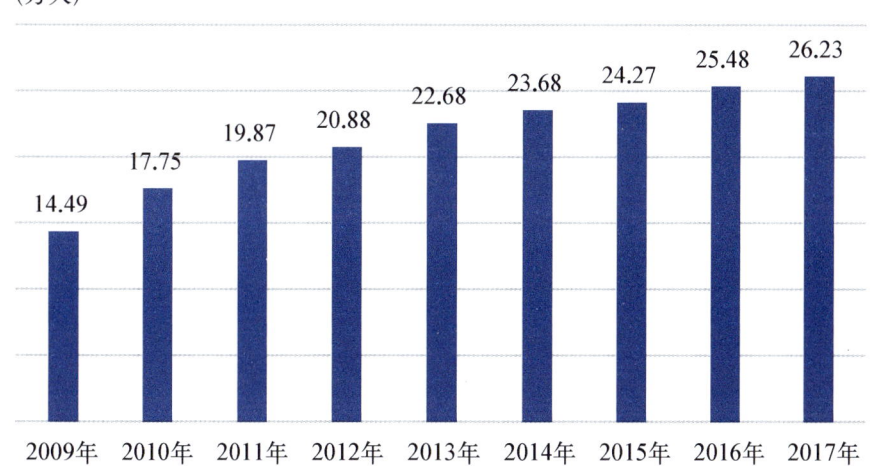

图 11　2009—2017 年上海 R&D 人员数量

（3）近十年本市科技研发人员全时当量年均增长 7.3%

根据《上海统计年鉴》数据显示,从全时当量看,2009—2017 年,本市 R&D 人员全时当量年均增长 4.1%。其中,2017 年本市 R&D 人员全时当量同比上升 7.0%。2017 年本市 R&D 人员全时当量比 2012 年增加 3.01 万人年,近五年增幅为 19.6%（见图 12）。

2. 上海科技工作者的质量分析

（1）上海引进外国人才的数量和质量居首位

近年来,上海贯彻落实中央精神,围绕"五个中心"和社会主义现代化国际大都市建设,相继制定出台了"人才 20 条""人才 30 条"等政策措施,使外国人才在

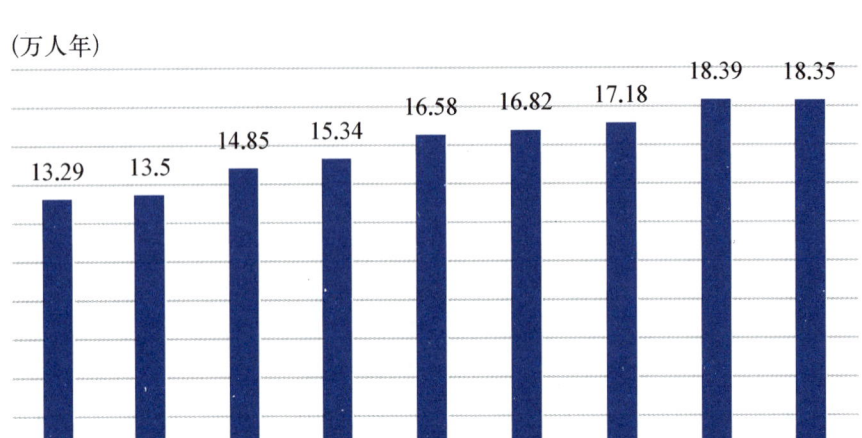

图 12　2009—2017 年上海 R&D 人员全时当量

沪工作生活环境不断优化,外国人才集聚度进一步提升。2017 年 4 月外国人来华工作许可制度实施以来,本市共核发《外国人工作许可证》12 万余份,其中外国高端人才逾 2 万份,占比超过 18%,引进外国人才的数量和质量均居全国第一。截至 2019 年 4 月 30 日,上海共办理了科创出入境政策相关证件 114 万余证次。其中,办理科创新政永久居留申请 2 486 人,主申请人 1 542 人,家属 944 人;共办理外国人居留许可近 3.5 万证次;共办理外国人口岸签证近 5 000 人;共有 15 万余名外国人享受了 144 小时过境免签入境政策,另有近 3 万名外国人已享受邮轮免签政策。2018 年外国人才签证制度实施以来,本市已为近 500 位外国人才办理《外国高端人才确认函》,数量居全国第一。上海市科学学研究所与施普林格·自然集团面向全球主要国家和地区 654 名一线科学家的问卷调查显示,全球科学家最理想工作城市中,上海在中国 5 个城市中排名第一。

(2) 张江示范区从业人员大专以上学历人才占比超过 60%

随着张江示范区整体经济水平的不断快速发展,人才集聚效应不断增强,人才发展环境不断优化和改善。从学历结构上来看,硕士以上学历 24 万余人,占比超过 12%;大专及本科学历 96 万余人,占比 48% 以上;大专以下学历约 80 万人,占比低于 40%;每千名从业人员中的硕士以上学历数量达到 120 人以上,显著高于全市平均水平。据不完全统计,4 万余家企业中 3 020 家为高新技术企业,汇聚在张江示范区内;在张江示范区,集聚了上海 80% 以上、全国 1/6 的高端人才,包括 168 位两院院士。张江示范区已成为国际人才聚集的"乐园",在这里集聚了海归、留学生、外籍专家 4.5 万余人,占全市约 45%。总之,张江示范区已经成为国内外创新创业人才的主要汇聚地,大专以上学历人才占比超过 60%,且形成比较明显的梯度结构,有助于知识经济的外溢效应凸显。

(3) 上海科技工作者以高学历中青年为主

根据 2019 年 6 月上海市科协的问卷调查显示,在接受调查的 1 355 位科技工作者中,半数以上处于 31~45 岁年龄段,98％为大专以上学历,其中硕士和博士研究生比例达 43.5％。62.2％的受访科技工作者学科背景主要集中在理学和工学,56.4％的科技工作者具有中级以上技术职称。具体看,受访高校和科研院所科技工作者中,62.6％处于 31~45 岁年龄段,100％为大专以上学历,其中硕士和博士研究生比例达 66％。70.8％受访科技工作者的学科背景主要集中在理学和工学,67.9％的科技工作者具有中级以上技术职称,27％的科技工作者具有高级职称。

3. 国内比较背景下的上海科技工作者队伍

(1) 典型省市国家高新区企业从业人员分布比较

全国范围来看,上海张江示范区从业人员数排名靠前。2017 年,张江示范区从业人员占全国高新区人员总数的 5.48％,仅次于北京中关村示范区,不及其 1/2,但与全国其他典型高新区比较,张江示范区的从业人占比表现较好,约为武汉东湖示范区的 2 倍,超过广州高新区、深圳高新区的 2 倍(见表1)。

表 1　2017 年国内部分高新技术产业开发区从业人员数

园　　区	从业人员数(万人)	占全国比例(％)
北京中关村示范区	262	13.50
上海张江示范区	106.3	5.48
武汉东湖示范区	55.5	2.86
西安高新区	45.1	2.32
天津高新区	35.3	1.82
成都高新区	38.5	1.98
广州高新区	54.2	2.79
深圳高新区	48.7	2.51
苏州高新区	23.3	1.20
全国高新区合计	1 940.7	100

资料来源:科技部火炬高技术产业开发中心

(2) 上海张江示范区与北京中关村示范区人员分布比较

北京中关村国家自主创新示范区是全国第一家自主创新示范区(以下简称"中关村示范区"),建设起步早、成效好。2017 年北京中关村示范区从业人数 262 万人,占全国高新区从业人数的 13.5％;同年,上海张江自主创新示范区从业人数 106.3 万人，占全国高新区从业人数的 5.48%。

2017 年，中关村示范区从业人员在其所属 17 个园区的分布如图 13 所示。从业人员分布最多的是海淀园，从业人数 119 万人，占中关村示范区从业人数的 45%，从业人数达 20 万人以上的有朝阳园和亦庄园，丰台园从业人数也将近 20 万人，这 3 个园区从业人数合计 60 万人，占中关村示范区从业人数的 23%，从业人数较少的是延庆园（见图 13）。

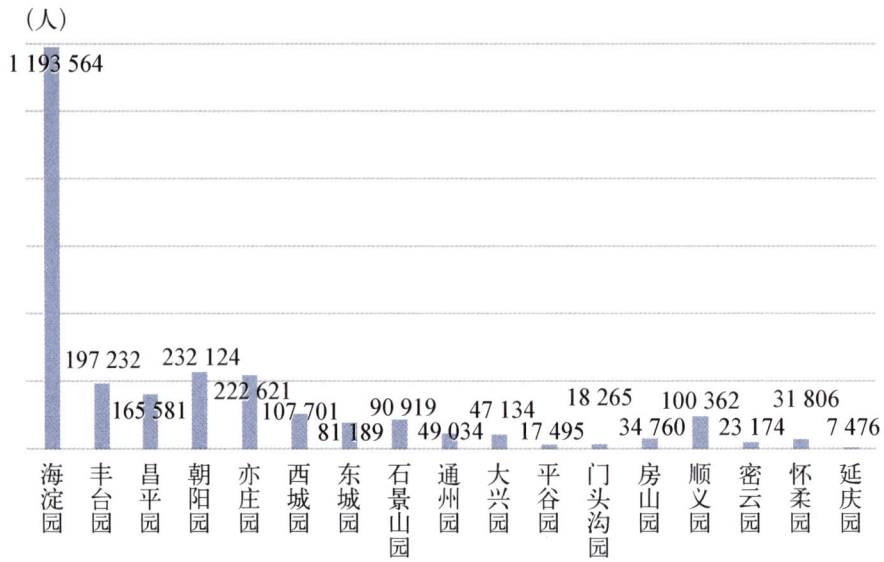

图 13 中关村示范区从业人员在各个园区的分布

对比分析张江示范区和中关村示范区从业人员数，绝对值上张江小于中关村，张江示范区人员分布相对均衡，数量差距不大，人数最多的张江核心园 38 万人，与人数最少的世博园 0.5 万人差距倍数为 76 倍；而北京中关村人员分布差距较大，人数最多的海淀园 119 万人，与人数最少的延庆园 0.7 万人差距倍数为 170 倍，人员相对集中在海淀园、朝阳园和亦庄园。两个示范区的核心园从业人员数量差距也较大，张江核心园从业人数 38.2 万人，海淀核心园从业人数 119.3 万人，差距倍数约为 3 倍。

（3）上海张江示范区与北京中关村示范区人才工作比较

对比上海张江示范区和北京中关村示范区的人才工作和做法，也各具特色。

中关村示范区人才工作。2017 年，中关村示范区落实习近平总书记关于人才工作的重要思想，围绕建设国家级人才特区的中心任务，以贯彻落实《首都中长期人才发展规划纲要（2010—2020 年）》为主线，在体制机制改革、人才引进和服务等方面持续加大工作力度，推动中关村人才管理改革试验区建设发展。实施政策措施,不断释放中关村人才发展活力。北京市政府、北京市人力社保局等单位出台《关于优化人才服务促进科技创新推动高精尖产业发展的若干措施》《关于支持和鼓励高校、科研机构等事业单位专业技术人员创新创业的实施意见》《京津冀一体化发展规划(2017—2030年)》等政策文件,进一步释放中关村示范区人才创新创业活力。中关村出入境相关政策拓展到北京市朝阳区、顺义区及天津市等10个省市的相关自贸区和全面创新改革示范区,截至2017年年底,中关村管委会出具各类外籍人才推荐函519份,外籍高层次人才通过"绿卡直通车"政策办理申请403人,其中353人获"绿卡"。完善人才评价机制,开展教授级高级工程师专业技术资格评审工作,共有461位中关村高端人才获教授级高级工程师职称。设立中关村外籍人才服务窗口,为外籍人才提供一站式政策咨询服务平台。

集聚人才,构建中关村创新创业人才资源体系。加快集聚高层次人才,继续开展"海聚工程""高聚工程"等高层次人才项目申报工作。2017年,累计590人入选北京市"海聚工程",44人入选中关村"高聚工程",累计认定336人。入选高层次人才覆盖新一代信息技术、生物医药、节能环保等战略性新兴产业领域。支持海外人才创新创业。325家留学人员创办企业获开办费支持的共有42家海外人才创业园,累计孵化海外人才创办企业6 400余家。开展科技创新中心建设人才引进专项计划工作,646人获批办理人才引进手续。

搭建平台,推动中关村人才国际化发展。在北京市硅谷高端人才峰会上,中关村海外科学家办公室、中关村海外博士后工作站揭牌。成立中关村海外战略科学家委员会,16位世界顶尖科学家受聘为中关村海外战略科学家。联合市侨办等部门举办中关村华侨华人创新创业大会,设立海外院士专家北京工作站,8位海外院士专家受聘担任中关村海外顾问;在加拿大举办渥太华"北京周"——中关村科技创新主题日活动,在美国硅谷举办首届中关村硅谷全球创新未来峰会暨中关村海外论坛,在美国波士顿市举办北京人才政策暨中关村发展集团2017年海外招聘宣讲会;在美国硅谷、波士顿,加拿大多伦多,澳大利亚悉尼、墨尔本及新加坡举办11场"海聚工程"政策说明会暨职位对接会;举办2017年海外赤子北京行活动和冬季海外人才考察中关村活动,来自美国、日本、加拿大、英国、澳大利亚等20余个国家的近300位海外高层次人才考察中关村创新创业情况。

张江示范区人才工作。张江示范区在落实国家创新政策,深化股权激励、科技金融、财税支持、管理创新等试点政策的同时,积极根据示范区建设发展的现实需要,坚持问题导向,开展多种类型人才政策的先行先试,深入推进人才政策体系的创新。在张江示范区专项资金方面与市发展改革委、市科委、市财政局密切协作,建立了与其他市级部门的联动机制,出台了一系列创新政策和举措,先后开展了人才服务、人才培养、科技融资服务、企业信用管理、知识产权服务和企业专利联盟等八项试点建设以及"四新"经济创新基地建设试点工作,出台了《上海市加快推进具有全球影响力科技创新中心建设的规划土地政策实施办法(试行)》,制定了《关于优化张江示范区交通网络的实施办法》等。

以张江人才网为载体,构建了覆盖22家园区的人才服务网络,着力提升张江示范区人才网信息化服务能力,成为张江示范区有效开展人才工作和为各类人才提供线上线下全方位服务的崭新窗口。通过构建连接22个分园的人才服务网络,提高示范区内人才队伍建设的工作水平,引导科创人才资源的有效配置,实现了高效的需求对接及资源共享,从而提升人才资源管理的综合水平。联合有关部门开展了人才服务平台建设试点、重点领域人才实训基地建设试点和人才培养产学研联合实验室建设试点工作。作为张江示范区人才服务体系建设的重要组成部分之一,人才服务平台建设获得了各分园管理机构的高度重视,15家试点单位已建立健全相关规章制度,实现线上线下相结合的人才服务功能。各试点单位结合自身资源优势,继续深化各分园人才服务平台功能建设,为园区、企业和人才提供多方位的人才服务。

(四) 卓越全球城市对标下的上海科技工作者队伍状况分析

1. 国外重要地区科技人才的现状

一方面,根据OECD统计数据显示,中国R&D人员全时当量从2010年开始超过美国,位居全球第一。根据最新数据计算,中国R&D人员全时当量数占全球总量(44个国家和地区合计数)的比重从2009年的18.5%上升到2017年的22.5%。我国R&D人力投入强度保持逐年稳定增长态势,万名就业人员中R&D人员数从2010年的33.6人年/万人上升到2017年的52.0人年/万人,年均增长6.4%。万名就业人员中R&D人员数从2010年的15.9人年/万人上升到2017年的22.4人年/万人,年均增速5.0%,比同期万名就业人员中R&D人员年均增速低1.4个百分点。另一方面,科研人员是推动科技创新的核心动力,科研成果发表情况可用来度量科研人员的实力,通过2014—2018年活跃科研人员统计数据,对20个城市在人才规模、结构、素质、分布、流动等方面的情况进行比较分析和评价研究,分析城市科技创新竞争力提升的关键要素。活跃科研人员,是指在统计时间范围2014—2018年内有参与学术文献发表的科研人员。

对20个城市的近五年活跃科研人员数量进行统计,发现活跃科研人员数量排名前三的城市有北京、伦敦和波士顿,指标大步领先,数量排名前五的亚洲城市就有北京、东京和首尔3个,而上海排名第12名,活跃科研人员数量约为北京的30%。从2014—2018年20个城市活跃科研人员数量的变化趋势可以看出,北京和伦敦的活跃科研人员数量远超其他城市,在2018年分别达到了32.6万人和31.2万人。根据SciVal统计,北京共有112家研究机构,占中国研究机构数量的14%。在中国活跃科研人员数量排名前10的研究机构中,位于北京的就有5家。与北京类似,伦敦也汇集了英国许多著名的研究机构(见图14)。

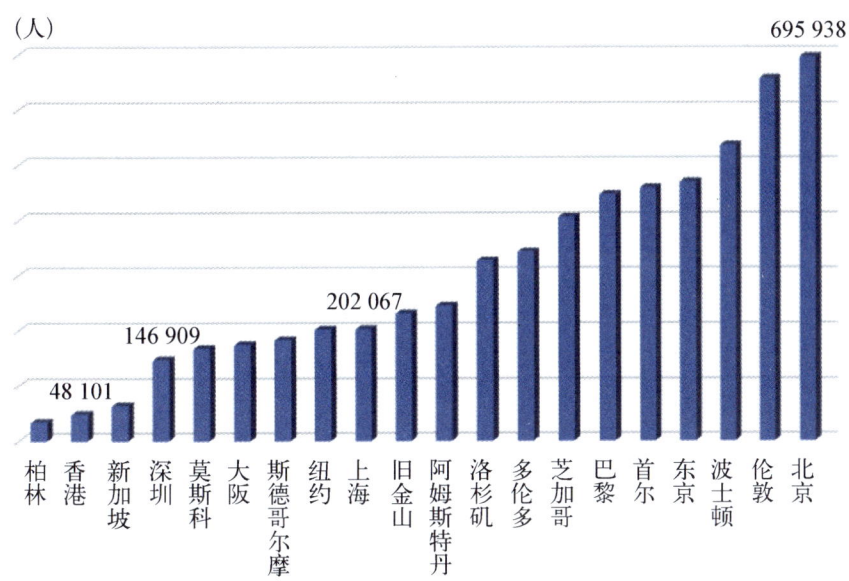

图14　全球20个城市2014—2018年活跃科研人员总量情况

2. 科研产出的重要指标分析

人均科研产出是衡量区域科研产出质量的一种方法。表2展示了20个城市论文产出的部分人均指标。从表中可以看出,香港、柏林、纽约及新加坡四个城市在人均发表数量和人均被引数量上领先于其他城市,侧面体现这四个城市的活跃科研人员具有较高的研究效率。而在人均TOP1‰高被引论文量上,香港和新加坡排在前列,表明了这两个城市人均高影响论文产出率高。

表2　20个城市活跃科研人员效率横向对比①

城　市	活跃科研人员数量(人)	人均发表(篇)	人均被引(篇)	人均高被引(篇)
北　京	695 938	1.21	9.39	0.026
纽　约	201 428	1.77	19.53	0.056

---

① 上海科技创新资源数据中心、上海研发公共服务平台、爱思维尔公司:《2019国际科技创新数据洞见》。

(续表)

城　市	活跃科研人员数量(人)	人均发表(篇)	人均被引(篇)	人均高被引(篇)
巴　黎	446 594	0.32	3.33	0.009
伦　敦	656 868	0.38	4.29	0.012
波士顿	535 566	0.28	3.87	0.014
首　尔	458 552	0.39	3.11	0.006
上　海	202 067	1.22	9.54	0.025
莫斯科	167 607	0.95	4.13	0.008
东　京	468 970	0.35	2.54	0.005
旧金山	230 714	0.24	3.84	0.013
香　港	48 101	2.16	22.61	0.067
新加坡	63 615	1.68	19.06	0.063
多伦多	342 565	0.28	3.43	0.01
洛杉矶	326 098	0.28	3.75	0.011
阿姆斯特丹	244 347	0.27	3.76	0.011
斯德哥尔摩	182 690	0.27	3.72	0.009
柏　林	33 572	2.12	21.28	0.058
芝加哥	405 515	0.22	2.74	0.008
深　圳	146 909	0.34	2.85	0.011
大　阪	174 074	0.28	2.34	0.005

3. 国外比较背景下的上海科技工作者队伍

根据《2019国际科技创新数据洞见——全球热点城市比较研究报告》数据显示,从科研人员来看,2014—2018年,90%的热点城市活跃科研人员都呈现增长趋势,上海活跃科研人员数量的增长率较高,且科研人员的产出效率较高。目前,上海的科研人员主要分布在高校,在人工智能、生命科学和集成电路三个重点领域的科研产出影响力较强。同时,上海、深圳吸引人才的优势最为明显,在"流入研究人员"占比表现上,上海、深圳名列第2、第3名。但这两个城市的外来研究人员影响力都高于本土培养的研究人员,流失的研究人员较留在本土的研究人员和流入的研究人员影响力也更高。相比之下,波士顿、旧金山、纽约等美国热点城市流入人才的影响力明显高于流出。上海活跃科研人员在高等院校和科研院所的聚集度为 20 个城市中最高,但在企业、政府和医疗机构等分布较为稀少。首尔与旧金山的企业活跃科研人员数量较高,伦敦在医疗机构中拥有比其他城市更多的活跃科研人员。深圳的活跃科研人员复合年均增长率为 24.2%,居于首位,五年间从 26 841 名科研人员发展到了 63 854 名[①]。

根据上海市重点发展的三个产业领域:人工智能、生命科学和集成电路,分别对 20 个城市 2014—2018 年活跃科研人员数量、科研产出数量和国际科研影响力进行整理,并按照参与活跃科研人员数量,从高到低列出综合几项指标排名前五的城市,如表 3、表 4、表 5 所示。

表 3　2014—2018 年人工智能活跃科研人员数量排名前五的城市

城　市	活跃科研人员数量(人)	发文量(篇)	被引用量(篇)
北　京	22 838	15 861	94 497
上　海	6 104	4 303	25 618
新加坡	5 135	2 342	25 491
波士顿	4 629	2 272	18 183
伦　敦	4 360	2 839	23 250

表 4　2014—2018 年生命科学活跃科研人员数量排名前五的城市

城　市	活跃科研人员数量(人)	发文量(篇)	被引用量(篇)
北　京	189 653	104 595	1 109 264
上　海	69 666	40 783	433 673
巴　黎	68 663	50 757	663 299
纽　约	60 754	53 633	906 430
东　京	44 319	35 683	371 747

表 5　2014—2018 年集成电路活跃科研人员数量排名前五的城市

城　市	活跃科研人员数量(人)	发文量(篇)	被引用量(篇)
北　京	115 776	90 870	557 085
上　海	26 590	22 343	135 906

---

① 上海科技创新资源数据中心、上海研发公共服务平台、爱思唯尔公司:《2019 国际科技创新数据洞见》。

(续表)

城　　市	活跃科研人员数量(人)	发文量(篇)	被引用量(篇)
首　尔	25 672	22 438	136 524
东　京	20 296	20 074	71 277
纽　约	18 085	13 040	86 108

上海在人工智能、生物医药、集成电路三大领域的活跃科研人员数量均居前三,科研成果的数量和成果影响力具有很高的水平,科研实力也都在全球平均水平之上;其中在人工智能领域的优势最为明显。2019年5月,国家有关部委和上海市政府启动建设上海(浦东新区)人工智能创新应用先导区和上海国家新一代人工智能创新发展试验区,推动上海人工智能产业将向更高标准、更高水平、更高质量跃升①。

(五)上海科技工作者队伍政策创新情况

1. 吸引海内外科技工作者的政策创新

海外科技工作者吸引集聚。上海市人社局、公安局等部门先后出台《鼓励留学人员来上海工作和创业的若干规定》《关于持有〈外国人永久居留证〉的海外高层次人才直接办理〈上海市海外人才居住证〉的实施办法》《关于外籍高校毕业生来沪工作办理工作许可相关事项的通知》《关于贯彻落实简化外国人来华工作许可办理流程的通知》《关于本市外资研发中心聘用外籍人才来沪工作办理工作许可相关事宜的通知》等政策,积极探索从工作居留向永久居留转化衔接的机制,降低外籍人才永久居留证申办门槛、缩短办理周期,制定了"外籍高层次人才认定标准",更新了"上海科技创新职业清单",整合"外国人入境就业许可"和"外国专家来华工作许可",构建管理、服务、监管全覆盖的外国人才管理服务网络,进一步健全海外人才政策和服务体系。同时,允许获得在华永久居留资格或持有工作类居留许可的境外人才聘雇外籍家政服务人员,对上海市中小学校招收的外国学生,凭学校录取通知书等证明函件向上海口岸签证机关申请学习签证,出台"新十条",外籍人才家属可同时申请永久居留,升级住宿登记、民航铁路购票系统,进一步提升了"永居证"便利性。此外,《鼓励跨国公司地区总部的规定》《进一步支持外资研发中心参与具有全球影响力的科技创新中心建设的若干意

---

① 上海科技创新资源数据中心、上海研发公共服务平台、爱思唯尔公司:《2019 国际科技创新数据洞见》。

见》等政策,支持外资企业和外资研发中心融入上海科创中心建设,给予跨国公司地区总部人才、出入境、通关、外汇管理等方面的优惠,鼓励外资研发中心设立企业博士后科研工作站,积极招收外籍博士后科研人员,与本市高校、科研院所、企业共建实验室和人才培养基地。目前,陶氏化学和复旦大学共建联合材料研究中心、恩智浦半导体公司(NXP)与同济大学共建汽车电子联合实验室、诺华(中国)生物医学研究有限公司与复旦、同济、上海有机化学研究所、上海生物化学和细胞生物学研究所、瑞金医院开展了积极合作。

国内科技工作者及人才引进。上海市公布了"人才30条",明确进一步发挥户籍政策在国内人才引进集聚中的激励和导向作用,优先引进重大科学工程、重要科研公共平台、大科学研究中心、重大科技基础设施建设等领域高层次人才。上海实施了12项国内科创人才引进新政,核心是以市场化方法统筹体制内外人才引进标准,实现人才工作方法的优化升级,主要是通过薪酬评价、投资评价(风险投资金额)和第三方评价(行业协会排名等)等市场化方法来引才聚才。目前已集聚中国两院院士173人(占全国总数超过10%),上海领军人才1 504人,上海青年拔尖人才220人,超级博士后264人,首席技师1 617人。通过实施积极的人才户籍和居住证政策,近五年共引进各类优秀人才和紧缺急需人才3.2万人,办理居住证转办常住户籍4.3万人,新办居住证积分17.8万人,形成了良好的人才发展结构。

在政策创新推动下,上海聚集海内外高峰人才在内的科技工作者方面取得突破性进展。上海市紧紧依托中央在沪高校、科研院所等"国家队",依托上海光源、蛋白质中心等重大科学设施和平台,紧密对接国家实验室、重大科技专项,超前谋划前沿和战略高科技领域人才布局,聚焦光子科学与技术、生命科学与生物医药、集成电路与计算科学、脑科学与人工智能等上海有基础、有优势、能突破的重点领域,形成抢占国际竞争制高点的战略力量,促进了人才链与创新链、产业链、资金链、信息链深度融合。

2. 完善科技工作者建设的管理机制创新

一是深化"双自联动"建设国际人才试验区。以中国(上海)自由贸易试验区、张江国家自主创新示范区为改革平台,发挥"双自联动"优势,建设国际人才试验区。一方面,推进张江综合性国家科学中心人才体制机制创新,在高层次人才引进、科研人员激励、科研机构评价、科研管理改革等重点难点领域先行先试,推动重大前沿领域跨学科交叉融合、创新要素开放共享、多主体协同创新。另一方面,深入推进中国(上海)自由贸易试验区海外人才离岸创新创业基地建设,为留在国外的海外人才畅通报国之门,为有志来华创新创业的外籍人才搭建便捷之桥。

二是放权松绑进一步落实。在"科技三权"下放方面，出台《上海市促进科技成果转化条例》，将科技成果的使用权、处置权、收益权下放科研团队，明确科技成果转移转化扣除直接费用后净收入的70%以上可用于奖励个人和团队，上海理工大学太赫兹项目、上海海事大学"光纤传感监测技术开发与应用"、中国科学院上海高等研究院实现了技术成果转化股权分配的一系列案例。上海市科委、财政局进一步简化预算编制，下放科研项目经费预算调剂权限、设备费预算调整权限，进一步实施针对高校及科研院所差旅费会议费自主管理制度。**在事业单位"用人权"下放方面**，推进用人制度改革，保障高校、科研院所用人自主权，在符合条件的高校、科研院所等公益二类事业单位，实施岗位聘任、考核评价、收入分配等管理权下放。高校、科研院所在编制限额内自主引进人才，编制、人社等主管部门不再进行前置备案和审批，引进人才到岗后向人社部门备案相关事项。消除对用人主体的过度干预，取消一批在人才招聘、评价、流动等环节中的行政审批和备案事项。**在审批权下放方面**，上海市人社局分别向长宁、浦东新区下放区域内用人单位的外国人来华工作许可审批权限，对积分达到120分且分值稳定的居住证持有人(含原人才类居住证持有人等)实施居住证签注网上提交申请表，90%以上的积分确认申请不再需要到现场递交书面材料，惠及16万以上居住证持有人。同时，上海市人社局会同上海市卫计委、上海市科委开展医院医学科研高级职称、工程系列高新技术成果转化类高中级职称评审权下放，完成嘉定区、浦东新区、金山区、城投集团等中评委会下放工作。

三是推动人才机制创新。在人才培养方面，根据人才成长阶段和创新领域特点，出台科技创新人才培养计划，在创新领域形成扬帆计划、启明星计划、浦江计划等分阶段、体系化的科技人才培养体系，积极推动各类人才计划进一步向企业一线和青年科技人才倾斜，逐步放开计划申请的职称限制、加大人才专项资助力度、改进评价体系，加大对优秀青年科技人才的发现、培养和资助力度，鼓励更多年轻人才自由探索或参与重点科研专项，促进青年优秀人才脱颖而出。启动"超级博士后"激励计划，加强高层次青年人才特别是优秀博士后人才的培养。推进国际一流水平标志性学科建设，积极推进应用型本科人才培养工作，建立市级实习实践基地体系，开展卓越工程师教育培养工作，着力推进专业技术人才知识更新工程，新建高技能人才培养基地，新增国家级专业技术人员继续教育基地。**在改进人才支持方式方面**，上海市财政局、上海市科委为建立基础研究人才长期稳定支持机制，上海市委组织部、上海市财政局建立人才计划备案制度，完善人才资助信息申报平台，有效提高财政资金使用效益。**在出国(境)培训方面**，对国有企事业单位科研人员因公出国,实施有别于党政机关人员的方式分类管理,国有企事业单位科研人员出访因工作需要进行确定,不实行限量管理。

在人才流动方面,上海市教委出台相关政策,鼓励高校教师、科研人员通过校外兼职、离岗创业、在岗创业等形式,有效推动科研人员有序流动。科技部门在"启明星计划"中设立企业创新服务类项目,打通科技人才便捷流动、优化配置的通道。上海市有关高校在市教委的支持下,积极探索人才柔性引进机制,开辟政府与高校的"旋转门"机制,实现具有实务经验的行业人才在高校兼职、高校教师在政府部门挂职,推动高校智库与政府决策需求对接。一些机构还探索出富有成效的流动模式。如中国科学院上海高等研究院走出"带土移植"的自主创业模式、"师徒传承"的转化模式。

在人才评价方面,出台《关于我市分类推进人才评价机制改革的实施方案》,有关部门分别针对上海市属高校教师、临床、医学科研、应用开发、成果转化、基础研究领域专业人员提出分类评价办法,突出能力、实绩、贡献,克服唯学历、唯资历、唯论文等倾向,加快建立接轨国际规则、体现上海特色的人才评价标准体系。出台职称外语和计算机考试调整、高评委管理、初中级聘任、部分职业资格和职称对应办法、职称申报条件以及基层专业技术人才队伍建设等方面的政策意见,进一步完善海内外高层次人才职称评审"直通车""绿色通道",积极探索社区卫生、乡村教师、农技推广等部分行业开展基层高级职称定向评聘,探索卫生系列高级职称任职资格全行业评审。出台《上海市文学创作系列网络文学专业职称评审办法(试行)》,在全国范围内首开"网络文学"社会化职称评审机制,开展经济师、工程师、会计师、中专技校讲师、工艺美术师等正高级职称评审试点工作,新设工程系列人工智能专业高级职称认定。出台工程技术领域实现高技能人才与工程技术人才职业发展贯通的试行方案,畅通高技能人才与工程技术人才职业发展通道。调整和优化本市高校、卫生、农业技术推广、文物博物、群众文化、图书资料、艺术、新闻行业事业单位专业技术岗位设置。

在人才激励方面,科技人才在科研经费的劳务费比例和标准得到调整,明确通过公开竞标获得的科研项目劳务费不计入单位绩效工资总量,将劳务费支出占专项经费支出控制比例由原先的20%提高至30%,将软件开发类、软科学类项目劳务费支出50%比例的适用范围扩大到基础研究领域项目。上海市人社局、上海市财政局试行按行业分类调控事业单位绩效工资总量工作,合理确定各行业所属事业单位收入水平,建立事业单位收入调控办法和增长机制。

在促进科技成果转化方面,上海市人大通过促进科技成果转化条例,上海市科委制定促进科技成果转移转化行动方案(2017—2020),上海市教委、科委、财政局、国资委出台高校科技成果转移转化工作指导意见,高等院校、科研院所职务科技成果管理制度,科技成果转化有关个人所得税受理事项管理规程(试行),企业国有技术类无形资产交易制度改革试点方案等,指导制定《上海化工研究院有限公司技术类无形资产交易管理试行办法》,完善科技成果使用、处置、受益管理制度,提高科研人员成果转化收益比例,引入科技成果市场定价机制。同时,启动科技成果转移转化服务体系建设,形成以上海高校技术转移中心为建设主体,以上海高校技术市场和上海高校张江协同创新研究院为主要支撑载体的"一体两翼"高校技术转移体系运行模式。此外,上海市委、市政府发布了《关于加强知识产权运用和保护支撑科技创新中心建设的实施意见》,上海市知识产权局、司法通过推进中国(浦东)知识产权保护中心建设、组建全国首个"打击假冒伪劣涉案物品检验平台",建立知识产权侵权查处快速反应、维权援助、调解机制,与上海市司法局印发《上海市知识产权纠纷人民调解规则》,开展相关调解试点工作,完善知识产权保护环境。

3. 保障科技工作者成长发展的生态环境建设

一是完善居住环境。上海市住建委推进公租房筹措、供应,全市累计筹措公租房等房源约15.2万套,累计供应房源约11.5万套,累计入住青年人才10万人以上;大力推进市筹、区筹公租房面向央企、高校、科研机构等参与科创中心建设的重点企事业单位整体出租出台个性化人才租房、购房货币化补贴政策。目前,浦东、黄浦、长宁、徐汇、杨浦、闵行、嘉定、金山、嘉定、松江等16区均出台了人才租房补贴政策,11个区出台高层次人才购房补贴政策,各区累计发放租房补贴3.0196亿元,受益人数2.77万人。目前,上海地产集团分别与上海市科委、教委签订人才配套住房工作合作协议,优先保障科教系统各类优秀人才安居需求。重点园区通过整体配套建设、闲置用房归集改造和园区企业自建等方式筹集人才公寓,重点企业采取改造产权房、自建员工宿舍、租赁公寓等解决人才居住问题。浦东张江镇创新机制,探索闲置宅基地房屋改造乡村人才公寓,服务张江科学城内重点企业,为其他地区提供思路经验。

二是完善医疗环境。上海市进一步改善医疗机构的服务能力和管理水平,实施优化诊区设施布局、推进预约诊疗服务、合理调配诊疗资源、发挥信息技术优势、改善住院服务流程、持续改进护理服务、规范诊疗行为、注重医学人文关怀和妥善化解医疗纠纷等措施。按高端人士诊疗习惯和要求,对外商投资企业、外国人等实行国民待遇的原则。统一境内外患者医疗服务收费标准。部分公立医院和26家外资医疗机构也与保险公司签订了合作协议,提供国际医疗保险结算服务。根据海外人才的就医需求,在华山医院涉外医疗服务模式的基础上,探索完善涉外医疗服务流程。组织编撰海外人才在沪就医指南,第一批确定18家各类医疗机构,按现有的特需(涉外)医疗就诊须知(就诊流程)和特需诊疗科目、已签约的商业保险公司及外语服务能力等内容,配以相关图片后汇编形成网络版海外高层次人才国际商业医疗保险就医使用指南,并在上海国际人才网上发布。同时,有关部门重点推进产品开发、健康管理服务、高端医疗服务专线、医院网络建设等方面的工作。目前,海外人才可参保保障额度更高、保障范围更广的团体高端医疗保险产品;投保高端医疗产品的海外人才,可获得国际旅行救援、国际医疗救援,网络医院就诊预约、医疗机构推荐和建议、直付等服务。有关机构还开通10108686咨询热线,为海外人才提供24小时双语电话服务。

三是完善教育环境。特别是针对外籍人员子女教育难问题,有关部门加大了学校建设规划力度,依据外籍人员及其子女数量和分布情况统筹,为引进的海外高层次人才开通"一条龙"服务通道。新增了上海惠灵顿国际学校和上海法德学校两所外籍人员子女学校,扩大国际教育资源供给,公布外籍人员子女学校蓝皮书,引导和服务在沪和来沪外籍人员子女就学。研究制定《上海外籍人员子女学校管理办法》,规范国际学校相关行为。

三、上海科技工作者队伍建设存在的主要问题

上海科创中心建设离不开天下科技创新英才。近五年来,上海制定了"人才20条""人才30条"和"人才高峰工程行动方案"等,集聚了一大批科创英才。但对标具有全球影响力的科技创新中心城市建设,上海在科技工作者队伍建设方面仍存在诸多问题。比如:顶尖人才引进不足、缺乏真正具有国际水准的大师级人物和高层次创新团队,科技工作者队伍的供给与结构、培养和成长、机制与体制、发展生态等方面都有待改善和提升。

(一)科技工作者队伍的供给与结构

建设具有全球影响力的科技创新中心,需要各类人才的支撑,其中最关键、也是上海当前最为稀缺的是企业家人才、科学家人才、科技创业人才和风险投资人才四类人才。从科技工作者角度看,科学家人才、科技创业人才的短缺是重要的供给与结构瓶颈。

1. 科技工作者队伍的供给问题

上海科技工作者队伍在人才供给方面的突出问题表现如下。

一是引进高层次科技人才的总量不足。多年来上海一直在扩大海内外高层次科技人才的引入范围,推出科技人才引进政策,但对标上海建设全球科技创新中心、推动高质量发展的任务与要求,对标国际大都市的人才引进标准与要求等还存在距离。2019年8月,上海科技创新资源数据中心、上海研发公共服务平台、爱思维尔公司推出的《2019国际科技创新数据洞见》研究报告中,比较了上海、深圳两个城市1996—2017年四种流动类型的科研人员分布情况,发现尽管两个城市在吸引人才方面优势明显,但对高水平活跃科研人员的吸引力仍不足[①]。目前,上海市还缺少基于高层次人才基础上的顶尖人才遴选标准和评估、认定机制及针对顶尖人才的专项支持计划;在引进人才的"主动出击"方面还缺乏"力度";上海市依托和借助中国驻外使领馆、海外机构、专业社团等的引才聚才作用发挥方面还有待强化,海外人才联络站的功能定位需进一步明晰,对有关企业赴海外引才的精准化的支持和引导不够。

二是明显缺乏海外科技人才团队。目前上海出台的各类海外人才的引入政策中,几乎没有对于团队引进的政策。2012年在科技部首批选立的86个重点领域创新团队中,上海只有1个团队入选。江苏、广东近几年均已出台专门针对团队建设的省级层面的政策,而且支持力度都在千万级别,广东最高可支持8 000万~1亿元;广东通过"珠江人才计划",大力引进创新创业团队和领军人才,前三批共引进57个创新科研团队和49名领军人才,集聚了包括4名诺贝尔奖获得者、2名诺贝尔奖评委在内的近千名高层次人才。2018年初上海推出三项外籍人才新政[②],希望能"团队式"引进"洋智囊",但是这三项政策主要是针对提供居留、出入境便利方面,并未涉及人才团队基金问题。在2019年6月上海市科协的问卷调查中,多数科技工作者都反映设立人才团队基金很重要,认为"非常有效"和"比较有效"的合计达到65.80%,认为"一般""不太有效"和"没有效果"的累计为34.2%(见图15)。

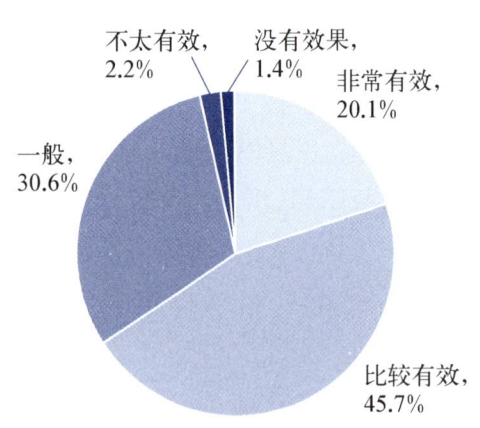

图15 设立人才团队基金的支持率

---

① 上海科技创新资源数据中心、上海研发公共服务平台、爱思维尔公司:《2019国际科技创新数据洞见》。
② 全称为"上海出入境聚英计划(2017—2021)",2018年1月16日公安部、上海市政府在沪发布。

三是严重缺乏重点发展产业人才。在上海科创中心建设的下一步努力方向中,其一就是要强化重点发展产业的顶层设计和制度供给,形成集成电路、人工智能、生物医药的"上海方案"。虽然最新统计显示,上海在人工智能、生物医药、集成电路三大领域的活跃科研人员数量、发表科研成果的数量和成果影响力方面均居世界大城市前列,科研实力也在全球平均水平之上[①],但从以上产业人才的现状和未来的长远发展来看,还存在着明显的人才短板。

(1) 人工智能人才。2018年7月13日,清华大学中国科技政策中心发布《中国人工智能发展报告2018》,报告中统计,截至2017年,中国人工智能人才投入总量达201 281人,其中,北京市优势显著,人才投入量累计达27 355人,名列全国第一;江苏省人才投入量累计达到19 293人,排名第二;陕西省人才投入量达12 878人,排名第三,而上海市有10 592人,排名在湖北省(11 773人)之后,位列全国第五。

(2) 生物医药产业人才。目前,上海的生物医药产业人才集聚在浦东新区,根据《浦东新区2018年人才紧缺指数报告》显示,从近三年重度紧缺岗位和紧缺岗位比例来看,相较于2016年(42%)和2017年(43%),2018年的重度紧缺和紧缺岗位占比为41%,略有小幅下降。但从各行业来看,生物医药业、信息服务业和商贸服务业的重度紧缺和紧缺岗位占比有所上升,其中,生物医药业紧缺程度加重,由2017年的紧缺变为重度紧缺。

(3) 集成电路人才:《中国集成电路产业人才白皮书(2017—2018)》指出,到2020年前后,我国集成电路行业人才需求规模约72万人,而我国现有人才存量40万人,人才缺口将达32万人。其中,从地区分布来看,2017—2018年集成电路产业人才求职活跃度最高的三个城市依次为深圳、北京和上海。上海市为14%,排名第三,明显落后于深圳的25%[②]。

2. 科技工作者队伍的结构性瓶颈

一是缺乏具有全球影响力、引领科技创新前沿的科学家人才。具有全球影响力的高端科技人才,是与全球一流的人才集聚平台载体紧密联系的。由于上海目前的创新平台级别还不够高、管理体制还不够活、创新氛围还不够浓,上海在全球人才竞争力、引进海外顶尖科学家方面仍然缺乏竞争力。从总体上来看,德科集团、欧洲工商管理学院(INSEAD)和塔塔通信(Tata Communications)联合发布的《2019年全球城市人才竞争力指数报告》显示,2019年上海的人才竞

---

① 上海科技创新资源数据中心、上海研发公共服务平台、爱思维尔公司:《2019国际科技创新数据洞见》。
② 中国电子信息产业发展研究院、工业和信息化部软件与集成电路促进中心等:《中国集成电路产业人才白皮书(2017—2018)》,2018-08-16。

争力位列114个城市的第72位,处于国际人才竞争力排名的50%~75%阵营,与处于前十位的华盛顿特区、哥本哈根、奥斯陆、维也纳、苏黎世、波士顿、赫尔辛基、纽约、巴黎、首尔差距明显,与中国台湾(第15)、中国香港(第28)和北京(第58)存在不小距离。从分项指标来看,上海在福布斯全球2000企业(拥有总部落地)、机场枢纽、研究及发展开支总额(占本地生产总值的百分比)、高校数量等方面拥有绝对优势,在个人社交网络具有相对优势,但在生活质量、环境质量、高等教育录取率、医疗密度、经济可承受度、高教人口、国际组织等方面存在相对劣势。从顶尖科学家方面来看,即使上海拥有的院士、"杰出青年""长江学者"等高端人才数量在全国排名第二,但其中能够真正进入全球前列的科学家屈指可数,大师级科技人才短缺。从科睿唯安(原汤森路透)公布的全球"高被引科学家"看,2014—2018年中国(含港澳台地区)高被引科学家共计1349人次,占全球高被引科学家总量的7.02%,上海的高被引科学家共计106人次,全国占比为7.86%,虽然在长三角地区总量最高且每年在递增,但是仍明显低于北京(29.5%)和香港(11.19%),与国际知名创新型城市相比,差距更加显著①。

二是缺乏掌握最新科技知识、怀揣创新创业梦想的科技创业人才规模化群体。从硅谷、深圳的成功经验看,它们都形成了规模化集聚的创客簇群,这是一批受过理工科学历教育,很多都有高科技企业从业经验的科技人才,他们为追求创新创业而来到一个城市、一个园区,甚至环绕一所大学、一家高科技先锋大企业形成集聚。这样的创客簇群在上海的张江、杨浦等已有雏形,但影响力还不大,由此导致上海缺少旗舰型、引擎型的高科技先锋企业和明星企业家,具有高潜力、能够把创业团队变为"独角兽"企业的青年科技人才也比较短缺。近年来,《福布斯》的"30位30岁以下俊杰榜单"几乎看不到来自上海的青年创业人才,而该榜单人选是被认为可能会出现下一个或多个未来的马云和扎克伯格的。有三个促进创客簇群形成的重要影响因素,即可释放众多创业机会的创新源,保障创新创业低成本进行的商务成本条件,以及满足创新创业活动需要的产业链配套条件。上海在前两个因素上存在明显制约,创新源不强、不活,商务成本居高不下,导致吸引力下降。

三是高端人才和基础性人才的结构平衡问题值得关注。实现创新驱动发展,不仅要注重高端人才,也要关注多层次人才。全球科创中心建设,既需要四梁八柱,也需要千砖万瓦;既需要领军人才,也需要有阶梯型的人才团队。互联

---

① 孙希昀、杨耀武:《中国-长三角-上海全球科研精英图谱——基于2014—2018年科睿唯安"高被引科学家"区域数据挖掘分析》,2019年10月。

网时代的科创人才,应该是大人才观,秉持梯度人才理念,既关注高精尖科技人才,也注重工匠人才的培养。从实践中看,上海这几年更多的是关注高精尖人才,往往忽略了工匠人才的培养,造成了许多高精尖技术不易落地和进行实际操作。从未来角度看,上海建设并持续维持具有全球影响力的科技创新中心地位,很重要的是依靠基层工匠人才的支撑,需要一代代人才来矢志不渝地接力、保持下去。此外,还存在突出高校科研机构创新人才、忽略企业科技创新人才,突出创新创业人才、忽略领导支持服务创新创业人才(如创业服务、法律、会计、金融、审计、知识产权等专业服务人才),突出科学家工程师、忽略企业家、职业经理人等问题。

四是本土科技人才的海外学术经历不足,上海科技人才队伍的国际化水平较低。 2019年6月,上海市科协的问卷调查结果显示(见图16),上海科技工作者对于"是否有过一年及以上的海外留学(含做访问学者)或工作的经历"的回答,"只留学"的占9.2%,"既留学又工作"的占6.8%,"只工作"的占4.3%,有79.7%的"都没有",国际化水平低不仅不利于瞄准世界科技前沿引领科技发展方向,也使得本土人才和海外人才的交流沟通存在严重不足。

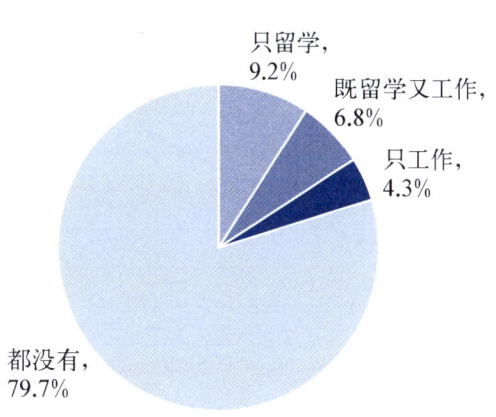

图16 上海科技工作者海外留学或工作经历

目前,上海国际化人才的集聚度仍然较低。据统计,近年来在沪工作的外国人才的数字连年增长,2017年11月在沪工作的外国人才数量达到21.5万人,占全国的23.7%,居全国首位[①]。但总体上看,在沪外籍人员占常住人口的比例还较低,仅为0.89%,与纽约、香港、新加坡等城市的差距还较大,远低于硅谷,且近10年来增速呈放缓趋势(见表6和图17)。由于政府缺位、越位、错位现象在科技人才工作中同时不同程度存在着,适应国际合作和竞争的社会管理和公共服务方面表现相对弱化。根据中国社会科学院与联合国人居署共同发布的《全球城市竞争力报告2017—2018》排名显示,上海的国际竞争力排名全球14位,呈现弱势地位,不仅位于纽约、伦敦、东京、新加坡等全球顶级城市之后,而且位于国内的深圳与香港之后。

---

① 2017年11月10日,在"2017上海外资研发中心论坛"上,上海市人力资源和社会保障局外国专家与留学人员工作处副处长祝颖华发言,中新社报道。

表6　上海与主要国际大都市外籍常住人口比较①

	上海	纽约	新加坡	香港
常住人口（万人）	2 415.27	825	507.67	707.1
外籍常住人口总量（万人）	21.5	306.7	184.6	58.2
比例（％）	0.89(2017)	37(2011)	36.3(2011)	8.2(2011)

图17　在沪常住外国人占上海常住人口比例

（二）科技工作者队伍的培养和成长

1. 内生基础研究人才培养上的欠缺

《2019国际科技创新数据洞见——全球热点城市比较研究报告》对上海的人才流动情况做了统计，发现上海科技创新人才中，论文FWCI（引用影响力）最高的流动类型为短暂流动人员，FWCI为1.63，即为全球平均水平的1.63倍，而本地研究人员FWCI最低，仅为0.94，低于全球平均水平。上海本土研究人员影响力偏低，说明上海在内生基础研究人才的培养上仍然较欠缺。这个报告也发现上海本土培养并留在上海的研究人员多于深圳，但这部分人的影响力低于深圳本地研究人员的影响力。此外，深圳与上海均体现出了外来研究人员影响力高于本土培养的研究人员，以及流失的研究人员较留在本土的研究人员和流入的研究人员影响力高的情况。可见，上海虽然呈现出领先的研究人员净流入状

---

① 数据来源：上海统计年鉴、纽约人口统计、新加坡统计局、香港政府一站通等。

态,但如何设法留住高影响力研究人员仍是一个重要课题①。

课题组在调研中发现②,当前上海在科技人才的培养和成长方面与著名的国际大都市仍存在差距,主要表现在:(1)社会和企业参与科技人才培养的意识不足,当前上海市科技人才的培养主要还是集中在高等院校和科研院所;(2)博士后培养中,过多的"统一化"管理限制了博士后工作发展的活力,"计划色彩"使招收单位的自主权受到限制,博士后工作经费投入不足,资助力度相对较低;(3)科研管理日益行政化,频繁的科研评价分散了科研人员宝贵的时间和精力,"双肩挑"和一身多职现象使得烦琐的行政事务挤占宝贵的科研时间;(4)科研人员,尤其是青年科研人员薪酬偏低,加剧了科研的功利化趋势,科研人员无法沉下心来搞研究,把冷板凳坐热;(5)科研奖励制度存在一定程度的偏差,重大科研奖项的功利效应被片面放大,各类科技人才支持计划种类繁多,叠加递进,客观上助长了青年科研人员的"功利化"申报动机。此外,国际交流与科研合作成效也不够显著。

2. 人才成长的支持力度不够

上海高层次人才在集聚规模、专业水平上已居于全国领先地位,但距离上海科创中心建设的战略要求还有不少差距,同伦敦、纽约等世界城市相比,人才队伍的国际化、高端化、市场化差距仍然较大,上海市在一些人才项目上的投入有待进一步加大。尤其是对于优秀青年人才,许多人才资助项目仍旧停留在多年前的资助标准,如本市对浦江人才计划、扬帆计划、启明星计划等人才计划项目,以及博士后研究人员的资助力度,同一些省市对同类型人才的资助标准差距较为明显,不利于在全球范围内吸引和集聚优秀青年创新创业人才。青年人才是事业发展的宝贵财富,加大对创新创业拔尖青年人才的资助和支持力度,是当前上海人才高峰建设亟须补齐的一个重要短板。

需要注意的是,大部分青年人在成长道路的关键时刻需要有人举荐,而目前对领军人才获得成果的要求高于对其带队伍、举荐年轻人的要求,"传帮带"机制不完善,有潜力的青年科研人员难以获得机会接触到国内一流乃至国际一流的大师,青年人才难以快速成长。同时,对青年科技工作者的使用不够合理。不少国外一流大学毕业归国的博士,因在国内还缺少影响力,承接项目课题难,很多人不但没能像在国外那样独立带领硕士生和博士生冲在科研第一线,反而只能成为院士、著名教授的打工者,甚至只能从最低的平台入手做起,这样既不利于

---

① 上海科技创新资源数据中心、上海研发公共服务平台、爱思维尔公司:《2019国际科技创新数据洞见》。
② 范国睿、童康、苏娜、曾林蕊、杜明峰、刘雪莲:《加强和促进我国高层次科技创新人才队伍建设的政策建议:以上海市为例》,第十一届上海市决策咨询研究成果,2016年9月。

人才的使用，严重违背人才成长规律，也在一定程度上挫伤了青年人才创新发展的热情和积极性。

（三）科技工作者队伍的体制与机制

近年来，上海市围绕"向用人主体放权，为人才松绑"的要求，出台了一系列人才政策；但当前人才工作仍然面临着科研成果转化难、收益难，事业平台和创新创业环境有待改善等体制机制方面的制约，科技工作者干事创业的制度瓶颈亟待破解。

1. 人才发展的创新创业平台有待完善

2019年6月，在上海市科协的问卷调查中，针对"上海在国际拔尖人才引进面临的主要困难"这个问题，受访的上海科技工作者的选择结果如表7所示。

表7 上海在国际拔尖人才引进面临的主要困难

序号	内容	占比(%)
1	人才发展的事业平台缺乏	38.40
2	人才引进后的服务保障不够	30.70
3	国际拔尖人才引进的经费支持不足	31.50
4	科研机构选人用人缺乏自主权	30.10
5	缺乏开放共享的国际拔尖人才信息平台	20.50
6	人才落户问题难以解决	19.90
7	外籍人才引进受到政策制约	10.30
8	其他（请说明）	3.50

总体而言，上海对科技工作者最大的吸引力是事业发展机会多，社会氛围开放。然而，对国际拔尖人才来说，又面临缺乏适合他们发展的事业平台、经费支持不足，以及人才引进后的服务保障不够、科研机构选人用人缺乏自主权等困难。上海已具备吸引国内外一般人才的条件和环境，但对国际一流人才的吸引力仍显不足。人才层次越高流动性越小，流动的风险也越大，全球顶尖级的外籍人才对家庭、团队的顾虑很多，对他们而言，最大的优惠政策不是钱，而是未来事业的平台。而在这方面，目前上海与其他全球性创新活跃城市尚有差距。

同时，科技工作者对上海创新创业的平台满意度有待提高。尽管外国科研人员远期看好包括上海在内的中国城市,但目前上海对外籍科研人员的吸引力还不大。据《自然》杂志在国际学者中的问卷调研发现,60%以上生物和物理领域的受访者看好中国科学发展前景,但仅有 8%的人表示准备在近期内去中国,多数人由于政治和文化等因素仍选择在美国、欧洲、加拿大和澳大利亚发展。另据有关数据显示,无论是金砖国家,还是 G20 及欧洲五国国家人才,上海都不在最受欢迎目的地城市排名中。据课题组的调研(见表 8),科技人才对学术环境、学术氛围的满意度最低,特别是在建立宽容失败的氛围、挑战学术权威的氛围以及学术独立等方面满意度最低,不满意度最高,这都一定程度上影响了对人才的吸引和集聚。

表 8 上海科技人才对创新环境的评价①

	政府鼓励创新的政策	创新型人才培养	产学研合作	知识产权保护	信息、通讯服务质量	风险投资的可获得性	宽容失败的氛围	挑战学术权威的氛围	学术独立、不受行政干预
非常好	13.8%	8.1%	6.3%	6.4%	7.8%	3.8%	4.3%	4%	4.4%
较好	43.5%	33%	28.3%	29.6%	36.9%	18.9%	18.2%	15.1%	16.3%
一般	28.9%	41.9%	46.8%	41.3%	38.3%	43.8%	37.4%	34.2%	34.8%
不好	3.2%	7%	6.7%	12.8%	6.8%	11.4%	26.9%	34.1%	30.6%
不知道	10.6%	10%	11.9%	10%	10.1%	22.1%	13.2%	12.7%	14%

2. 人才引进后的服务保障有待改进

当前,科技人才引进后的后续管理和服务保障还不够完善,从 2019 年 6 月上海市科协的问卷和深度访谈中,发现以下几个方面的问题。

一是科技工作者的薪酬体系问题。目前,与江苏、浙江一些高校、科研院所相比,上海科技工作者的总体收入并不高,且稳定性收入部分比例较低。上海市事业单位科研人员的收入构成主要由基本工资、绩效工资、课题费中的人员费用、成果转化收入等四部分组成,其中,绩效工资总额限制对体现科研人员的实际工作量和实际贡献有限制和影响;成果转化收入可以不纳入绩效工资总额,但受益面还不大。同时,对高层次人才实施高薪酬势必降低其他人员薪酬水平,使得科研院所经费总盘中难以提供具有国际竞争力的薪酬,造成在国际人才市场的竞争力不足。另外,转制后的院所,受到国资委对工资总额和职工人均收入的限制要求,不能不影响科研人员创新创造的积极性。

---

① 资料来源:上海市科协,引自《中国(上海)自由贸易区人才制度创新研究》(课题编号:HZ2014-06)。

二是子女受教育的问题一直较难解决。 上海市科协发起的访谈调研显示，当前归国科技工作者对子女教育问题的关注度很高，一度超过了其他重要议题。其中，很大比例的归国科技工作者对学校的教育方式和内容不满意，很多归国科技工作者认为学校离家太远、难以实现就近入学，超过半数人认为收费太高，还有不少归国科技工作者的子女出生在国外，中文基础差，难以适应公办学校。对子女在国内无法接受优质教育的担忧甚至成为部分海归人才又流向海外的关键因素。

三是住房困难仍然是大问题。 住房问题一直是近年来上海引进人才和留住人才的短板之一。日益高企的房价使创新创业人才面临着沉重的生活压力，严重制约了上海吸引全球优秀人才的竞争优势。住房问题的根源在于上海科技工作者的收入总体相对不高，且稳定性收入部分比例较低，也反映出科技工作者薪酬体系尚未能充分体现价值导向。虽然市级层面和各区出台了一些人才公寓、购（租）房补贴等政策，但远远满足不了人才的刚性住房需求。在住房保障问题上，市区联动仍不够紧密，条块结合亟须加强。区级层面有土地资源，在人才公寓建设和使用分配上有较大的支配权，而市科教文卫系统等一些高层次人才更为集中的条线获得人才公寓使用配置权却要相对困难得多。

3. 淘汰机制有待建立和优化

上海的科技产出效益还不足，淘汰机制还有待建立和优化。目前上海科技人员在科技产出率上仍然不高，反映在每年产生的重大科技成果和发表的高质量、有影响力的研究论文数量还不足，高层次的创新型科技人才的创新活力也有待增强。从知识产权数量上看，2018年上海每万人口发明专利拥有量为47.5件，虽然在全国居第二位，但是远低于北京（111.2件），更低于北京的海淀区（329件），而在国际专利（PCT）申请量上，上海（0.25万件）显著低于广东（2.53万件）、北京（0.65万件）和江苏（0.55万件），仅列全国第四位。其PCT拥有量在国际上更大大低于伦敦、东京、纽约和巴黎等国际城市，这些城市的PCT拥有量基本都是上海的10倍以上，差距明显[①]。

从当前的管理机制上看，还缺乏对科技人才的淘汰管理机制，当前已有的淘汰机制也大多处于休眠状态，没有起到应有的激励和诫勉作用。为了更好调动科技人才的积极性，制定和完善引进人才的淘汰制度，加强执行力，实行必要的量化考核，确保各类科技人才引进的投入与产出成正比，弱化引进人才的"光环效应"，是非常有必要的。

---

① 根据2019年1月10日国家知识产权局在北京举办的新闻发布会及2019年4月23日上海市政府举行的新闻发布会提供的数据，同时与其他地区发布的数据进行比较和整理而形成。

（四）科技工作者队伍的发展生态

1. 创新策源能力提升的人才发展环境

近年来，上海在国内外人才引进、人才居住证积分落户、科研人才流动等方面，先后出台了相应政策，但是人才政策服务体系，还难以形成对创新人才从教育、成长、发展和发挥的多层次生态体系，难以构建适合和匹配人才创新成长的发展环境，人才的发展环境与建设科创中心，特别是打造全球科技创新策源新高地的要求相比仍有不少差距。在上海市科协组织的问卷调查中，受访科技工作者认为，上海的科技人才发展环境主要存在创新型人才培养环境不理想、科研道德和学术规范有待提高、政策法规不健全、缺少宽松的科研创新氛围等问题和不足（见图18）。政策环境是影响科技工作者成长的主要社会因素，而科技人才政策落实不到位、激励机制不完善等因素制约了上海科技人才队伍建设。

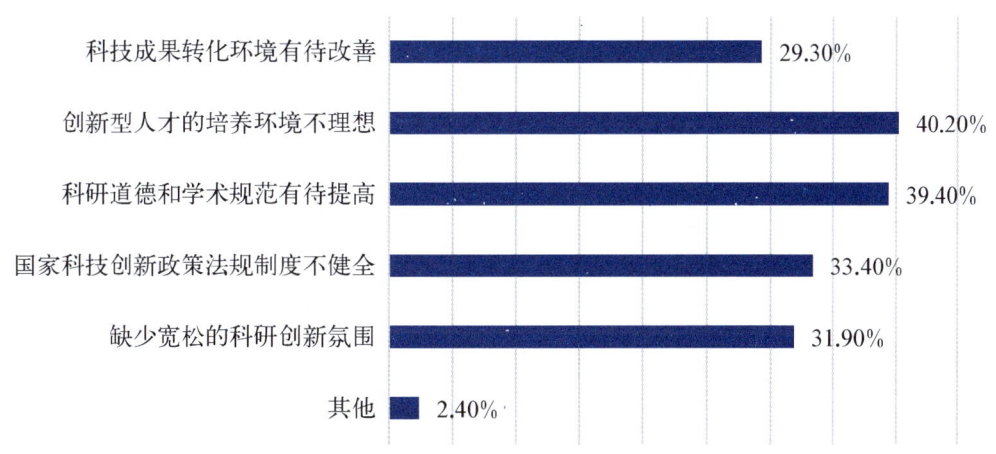

图18　上海的科技人才发展环境的主要问题

2. 人才创新发展的宽容环境

从上海市科协的问卷调查和深度访谈的结果来看，上海宽容失败的科研氛围尚未真正形成，在问卷调查中，对于上海"宽容失败的氛围"，科技工作者认为"非常好"的占11.40%，认为"比较好"的占42.40%，而认为"一般""不够好"和"很不好"的累计接近半数，达到46.1%，可见近半上海科技工作者认为上海宽容失败的氛围不够理想（见图19）。宽容失败，既可以避免"成王败寇"的逻辑，避免创新创业人才制造"硕果盈枝"的虚假繁荣，又有利于更好地总结教训，

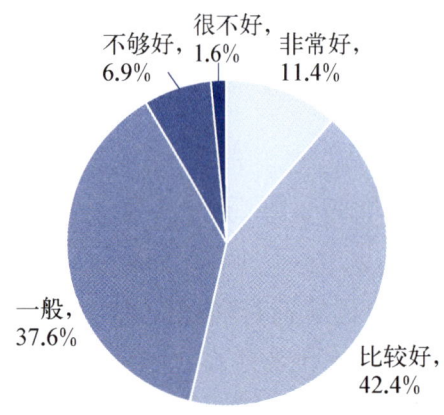

图19 对上海"宽容失败的氛围"的评价

真正让失败成本转化为成功资本。但当前的科研项目考核以结果导向的目标考核为主要手段,使科技工作者感到较大的压力,尚未把"宽容失败就是鼓励创新"的观念融入上海经济社会发展实践之中,那些承担着探索性强、风险性高的科研项目的科技工作者,还缺乏体制和机制上的切实帮助和扶持。

3. 融会中西、包容多元的科创文化建设

与新加坡、中国香港等周边国际化程度较高的国家和地区相比,上海在人才环境的开放度(居留政策、出入境政策)、国际人才生活的便利度(公共管理服务、生活配套服务)、法制税收环境、语言文化环境等方面还存在着不小的差距。突出的表现是:外籍人士仍普遍感受到在中国生活和工作还存在诸多不方便,以致有专门的生活和工作服务"秘书"需求。国际社区的生态环境和国际化程度仍有一些差距,"类海外"的创业环境、办公环境、生活环境等均未形成。

上海具有建设国际金融、贸易和航运中心的良好条件,也具有建设全球科技创新中心的硬件环境,但创新创业文化软环境则仍然相对滞后,并成为促进上海改革创新的瓶颈短板。上海地方文化中存在着有利于创新的因素,包括敢为天下先的精神、上海海派文化的开放性等。但作为一个国际大都市,在历史、环境变迁中浓厚的科技创新文化氛围则尚未完全形成,与企业家精神相比较,一定程度上还存在抑制创新的现象。如上海地方文化中存在着安于现状、压制创新的所谓"白领文化"现象,会形成文化的结构性锁定。相较于美国硅谷的文化,上海的"职员文化、白领情结"较为浓厚,科技人才冒险精神不足,创新团队"大兵团"协同创新力度不够,显示出创新创业文化仍需进一步倡导强化。对科技工作者的不良影响体现在:部分科技工作者安于现状,满足于小打小闹,攀登世界科技高峰的自信心不足,缺乏敢闯敢干的精神;部分年轻科技工作者心浮气躁,急于求成,缺乏甘于寂寞、"十年磨一剑"的精神;有的科研团队自我封闭,近亲繁殖,不同学科之间缺乏交往、沟通和相互学习,等等。此外,上海还存在注重实惠等小市民的习气,一定程度上会形成排斥创新、比较保守、安于现状的负面文化形态。

四、上海科技工作者队伍建设的人才战略取向

建设科技创新中心和卓越全球城市,是国家战略,更是上海即将基本建成"四个中心"之后又将全力推进的中长期发展新战略。习近平总书记视察上海时,提出要努力实现科学新发现、技术新发明、产业新方向、发展新理念从无到有的跨越,要成为科学规律的第一发现者、技术发明的第一创造者、创新产业的第一开拓者、创新理念的第一实践者,对上海强化科技创新策源功能提出了更高的标准和要求。而高素质的上海科技工作者队伍是上海建设科技创新中心和卓越全球城市的关键,是实现四个"第一"的基础保障。在长三角一体化高质量发展的背景下,破解上海科技工作者人才队伍发展的瓶颈难题,通过政策创新、体制机制改革和举措突破,实现人才全球战略与构建人才发展新格局,需要全上海的科技工作者全力以赴,共同努力。

(一) 推进人才理念变革与创新

1. 创新发展、大胆突破

加快推进上海科创中心建设,人才战略是根本。上海在科创中心建设推进的过程中,在人才的发展战略上首先要有所创新突破,坚持解放思想、大胆探索,人才战略理念上要有所创新,人才政策制度上也要有所创新,人才的实施举措上也要有所突破。真正做好战略的创新突破大文章,上海才能走出具有自身特色的人才新路,才能真正做到择天下英才聚而用之。

2. 放眼全球、对标国际

上海要建设卓越的全球城市,必须树立全球视野,主动对标国际一流、上海服务国家战略的思想,加快推进科创中心建设,全力以赴推进张江综合性国家科学中心建设。上海的高端人才资源更多的要来自海外,要放眼全球,吸引更多的国际顶尖人才和科研机构。

上海要顺应经济全球化和人才国际流动的发展趋势,抓住全球城市建设的发展机遇,以建设中国(上海)自由贸易试验区、全球科技创新中心为契机,加快确立人才优先发展战略布局,着力推进人才政策和体制机制创新,全面优化人才发展环境,集聚和配置全球范围内引领潮流、掌握资源、具有影响力的人才,搭建世界级事业发展增值平台,创设与全球城市建设定位相衔接、与人才自由流动相适应、具有国际竞争优势的人才制度和治理模式,建构和优化适宜居住、充满活力、和谐幸福的人才环境,把上海建设成为立足亚太、面向全球的具有重要影响力、吸引力、配置力的全球人才枢纽。

3. 聚焦战略、突出优势

要从瞄准世界科技前沿,承担国家赋予上海实现前瞻性基础研究、引领性原创成果重大突破的战略使命、战略需求出发,从为建设科技强国、创新发展提供有力支撑的角度出发,从城市发展重要需求、重大问题出发,聚焦优势开展人才高峰建设。主要包括:暗物质研究与天体观测、生物遗传与表型研究、量子通信及计算技术、合成科学、脑科学等重大基础科学创新高峰;先进计算技术,机器人与人工智能,智慧交通与智能城市,新一代通信及物联网技术,精准医学与重大疾病诊疗,纳米技术与材料科学,航空航天科技,海洋、极地科技及装备颠覆性技术开发高峰;能源、动力的清洁化,环境保护与污染治理,城市安全与灾害防治等城市发展重大问题研究高峰领域。

要从结合上海自身禀赋、历史条件、现实基础,把握建设张江综合性国家科学中心契机,围绕提升全球科技创新中心显示度、影响力的角度出发,聚焦优势领域、核心区域,推进人才高峰建设,形成竞争优势,围绕重大科技基础设施和国家实验室建设,重点引进光子科学与技术、生命科学、计算科学与信息技术、类脑智能、能源科技、纳米科技等优势领域人才。围绕创新单元、研究机构与研发平台,重点聚焦暗物质、材料、生命科学、量子科学等领域高峰人才;重点突出生物医药、新材料、新一代信息技术、智能制造等领域人才。

4. 合作发展、协同推进

长三角区域作为中国经济最发达地区之一,区域内城市群26个,城市总面积约21.1万平方千米,常住人口约1.5亿人,地区年生产总值约16.5万亿元。系统推进上海建设具有全球影响力的科技创新中心,需要集聚长三角各地之力,集聚更多的要素资源,尤其是上海要肩负起科技创新策源地的重任,更需要与周边城市形成更好的联动协同。上海的科技人才战略要在一个整体性综合发展的框架下,制定协同发展的人才战略目标和规划,完善区域协同的人才制度和机制,实施相对应的科技人才协同保障体系,从而实现一个区域内人才协同共赢的战略愿景。

(二) 把握几对重要关系

1. 准确把握"十四五"规划与2035、2050中长期发展目标之间的关系

"十四五"规划期间将全面建成小康社会、实现第一个百年目标后接着开启

全面建设社会主义现代化国家新征程。2035年基本实现现代化的起步阶段,具有承上启下的作用,既要在"十三五"发展的基础上深化改革、全面转型,又要为实现2050年战略目标创造条件、夯实基础。因此,当前人才发展的重点在于引领发展,要加速引领发展能力、进一步激发发展潜力、有效释放创新创业创造活力,为实现2035年、2050年的发展目标奠定基础。

2. 准确把握政府、市场和用人主体之间的关系

既要突出充分发挥市场配置人才资源的决定性作用,又要突出更好发展政府作用,同时还要正确把握政府与企业、政府与事业单位、事业单位与企业,以及公有制单位与非公组织之间的关系。

3. 准确把握产业结构、社会发展、城市空间之间的关系

构建经济社会事业发展与人才开发的良性循环机制,把人才队伍建设和发展融入经济社会发展的整体战略布局之中,要从以往强调为经济发展提供人才保证和智力支持,转到强调人才与现代产业体系、社会发展以及城市空间拓展的良性互动的道路上来。

4. 准确把握内生变量(培育)与外生变量(引进)之间的关系

一方面,培育适应以服务经济为主的产业结构、以创新驱动为主的发展模式,规模宏大、结构合理、充满竞争力、影响力的人才队伍,为创新驱动、发展转型提供内生动力。另一方面,进一步扩大开放,加大人才引进力度,增加人才发展的外生动力。

5. 准确把握人才高峰和人才高地之间的关系

既要充分关注和重视高端人才、精英人才的吸引、集聚和培养,同时,也要注意人才资源的整体开发,为基层、一线人才提供成才与发展的空间。既要关注需要体现竞争实力、具有全球影响力、能够引领未来发展的重要资源和人才,以此实现重大突破、带动整体发展,也要把更多的空间和舞台给予"小青新",即中小企业、青年人群、从事新产业、新业态、新技术和新模式的群体,给予支撑发展的骨干人才。

(三)优化与提升科技工作者队伍结构和质量

1. 优化科技工作者队伍结构

(1)培养上海的战略科技人才

党的十九大报告明确指出,要培养和造就一大批具有国际水平的战略科技人才。上海要着眼和把握未来发展趋势,要敢于赋予具有战略家潜质的人才相

应的权力和责任,要建立促使其做战略决策、开展战略组织领导的动力机制、激励机制,以及支持其实施战略的咨询支持机制、服务机制和资源支持机制。要注意研究战略科技人才的内涵、特征与成长规律,探索上海市战略科技人才的遴选标准和评价方式方法,积极培养出自己的战略科技人才[①]。

(2) 培养助力产业链重塑和价值链升级的人才队伍

在经济全球化的趋势下,产业数字化、网络化、智能化的融合发展带动产业人才培育新动能。未来人才队伍结构规划须突出先导性和前瞻性,优先培育一批战略性新兴产业人才,为夯实产业体系支柱提供智力保障,实现人才的供需匹配和动态均衡发展。抓住全球价值链重构和产业分工格局重塑的机遇,建立起适应上海经济社会发展需求的人才队伍结构和层次。

(3) 培养基础性人才

上海科技科创中心的建设需要大量的人才。不仅需要高端的、高层次的领军人才,各类技能型、实用型的基础性操作人才也相当匮乏,甚至在某种程度上对于高级技能型人才的需求更为急迫。上海的各类高校、科研院所,不仅需要培养科学家、专家,还需要引导其树立培养能够直接做精细实验、生产加工的基础性操作人才的意识。鼓励中等专业学校、高等职业技术学校强化专业基础操作性人才的培育,探索给予一定的政策扶持。

2. 提升科技工作者队伍质量

(1) 吸引海外高端科技人才

面对目前具有全球影响力、引领科技创新前沿的科学家人才严重不足的局面,上海要进一步利用招商引资、举办海外专题说明会等载体,搭建海外高层次人才引进平台,积极参与国际人才竞争与合作。继续实施更加积极、更加开放、更加有效的人才政策,努力提升海外专家的服务水平,建设世界一流的人才发展环境,不断优化营商环境和国际人才服务保障体系,为国际人才提供更好的施展才能的舞台,进一步提升国际人才的获得感和满意度,让上海成为天下英才最向往的地方之一。

(2) 壮大科技工作者规模

上海要建立科学的科技工作者的战略规划,保持高端科技工作者的数量规模、人员结构等走在国内前列。针对目前科技工作者总量不足的问题,上海要加强科技工作者人才队伍的引进;同时要完善科技工作者的培养途径和方式,加强本土科技人才的培育,适当拓宽重点领域、重点产业的高端青年科技工作者的入

---

① 汪怿.以科技引领未来的战略家不能缺位.《光明日报》2019-08-25。

户政策,完善本土科技工作者的留用机制。

(3) 加大科技人才团队的引进

上海加强科技人才团队建设已是成为优化科技人才队伍的一个重要方面。一方面,通过规划科技工作者创新团队的建设,确定培养方向,完善培养机制,逐步培养人才梯队结构。另一方面,加大科技人才团队引进力度,给予科技团队的领头人更大的队伍管理平台和人才使用权,鼓励其建立合理的人才梯队。

(四) 建立人才生态系统,提高创新策源能力

1. 满足创新创业者事业发展生态的需求

(1) 打造科技人才事业发展平台

政府要引导支持科技创业园、大学科技园、留学生创业园、企业院士工作站、博士后工作站、企业技术研究中心等创业创新平台建设,促进产业、园区和人才三者的有机结合,形成企业之间、人才之间良性竞争互动。政府还要适时转换角色,更多地支持公共服务职能,为科技人才创办企业提供各类孵化服务、专业服务和科技服务,助力科技人才创新创业的事业发展。

(2) 提供细致周到创新创业服务

为科技人才"落地生根"提供配套服务,真正做到不仅"以食引鸟",更要"造林留鸟"。以"服务"为重心,建立和配备高层次人才服务机构、服务窗口、服务人员,为创新创业人才提供注册登记、高新认定、专利信息、融资贷款等"一条龙"服务,使创新创业服务更细致便捷,更贴近科技人员的需求。

2. 满足科技工作者生活保障的需求

(1) 完善服务模式方便科技工作者生活

政府要完善社会福利待遇的办理模式,打破各部门各自为政的模式,建立服务平台,形成合力、实现资源共享,建立办理人才落户、居住证、社会保险等相关事宜基础业务服务平台,使政策落地。为各类科技人才提供一揽子创新创业"上门服务",一站式生活居住配套服务,帮助科技工作者更好地扎根、服务于上海。

(2) 用特殊的政策解决人才留居问题

宜居宜业是人才的共同渴望。为留住人才,就要让青年人才住得有尊严,只有满足了他们生存、安全的基本需求,才能谈得上更高层次的追求。上海生活成本较高,可通过阶梯式住房政策,帮助创新创业人才、青年人才、高层次人才安居乐业。同时,灵活应用公共租赁房、经济适用房以及人才公寓的特性,结合人才的实际需求,形成激励与扶持并重的保障体系。

3. 通过优惠政策弥补薪酬体系不足

政府可以考虑通过优惠政策对重点产业领域的科技工作者给予政策支持。如对青年人才提供购房补贴、优惠配租、住房共有产权等多种模式帮助科技工作者渡过薪酬不足的难关,通过过渡性住房帮扶政策帮助青年科技工作者解决现有的薪酬满足不了上海购房的住房需求问题。上海还应继续深化人才发展体制机制改革,向用人主体放权、探索试点建立新的薪酬体系,积极帮助解决居住、子女教育、医疗等人才关切的实际问题,使科技工作者能消除生活顾虑,安心工作。

(五) 匹配重点产业科技人才的需求与供给

1. 以产业定向精准聚集人才

上海的科技人才战略必须紧紧围绕集成电路、人工智能、生物医药几大重点产业,以国际化的视野对产业进行目标确定,以更广阔的视野建立核心产业的优势,形成以人才兴产业,以产业聚人才的人才战略。形成城市、产业、人才的良性互促互动,引才、用才、留才等方面的政策都要充分考虑产业发展需求,实现产业科技人才、城市科技人才的持续稳定性的供给。

2. 为产业进行梯度化育才

产业结构调整和高端化不仅需要专门从事产业技术研发创新、企业战略决策等领域的高端人才,也需要诸如中层管理者、产业技术创新的协同者等中层次人才,以及产业发展的基础应用型人才。对于不同层次的人才,上海需要切实了解现有不同产业链条中的人才需求,找寻人才政策对其尚未覆盖到的"缝隙",对产业链上人才的层次、人才的结构以及人才的供给情况进行调查和研究,对人才的需求有针对性地实施梯度引进和培育。

3. 政策倾斜重点产业人才

通过资金扶持、人才落户、重大项目匹配等手段,加大向重点产业、企业的政策扶持,增强企业对人才的吸引力,吸引更多的科技人才到企业中就业、立业、创业,以改变原有的科学研究与工程技术人员结构失衡的问题。

(六) 促进人才多元化、国际化的协调与共融

上海建设卓越全球城市,对于全球人才、外籍科技人才的引进和使用要不断加强。上海应实施更加积极、更加开放、更加有效的多元化人才政策,努力

提升服务水平,建设世界一流的人才发展环境,为外国人才提供更好施展才能的舞台,进一步提升外国人才的获得感和满意度,让上海成为天下英才最向往的地方之一①。

1. 完善海外科技人才引进制度

(1) 科学规划海外人才资源配置

上海配置全球人才资源,可以运用大数据等技术手段,基于引才需求,科学规划海外科技人才资源配置。运用大数据,在海外人才需求上面向世界科技前沿、面向上海重大需求、面向国民经济主战场,充分论证,做好技术预见,明确上海创新发展的主攻方向,紧扣发展,坚持需求为导向,科学规划海外科技人才配置,精准引进。

(2) 拓宽海外人才引进模式

上海应改变原有的以依托政府行政引进海外人才的单一方式,拓宽引进海外人才的模式。加大全球布局和联系程度,加强与全球主要创新城市和地区合作,建立与硅谷、伦敦、波士顿等世界级创新城市的交流与合作平台,探索建立国际科技合作联盟、国际科技合作基地、国际科技产业合作园区,打造具有国际影响力的博览会、高峰论坛和学术会议,吸引全球各类人才。设立海外人才离岸创新创业国际化发展资金,支持企业、社会组织、创新创业团队基于市场原则,在全球布局,开展国际市场拓展、国际研发合作和国际化环境建设,鼓励企业、机构通过自建、并购、合资、参股、租赁等多种方式建立海外研发中心、实验室、国际孵化器,开展关键核心技术研发、产业化应用研究、创新创业孵化,吸引和集聚更多海外优秀人才。对企业、创新创业团队围绕重点领域、产业与世界五百强企业、全球一百强大学、全球一百强研究机构开展实质性合作,联合进行新技术、新产品研发、转化、技术引进创新等活动,加大多元化的支持力度。在支持资助高校院所、科技企业联合创办国际大学、实验室、跨国合作协会组织等方面,在境外新设立研发、销售分支机构。吸引国际知名高校技术转移办公室、国际技术转移促进和服务机构在张江、自贸区设立分支机构,建设全球技术转移枢纽,为引进跨国技术转移项目、吸引全球人才搭建平台。发挥留学人员及其社团在吸引集聚海外留学人才中背景相近、经历相似、话语相通、需求相同的优势,吸引和集聚更多人才。还可以适当尝试采取直接引进、依托项目、名誉聘用和短期培训等多种引才模式。在现有科技专家库基础上,围绕创新链扩大专家属地范围,丰富海内外杰出专家信息,建立全球科技专家库。同时鼓励创新引才渠道,通过区域间共享

---

① Welcome to SH! 在沪高层次外国专家为科创中心和卓越全球城市建设建言献策 搜狐上海科技 2019-1-15 http://www.sohu.com/a/289215216_225083.

外国专家资源、国际合作办学、与世界知名跨国公司合作、发挥侨联优势等渠道更广泛地吸纳海外人才。

2. 建立国际化视野的人才培育机制

（1）培养科技人才的全球战略思维

积极探索与国外著名大学、国际性大公司合作的国际化联合培养新模式，充分运用国际优质教育资源；大力引进高端外籍教师，邀请国际知名专家、学者进行学术交流，由国际化的教师和国际化的学生共同构成国际化的校园。学习国外先进经验，鼓励大学＋科研机构，大学＋高科技企业，以及大学＋新型研学机构，建立新的全球观的产学研结合的联合人才培养模式，尤其是联合国际知名院所或跨国企业，加速推进科技人才的国际化培养进程，面向世界、融入世界。

（2）有计划推动科技人才出国（境）培训

组织出国留学、出国培训，是培养本土的国际化人才最直接、最有效的途径和方式。在扩大培训人员总量的基础上，要调整培训人员结构，适当增加战略性新兴产业研发和管理人员出国（境）培训的比重，全方位地推进人才国际化培训工作，建立上海境外培训基地，构筑本市出国（境）培训的海外工作平台。

3. 探索全球化人才的使用机制

（1）探索务实高效的人才使用机制

按照"充分尊重、积极支持、放手使用"三个重要原则，发挥海外科技人才，特别是海外高层次科技人才的作用。上海要进一步聚焦国家战略、聚焦重大产业项目、聚焦创新基地，实施重大科技攻关计划和重大工程项目，为高端人才创新创业搭建平台与载体；要聚焦发展总部经济，集聚一批国际组织、世界五百强企业总部、跨国公司总部和研发机构，建设一批世界一流和高水平的高等院校和科研院所，让国际化人才创业有机会、干事有舞台、发展有空间，实现和提升价值。

加快建立新型研发组织，实行以人才创新试验，形成可复制、可推广的符合国际惯例的科研管理制度。建立新型的人员管理方式，不定行政级别，不定编制，实行人员总量管理。不受岗位设置、工资总额等限制，在人员聘用（任）、职称评定、出国审批等方面享有充分的自主权。建立经费稳定支持机制，对面向顶尖人才的国家实验室、科学家工作室、新型研发组织单设预算户头，统筹安排人员经费、开放运行费、科研仪器设备与基础设施修缮购置经费、基本科研业务费、国家科技计划委托项目经费、基本建设经费等。建立任务导向、目标导向，兼顾长期效益和短期目标相结合的评估考核制度，将任务及目标的完成作为评估考核的主要依据，不以发表论文、获得奖励为导向，评估以年度自评和外部中长期评估为主，注重第三方评估和国际同行评价。

（2）探索开放、流动、竞争、协同的用人机制

以国家实验室为引领，探索按需设岗、按岗聘用、合同管理、动态调整、能进能出的机制。聚焦国家实验室的目标任务，依据章程确定组织架构，设立相应的研究部门和首席专家岗位，赋予首席专家更大的人财物支配权和技术路线决策权。对科研人员、实验技术人员和管理人员，采用不同的聘用、管理和评价方式，不唯身份，不唯资历，不唯职称，既要看水平和能力，更要综合考察其职业道德、追求卓越的科学精神、岗位责任感和事业心。实行稳定与流动相结合，保障与激励相结合的聘用与收入分配制度。科研人员面向全球招聘，其中，来自国内的全职科研人员主要采取双聘制，人事关系、档案等保留在原单位，薪酬由国家实验室支付，在国家实验室取得的科研成果与原所在单位共享，所发表的论文联合署名。聘期结束后，可以由国家实验室续聘，也可以回原单位继续工作。来自国外的科研人员实行合同管理。非全职流动科研人员依据需要，名额不限，合同管理，随时聘任，聘期可长可短。实验技术人员相对稳定，绩效以服务对象为主体进行评价考核。

（3）提供优越的科研条件和保障

提供持续稳定的科研经费支持，保障科研人员潜心开展科研工作。提高科研队伍国际化程度，除特殊领域和项目外，积极吸纳一定比例的外籍科研人员。建立与科研人员能力和贡献相一致、具有竞争力的薪酬待遇，对于实验室负责人、部门负责人和首席专家，实行年薪制。对于各类特殊人才，制定相应的特殊支持政策。国家对突出贡献者给予荣誉和奖励。

（4）集聚使用海外科技人才资本

上海要创新海外科技人才引才用才机制，拓宽具竞争力的国际人才集聚政策的制定思路，提升城市吸引力、创造力、竞争力，更多地吸引海外的科技人才主动向上海流入。上海应建设全球科技人才枢纽，凭借核心节点地位，在全球科技人才网络中既聚集又辐射，保证海外科技人才显性与隐性人力资本都得到流动，"变人才所有权为使用权"，实现全球科技人才资源的共享。

4. 营造国际人才交流环境

（1）鼓励科技人才多元文化交流沟通

全球视野下的人才不仅要知晓本国的文化，精通本专业的知识和技能，还要有跨文化知识的沟通能力。既具备对文化差异的敏感，又具备对文化差异的包容。全球背景下的人才应当具备国际化的视野和独立的国际活动能力。随着上海企业的自身发展和壮大以及在沪跨国企业的增多，行业协会和研究学会也应通过举办多层次、多主题的跨国学术、技术交流活动等，在科技人才国际化方面

扮演更多的角色,发挥更重要的作用。

(2) 营造科技人才国际交流良好环境

首先,上海要审视国际人才流动的新动向、新特点,超前谋划,在充分发挥政府人才管理的主导性力量基础上,全面完善民间团体和社会力量在海外学术工作者沟通与联系上的灵活性,形成多措并举、优势互补、合力引智的良性局面。其次,要营造有利于国际化人才流动的软硬件环境。积极开拓网络、移动互联媒体等新兴数字化传媒的便捷通道,拓宽高学术性科技工作者交流的渠道和实现自身价值的空间;建设国际上最强的领域性研究中心或机构,吸引大批国际一流学者自发前来长期工作。

(七)加强党的政治引领和政治吸纳

进一步完善科技工作者联系服务机制。及时制定出台党委联系服务专家工作实施意见,健全党政领导干部直接联系人才机制,完善经常化的人才调研制度。与科技工作者密切思想联系,加强感情交流,帮助解决实际问题。要与科技工作者真诚交朋友、结对子,虚心向人才学习。做到政治上充分信任、思想上主动引导、工作上创造条件、生活上关心照顾。进一步加强对高层次人才的政治引领。在科技工作者中开展"弘扬爱国奋斗精神、建功立业新时代"活动,大力弘扬爱国奉献精神。把教育培训作为强化人才政治引领的重要途径,组织开展高层次人才研修,加强中国特色社会主义理论体系教育培训。同时在全社会营造爱才敬才惜才容才的浓厚氛围和尊重人才、见贤思齐的社会环境。

分报告一
调查研究篇

(上海科技工作者基本状况)

一、上海科技工作者总量特征

（一）上海科技工作者基本情况

1. 上海科技工作者的数量统计

科技工作者主要包括科学研究人员、工程技术人员、农业技术人员、卫生技术人员、自然科学教学人员以及在相应岗位上从事实际工作的专业技术人员等。科技工作者是专业技术人才队伍的重要组成部分，但目前对非公企业科技工作者的全口径普查统计还不完善，为此我们结合2010年人口普查10%抽样调查数据及《上海市统计年鉴》数据，推算出2016、2017、2018年上海科技工作者队伍规模分别达到212.75万人、222.92万人和231.84万人（见图20）。

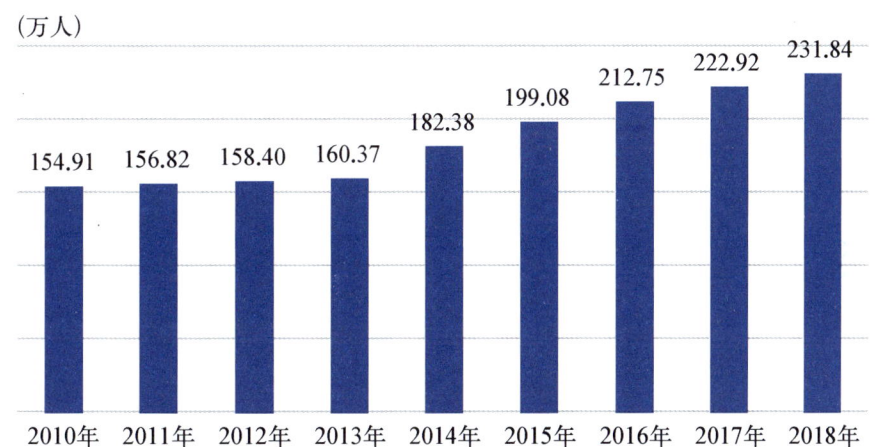

图20　2010—2018年上海科技工作者队伍规模变化情况

2. 近十年上海市从事科技活动人员数量

（1）近十年上海市科技活动人员年均增长9.1%

2007—2016年，上海市科技活动人员由22.79万人增至49.88万人[①]，年均增长9.1%。其中，2016年上海市科技活动人员同比增长11.3%，增幅比2015年上升10.7个百分点（见图21）。其中，2016年比2011年增加12.35万人，近五年增幅为32.9%。

---

① 2017年上海科技统计无科技活动人员统计数据。

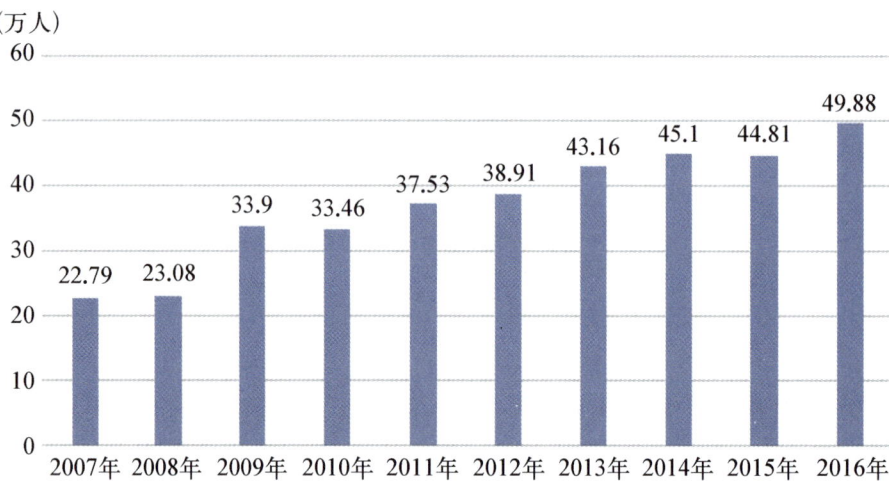

图 21　2007—2016 年上海市科技活动人员数量

（2）近十年上海市 R&D 人员年均增长达两位数

上海市 R&D 人员 2017 年为 26.23 万人，比 2008 年增加 16.48 万人，年均增长达两位数，为 11.6%。其中，2017 年上海市 R&D 人员同比增长 2.9%，增幅比上年回落 2.1 个百分点（见图 22）。其中，2017 年比 2012 年增加 5.35 万人，近五年增幅为 25.6%。

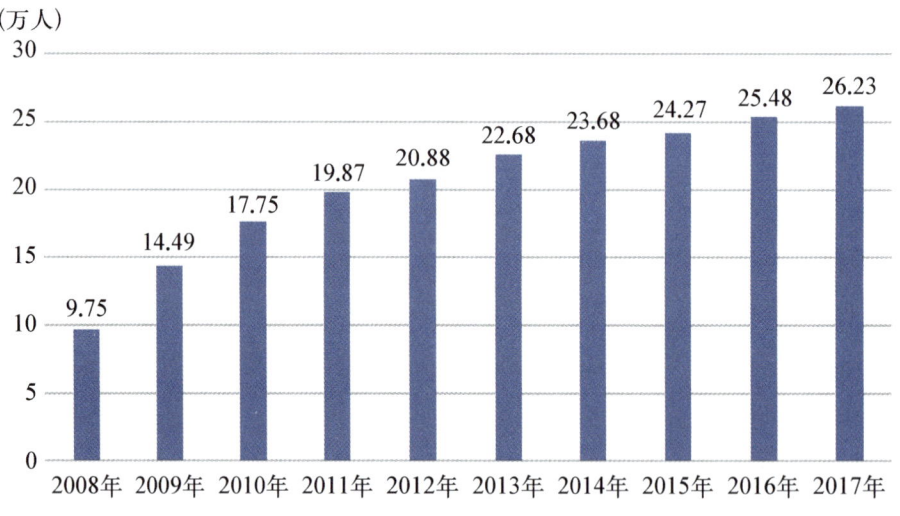

图 22　2008—2017 年上海市 R&D 人员数量

从全时当量看，2008—2017 年，上海市 R&D 人员全时当量由 9.75 万人年增至 18.35 万人年，年均增长 7.3%。其中，2017 年上海市 R&D 人员全时当量同比由 2016 年上升 7.0% 转为微降 0.2%（见图 23）。其中，2017 年比 2012 年增加 3.01 万人年，近五年增幅为 19.6%。

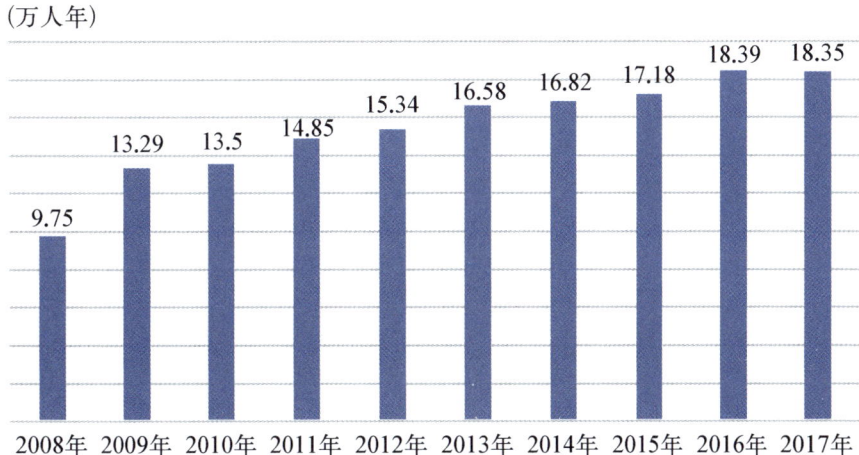

图 23　2008—2017 年上海市 R&D 人员全时当量

（3）近十年上海市试验发展类 R&D 人员全时当量占比达 75% 左右

从三类项目活动看，2010—2017 年，尽管基础研究、应用研究和试验发展三类 R&D 人员全时当量均稳定增长，但从事试验发展的始终占据最大比例。其中，基础研究 R&D 人员全时当量占比在 9.3%～11.4%；应用研究 R&D 人员全时当量占比在 12.8%～17.0%；试验发展 R&D 人员全时当量占比在 72.5%～75.9%（见图 24）。

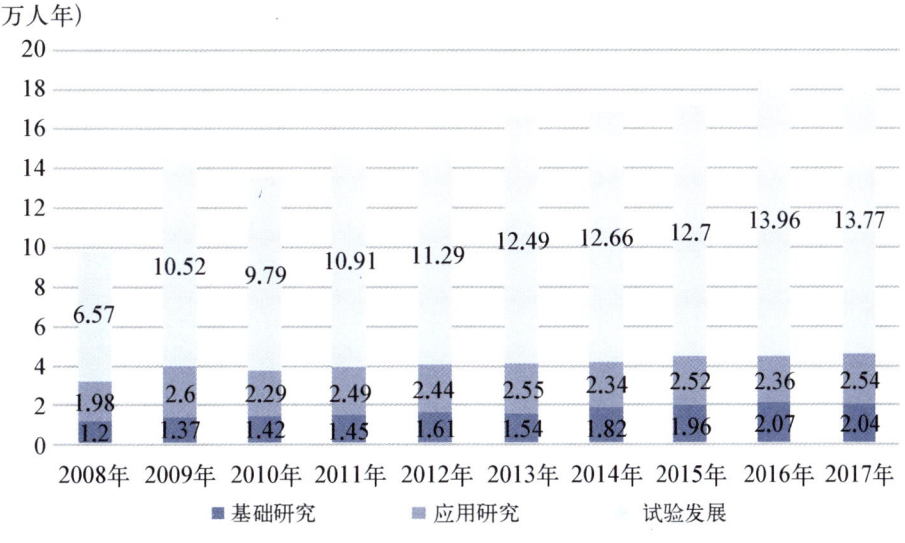

图 24　2008—2017 年上海市三类项目活动 R&D 人员全时当量

从 R&D 项目（课题）情况看，2008—2017 年，上海市 R&D 项目（课题）参加人员由 9.21 万人年增至 16.93 万人年，年均增长 7.0%。其中，2017 年上海市

R&D 项目（课题）参加人员同比微增 0.5%，增幅回落 7.7 个百分点（见图 25）。2017 年比 2012 年增加 2.99 万人年，近五年增幅为 21.4%。

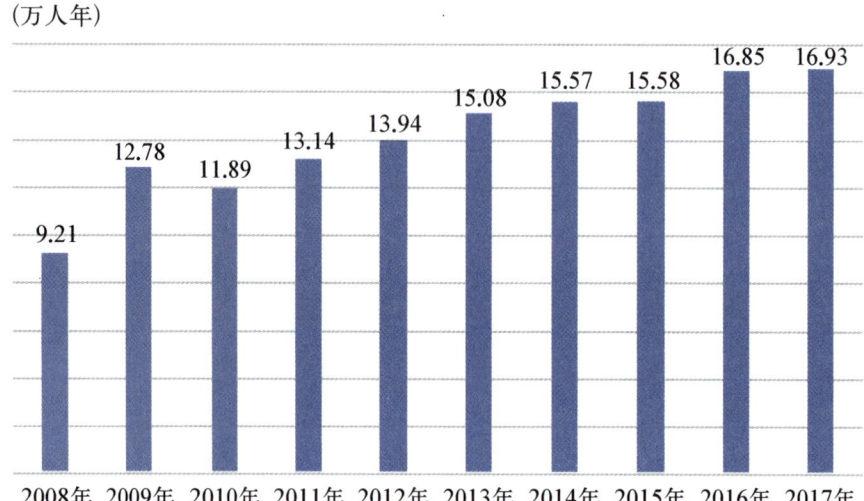

图 25　2008—2017 年上海市 R&D 项目（课题）参加人员

（4）2011—2017 年上海市国有企事业单位专技人员中，女性科研人员占比为 70% 以上

上海市国有企事业单位专业技术人员 2017 年为 104.38 万人，比 2011 年增加 15.47 万人，年均增长 2.7%。其中，2017 年上海市国有企事业单位专业技术人员同比增长 5.8%，增幅比 2016 年上升 3.9 个百分点（见图 26）。2017 年比 2012 年增加 14.47 万人，近五年增幅为 16.1%。

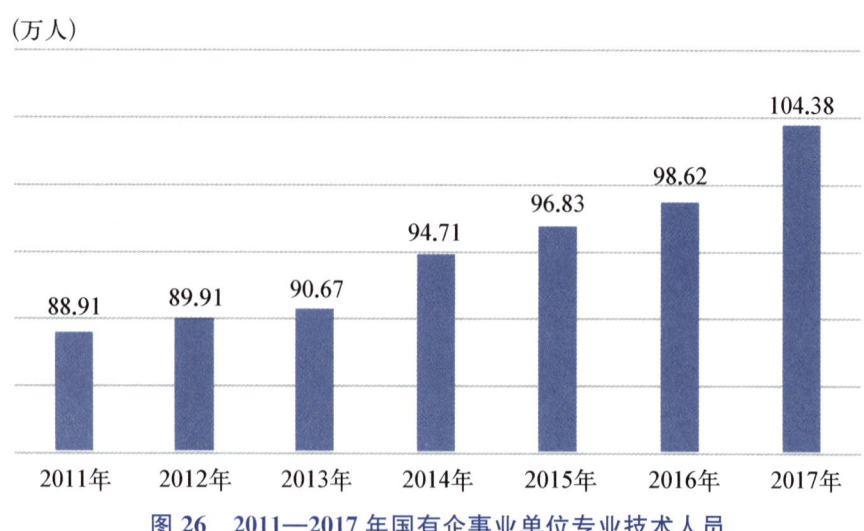

图 26　2011—2017 年国有企事业单位专业技术人员

在国有企事业单位专业技术人员中,科学研究人员数由2011年的10.70万人增至2017年的11.68万人,年均增长1.0%。其中,女性科研人员占比逐年增长,在71.5%～75.2%之间(见图27)。

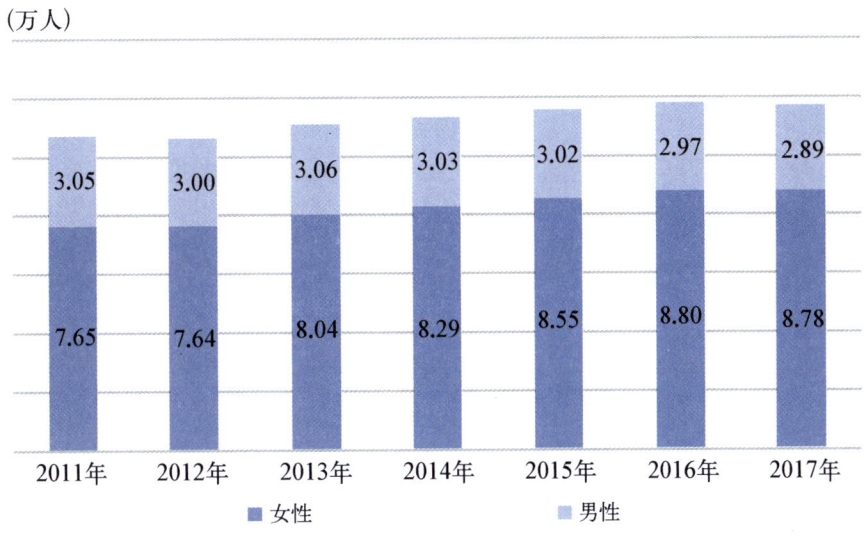

图27　2011—2017年国有企事业单位女性科研人员

从学历看,在国有企事业单位专业技术人员中,大学本专科以上科学研究人员占比逐年增长,在79.4%～92.8%之间(见图28)。

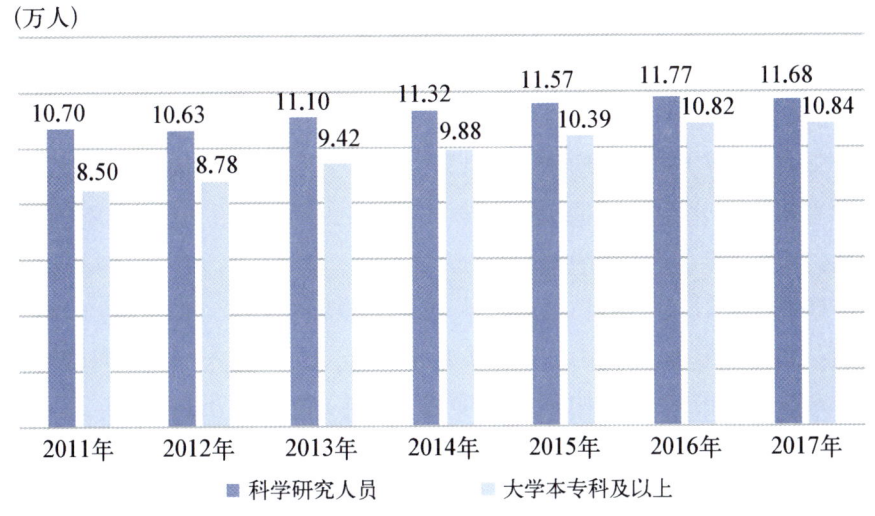

图28　2011—2017年国有企事业单位大学本专科以上科研人员

（二）三类主体科技工作者数量情况

1. 近十年上海市科研机构研究与试验发展(R&D)活动情况

（1）上海市科研机构 R&D 人员年均增长 3.1%

上海市科研机构 R&D 人员 2017 年为 3.28 万人，比 2010 年增加 0.62 万人，年均增长 3.1%。其中，2017 年上海市 R&D 人员同比下降 2.9%，降幅比 2016 年上升 2.5 个百分点（见图 29）。2017 年比 2012 年增加 0.27 万人，近五年增幅为 9.1%。

图 29　2010—2017 年上海市科研机构 R&D 人员

（2）2017 年上海市科研机构 R&D 人员全时当量由降转升

从全时当量看，2010—2017 年，上海市科研机构 R&D 人员全时当量由 2.32 万人年增至 2.93 万人年，年均增长 3.4%。其中，2017 年上海市科研机构 R&D 人员全时当量同比由上年下降 2.2% 转为上升 1.9%（见图 30）。2017 年比 2012 年增加 0.21 万人年，近五年增幅为 7.8%。

从科研机构 R&D 项目（课题）人员看，2010—2017 年，上海市科研机构 R&D 项目（课题）参加人员由 1.88 万人年增至 2.58 万人年，年均增长 4.6%。其中，2017 年上海市科研机构 R&D 项目（课题）参加人员同比与 2016 年持平（见图 31）。

（3）上海市科研机构应用研究和试验发展两类 R&D 人员全时当量占比约 80%

从三类项目活动看，2010—2017 年，尽管上海市科研机构基础研究、应用研究

图30　2010—2017年上海市科研机构R&D人员全时当量

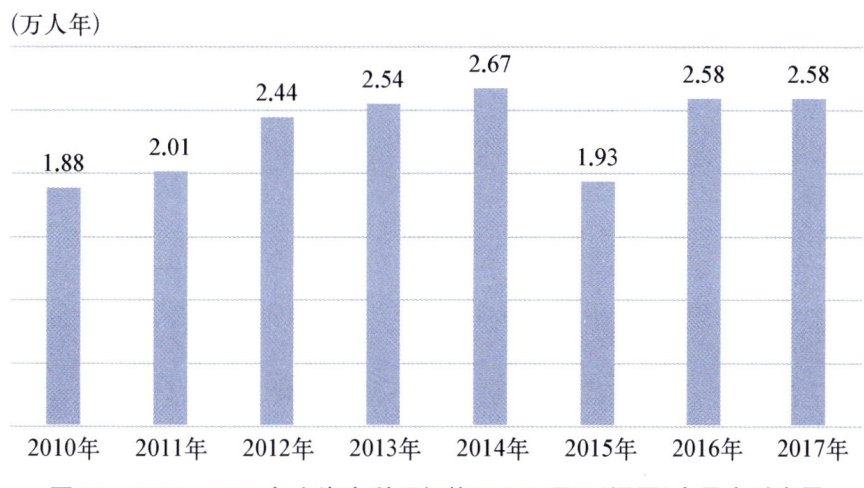

图31　2010—2017年上海市科研机构R&D项目(课题)人员全时当量

和试验发展三类R&D人员全时当量均稳定增长,但从事基础研究的R&D人员始终占据较小比例。其中,从事基础研究的R&D人员全时当量占比在6.4%~24.4%之间;从事应用研究的R&D人员全时当量占比在29.9%~48.8%之间;从事试验发展的R&D人员全时当量占比在43.0%~47.0%之间(见表9)。

表9　2010—2017年上海市科研机构三类R&D人员全时当量占比情况(%)

类别	2010年	2011年	2012年	2013年	2014年	2015年	2016年	2017年
基础研究	16.3	16.8	18.1	6.4	22.1	21.9	24.4	20.8
应用研究	37.7	38.1	38.9	48.8	34.7	34.3	29.9	32.2
试验发展	46.0	45.0	43.0	44.7	43.2	43.8	45.7	47.0

2. 近十年上海市高等学校研究与试验发展(R&D)活动情况

(1) 2017上海市高等学校R&D人员年均增长2.8%

上海市高等学校R&D人员2017年为4.62万人,比2010年增加0.80万人,年均增长2.8%。其中,2017年上海市高等学校R&D人员同比上升5.1%,升幅比2016年上升4.2个百分点(见图32)。2017年比2012年增长0.79万人,近五年增幅为20.5%。

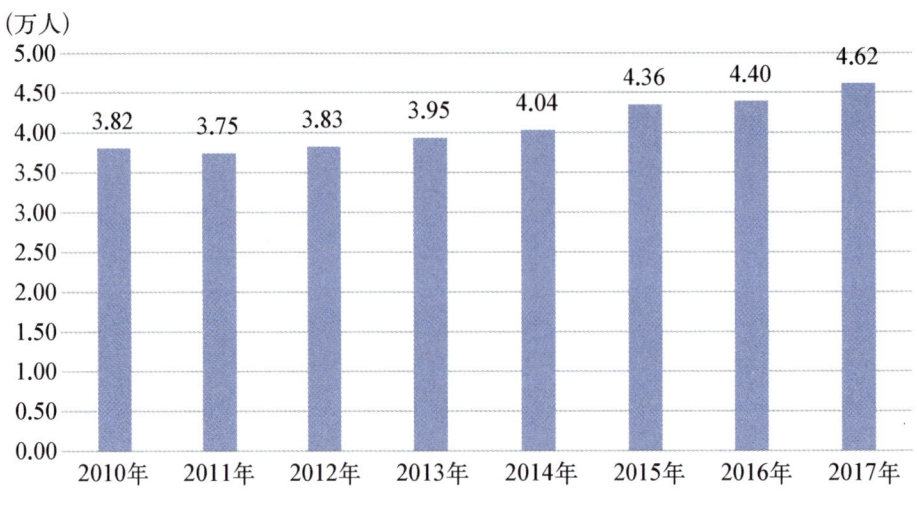

图32　2010—2017年上海市高等学校R&D人员

(2) 上海市高等学校R&D人员全时当量年均增长1.9%

从全时当量看,2010—2017年,上海市高等学校R&D人员全时当量由2.16万人年增至2.46万人年,年均增长1.9%。其中,2017年上海市高等学校R&D人员全时当量同比上升3.1%,升幅比2016年上升0.5个百分点(见图33)。2017年比2012年增长0.35万人年,近五年增幅为16.3%。

从高等学校R&D项目(课题)人员看,2010—2017年,上海市高等学校R&D项目(课题)参加人员由2.15万人年增至2.46万人年,年均增长1.9%。其中,2017年上海市高等学校R&D项目(课题)人员全时当量同比上升3.1%,升幅比2016年上升0.5个百分点(见图34)。

(3) 上海市高等学校基础研究、应用研究两类R&D人员全时当量占比90%以上

从三类项目活动看,2010—2017年,尽管上海市高等学校从事基础研究、应用研究和试验发展的三类R&D人员全时当量均稳定增长,但从事基础研究、应用研究的R&D人员始终占据较大比例。其中,从事基础研究的R&D人员全

图 33　2010—2017 年上海市高等学校 R&D 人员全时当量

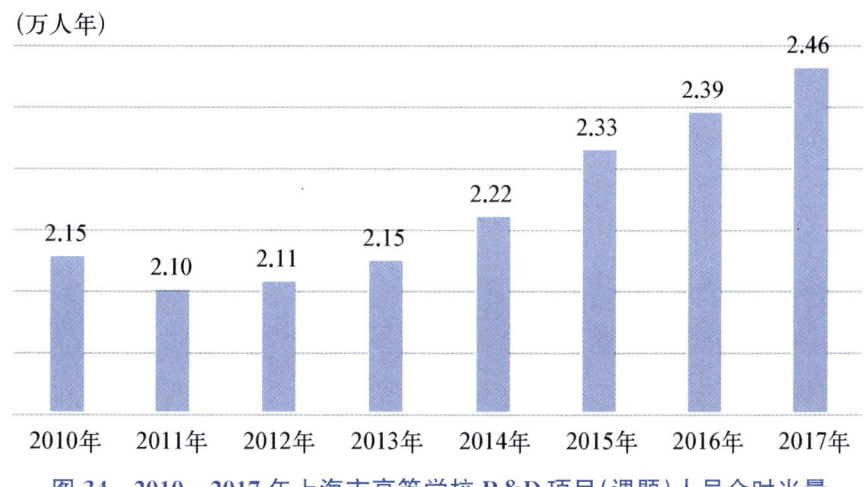

图 34　2010—2017 年上海市高等学校 R&D 项目(课题)人员全时当量

时当量占比在 41.9％～51.9％之间；从事应用研究的 R&D 人员全时当量占比在 42.7％～50.1％之间；从事试验发展的 R&D 人员全时当量占比在 4.4％～9.9％之间(见表 10)。

表 10　2010—2017 年上海市高等学校三类 R&D 人员全时当量占比情况(％)

类　别	2010 年	2011 年	2012 年	2013 年	2014 年	2015 年	2016 年	2017 年
基础研究	41.9	42.4	46.3	46.7	46.6	50.4	51.3	51.9
应用研究	48.2	50.1	46.6	46.1	43.5	43.8	42.7	43.7
试验发展	9.9	7.5	7.1	7.2	9.9	5.8	6.0	4.4

（4）2017 年上海市高等学校科技活动人员同比增长达两位数

2007—2017 年,上海市高等学校科技活动人员由 2.91 万人年增至 5.68 万人年,年均增长 6.9％。其中,2017 年上海市高等学校科技活动人员同比增长 10.4％,增幅比上年上升 0.3 个百分点(见图 35)。2017 年比 2012 年增长 1.15 万人年,近五年增幅为 25.3％。

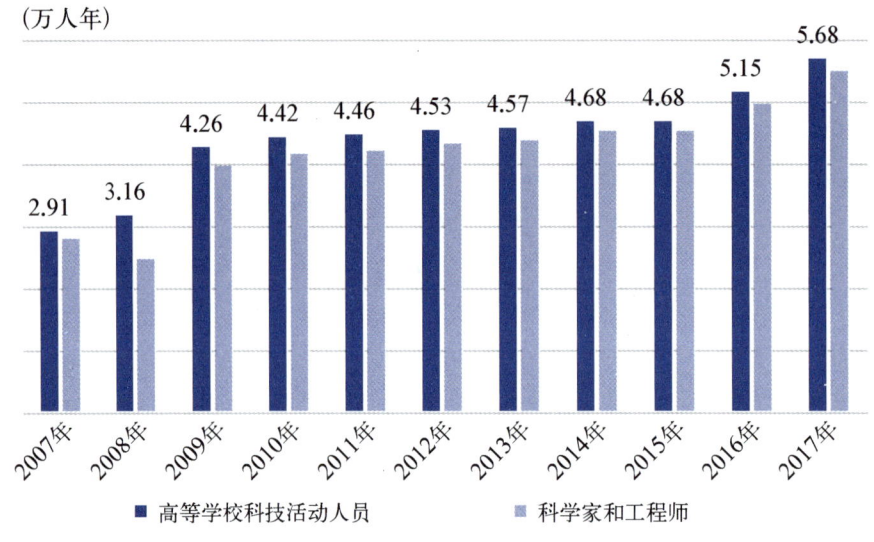

图 35　2007—2017 年上海市高等学校科技活动人员

从具体构成看,上海市高等学校科技活动人员中,科学家和工程师从 2007 年的 2.79 万人增长到 2017 年的 5.48 万人,年均增长 7.0％。其中,2017 年比 2012 年增长 1.17 万人,近五年增幅为 27.2％。其中,近十年拥有中高级职称的科技活动人员占比在 71.0％～76.6％之间(见表 11)。

表 11　2007—2016 年上海市高等学校科学家和工程师三类职称占比情况（％）

职称	2007 年	2008 年	2009 年	2010 年	2011 年	2012 年	2013 年	2014 年	2015 年	2016 年
高级	35.8	33.6	35.0	34.9	35.7	35.7	36.1	36.0	36.0	37.1
中级	39.4	37.4	40.5	40.2	39.8	40.5	39.7	39.7	39.7	39.5
初级	24.8	29.0	24.5	25.0	24.5	23.8	24.2	24.3	24.3	23.4

3. 近十年上海市规模以上工业企业研究与试验发展(R&D)活动情况

（1）上海市规模以上工业企业 R&D 人员年均增长 5.6％

2010—2017 年,上海市规模以上工业企业 R&D 人员由 8.21 万人年增至 12.02 万人年,年均增长 5.6％。其中,2017 年上海市规模以上工业企业 R&D

人员同比由 2016 年下降 4.2%转为微升 0.6%（见图 36）。2017 年比 2012 年增加 1.19 万人，近五年增幅为 10.9%。

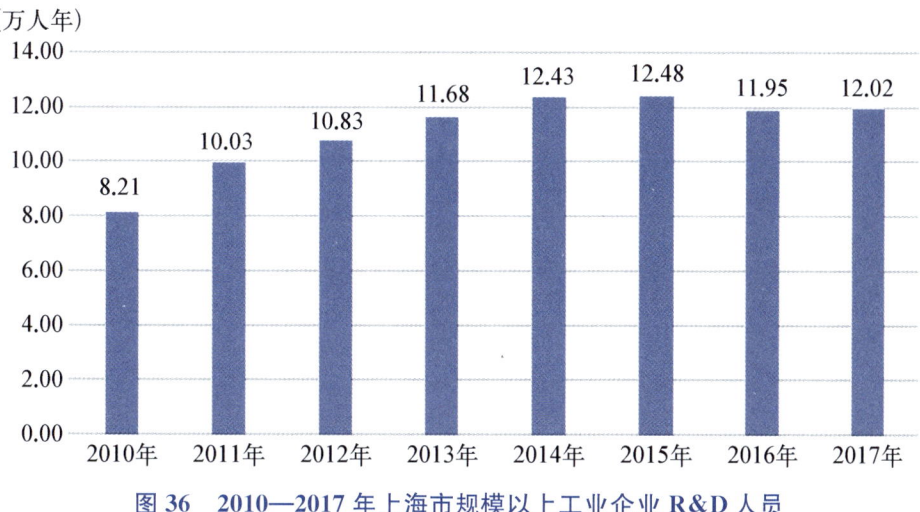

图 36　2010—2017 年上海市规模以上工业企业 R&D 人员

（2）上海市规模以上工业企业 R&D 人员全时当量年均增长 1.9%

从全时当量看，2010—2017 年，上海市规模以上工业企业 R&D 人员全时当量由 6.91 万人年增至 8.90 万人年，年均增长 3.7%。其中，2017 年上海市规模以上工业企业 R&D 人员全时当量同比由 2016 年上升 3.9%转为下降 9.8%（见图 37）。

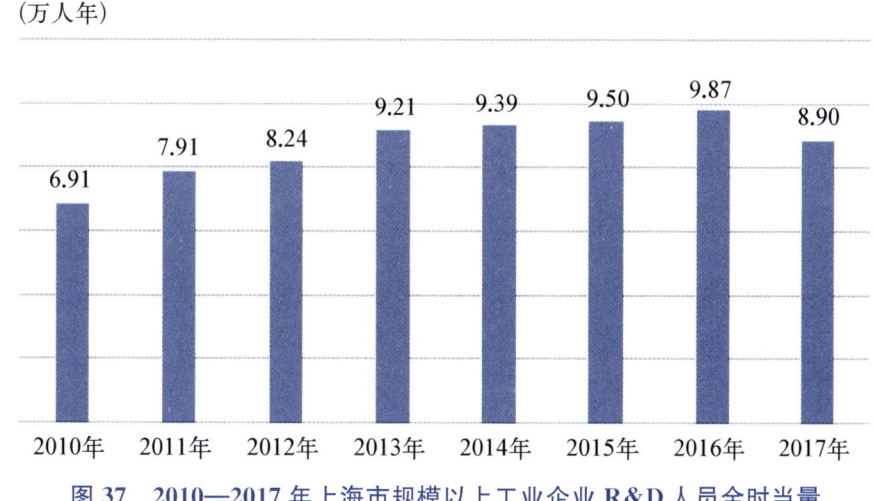

图 37　2010—2017 年上海市规模以上工业企业 R&D 人员全时当量

从规模以上工业企业 R&D 项目（课题）人员看，2010—2017 年，上海市规模以上工业企业 R&D 项目（课题）参加人员由 6.02 万人年增至 8.23 万人年，年均增长 4.6%。其中,2017 年上海市规模以上工业企业 R&D 项目(课题)人员全时当量同比由 2016 年上升 5.8%转为下降 8.7%(见图 38)。

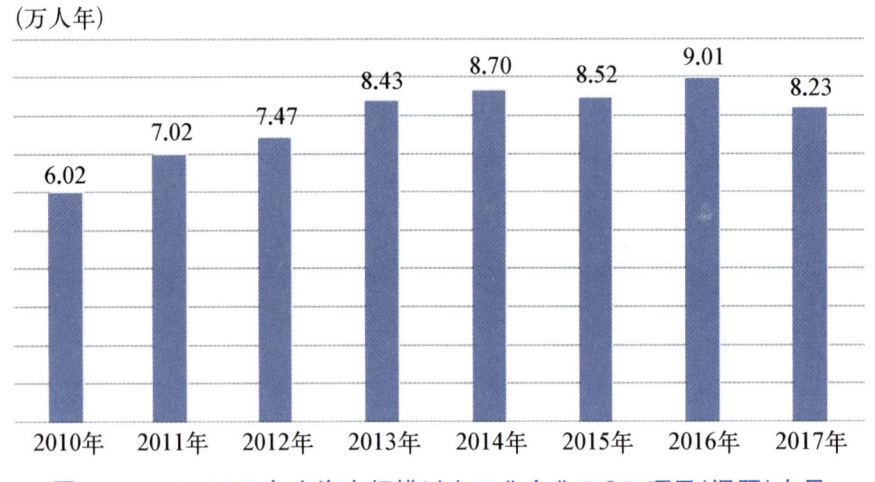

图 38　2010—2017 年上海市规模以上工业企业 R&D 项目(课题)人员

(3) 上海市规模以上工业企业试验发展类 R&D 人员全时当量占比 98%以上

从三类项目活动看,2010—2017 年,上海市规模以上工业企业从事试验发展的 R&D 人员全时当量始终占据最大比例。其中,从事应用研究的 R&D 人员全时当量占比在 0.2%～1.4%之间;从事试验发展的 R&D 人员全时当量占比在 98.6%～99.7%之间(见表 12)。

表 12　2010—2017 年上海市高等学校三类 R&D 人员全时当量占比情况(%)

类　别	2010 年	2011 年	2012 年	2013 年	2014 年	2015 年	2016 年	2017 年
基础研究	0.0	0.0	0.0	0.1	0.1	0.0	0.0	0.0
应用研究	0.4	1.4	0.5	0.2	0.3	1.2	0.7	0.4
试验发展	99.6	98.6	99.5	99.7	99.6	98.8	99.3	99.6

(4) 高技术产业 R&D 人员在规模以上企业占比不到三成

2009—2017 年,上海市规模以上工业企业中,高技术产业 R&D 人员由 2.68 万人年增至 3.16 万人年,年均增长 2.1%。高技术产业 R&D 人员在规模以上企业占比 23.8%～30.9%之间(见图 39)。2017 年比 2012 年增加 0.42 万人,近五年增幅为 15.5%。

从六大高技术产业看,电子及通信设备制造业 R&D 人员在规模以上企业中占比 12.8%～19.5%,医药制造业 R&D 人员在规模以上企业占比 4.4%～5.4%,占比居前两位(见图 40)。

图 39 2009—2017 年上海市规模以上工业企业的高技术产业 R&D 人员

图 40 2009—2017 年上海市六大高技术产业 R&D 人员

(5) 六个重点发展工业行业 R&D 人员在规模以上企业占比达 75% 以上

2009—2017 年,上海市规模以上工业企业中,六个重点发展工业行业 R&D 人员由 6.88 万人年增至 9.22 万人年,年均增长 3.7%。六个重点发展工业行业 R&D 人员在规模以上企业中占比 75.1%~79.2%(见图 41)。

从重点发展工业行业看,成套设备制造业 R&D 人员在规模以上企业占比 21.2%~25.8% 之间,电子信息产品制造业 R&D 人员在规模以上企业占比 18.7%~25.5% 之间,汽车制造业 R&D 人员在规模以上企业中占比 12.5%~19.9%,占比居前三位(见图 42)。

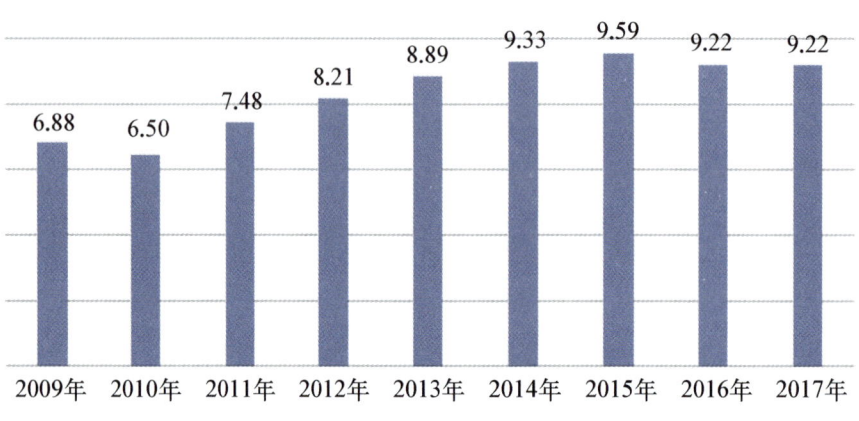

图 41　2009—2017 年上海市六个重点发展工业行业 R&D 人员

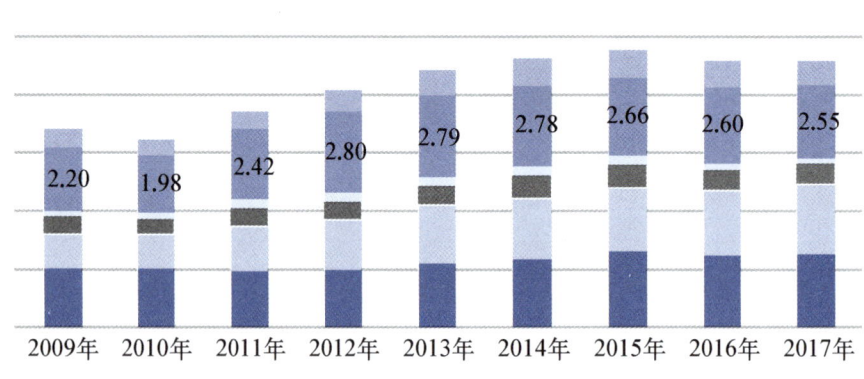

图 42　2009—2017 年上海市六个重点发展工业行业 R&D 人员

（三）上海科技工作者数量及国内外比较

1. 近十年全国科技工作者基本情况

（1）我国科技人力资源总量平稳增长

2017 年我国科技人力资源总量达到 8 705 万人，比 2016 年增长 4.9%。其中大学本科及以上学历的科技人力资源总量为 3 934 万人，比 2016 年增长 7.1%。（见图 43）。

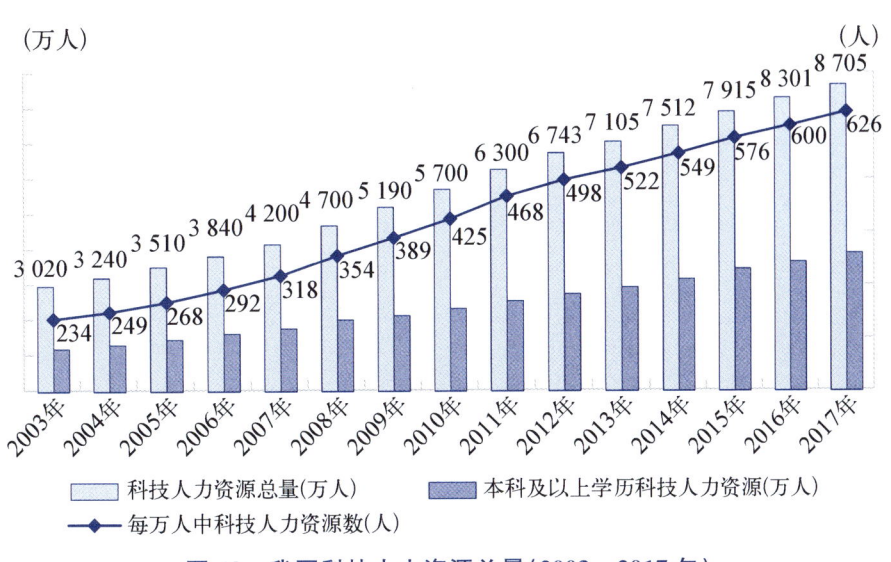

图 43 我国科技人力资源总量（2003—2017 年）

数据来源：科技部《2017 年我国科技人力资源发展状况分析》

(2) 全国 R&D 人员总量（全时当量）连续五年居世界第一

2017 年，我国参与研发活动的人员总数为 621.4 万人，比 2016 年增长 6.6%，其中 67.7% 为全时人员。按全时当量统计，2017 年我国 R&D 人员总量为 403.4 万人年，比 2016 年增加 15.6 万人年，增速为 4.0%，比 2016 年上升了 0.8 个百分点。R&D 研究人员总量持续增长，2017 年达到 174.0 万人年，比 2016 年增加 4.8 万人年，增速为 2.9%。R&D 研究人员占 R&D 人员的比重为 43.1%，比 2016 年下降 0.5 个百分点。

2017 年，我国 R&D 人员总量达到 621.4 万人，折合全时工作量人员为 403.4 万人年，这也是我国 R&D 人员总量（全时当量）在 2013 年超过美国之后，连续 5 年一直居世界第 1 位。R&D 研究人员总量持续增长，2017 年达到 174.0 万人年，其中近 2/3 都具备本科以上学历。从科技人才分布执行部门来看，R&D 人员主要分布在企业、研究与开发机构、高等学校三大类部门，其中企业所占比重最大。近几年，企业 R&D 人员所占比重一直维持在 70% 以上。从科技人才行业分布来看，2017 年，中国规模以上工业企业 R&D 人员总量（全时当量）为 273.6 万人年，比 2016 年增加了 3.4 万人年。2017 年，全国共有 30 个行业的规模以上企业 R&D 人员（全时当量）超过 1 万人年，主要集中在计算机、通信和其他电子设备制造业，电气机械和器材制造业等高新技术行业（见图 44）。

(3) 全国科技人才队伍年龄结构更趋年轻化

2017 年中国科学院增选 61 位院士，平均年龄 54 岁，60 岁（含）以下的院士

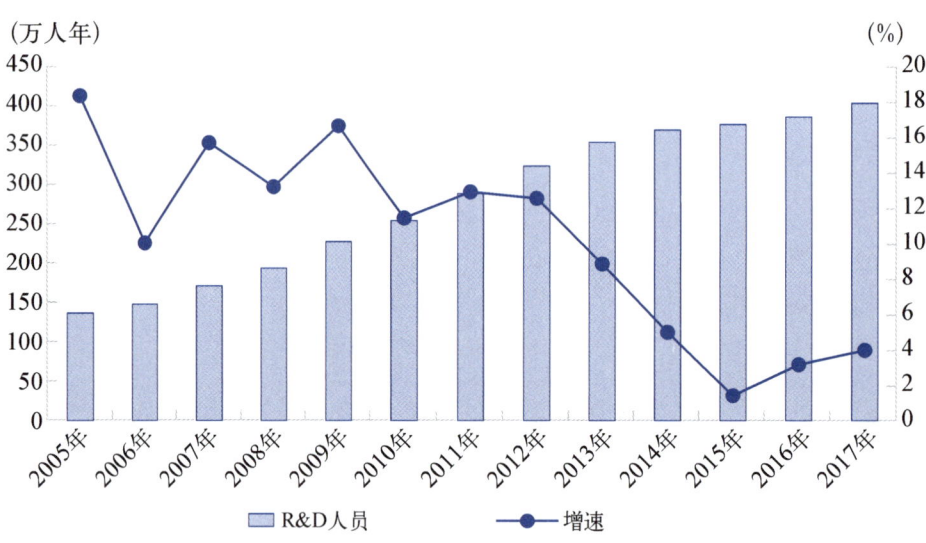

图 44 我国 R&D 人员总量变化趋势(2005—2017 年)

占 91.8%；中国工程院增选 67 位院士，平均年龄 56 岁，60 岁（含）以下的院士占 85.1%。2016 年国家科技"三大奖"最年轻，第一完成人年龄均已降至 39 岁以下，越来越多的青年人才在科技创新的第一线"冒尖"。2013—2017 年，国家自然科学基金项目累计资助青年科学基金项目、优秀青年科学基金项目和国家杰出青年科学基金项目分别为 81 578 项、1 998 项和 990 项，从各层次、各阶段支持青年科技人才发展。2017 年，全国招收博士后研究人员 1.8 万人，有 1.1 万名博士后研究人员完成研究工作顺利出站。截至 2017 年年底，在站博士后人数为 6.2 万人。2017 年全国博士后科研流动站总数为 3 009 家，博士后科研工作站总数为 3 329 家，累计招收培养博士后近 19 万人。博士后科研流动站覆盖了理、工、医、农等 13 个学科门类的全部 110 个一级学科，全国博士后流动站单位数为 494 家，其中高校有 350 家，占 70.9%。

(4) 全国越来越多的女性科技人员投入研发活动

2017 年，我国 R&D 人员数量达到 621.4 万人，其中女性 R&D 人员为 166.0 万人，占比 26.7%，比 2010 年上升了 1.5 个百分点。从四大区域 R&D 人员性别比例看，东北和西部地区的女性 R&D 人员总数所占比例要高于东部和中部地区。2017 年，东部、中部、西部和东北地区 R&D 人员中女性所占比例分别为 26.3%、24.5%、29.3%和 32.5%，与 2015 年占比基本持平，比 2010 年分别上升了 1.5 个百分点、2.1 个百分点、1.2 个百分点和 2.8 个百分点。在三大执行部门中，企业女性 R&D 人员所占比例最低。2017 年，企业女性 R&D 人员为 103.1 万人，仅占企业全部 R&D 人员数量的 22.3%。研究与开发机构和高等学校的女性占各自执行部门R&D人员的比例分别为33.4%和43.0%,比2015年分别上升0.7个百分点和1.6个百分点,比2010年分别上升了1个百分点和7.8个百分点。从国际上性别比例来看,2017年中国女性R&D研究人员所占比重与2015年的德国(28%)、法国(27%)基本相当,高于2017年日本(16.2%)、韩国(20.1%)女性R&D研究人员占比。

(5) 全国三类研究类型的R&D人员数量均持续增加

2017年我国R&D人员(全时当量)为403.4万人年,其中从事试验发展的人员有325.4万人年,占80.7%;从事应用研究的人员为49.0万人年,占12.1%;从事基础研究的人员为29.0万人年,占7.2%。2010—2017年,三类研究类型的R&D人员数量均有不同程度的增长,其中从事基础研究的R&D人员增速最快(见图45)。

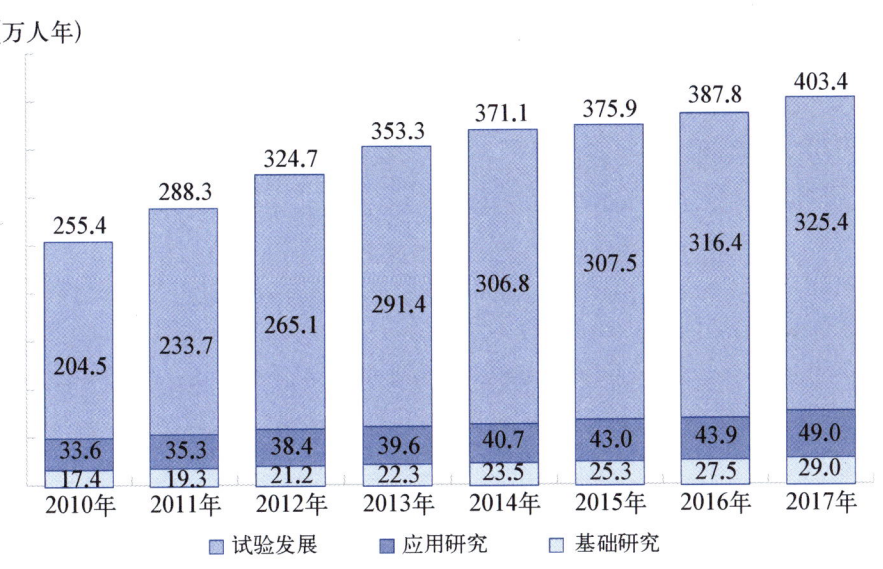

图45 三类R&D人员总量变化(2010—2017年)

数据来源:国家统计局、科技部,《中国科技统计年鉴(2018)》

(6) 全国全球人才吸引力排名上升四个位次

根据《2017—2018年全球竞争力报告》显示,在各国对人才吸引力排行中,中国居第23位,比2014—2015年的第27名前进了4名。我国留学生回流加速,对外国留学生吸引力增大。2017年出国留学人数增加6.39万人,增长了11.7%;留学回国人数增加了4.84万人,增长了11.2%。从2011年开始,中国留学回国人员数量占出国留学人员数量的比例超过半数,更多的出国留学人员选择了回国发展。2010—2017年留学回国人员总数达263.97万人,年均增长

19.9%，高于出国留学人员 11.5% 的年均增长率(见图 46)。我国成为亚洲最大留学目的国，生源层次显著提升，2016 年在华留学生中硕博研究生人数达 6.4 万人，占总人数的 14.4%。"一带一路"国家在华留学生数量增加明显，2016 年"一带一路"沿线 64 个国家中共 207 746 人在华留学，同比增幅达 13.6%。

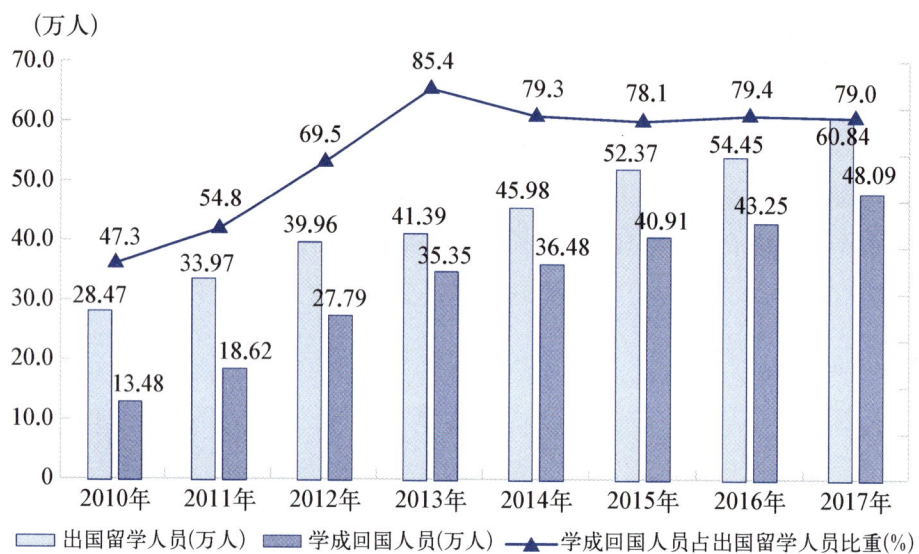

图 46 中国学成回国人员数量变化(2010—2017 年)

数据来源：科技部,《中国科技人才发展报告 2018》

(7) 中国 R&D 人员总量已居世界前列

从国际比较来看，2017 年，中国 R&D 人员总量已居世界前列，中国 R&D 研究人员总数(全时当量)超过美国、日本等发达国家，远超俄罗斯、巴西等新兴经济体。但同时也要看到，我国 R&D 人员投入强度虽然不断增加，但与国际上部分发达国家相比，我国 R&D 人员投入强度还处于较为落后的水平。2017 年，我国万名就业人员中 R&D 人员仅为德国、韩国的 1/3 左右，日本、俄罗斯、英国的 1/2 以下；从国际获奖情况来看，我国科学家国际影响力显著提升，屠呦呦研究员获得诺贝尔生理学或医学奖，王贻芳研究员获得基础物理学突破奖，潘建伟团队的多自由度量子隐形传态研究位列 2015 年度国际物理学十大突破榜首。有越来越多的中国科学家登上国际奖的舞台，但是总量与发达国家还存在较为明显的差距。

2. 外籍人才眼中最具吸引力中国城市

2012—2018 年，科技部、国家外国专家局发布"魅力中国——外籍人才眼中最具吸引力的中国城市"，上海实现"七连冠"。其中，2018 年十强城市依次是：

上海、北京、合肥、杭州、深圳、苏州、青岛、天津、西安、武汉。截至 2018 年年底，上海拥有两院院士 173 人；1 504 人入选"上海领军人才计划"；3 704 名留学人员入选"上海市浦江人才计划"；1 617 人获得上海市首席技师资助；来沪工作创业的留学人员达 16 万余人；有 21.5 万名外国人在沪工作，占全国的 23.7%，居全国首位。2017—2018 年，累计引进国内科技创新创业人才超过 7.5 万人。其中，通过科创人才引进新政，引进的创业人才、创新创业中介服务人才、风险投资管理运营人才、企业高级管理和科技技能人才、企业家等五类重点人才近 9 000 人。

近年来，上海贯彻落实中央精神，围绕"五个中心"和社会主义现代化国际大都市建设，相继制定出台了"人才 20 条""人才 30 条"等政策措施，使外国人才在沪工作生活环境不断优化，外国人才集聚度进一步提升。据统计，目前有 21.5 万名外国人在沪工作，占全国的 23.7%，居全国首位。2017 年 4 月外国人来华工作许可制度实施以来，上海市共核发《外国人工作许可证》12 万余份，其中外国高端人才逾 2 万份，占比超过 18%，引进外国人才的数量和质量均居全国第一。2018 年外国人才签证制度实施以来，上海市已为近 500 位外国人才办理《外国高端人才确认函》，数量居全国第一。为建设具有全球影响力的科创中心，上海市 2018 年度组织实施引智项目近 100 个，引进外国专家 500 余人次，资助引智经费约 1 500 万元。

3. 上海研发人力投入及强度的国际比较

根据 OECD 统计，中国 R&D 研究人员全时当量从 2010 年开始超过美国，位居全球第一。根据最新数据计算，中国 R&D 研究人员全时当量数占全球总量(44 个国家和地区合计数)的比重从 2009 年的 18.5% 上升到 2017 年的 22.5%。

我国研发人力投入强度保持着逐年稳定增长态势，万名就业人员中 R&D 人员数从 2010 年的 33.6 人年/万人上升到 2017 年的 52.0 人年/万人，年均增长 6.4%。万名就业人员中 R&D 研究人员数从 2010 年的 15.9 人年/万人上升到 2017 年的 22.4 人年/万人，年均增速 5.0%，比同期万名就业人员中 R&D 人员年均增速低 1.4 个百分点。

从国际比较看，我国研发人力投入强度指标在国际上仍处于落后水平。2017 年，在 R&D 人员总量超过 10 万人年的国家中，我国每万名就业人员的 R&D 人员数仅高于巴西等发展中国家。多数发达国家的每万名就业人员的 R&D 人员数量仍然是中国的 2 倍以上。2017 年，我国每万名就业人员中 R&D 研究人员数在 R&D 人员总量超过 10 万人年的国家中排名倒数第二，发达国家这一指标值普遍是中国的 4 倍以上。

从上海看，2017 年 R&D 人员全时当量占全国的 4.6%，总量超过荷兰、波兰、土耳其等国家。在研发人力投入强度方面，上海为 133.7 人年/万人，达到全国的 2 倍以上，强度超过澳大利亚、英国、日本等国家（见表 13）。

表 13　R&D 人员全时当量总量超过 10 万人年的地区

地区	年份	R&D 人员全时当量（万人年）	万名就业人员 R&D 人员全时当量（万人年）
中　国	2017	403.4	52.0
#上海市	2017	18.4	133.7
韩　国	2017	47.1	177.5
法　国	2017	43.5	155.8
德　国	2017	68.2	154.0
荷　兰	2017	13.8	152.1
澳大利亚	2010	14.8	133.0
英　国	2017	42.5	132.4
日　本	2017	89.1	131.9
加拿大	2016	22.3	120.9
意大利	2017	29.2	116.2
西班牙	2017	21.6	110.7
俄罗斯	2017	77.8	107.9
波　兰	2017	12.1	74.6
土耳其	2017	15.4	55.1
巴　西	2014	37.7	30.9
印　度	2014	52.8	7.8

数据来源：OECD, Main Science and Technology Indicators 2018,《中国统计年鉴》

二、上海科技工作者分布特征

上海科技工作者总量规模较大，人才结构和分布还需要不断优化以更好服务科技创新工作。上海科技工作者广泛分布于各区、园区及各类平台载体，构建适合上海科技创新发展形势要求，适应具有全球影响力的科技创新中心建设新任务需求的科技工作者队伍,是上海科技工作者发展工作的重要任务。

(一)上海科技工作者地区分布情况

1. 自然科学研发机构从业人员地区分布

从自然科学研发机构从业人员及从事科技活动人员地区分布来看,2017 年上海自然科学研发机构从业人员共 44 657 人,其中从事科技活动人员 36 686 人。首先人员主要集中在闵行区、徐汇区和浦东新区,这 3 个区自然科学研发机构从业人员合计 27 267 人,占上海自然科学研发机构从业人员总量的 61.1%;其次为嘉定区、长宁区、普陀区和杨浦区,这 4 个区自然科学研发机构从业人员合计 13 417 人,占上海自然科学研发机构从业人员总量的 30.1%;黄浦区、松江区、虹口区、静安区和奉贤区这 5 个区自然科学研发机构从业人员合计 3 973 人,占上海自然科学研发机构从业人员总量的 8.9%;此外,宝山区、金山区、青浦区和崇明区这 4 个区无自然科学研发机构从业人员。同样,上海自然科学研发机构从事科技活动人员地区分布也基本呈现相同的状态(表 14)。

表 14　2017 年上海自然科学研究与技术开发机构从业人员地区分布

	从业人员(人)	各区占比(%)	从事科技活动人员(人)	各区占比(%)
黄浦区	1 632	3.65	1 471	4.01
徐汇区	10 135	22.70	7 869	21.45
长宁区	3 961	8.87	2 969	8.09
静安区	313	0.70	280	0.76
普陀区	2 682	6.01	1 994	5.44
虹口区	818	1.83	813	2.22
杨浦区	2 732	6.12	1 805	4.92
闵行区	11 191	25.06	9 373	25.55
浦东新区	5 941	13.30	5 574	15.19
嘉定区	4 042	9.05	3 495	9.53
松江区	1 160	2.60	997	2.72
奉贤区	50	0.11	46	0.13
合　计	44 657	100.00	36 686	100

数据来源:上海科技统计年鉴 2018

2007年至2017年,上海自然科学研究与开发机构从业人员各区分布如图47及表15所示。11年来,发生显著变化的区域有:区域分布占比显著下降的有徐汇区和静安区,分别从2007年的33.6%和2.9%下降到2017年的22.7%和0.7%;区域分布占比显著上升的是闵行区和浦东新区,分别从2007年的13.59%和6.3%上升到2017年的25.1%和13.3%。

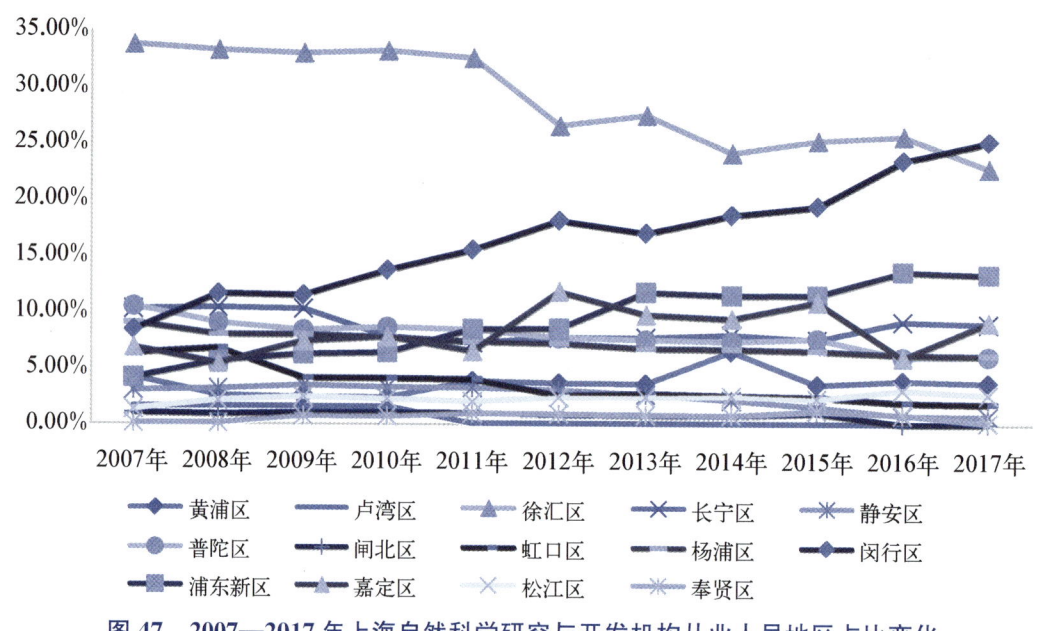

图47　2007—2017年上海自然科学研究与开发机构从业人员地区占比变化

数据来源:上海科技统计年鉴2008—2018

2. 社会人文科学研发机构从业人员地区分布

从社会人文科学研发机构从业人员及从事科技活动人员地区分布来看,2017年上海社会人文科学研发机构从业人员共1193人,其中从事科技活动人员1156人。仅分布在黄浦区和徐汇区。其中,黄浦区社会人文科学研发机构从业人员627人,其中从事科技活动人员599人,分别占总量的52.6%和51.8%;徐汇区社会人文科学研发机构从业人员566人,其中从事科技活动人员557人,分别占总量的47.4%和48.2%(表16)。

2007年至2017年,上海社会人文科学研究与开发机构从业人员各区分布如图48及表17所示。上海社会人文科研机构从业人员主要分布在黄浦区、卢湾区、徐汇区、长宁区、静安区和闵行区这6个区,其中,卢湾区(2011年撤区后续无数据)是21世纪初社会人文科研机构从业人员占比较高的区。11年来,其他5个区从业人员分布也发生了变化:区域分布占比显著上升,直至2017年仍

表 15　2007—2017 年上海自然科学研究与开发机构从业人员地区分布

单位：人

		黄浦区	卢湾区	徐汇区	长宁区	静安区	普陀区	闸北区	虹口区	杨浦区	闵行区	浦东新区	嘉定区	松江区	奉贤区	其他	合计
2007年	从业人员	2 056	777	17 037	5 127	1 480	5 250	468	3 158	4 513	4 198	2 048	3 414	621	—	542	50 689
	从事科技活动人员	1 690	440	13 268	2 610	1 106	2 390	282	2 632	3 114	3 236	1 502	2 779	565	—	460	36 074
2008年	从业人员	1 265	777	16 956	5 249	1 557	4 544	416	3 419	4 025	5 887	2 837	2 722	1 036	—	549	51 239
	从事科技活动人员	1 084	504	13 329	2 619	1 193	2 033	272	2 828	2 602	4 598	2 105	2 177	758	—	462	36 564
2009年	从业人员	1 240	797	17 505	5 403	1 786	4 409	509	2 156	4 186	6 045	3 274	3 888	1 256	341	549	53 344
	从事科技活动人员	1 068	671	13 239	2 549	1 216	2 451	351	1 647	2 374	5 020	2 725	3 277	769	86	490	37 933
2010年	从业人员	1 182	772	17 124	3 980	1 651	4 409	511	2 080	3 962	7 043	3 257	3 981	1 112	326	426	51 816
	从事科技活动人员	1 021	625	12 780	2 454	1 184	2 469	338	1 677	2 227	5 915	2 789	3 543	466	83	380	37 951
2011年	从业人员	1 998	—	17 182	3 797	1 682	4 405	490	2 099	3 854	8 163	4 436	3 395	1 026	473	—	53 000
	从事科技活动人员	1 593	—	13 017	2 743	1 261	2 404	330	1 812	2 277	6 894	4 041	2 803	785	230	—	40 190
2012年	从业人员	2 023	—	14 898	4 293	1 674	4 275	445	1 426	4 010	10 145	4 740	6 590	1 312	475	—	56 306
	从事科技活动人员	1 616	—	11 204	2 910	1 274	2 987	293	1 207	2 408	8 352	4 375	5 836	785	223	—	43 470

(续表)

		黄浦区	卢湾区	徐汇区	长宁区	静安区	普陀区	闸北区	虹口区	杨浦区	闵行区	浦东新区	嘉定区	松江区	奉贤区	其他	合计
2013年	从业人员	2 063	—	16 053	4 468	1 527	4 351	432	1 592	3 911	9 907	6 832	5 662	1 371	456	—	58 625
	从事科技活动人员	1 771	—	12 214	2 999	1 194	3 231	272	1 252	2 538	8 426	6 104	5 331	807	226	—	46 365
2014年	从业人员	3 808	—	14 260	4 691	1 237	4 330	415	1 506	3 951	10 997	6 773	5 547	1 457	431	—	59 403
	从事科技活动人员	3 149	—	10 587	3 349	1 072	3 186	278	1 368	2 383	8 983	6 203	5 354	935	227	—	47 074
2015年	从业人员	2 077	—	15 080	4 483	913	4 527	582	1 450	3 900	11 582	6 847	6 492	1 340	692	—	59 965
	从事科技活动人员	1 824	—	11 163	3 295	814	3 260	446	1 159	2 428	9 615	6 137	6 110	962	483	—	47 696
2016年	从业人员	1 741	—	11 559	4 105	342	2 689	—	879	2 802	10 590	6 128	2 672	1 363	379	—	45 249
	从事科技活动人员	1 590	—	8 853	3 034	313	1 956	—	872	1 843	8 771	5 770	2 391	1 095	360	—	36 848
2017年	从业人员	1 632	—	10 135	3 961	313	2 682	—	818	2 732	11 191	5 941	4 042	1 160	50	—	44 657
	从事科技活动人员	1 471	—	7 869	2 969	280	1 994	—	813	1 805	9 373	5 574	3 495	997	46	—	36 686

数据来源：上海科技统计年鉴 2008—2018

表16 2017年上海社会人文科学研究与技术开发机构从业人员地区分布

	从业人员(人)	各区占比(%)	从事科技活动人员(人)	各区占比(%)
黄浦区	627	52.56	599	51.82
徐汇区	566	47.44	557	48.18
合计	1 193	100.00	1 156	100.00

数据来源：上海科技统计年鉴2018

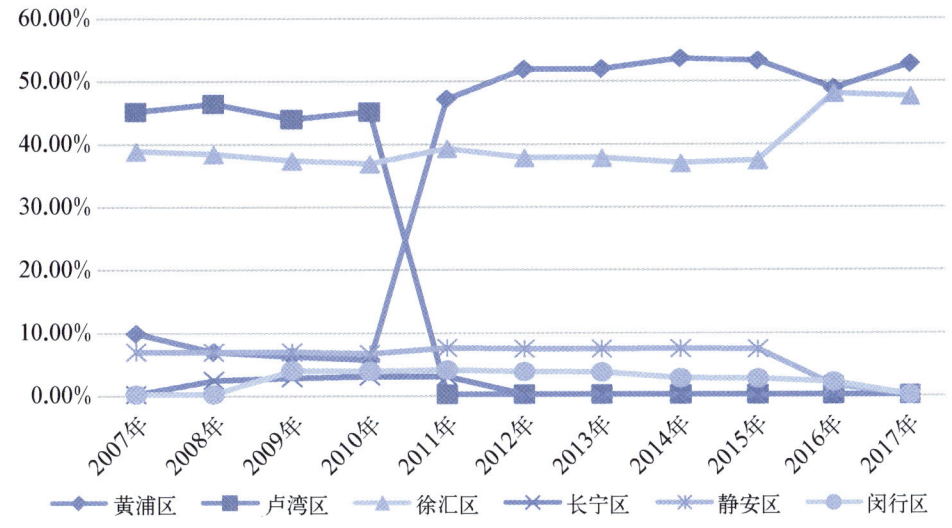

图48 2007—2017年上海社会人文科学研究与开发机构从业人员地区占比变化

数据来源：上海科技统计年鉴2008—2018

表17 2007—2017年上海社会人文科学研究与开发机构从业人员地区分布

单位：人

		黄浦区	卢湾区	徐汇区	长宁区	静安区	闵行区	合计
2007年	从业人员	112	522	449	—	78	—	1 161
	从事科技活动人员	99	439	428	—	73	—	1 039
2008年	从业人员	81	559	462	27	81	—	1 210
	从事科技活动人员	75	502	439	20	75	—	1 111
2009年	从业人员	76	555	471	33	85	48	1 268
	从事科技活动人员	70	505	464	26	71	21	1 157

(续表)

		黄浦区	卢湾区	徐汇区	长宁区	静安区	闵行区	合计
2010年	从业人员	71	586	478	37	84	48	1 304
	从事科技活动人员	67	532	474	30	79	21	1 203
2011年	从业人员	581	—	484	35	91	48	1 239
	从事科技活动人员	533	—	481	28	86	21	1 149
2012年	从业人员	631	—	460	—	88	44	1 223
	从事科技活动人员	583	—	446	—	87	17	1 133
2013年	从业人员	646	—	470	—	90	44	1 250
	从事科技活动人员	596	—	469	—	89	17	1 171
2014年	从业人员	656	—	452	—	89	32	1 229
	从事科技活动人员	643	—	444	—	88	5	1 180
2015年	从业人员	648	—	455	—	88	31	1 222
	从事科技活动人员	613	—	443	—	86	6	1 148
2016年	从业人员	627	—	617	—	19	26	1 289
	从事科技活动人员	592	—	604	—	15	6	1 217
2017年	从业人员	627	—	566	—	—	—	1 193
	从事科技活动人员	599	—	557	—	—	—	1 156

数据来源：上海科技统计年鉴2008—2018

有从业人员分布的是黄浦区和徐汇区，分别从2007年的9.7%和33.7%上升到2017年的52.6%和47.4%；此外的静安区、闵行区和长宁区社会人文科学研究与开发机构从业人员区域分布占比均呈现下降趋势，静安区占比2007年为6.7%，先升后降，由2015年的7.2%下降至2016年的1.47%，闵行区占比由2009年的3.8%下降至2016年的2.0%，长宁区在2008年至2011年保持年均占比 2.6%，2012 年后已无人员分布。

3. 规模以上工业企业科技活动人员地区分布

从规模以上工业企业科技活动人员地区分布来看，2017 年上海规模以上工业企业科技活动 R&D 人员共 120 232 人，在 16 个区均有分布，首先人员集中度最高的是浦东新区，占全市规模以上工业企业 R&D 人员比例达到 32.4%，其次是嘉定区、闵行区和松江区，R&D 人员占比均在 10% 以上，以上 4 个区规模以上工业企业 R&D 人员合计占全市比例为 70.1%；金山区、奉贤区、宝山区、青浦区、徐汇区、杨浦区、静安区和崇明区 9 个区人员数量在千人以上，人员占比均在 1% 以上；普陀区、黄浦区、长宁区和虹口区人员数量在千人以下，占比在 1% 以下（图 49、表 18）。

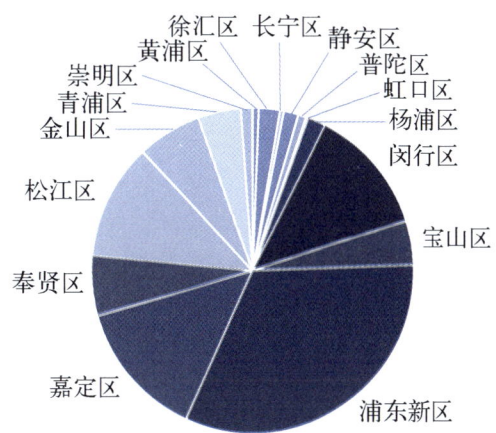

图 49　2017 年上海规模以上工业企业 R&D 人员地区占比

数据来源：上海科技统计年鉴 2018

表 18　2017 年上海规模以上工业企业科技活动人员地区分布　　　　单位：人

	R&D 人员（人）	各区占比（%）
黄浦区	731	0.61
徐汇区	2 545	2.12
长宁区	476	0.40
静安区	1 785	1.48
普陀区	983	0.82
虹口区	312	0.26
杨浦区	2 247	1.87
闵行区	15 046	12.51
宝山区	5 281	4.39
浦东新区	38 973	32.41
嘉定区	16 426	13.66
奉贤区	7 184	5.98

(续表)

	R&D人员(人)	各区占比(%)
松江区	13 853	11.52
金山区	7 727	6.43
青浦区	5 255	4.37
崇明区	1 408	1.17
合计	120 232	100.00

数据来源：上海科技统计年鉴2018

2008年[①]至2017年，上海规模以上工业企业(2011年以前统计口径为大中型工业企业)科技活动人员、R&D人员各区分布如表19所示。

2008年至2016年[②]9年间，上海规模以上工业企业科技活动人员各区分布呈现如下变化：浦东新区一直保持规模以上工业企业科技活动人员数全市集中度最高，除2008年和2010年占比较低外，其余年份所占比例均在31%以上，9年来，浦东新区规模以上工业企业科技活动人员占全市比例年均为26.8%；嘉定区和闵行区规模以上工业企业科技活动人员数占全市比例也较高，嘉定区2016年占比为16.3%，9年来的年均占比为14.7%，维持较高占比水平，闵行区2016年占比为12.1%，9年来的年均占比为12.98%；松江区规模以上工业企业科技活动人员占全市比例也较高，2011年以来占全市比例基本在10%以上，松江区2016年占比为8.7%，9年来的年均占比为7.3%；以上4个区2016年规模以上工业企业科技活动人员占全市比例加总为69.1%，与2008年相比，4个区占比总和增加15.3%；此外，奉贤区、青浦区、金山区和宝山区规模以上工业企业科技活动人员也占据全市1/5的份额，2016年合计占比为21.3%，与2018年4个区占比合计22.7%相比略有下降，占比下降比例较为明显的是奉贤区和宝山区(图50)。

2008年至2017年[③]10年间，上海规模以上工业企业R&D人员[④]各区分布呈现如下变化：浦东新区一直保持规模以上工业企业R&D人员数全市集中度最高，除2008年和2010年占比较低外，其余年份所占比例在30%左右。10年来，浦东新区规模以上工业企业R&D人员占全市比例年均为26.9%。嘉定区

[①] 2007年上海科技统计无大中型工业企业科技活动人员统计数据。
[②] 2017年上海科技统计已无规模以上工业企业科技活动人员统计数据，仅有R&D人员数据。
[③] 2017年上海科技统计已无规模以上工业企业科技活动人员统计数据，仅有R&D人员数据。
[④] 2010年前上海科技统计统计口径为参加科研项目人员。

表 19 2008—2017 年上海规模以上工业企业科技活动人员各区分布

单位：人

年份		黄浦区	卢湾区	徐汇区	长宁区	静安区	普陀区	闸北区	虹口区	杨浦区	闵行区	宝山区	浦东新区	嘉定区	南汇区	奉贤区	松江区	金山区	青浦区	崇明区	合计
2008年	科技活动人员	1 412	673	5 514	413	55	1 785	2 623	889	3 093	12 387	6 286	7 228	22 363	1 493	7 204	2 588	4 536	742	1 418	82 702
	参加项目人员	1 088	389	3 957	306	38	1 122	1 722	493	2 061	9 009	4 873	5 370	16 604	817	5 910	2 062	3 559	577	1 218	61 275
2009年	科技活动人员	1 275	751	6 355	701	—	1 754	3 162	851	3 881	15 198	7 259	41 795	12 214	—	2 861	10 737	2 807	4 133	1 354	117 088
	参加项目人员	1 028	393	4 655	615	—	1 280	2 023	582	2 719	11 596	5 949	33 712	8 794	—	2 148	8 307	2 130	3 475	1 020	90 426
2010年	科技活动人员	1 021	625	12 780	2 454	1 184	2 469	338	1 677	2 227	5 915	—	2 789	3 543	—	83	466	—	—	—	37 951
	参加项目人员	751	437	8 755	1 817	859	1 565	188	1 208	1 426	3 680	—	2 098	2 824	—	65	305	—	—	—	26 102
2011年	科技活动人员	1 808	—	6 773	992	87	2 855	4 160	885	6 180	23 760	11 077	59 786	23 599	—	9 390	17 415	7 338	8 930	2 897	187 932
	R&D人员	1 147	—	3 761	377	7	1 360	2 437	564	3 337	14 281	6 738	28 896	11 309	—	4 998	11 003	4 757	4 216	1 110	100 298
2012年	科技活动人员	1 808	—	6 932	890	95	2 878	4 401	955	5 324	24 331	11 634	61 418	25 850	—	11 312	17 872	8 786	10 663	2 796	197 945
	R&D人员	1 203	—	3 751	464	17	1 815	2 879	481	3 488	14 503	6 626	31 251	12 801	—	6 028	10 346	5 822	5 783	1 089	108 347

（续表）

		黄浦区	卢湾区	徐汇区	长宁区	静安区	普陀区	闸北区	虹口区	杨浦区	闵行区	宝山区	浦东新区	嘉定区	南汇区	奉贤区	松江区	金山区	青浦区	崇明区	合计
2013年	科技活动人员	1 272	—	6 729	912	81	2 965	4 512	1 721	5 570	25 259	12 483	64 234	27 862	—	11 194	18 016	8 673	12 441	2 901	206 825
	R&D人员	1 090	—	3 251	494	—	1 815	3 034	741	3 993	15 642	7 011	36 725	13 977	—	5 555	10 058	5 246	6 764	1 410	116 806
2014年	科技活动人员	1 347	—	6 141	713	59	2 828	4 803	1 885	5 049	26 734	13 201	70 072	32 352	—	13 490	18 778	9 949	12 213	3 308	222 922
	R&D人员	899	—	2 516	367	—	1 723	2 248	1 130	3 699	15 213	7 328	37 079	16 790	—	6 611	14 624	6 676	6 253	1 178	124 334
2015年	科技活动人员	1 233	—	5 386	1 963	74	2 520	3 459	1 501	3 811	25 301	13 113	67 997	32 522	—	12 380	17 677	10 183	10 780	2 659	212 559
	R&D人员	917	—	1 928	482	43	1 486	2 438	739	2 817	14 761	7 296	40 009	18 594	—	6 177	13 876	6 186	5 687	1 317	124 753
2016年	科技活动人员	1 069	—	4 253	1 707	3 490	2 004	—	1 037	3 656	25 462	10 543	67 665	34 284	—	12 711	18 292	10 830	10 865	2 891	210 759
	R&D人员	827	—	1 574	239	2 513	1 114	—	566	2 687	15 472	6 168	37 588	16 537	—	6 746	13 843	6 882	5 222	1 492	119 470
2017年	R&D人员	731	—	2 545	476	1 785	983	—	312	2 247	15 046	5 281	38 973	16 426	—	7 184	13 853	7 727	5 255	1 408	120 232

数据来源：上海科技统计年鉴 2008—2018

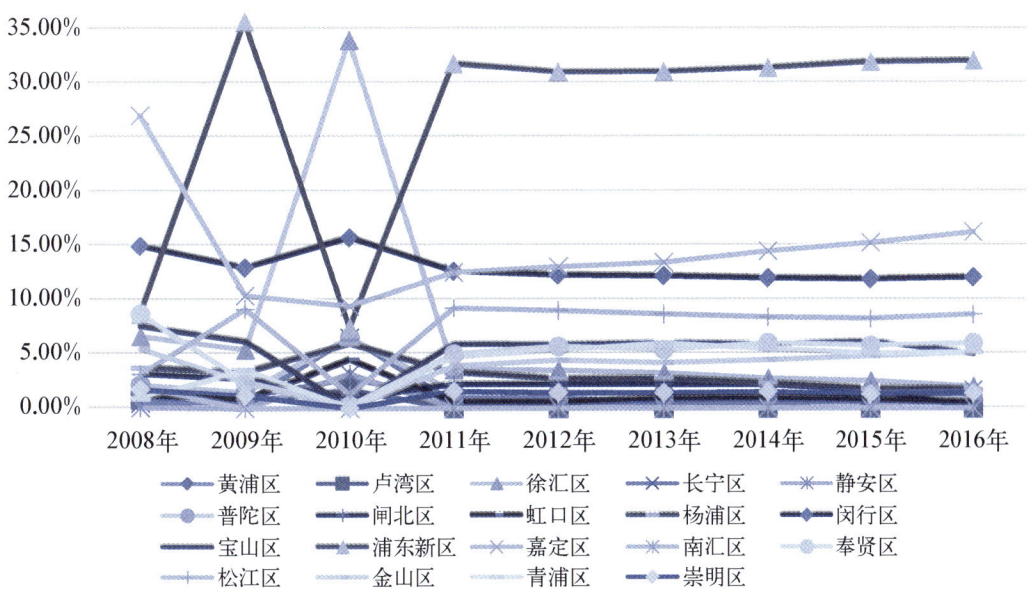

图 50　2008—2016 年上海规模以上工业企业科技活动人员地区占比变化

数据来源：上海科技统计年鉴 2008—2018

和闵行区以上工业企业 R&D 人员数占全市比例也较高。嘉定区 2017 年占比为 13.7%，10 年来的年均占比为 13.86%；闵行区 2017 年占比为 12.51%，10 年来的年均占比为 13.2%。松江区规模以上工业企业 R&D 人员占全市比例也较高，2011 年以来占全市比例基本在 10% 以上，松江区 2017 年占比为 11.52%，10 年来的年均占比为 8.9%。以上 4 个区 2017 年规模以上工业企业 R&D 人员占全市比例加总超过 70%，与 2008 年四区占比合计 50.9% 相比增加近 20%；此外，奉贤区、金山区、宝山区和青浦区规模以上工业企业 R&D 人员也占据全市 1/5 的份额，2017 年合计占比为 21.2%（图 51）。

4. 科技信息与文献机构从业人员地区分布

从科技信息与文献机构从业人员及从事科技活动人员所在地分布来看，2017 年上海科技信息与文献机构从业人员共 1 170 人，其中从事科技活动人员 1 124 人。人员主要集中在徐汇区、闵行区、静安区、奉贤区和黄浦区这 5 个区。其中，徐汇区科技信息与文献机构从业人员 968 人，其中从事科技活动人员 933 人，分别占总量的 52.6% 和 51.8%；徐汇区社会人文科学研发机构从业人员 566 人，其中从事科技活动人员 557 人，分别占总量的 47.4% 和 48.2%（表 20）。

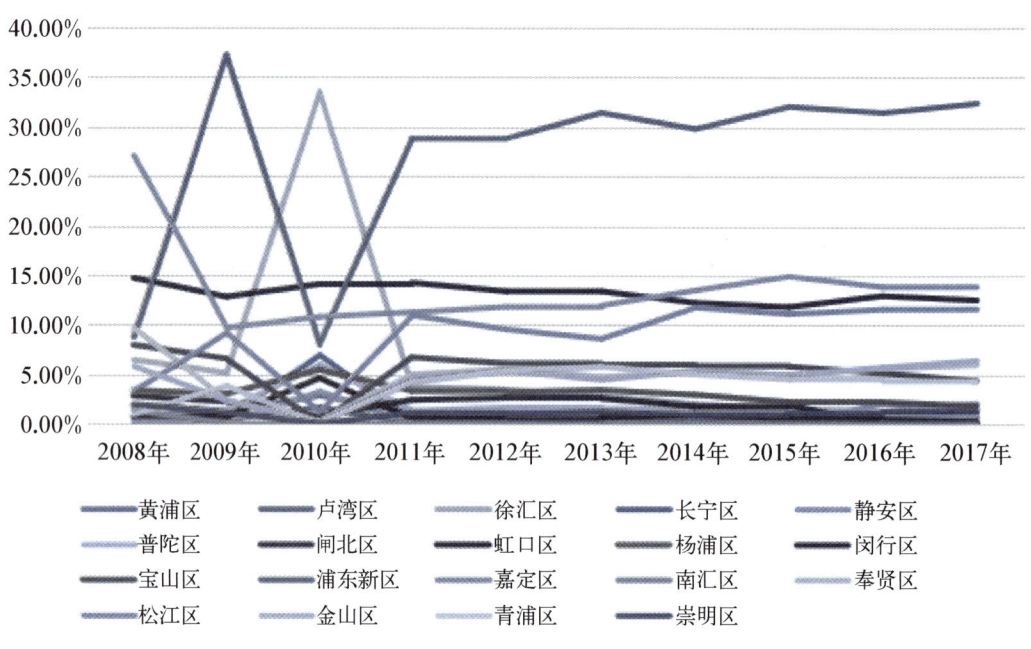

图 51　2008—2017 年上海规模以上工业企业 R&D 人员地区占比变化

数据来源：上海科技统计年鉴 2008—2018

表 20　2017 年上海科技信息与文献机构从业人员地区分布

	从业人员(人)	各区占比(%)	从事科技活动人员(人)	各区占比(%)
黄浦区	12	1.03	12	1.07
徐汇区	968	82.74	933	83.01
静安区	55	4.70	55	4.89
闵行区	81	6.92	72	6.41
奉贤区	54	4.62	52	4.63
合　计	1 193	100.00	1 156	100.00

数据来源：上海科技统计年鉴 2018

2007 年至 2017 年，上海科技信息与文献机构从业人员各区分布如图 52 及表 21 所示。上海科技信息与文献机构从业人员主要分布在黄浦区、徐汇区、长宁区、静安区、闵行区、虹口区和奉贤区这 6 个区，2016 年闸北区与静安区合并后，数据归属静安区。总的来说 11 年来人员区域分布变化不大。其中，黄浦区是科技信息与文献机构从业人员分布比例最高的区，11 年来人员占比保持在 77.3%～83.8% 之间，年均占比在 80% 左右；闵行区科技信息与文献机构从业人员在 2019—2011 年间有一定程度攀升，此外的年份基本保持人员占全市比例

8%左右;静安区科技信息与文献机构从业人员占比11年来基本稳定,保持在7.5%左右;奉贤区科技信息与文献机构从业人员从2012年开始有数量分布,至今人员占比保持在4.5%左右;剩下很少一部分人员分布在黄浦区。

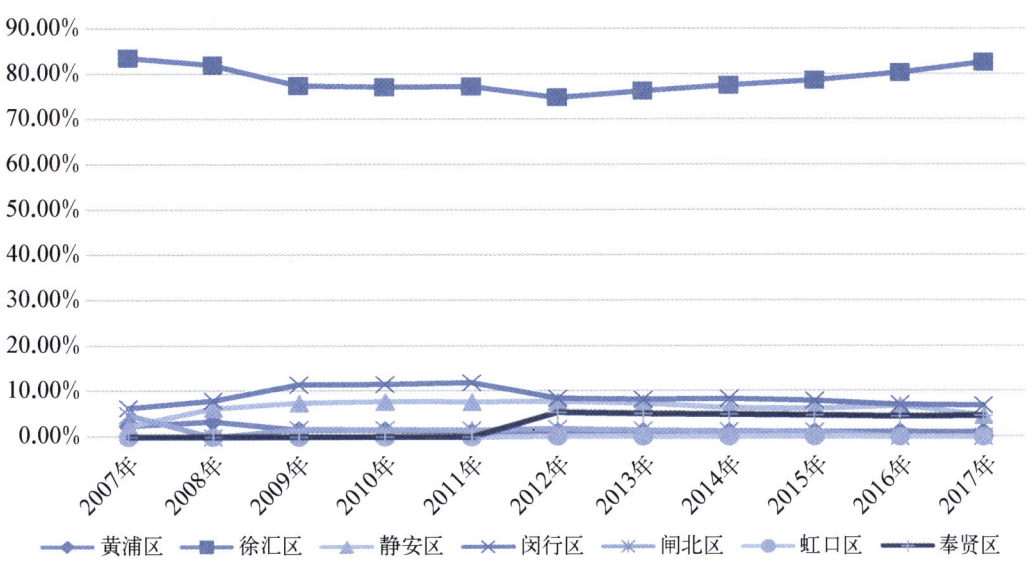

图52　2007—2017年上海科技信息与文献机构从业人员地区占比变化

数据来源：上海科技统计年鉴2008—2018

表21　2007—2017年上海社会人文科学研究与开发机构从业人员地区分布

单位：人

		黄浦区	徐汇区	静安区	闵行区	闸北区	虹口区	奉贤区	合计
2007年	从业人员	44	1 500	44	115	88	—	—	1 791
	从事科技活动人员	38	959	14	52	78	—	—	1 141
2008年	从业人员	49	1 174	91	115	—	—	—	1 429
	从事科技活动人员	39	1 003	74	57	—	—	—	1 173
2009年	从业人员	21	1 029	100	153	23	—	—	1 326
	从事科技活动人员	14	933	76	116	21	—	—	1 160
2010年	从业人员	20	1 011	103	152	22	—	—	1 308
	从事科技活动人员	14	883	82	116	22	—	—	1 117

(续表)

		黄浦区	徐汇区	静安区	闵行区	闸北区	虹口区	奉贤区	合计
2011年	从业人员	15	1 013	102	157	21	—	—	1 308
	从事科技活动人员	14	929	82	122	21	—	—	1 168
2012年	从业人员	15	955	100	109	24	2	69	1 274
	从事科技活动人员	15	843	82	99	24	0	49	1 112
2013年	从业人员	15	958	93	104	19	1	64	1 254
	从事科技活动人员	15	858	87	93	19	0	46	1 118
2014年	从业人员	14	947	78	103	16	1	60	1 219
	从事科技活动人员	13	856	71	95	16	0	44	1 095
2015年	从业人员	13	938	74	95	14	1	56	1 191
	从事科技活动人员	12	881	70	83	14	0	48	1 108
2016年	从业人员	13	958	82	85	—	—	53	1 191
	从事科技活动人员	12	920	75	76	—	—	45	1 128
2017年	从业人员	12	968	55	81	—	—	54	1 170
	从事科技活动人员	12	933	55	72	—	—	52	1 124

数据来源：上海科技统计年鉴 2008—2018

5. 区属研究开发机构从业人员地区分布

从区、县属研究开发机构从业人员及从事科技活动人员所在地分布来看，2017年上海区属研究开发机构从业人员共887人，其中从事科技活动人员760人，相对来说这支科技工作者队伍数量较少。人员主要集中在青浦区、浦东新区和奉贤区，这3个区的区属研究开发机构从业人员合计540人，占上海区属研究开发机构从业人员总量的60.9%；其次为嘉定区、松江区和崇明区，这3个区的区属研究开发机构人员数量不相上下，合计为255人，占上海区属研究开发机构从业人员总量的28.8%；宝山区和黄浦区的区、县属研究开发机构从业人员不足百人，合计为 92 人，占上海区属研究开发机构从业人员总量的 10.4%。同样地，上海区属研究开发机构从事科技活动人员地区分布也基本呈现相同的状态（表 22）。

表 22　2017 年上海区属研究开发机构从业人员地区分布

	从业人员(人)	各区占比(%)	从事科技活动人员(人)	各区占比(%)
黄浦区	36	4.06	31	4.08
宝山区	56	6.31	47	6.18
浦东新区	141	15.90	131	17.24
嘉定区	87	9.81	76	10.00
奉贤区	118	13.30	117	15.39
松江区	82	9.24	73	9.61
青浦区	281	31.68	215	28.29
崇明区	86	9.70	70	9.21
合　计	887	100.00	760	100.00

数据来源：上海科技统计年鉴 2018

2007 年至 2017 年，上海区属研究开发机构从业人员各区分布如图 53 及表 23 所示。2011 年是一个明显的波动年，这一年大多数区人员分布呈现较大幅度

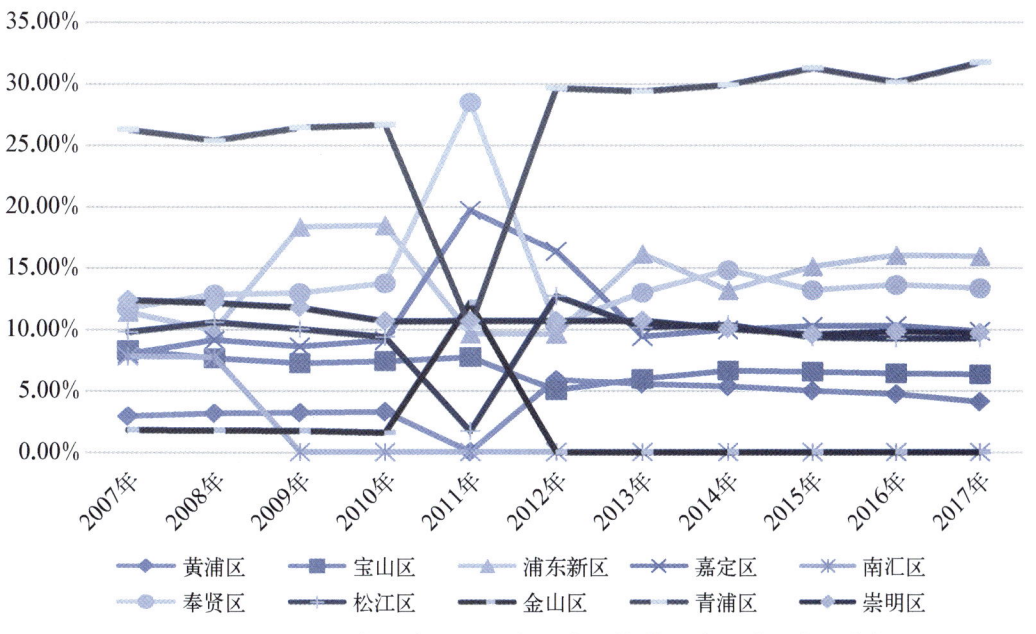

图 53　2007—2017 年上海区属研究开发机构从业人员地区占比变化

数据来源：上海科技统计年鉴 2008—2018

表 23 2007—2017 年上海区属研究开发机构从业人员地区分布

单位：人

年		黄浦区	宝山区	浦东新区	嘉定区	南汇区	奉贤区	松江区	金山区	青浦区	崇明区	合计
2007年	从业人员	29	83	114	80	78	117	98	18	263	124	1 004
	从事科技活动人员	24	48	79	49	49	82	72	7	198	76	684
2008年	从业人员	32	78	101	93	79	131	108	18	259	124	1 023
	从事科技活动人员	29	49	72	70	64	101	81	10	206	80	762
2009年	从业人员	33	75	190	89	—	134	104	18	274	122	1 039
	从事科技活动人员	30	46	141	71	—	105	82	10	221	85	791
2010年	从业人员	33	75	187	92	—	139	95	16	270	108	1 015
	从事科技活动人员	31	47	136	75	—	98	73	10	217	77	764
2011年	从业人员	—	73	91	186	—	269	16	115	96	101	947
	从事科技活动人员	—	44	75	131	—	228	10	92	73	74	727
2012年	从业人员	55	47	90	153	—	97	119	—	278	100	939
	从事科技活动人员	53	37	73	120	—	78	96	—	248	72	777
2013年	从业人员	51	55	149	87	—	120	94	—	272	99	927
	从事科技活动人员	34	36	120	72	—	96	74	—	244	74	750
2014年	从业人员	48	60	119	90	—	134	94	—	271	91	907
	从事科技活动人员	32	42	104	75	—	98	78	—	234	73	736
2015年	从业人员	44	58	134	91	—	117	83	—	278	85	890
	从事科技活动人员	34	45	115	77	—	116	68	—	242	68	765
2016年	从业人员	41	56	140	90	—	119	81	—	264	86	877
	从事科技活动人员	33	47	125	90	—	118	63	—	238	70	784
2017年	从业人员	36	56	141	87	—	118	82	—	281	86	887
	从事科技活动人员	31	47	131	76	—	117	73	—	215	70	760

数据来源：上海科技统计年鉴 2008—2018

变化,奉贤区、嘉定区、金山区处于人员占比波峰,浦东新区、松江区、黄浦区处于人员占比波谷,但总的来看,11年来上海区属研究开发机构从业人员各区分布较为稳定。上海区属研究开发机构从业人员最主要分布在青浦区、浦东新区和奉贤区,青浦区是区属研究开发机构从业人员分布比例最高的区,11年来除了变动年外人员占比保持在30%左右;浦东新区的区属研究开发机构从业人员基本保持人员占全市比例15%左右;奉贤区的区属研究开发机构从业人员基本保持人员占全市比例12%左右,2011年最高峰值达到28.4%;嘉定区、松江区和宝山区的区属研究开发机构从业人员占比11年来基本稳定相当,保持在9%左右,宝山区则保持在7%左右;黄浦区的区属研究开发机构从业人员11年来有小幅增加,占比从2008年的2.9%增加到2017年的4.1%。

(二)上海科技工作者园区分布情况

科技园区、平台、载体等是最广泛的科技创新单元,其中也分布着为数众多的科技工作者,作为全国第三家自主创新示范区,张江国家自主创新示范区(以下简称张江示范区)是重要的科技创新载体,园区不断优化发展环境,引聚培育人才,形成了科技工作者分布的高地。

1. 张江示范区人才及发展环境概要

张江示范区作为上海建设全球有影响力的科技创新中心的重要载体,根据发展规划纲要(2013—2020),示范区"一区22园"体制结构不断优化,124个园中园分布于上海16个区,总占地面积达531.32平方千米。目前,张江示范区海外专家、留学生、外籍专家总量4万余人。为进一步提升园区空间优化,集聚优秀的科技人才,张江示范区逐步推进张江核心园加浦东创新带、沪北创新带、沪西南创新带"一核三带"的功能布局建设,选择张江核心园、漕河泾园、嘉定园、杨浦园等条件成熟的重点区域,采取先期布局、陆续拓展的实施步骤,建设一批各具特色的科技创新功能集聚区,形成创新创业体系的战略高地,辐射带动全局的创新发展。截至2015年年底,张江示范区内各类型企业共实现营业总收入3.63万亿元,同比2015年增长7.7%;工业总产值1.33万亿元,同比2015年增长0.1%;域内从业人员203.55万人;实现净利润2 298.46亿元,同比2015年增长24.8%;实缴税额2 546.69亿,同比2015年增长12.1%。总收入超千亿的园区达到13个,其中张江核心园、金桥园总收入超过6 000亿元。

在政策方面,适用于张江示范区的人才政策共计100余个文件近300个事项,上海市各区县针对分园的人才政策措施共20余项。

在科研机构方面,研发机构1 470余家,外资研发机构267家,孵化器106家,加速器12家,创业苗圃48家,国家级重点实验室34家、国家科研院所90家、高等院校46所,国家工程技术研究中心21家,国家工程实验室7家,国家工程研究中心9家,国家级企业技术中心39家,国家级技术转移示范机构21家,国家质量监督检测中心33家。

在企业方面,注册经营企业45 636家,科技小巨人企业和小巨人培育企业1 427家,高新技术企业3 020家技术先进型服务企业253家,跨国公司总部700余家、境内上市公司105家。据统计示范区高新技术企业全年净利润845.78亿元,同比2015年增长23.4%,显著高于整个张江示范区的净利润增幅,而高新技术企业实际缴税444.47亿元,同比2015年增长5.5%,低于张江示范区的缴税增长水平,高新技术企业享受政策减免所得税92.22亿元,同比2015年增长24.6%。从以上数据来看,张江示范区形成了比较明显的政策倾斜,大力支持科技创新企业,取得的成果卓有成效,在培育培养创新创业人才、建设科技创新中心的道路上迈出了比较坚实的一步。

在服务机构方面,猎头评测机构38家,人事咨询与人事代理91家,人才派遣与外包服务88家,综合性及其他类型中介机构92家。经过各分园管理机构审核推荐、第三方机构初评、专家评审、部门会商、网站公示等环节,张江示范区共确定了人才类45个试点平台,其中,人才服务平台建设试点15个、重点领域人才实训基地建设试点12个、人才培养产学研联合实验室建设试点18个。

在配套服务方面,张江专项资金已支持引进国际人才超过2.1万人,培养人才17.5万余人,推进建设31个海外高层次人才创业基地及11个留学生创业园。构建国际化人才集聚服务体系,积极探索并设立了集人才、技术和资本"三位一体"的海外人才预孵化基地,已在11个国家和地区布局了34个海外人才预孵化基地。新增人才公寓面积11万平方米以上,配套人才公寓面积70余万平方米。

2. 张江示范区人才园区分布

2018年,张江示范区共有从业人员2 345 664人,具体的分园园区分布如图54所示。从业人员分布最多的是张江核心园、漕河泾园和金桥园,人数都在20万人以上;宝山园、杨浦园和嘉定园从业人数相当,在17万~18万人。黄浦园和虹口园的从业人数也以10万计。从业人数较少的是崇明园和世博园。

(1) 张江核心园

在科创中心建设及"双自"联动的大背景下,张江高新区核心园作为高层次人才创新创业和国家人才实验区的核心基地,始终把吸引集聚人才作为工作重

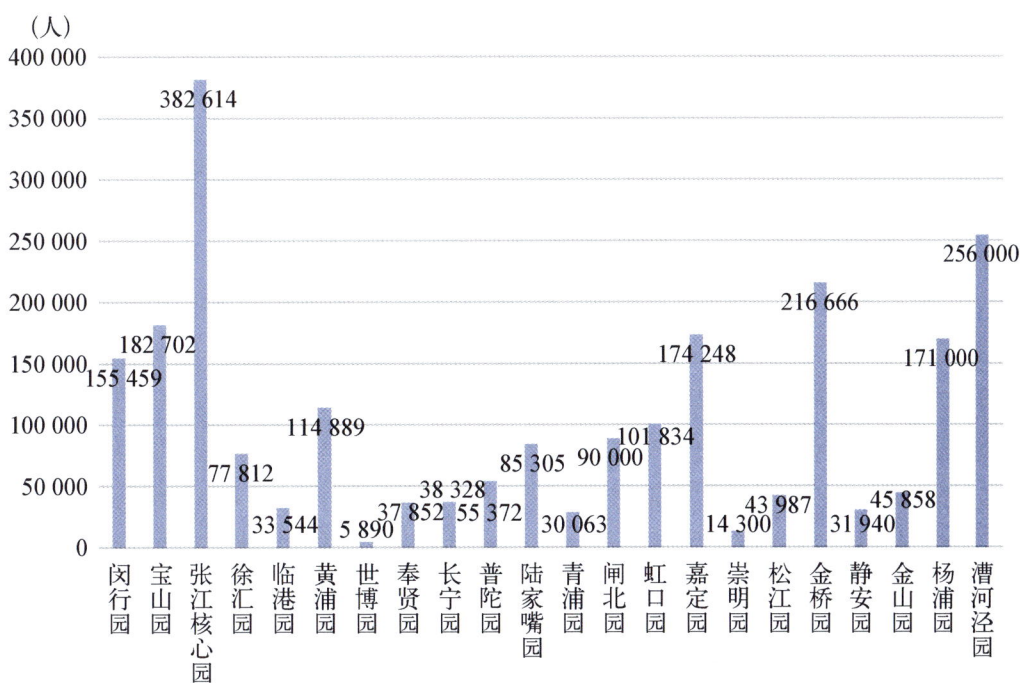

图 54　2018 年张江示范区从业人员园区分布

数据来源：张江园区统计年报 2018

点。截至 2015 年年底，园区从业人员总量达到 36.36 万人，具有本科以上学历的约有 17.16 万人，其中硕士研究生及以上约 4.97 万人，大学本科约 12.19 万人。其中留学人才 5 100 余人，境外人士 3 000 余人。

（2）漕河泾园

漕河泾园是国务院批准设立的经济技术开发区、高新技术产业开发区和出口加工区，汇聚中外高科技企业 2 500 多家，其中外商投资企业 500 多家。81 家世界五百强跨国公司在区内设立 131 家高科技企业。2015 年，漕河泾年销售收入 2 588 亿元，地区生产总值（GDP）883 亿元，工业总产值 632 亿元，进出口总额 82 亿美元。依托周边 20 多所高等院校和 120 多所研究开发机构，以及良好的居住环境，漕河泾园的人才体量和质量也在不断地上升。截至 2015 年年底，漕河泾园从业人员 25 万，其中博士、硕士占全部从业人员比重的 11%，大专及以上学历人员占比 69%，专业技术人员占比 35%，经营管理人员占比近 20%；上海市区领军人才 29 人，上海市浦江人才 9 人，列入上海市人才发展资金资助的有 71 人。

（3）闸北园

闸北园持续拓展人才工作网络，深化人才体制机制创新，加强各类人才载体建设,完善人才服务保障体系,进一步打造环市北高新区功能板块、环多媒体谷功能板块、环上大功能板块、环苏河湾功能板块等四大板块效应,强化人力资源服务产业链建设。截至2015年年底,闸北园集聚了近150家人力资源服务企业,实现三级税收9.48亿元,同比增长42.42%,五年人力资源服务业年均增幅达到30%。

（4）青浦园

青浦园紧紧抓住上海优先发展现代服务业和先进制造业的有利时机,充分发挥青浦区区位便捷、产业集聚的基础优势,不断凸显张江品牌效应、政策效应和创新带动效应,加快集聚创新资源,推动集成创新和自主创新,加速发展生物医药、新材料、先进装备制造等三大主导产业,积极培育高新技术产业新的增长点。截至2015年年底,青浦园从业人员29 978人,其中硕士以上555人,大学本科4 197人,大专5 770,中专9 556人,大学专科以上学历人员占全部从业人员比例为25.66%,较2014年大学专科以上学历人员占全部从业人员比例24.7%增长1%,其中高级科技人员761人较2014年637人增长20%,园区高学历、专业技术人才比例偏低。

（5）金桥园

金桥园积极引导企业树立人才全球化观念,完善人才引进、培养和使用机制。截至2015年年底,园区共有上海领军人才6名。园区还进一步加强高层次、高技能人才队伍培养建设,积极引导归国留学人员创业,同时完善开发区配套服务功能,帮助解决各类人才工作生活中遇到的问题,形成了"吸引人才市场化、尊重人才社会化、服务人才个性化"的良好氛围。

（6）嘉定园

嘉定园通过完善人才工作体制机制,出台了金融扶持高层次人才创业、鼓励社会力量引荐高层次人才等人才新政及相关配套实施细则,构建差异化的创新创业平台,营造良好的人才成长环境。截至2015年年底,园区拥有中国科学院院士9人,中国工程院院士4人。科技企业孵化器9个,众创空间10个,产业技术创新联盟3个。研究院所6个,省级及以上重点实验室4个,企业技术中心34家,博士后工作站4家,大学1所,创业风险投资机构6家。驻区高校、科研院所各类研发平台共计106个,可开放的公共服务平台69个,分别比2014年底增加了14个和21个。

（7）杨浦园

杨浦园以科创中心重要承载区建设为核心,大力推进各类人才工作项目主动对接科创中心重要承载区建设,加强高端人才的引进和培育,推进博士后创新实践基地建设,积极探索"以平台引人才、以人才强平台"的模式,提升人才的认同感。截至 2015 年年底,园区人才总量近 30 万,拥有两院院士 62 名,上海领军人才 11 人,入围"3310 计划"海外高层次创业人才 282 位,集聚海外人才创业企业 533 家,集聚上海创业类"浦江人才"22 名,初步显现了高端人才带动人才集聚的效应。

(8) 长宁园

帮助中国民用航空华东地区空中交通管理局、中国航油集团上海分公司、中国国际航空股份有限公司上海分公司等单位引进飞行、维修、签派等各类人才 69 人,办理居住证积分 305 人。分批为中石化、春秋航空、奇瑞捷豹路虎、亦谷时装等 10 余家企业开展上门服务,积极讲解政策。

(9) 徐汇园

徐汇园覆盖地域内高校、科研院所、医院数量较多、类型丰富,拥有和培养了大量创新创业人才,其中大部分都是科技型人才。与上海市欧美同学会创业分会举办了海归千人创业大会,吸引了众多带着创业计划的留学归国人才参与。在国内人才引进方面,2015 年办理居住证积分申请 14 827 件,居转户申请 972 人,直接引进人才 34 人。

(10) 虹口园

虹口园围绕虹口区域经济社会发展重点,扎实推进人才工作。截至 2015 年年底,园区累计企业总数 13 556 家,其中高新技术企业数 82 家,市区两级科技小巨人企业数 26 家,技术先进服务型企业 1 家。园区企业总收入 1 155 亿元,总税收 34 亿元。累计从业人员 6.5 万人,其中园区千名从业人员中拥有硕士以上学历 6 人。拥有有效国内发明专利新增 439 项,累计 3 185 项。

(11) 闵行园

闵行园充分发挥张江专项资金的引导作用,鼓励园区引进和培育产业链关键项目和龙头企业。根据各产业区块的功能定位和产业集聚情况,鼓励和支持园区实行"二次开发",提高战略性新兴产业的集聚度,更好地优化产业和人才发展环境。截至 2015 年年底,累计 400 多名人才进入闵行领军人才培养计划,现有上海市领军人才 48 人,高新技术企业 182 家,科技小巨人企业 45 家。所有入驻孵化器、加速器和产业园区的企业 2015 年产值达 2 233 亿元,税收总量达 161 亿元。

(12) 松江园

松江园下属四个子园,分别为莘莘学子创业园、工业区西区、中山工业园和漕河泾松江园,总面积 21.217 平方千米。园区通过政策吸引、人才服务、产学研合作等方式,推送企业和人才的发展。据不完全统计,截至2015年年底,园区内企业总数有1 058家。

（13）普陀园

普陀园由北区块（包括桃浦科技智慧城、未来岛科技园、真如铁三角科技园、同济科技园沪西园区）和南区块（包括长风生态商务区、中环国际中小企业总部社区、华大科技园、天地软件园、新曹杨高新区、谈家二八文化信息港、武宁科技园和上海化工研究院新材料园区）组成,规划总面积约1 020公顷。目前,13个园区现有科技型企业984家,其中高新技术企业149家。园区内现有领军人才12名,浦江人才1名。年内新增上市领军人才2名。2015年,新增上海市领军人才2名。

（14）陆家嘴园

陆家嘴园进一步优化陆家嘴金融城631青年人才安居计划及雏英筑巢计划,实现人才引进、培养和服务并举,多方位满足人才需求,打造更具竞争力的人才集聚环境。目前陆家嘴园区域内集聚了各类人才近50万人,其中,金融人才约21万,纳入领军人才等金融高层次人才占全市金融系统约70%。

（15）临港园

经过十余年的发展,临港已初步形成了现代产业体系,成为上海乃至全国高端装备制造业高地,并初步建成了现代化的滨海新城框架,对外影响力和知名度日益增强。

（16）奉贤园

奉贤园从落实机制方面入手,着力推进高层次人才创业载体的建设,带动人才引进工作。目前,奉贤园有企业123家,其中市级高新技术企业61家,2015年新增5家。园内万名从业人员累计拥有有效发明专利102件;中国驰名商标2个,上海市著名商标7个,上海名牌产品20个;市企业技术中心10个,市级工程技术中心5个,市级小巨人企业11个,上市公司6家,新三版挂牌企业9家。9家企业成功立项上海市中小企业创新资金项目;1家企业成功认定上海市科技小巨人（培育型）。

（17）金山园

金山园以培养高层次人才、加强高技能人才队伍建设为重点,以搭建人才发展平台、优化人才发展环境为重心,统筹推进园区人才工作。截至2015年年底,园区从业人员3.63万人,其中高层次人才6人,领军人才3人,留学回国人才16人,外籍从业人员81人。8人获得了金山区优秀人才评选工作的表彰,其中金山区领军人才（后备队）4人,金山区青年拔尖人才4人。1人获得金山区科技英才奖。

(18) 崇明园

随着"汇创崇明"工作的启动,园区相继出台各种鼓励创业者的创新扶持政策,不断优化大众创业、万众创新环境,搭好创业生态圈,并向国内外的创业者发出了"汇聚崇明、共同创业"邀请,推出了包括"长兴海洋科技港""智慧岛数据产业园"在内的六大创客基地。截至 2015 年年底,园区注册企业 326 家,其中规模以上企业 7 家,高新技术企业 8 家。崇明园 2015 年从业人员 1.09 万人,其中硕士以上学历人员 176 人,从业人员主要分布在高端装备制造以及新一代信息技术产业。

(19) 宝山园

宝山园通过多种形式加强各类政策的推广力度,进一步营造"尊重人才、尊重创造"的舆论氛围。目前,园区内共有企业 14 732 家,企业总收入 1 098.35 亿元,总税收 36.85 亿元,从业人员 6.5 万余人。其中科技型企业 3 048 家,高新技术企业总数 125 家,科技小巨人企业 26 家,知识产权示范企业 2 家。获得上海领军人才 32 人,浦江人才 95 人。园区内研发机构 18 家,国家级重点实验室 1 家,博士后科研工作站 1 家,省级及以上企业技术中心 12 家。

(20) 世博园

世博园在有效运用好国家、上海市、浦东新区、张江示范区现有政策的同时,完善园区个性化政策,引导企业创新发展,吸引高科技人才集聚,充分发挥园区内现有平台的作用,开展区域内高端服务业培育工作。截至 2015 年年底,园区内注册企业共计 1 127 家,其中 2015 年度新增企业 508 家,高新技术企业 18 家,知识产权示范企业 1 家。

(21) 黄浦园

为了服务好园内企业,张江黄浦办在张江高新区管委会的指导下开展了调研工作,把张江打造服务平台的理念与黄浦实际情况相结合,专门打造了"黄浦区企业发展服务平台"。黄浦园总面积 6.87 平方千米,企业 7 300 家,以服务业为主,占比高达 93%,其中金融服务业占比 14.1%,专业服务业占比 13.5%,文化创意业占比 11.1%。园区内高新技术企业 63 家,全区占比 81.8%。

(22) 静安园

静安园位于静安区中部和东部两块,总面积 2.13 平方千米,在商业商务服务环境、城市管理水平、社会公共服务和国际开放程度等方面具有综合竞争力,吸引了一大批高端人才、国际化人才,促进了金融、文化创意、时尚、专业服务业等高素质人才和团队的集聚。

(三) 上海与其他省市科技工作者分布比较

1. 上海张江示范区与北京中关村示范区人员分布比较

北京中关村国家自主创新示范区是全国第一家自主创新示范区,建设起步早,建设成效好,2017年北京中关村国家自主创新示范区从业人数262万人,占全国高新区从业人数的13.5%;同年,上海张江自主创新示范区从业人数106.3万人,占全国高新区从业人数的5.48%。

2017年,中关村示范区从业人员在17个园区的分布如图55所示。从业人员分布最多的是海淀园,从业人数119万人,占中关村示范区从业人数的45%强,从业人数在20万人以上的有朝阳园和亦庄园,丰台园从业人数也将近20万人,这3个园区从业人数合计60万人,占中关村示范区从业人数的23%,从业人数较少的是延庆园。

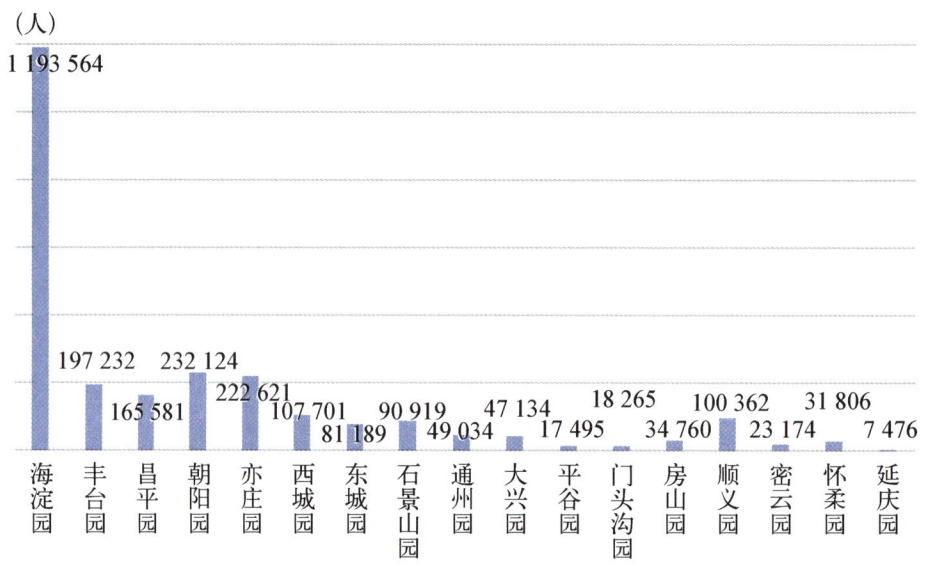

图55 中关村示范区从业人员在17个园区分布情况

数据来源:中关村年鉴2018

对比分析张江示范区和中关村示范区从业人员数,绝对值上张江小于中关村。从分布上来看,张江示范区人员分布相对均衡,数量差距不大,人数最多的张江核心园38万人,与人数最少的世博园0.5万人差距倍数为76倍;而北京中关村人员分布差距较大,人数最多的海淀园119万人,与人数最少的延庆园0.7万人差距倍数为170倍,人员相对集中在海淀园、朝阳园和亦庄园;两个示范区的核心园从业人员数量差距也较大,张江核心园从业人数38.2万人,海淀核心园从业人数119.3万人,差距倍数约为3倍。

2. 上海张江示范区与北京中关村示范区人才工作比较

对比上海张江示范区和北京中关村示范区的人才工作和做法,也各具特色。

(1) 中关村示范区人才工作

2017年,中关村示范区落实中共中央总书记习近平关于人才工作的重要思想,围绕建设国家级人才特区的中心任务,以贯彻落实《首都中长期人才发展规划纲要(2010—2020年)》为主线,在体制机制改革、人才引进和服务等方面持续加大工作力度,推动中关村人才管理改革试验区建设发展。

实施政策措施,不断释放中关村人才发展活力。北京市政府、北京市人力社保局等单位出台《关于优化人才服务促进科技创新推动高精尖产业发展的若干措施》《关于支持和鼓励高校、科研机构等事业单位专业技术人员创新创业的实施意见》《京津冀一体化发展规划(2017—2030年)》等政策文件,进一步释放中关村示范区人才创新创业活力。中关村出入境相关政策拓展到北京市朝阳区、顺义区及天津市等10个省市的相关自贸区和全面创新改革示范区,截至2017年年底,中关村管委会出具各类外籍人才推荐函519份,外籍高层次人才通过"绿卡直通车"政策办理申请403人,其中353人获"绿卡"。完善人才评价机制,开展教授级高级工程师专业技术资格评审工作,共有461位中关村高端人才获教授级高级工程师职称。设立中关村外籍人才服务窗口,为外籍人才提供一站式政策咨询服务平台。

集聚人才,构建中关村创新创业人才资源体系。加快集聚高层次人才,继续开展"海聚工程""高聚工程"等高层次人才项目申报工作。2017年,累计590人入选北京市"海聚工程";44人入选中关村"高聚工程",累计认定336人。入选高层次人才覆盖新一代信息技术、生物医药、节能环保等战略性新兴产业领域。325家留学人员创办企业、获开办费支持,累计孵化海外人才创办企业6 400余家。开展科技创新中心建设人才引进专项计划工作,646人获批办理人才引进手续。

强化人才培养,持续优化中关村人才结构。拓展人才创新创业培训平台。由中关村人才市场举办的2017年度中关村战略新兴产业专项人才提升特训营在京启动;北京市海淀区高层次人才发展促进会组织2017年第一期国际技术培训活动;市委组织部等单位联合举办市属国企高管和中关村领军企业家市委党校培训班;多家单位相继开展核心区高端领军人才专项培训、海创企业高端领导力高级研修班、国际技术培训等活动。加强人才衔接及选用。举办

中关村人才创客大赛、"海风行动"海归创业项目风投对接、央地人才合作交流对接、大学生创业训练营等交流活动；组织中关村企业校园招聘、校友企业专场招聘会、留学归国人员专场招聘等一系列人才引进活动。中关村一带一路产业促进会推出"藤蔓计划"，并与对外经济贸易大学共建"藤蔓计划"留学生实习基地，旨在服务国际青年的创新创业活动。组织中关村高端人才走进张家口市和天津滨海-中关村科技园区，参加京津冀双创人才涿州精英峰会。

搭建平台，推动中关村人才国际化发展。在北京市硅谷高端人才峰会上，中关村海外科学家办公室、中关村海外博士后工作站揭牌。中关村海外战略科学家委员会成立，16位世界顶尖科学家受聘为中关村海外战略科学家。联合市侨办等部门举办中关村华侨华人创新创业大会，设立海外院士专家北京工作站，8位海外院士专家受聘担任中关村海外顾问；在加拿大举办渥太华"北京周"——中关村科技创新主题日活动，在美国硅谷举办首届中关村硅谷全球创新未来峰会暨中关村海外论坛，在美国波士顿市举办北京人才政策暨中关村发展集团2017年海外招聘宣讲会；在美国硅谷、波士顿，加拿大多伦多，澳大利亚悉尼、墨尔本及新加坡举办11场"海聚工程"政策说明会暨职位对接会；举办2017年海外赤子北京行活动和冬季海外人才考察中关村活动，来自美国、日本、加拿大、英国、澳大利亚等20余个国家的近300位海外高层次人才考察中关村创新创业情况。

（2）张江示范区人才工作

张江示范区在落实国家创新政策，深化股权激励、科技金融、财税支持、管理创新等试点政策的同时，积极根据示范区建设发展的现实需要，坚持问题导向，开展多种类型人才政策的先行先试，深入推进人才政策体系的创新。张江示范区除了在专项资金方面与市发展改革委、市科委、市财政局密切协作，建立了与其他市级部门的联动机制，出台了一系列创新政策和举措，先后开展了人才服务、人才培养、科技融资服务、企业信用管理、知识产权服务和企业专利联盟等八项试点建设以及"四新"经济创新基地建设试点工作，出台了《上海市加快推进具有全球影响力科技创新中心建设的规划土地政策实施办法（试行）》，制定了《关于优化张江示范区交通网络的实施办法》等。

通过进一步深化改革，转变政府职能，整合行政资源，建立和完善自主创新的工作体系、服务体系和政策体系，探索具有园区特色的自主创新之路。加大资金投入力度。对科技人才的扶持政策是建设科技创新中心的重要内容，其中创新创业各发展环节的人才是政策扶持的重点。各分园结合自身特色设立专项资金进重点企业和重点人才。丰富人才培养模式。为进一步提升园区产业发展,各分园不断加强人才培养,采用多种培养模式,积极提升园区的人才服务质量。完善生活配套服务。各分园内对落户企业引进人才子女就读、就医、居住证办理等方面提供便利与服务,解决人才的后顾之忧。设立专项人事服务。为满足园区企业的人才需求,各分园积极吸引整合各类人才服务资源,共同开展人才招聘、猎聘、人事代理等专业的人力资源服务。

发挥上海自贸试验区和张江示范区的政策叠加和联动优势,会同有关部门制定出台了《关于加快推进中国(上海)自由贸易试验区和张江国家自主创新示范区联动发展的实施方案》。同时,启动海外人才离岸创业基地建设工作。根据公安部和上海市人民政府的部市合作备忘录的有关精神,张江示范区管委会与公安部出入境管理局建立了定点联系合作机制,积极推进落实公安部支持上海科创中心建设12条创新政策在示范区的先行先试;同时,在市出入境办事大厅和各园区增设张江示范区出入境办证服务点。落实了外国留学生在上海就业的创新政策,制定发布了办事指南。

以张江人才网为载体,构建了覆盖22个园区的人才服务网络,着力提升张江示范区人才网信息化服务能力,成为张江示范区有效开展人才工作和为各类人才提供线上线下全方位服务的崭新窗口。通过构建了连接22个分园的人才服务网络,提高示范区内人才队伍建设的工作水平,引导科创人才资源的有效配置,实现了高效的需求对接及资源共享,从而提升人才资源管理的综合水平。联合有关部门开展了人才服务平台建设试点、重点领域人才实训基地建设试点和人才培养产学研联合实验室建设试点工作。作为张江示范区人才服务体系建设的重要组成部分之一,人才服务平台建设获得了各分园管理机构的高度重视,15个试点单位已建立健全相关规章制度,实现线上线下相结合的人才服务功能。各试点单位结合自身资源优势,继续深化各分园人才服务平台功能建设,为园区、企业和人才提供多方位的人才服务。

张江示范区注重面向全球引进资本、技术和人才,努力为各类国际化人才的成长和发展创造条件,为张江示范区在更大范围、更广领域和更高层次上参与国际竞争提供人才保障。随着张江示范区整体经济水平的不断快速发展,人才集聚效应不断增强,人才发展环境不断优化和改善。从学历结构上来看,硕士以上学历24万余人,占比超过12%;大专及本科学历96万余人,占比48%以上;大专以下学历约80万人,占比低于40%;每千名从业人员中的硕士以上学历数量达到120人以上,显著高于全市平均水平。据不完全统计,4万余家企业汇聚在张江示范区内,其中包括3 020家高新技术企业。168名院士工作在张江,占整个上海市比重的95%。张江示范区已经成为国内外创新创业人才的主要汇聚地,大专以上学历人才占比超过60%,且形成比较明显的梯度结构,有助于知识经济的外溢效应凸显。

高层次国际人才不仅深刻影响着企业的创新格局,还在很多技术领域填补了国内空白,缩短了技术创新上的国内外差距,实现了以科技创新促进新兴产业成长、推进国际领先研发成果产业化的发展奇迹。张江示范区深谙世界级园区必须是世界级人才集聚区的道理,建立"双自联动"创新机制促进人才工作国际化发展,通过境外侨胞组织及留学生组织开展海外高层次人才联合背景调查,通过招聘会、论坛、行业性国际会展等多样化手段发现人才、遴选人才、组织人才。根据张江示范区建设世界一流园区以及全球影响力的科技创新中心建设的需求,依托国际技术转移功能集聚区,与美中合作发展委员会签署战略合作备忘录,建设张江波士顿园。借助张江欧盟和美国硅谷联络处等平台,与多个国家和机构建立了合作交流关系在此基础上,进一步推动政府主导下的"双创"基地与国际人才服务机构合作机制的快速建立,联合组织海外招聘会,对接人才信息,定向引进海外高层次人才。为了推动具有全球影响力的科创中心建设,张江示范区转变思路,既实行"引进来",也采取"走出去",与美中合作发展委员会达成战略合作,在波士顿建立实体化园区,实现中美市场资源有机整合,推进两国创新资源在资本、技术、企业、人才等方面全面对接,揭开了海外引才、海外用才的大幕。

3. 典型省市国家高新区企业从业人员分布比较

从全国范围来看,张江示范区从业人员数排名靠前。2017年,张江示范区从业员数占全国高新区人员总数的5.5%,与中关村存在差距,不及其1/2,但与全国其他典型高新区比较,张江示范区的从业人占比表现较好,约为武汉东湖示范区的2倍左右,超过广州高新区、深圳高新区的2倍。

表24 2017年国内部分高新技术产业开发区从业人员数

园 区	从业人员数(万人)	占全国比例(%)
北京中关村示范区	262	13.50
上海张江示范区	106.3	5.48
武汉东湖示范区	55.5	2.86
西安高新区	45.1	2.32
天津高新区	35.3	1.82

(续表)

园区	从业人员数(万人)	占全国比例(%)
成都高新区	38.5	1.98
广州高新区	54.2	2.79
深圳高新区	48.7	2.51
苏州高新区	23.3	1.20
全国高新区合计	1 940.7	100

资料来源：科技部火炬高技术产业开发中心

三、上海科技工作者整体状况调查

为了全面了解和评估上海市科技创新中心和卓越全球城市建设中，科技工作者的现实情况与发展需求，反映科技工作者的意见、建议与呼声，上海市科协联合上海科技管理干部学院、上海市科学学研究所、上海市研发公共服务平台管理中心等单位，于2019年6月组织开展了上海科技工作者状况调查。本次调查的科技工作者对象主要来自高校及科研院所、公益事业（教育、医疗卫生、科普推广等）和企业等单位，共发放调查问卷1 832份，回收有效问卷1 355份，问卷有效率为74%。调查问卷内容涉及科技工作者的组成结构、科研活动、交流与进修、工作评价和个人发展、生活状况、社会参与、观念态度、海外经历、对上海科技创新环境的需求和建议等方面。调查样本的选择和分布较为合理，能够较好地体现上海科技工作者的基本状况。

（一）上海科技工作者的基本情况

1. 科技工作者概况

（1）整体受访科技工作者概况

在本次接受调查的1 355位科技工作者中，来自科研院所的占15.1%，高校占8.6%，企业占51.7%，医疗卫生机构、中小学校、科普与技术服务组织等公益服务类机构占24.6%；男性占53.7%，女性为46.3%；一半以上处于31～45岁年龄段(见图56),98%为大专及以上学历,其中硕士和博士研究生比例达43.5%(见图57)。

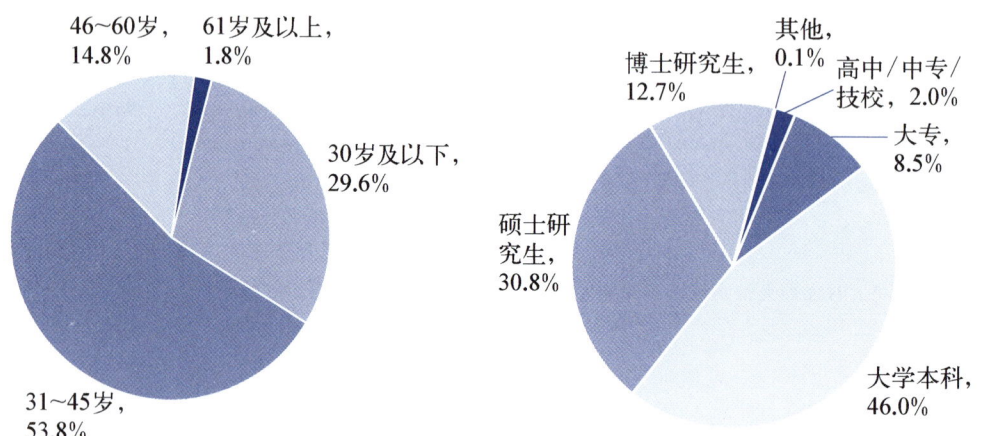

图56 上海科技工作者年龄分布　　图57 上海科技工作者学历分布

受访科技工作者的学科背景主要集中在理学和工学,合计占比62.2%(见图58),56.4%的科技工作者具有中级及以上技术职称(见图59)。

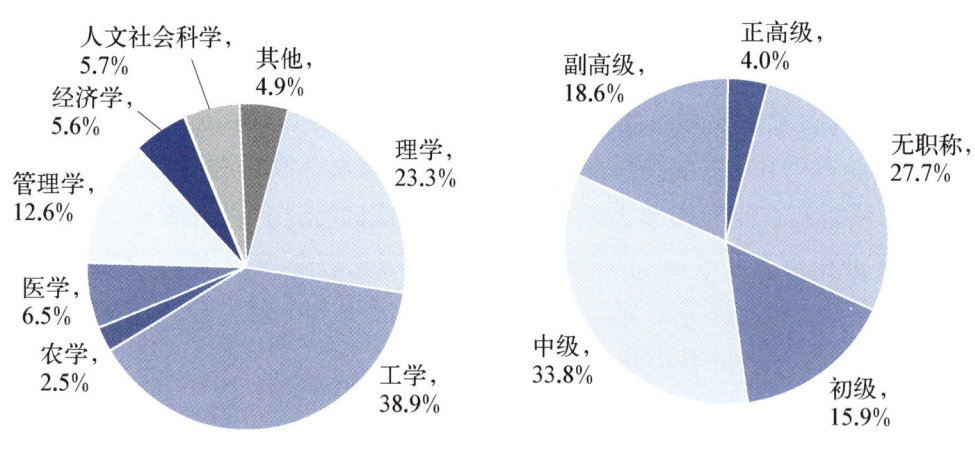

图58 上海科技工作者学科背景分布　　图59 上海科技工作者职称分布

(2) 高校及科研机构科技工作者概况

在本次接受调查的321位高校和科研院所科技工作者中,来自科研院所的占64%,高校占36%;女性占53%,男性为47%;大多处于31~45岁年龄段(见图60),全部为大专及以上学历,其中硕士和博士研究生比例达66%(见图61)。

分报告一 上海科技工作者发展报告（2015—2019）

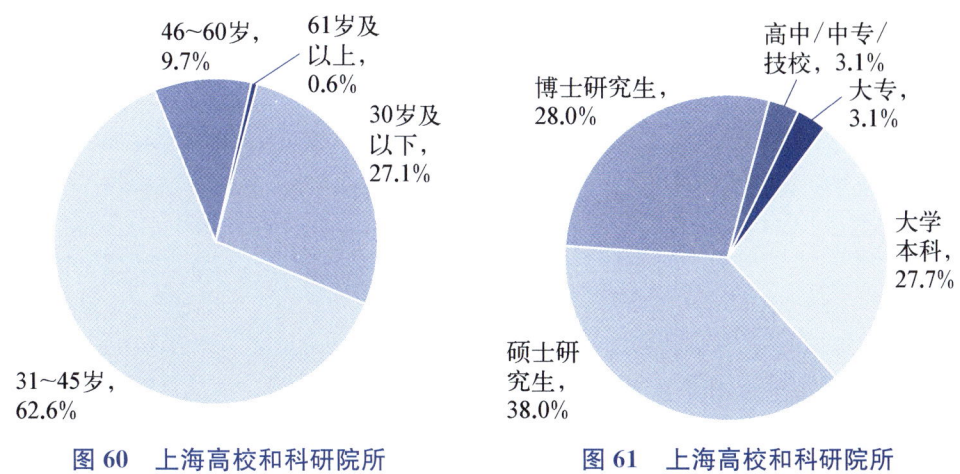

图 60 上海高校和科研院所科技工作者年龄分布

图 61 上海高校和科研院所科技工作者学历分布

受访科技工作者的学科背景主要集中在理学和工学（见图 62），27%的科技工作者具有高级职称（见图 63）。

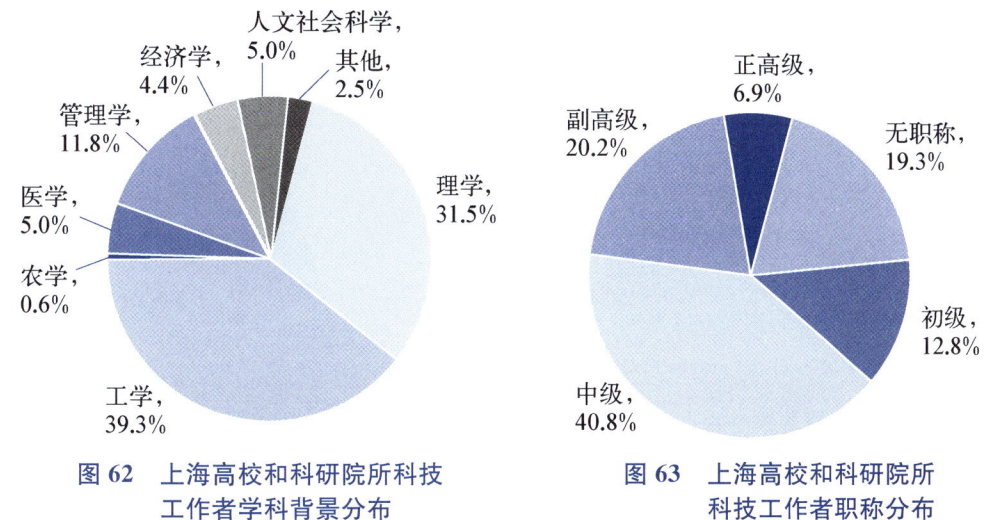

图 62 上海高校和科研院所科技工作者学科背景分布

图 63 上海高校和科研院所科技工作者职称分布

（3）企业科技工作者概况

在本次接受调查的 700 位企业科技工作者中，来自大型企业的占 37.6%，中小企业占 62.4%；女性占 41%，男性为 59%；大多处于 31～45 岁年龄段（见图 64），绝大多数为大专及以上学历，其中硕士和博士研究生比例为 34.7%（见图 65）。

受访科技工作者的学科背景主要集中在工学和理学（见图 66），46.6%的科技工作者具有中级及以上技术职称，但也有 1/3 左右的科技工作者无职称（见图 67）。

111

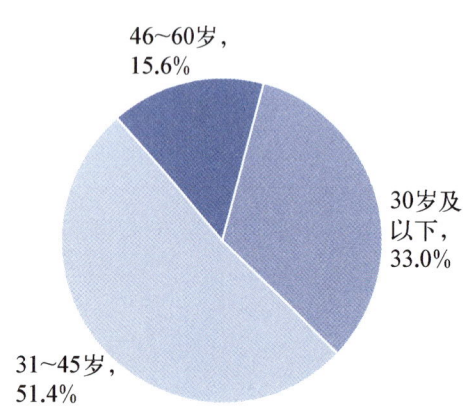

图64　上海企业科技工作者年龄分布

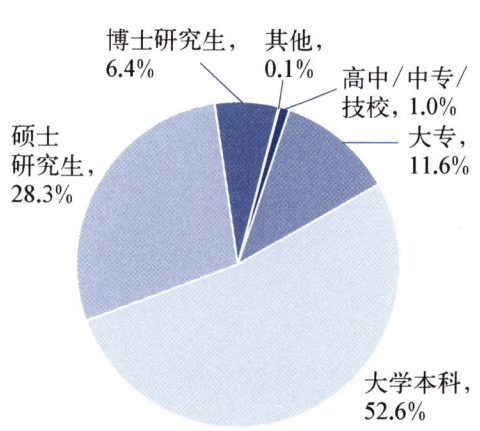

图65　上海企业科技工作者学历分布

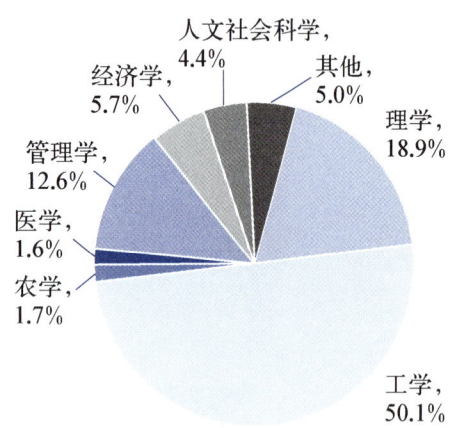

图66　上海企业科技工作者学科背景分布

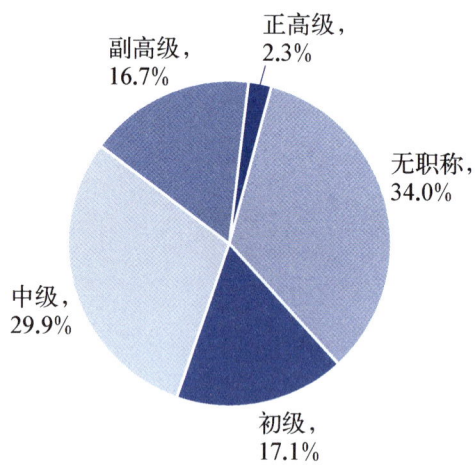

图67　上海企业科技工作者职称分布

(4) 公益服务类机构科技工作者概况

在本次接受调查的323位公益服务类机构科技工作者分别来自医疗卫生机构、中小学和中职学校、技术推广与服务组织、科普场馆以及各类科技学会和社团组织等；女性占51.7%，男性为48.3%；半数处于31～45岁年龄段（见图68），绝大多数为大专及以上学历，其中硕士和博士研究生占40%（见图69）。

受访科技工作者的学科背景主要集中在理学、医学、管理学和工学（见图70），62%的科技工作者具有中级及以上技术职称（见图71）。

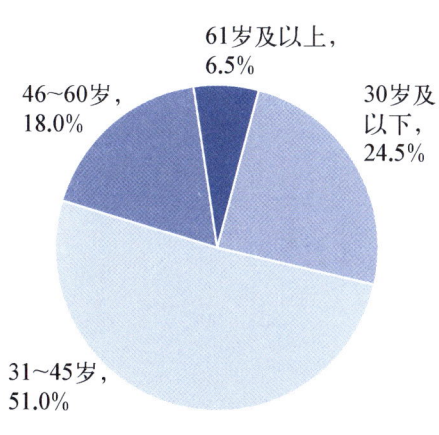

图68 上海公益服务类机构科技工作者年龄分布

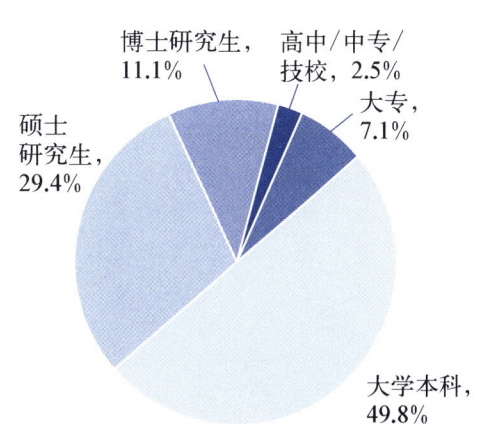

图69 上海公益服务类机构科技工作者学历分布

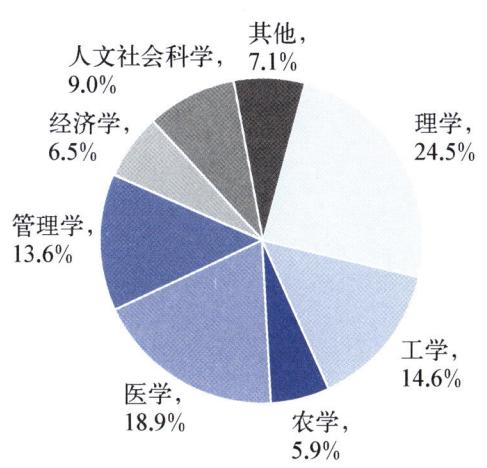

图70 上海公益服务类机构科技工作者学科背景分布

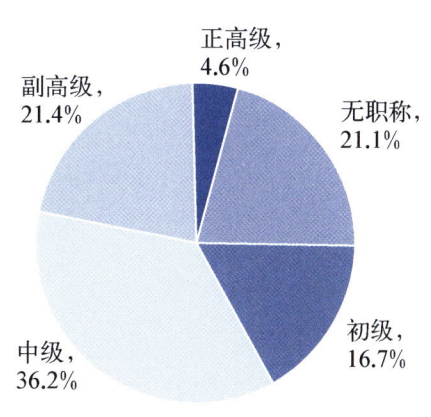

图71 上海公益服务类机构科技工作者职称分布

2. 科技工作者的从业概况

（1）整体受访科技工作者从业概况

受访科技工作者中，从事基础研究和应用开发研究的合计超过43%，还有超过35%的科技工作者从事管理科技管理和行政管理工作（见图72），大多数科技工作者从事的工作与所学专业具有很强或较强相关性（见图73）。

对于选择当前职业的缘由，科技工作者主要看重能否发挥专业技能、是否符合个人兴趣以及工作的稳定性（见图74），工作机会主要是通过招聘网站、招聘会和老师介绍等途径获得（见图75）。

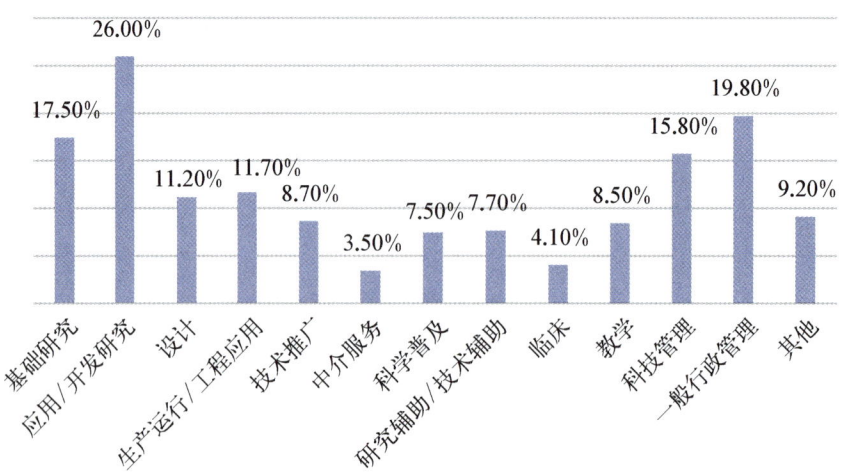

图 72　上海科技工作者职业领域分布

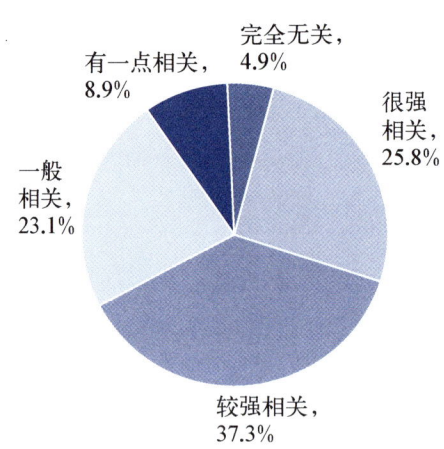

图 73　上海科技工作者从事职业与所学专业相关性

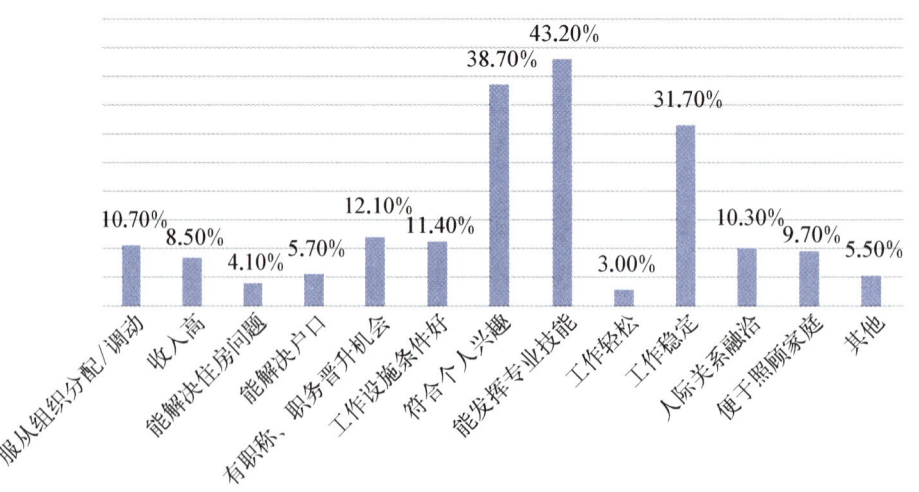

图 74　上海科技工作者职业选择缘由

分报告一 上海科技工作者发展报告（2015—2019）

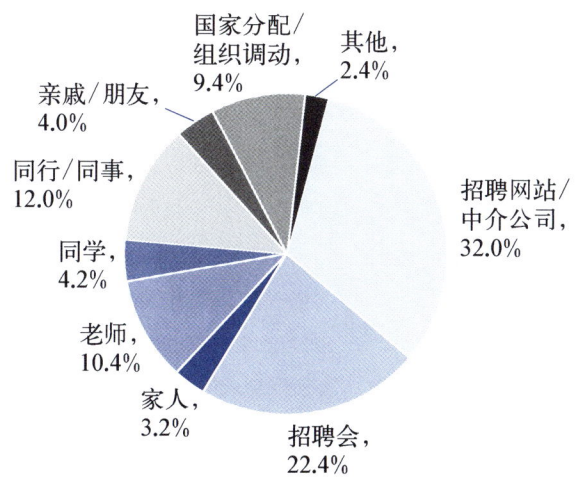

图 75 上海科技工作者职业选择途径

（2）高校和科研机构科技工作者从业概况

受访科技工作者中，从事基础研究和应用开发研究的超过 66%（见图 76），从事的工作与所学专业的相关性较强（见图 77）。

对于选择当前职业的缘由，高校和科研院所的科技工作者主要看重是否符合个人兴趣、能否发挥专业技能以及工作的稳定性（见图 78），工作机会主要是通过招聘网站、招聘会和老师介绍等途径获得（见图 79）。

（3）企业科技工作者从业概况

受访科技工作者中，从事基础研究和应用开发研究的占近 45%（见图 80），从事的工作与所学专业的相关性较强（见图 81）。

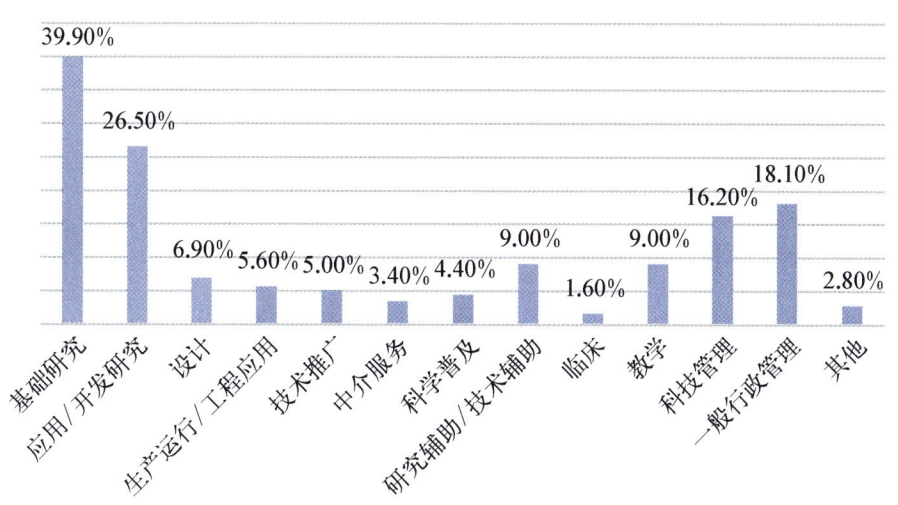

图 76 上海高校和科研院所科技工作者职业领域分布

115

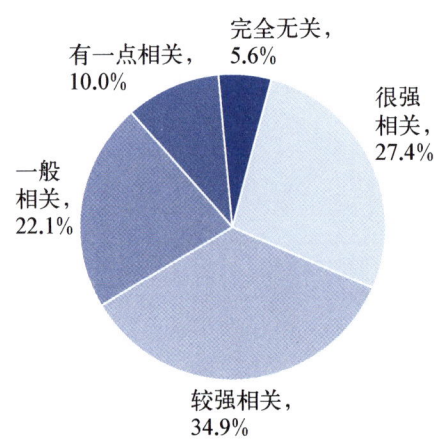

图 77　上海高校和科研院所科技工作者从事职业与所学专业相关性

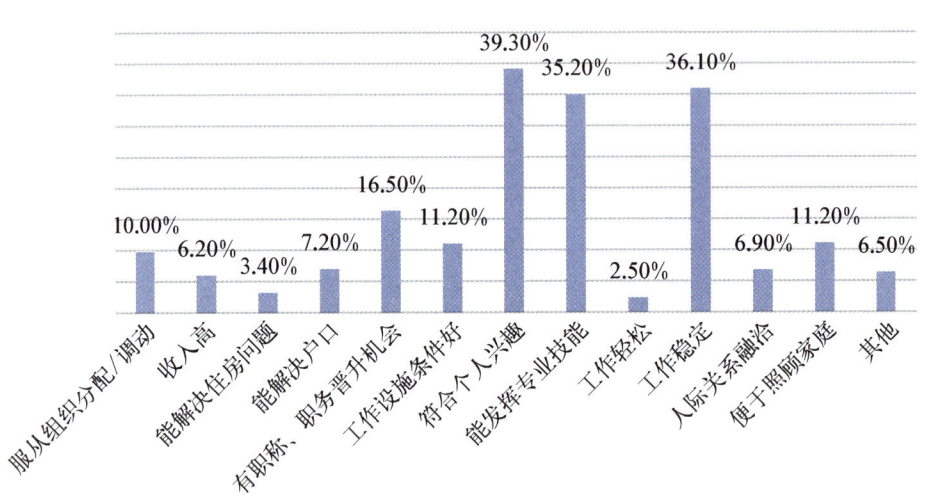

图 78　上海高校和科研院所科技工作者职业选择缘由

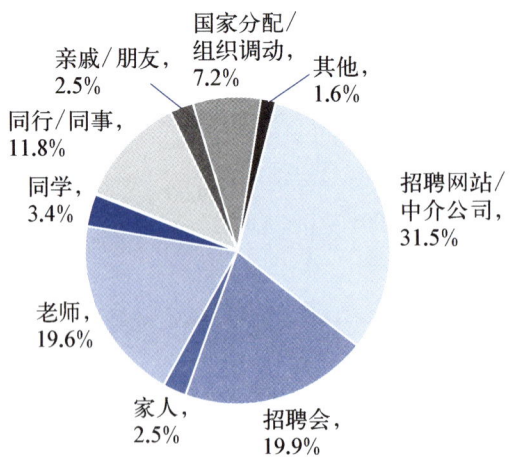

图 79　上海高校和科研院所科技工作者职业选择途径

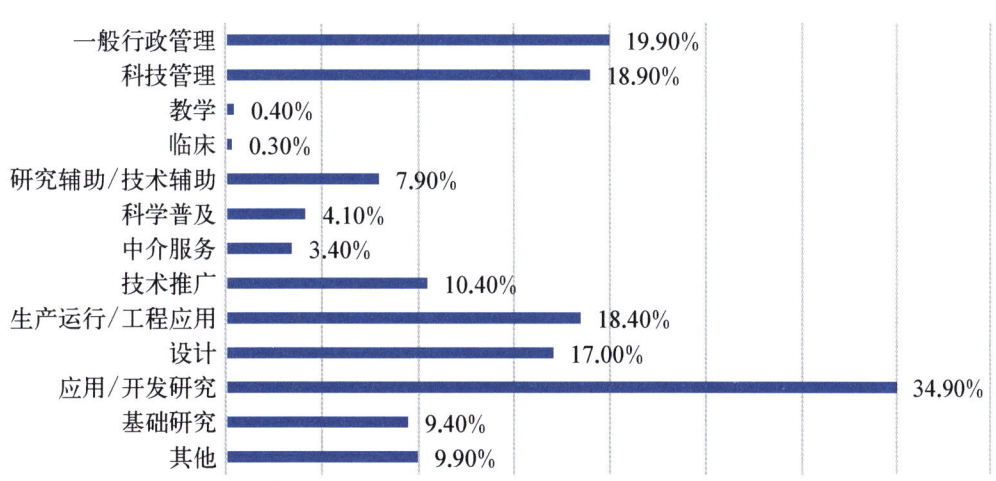

图 80　上海企业科技工作者职业领域分布

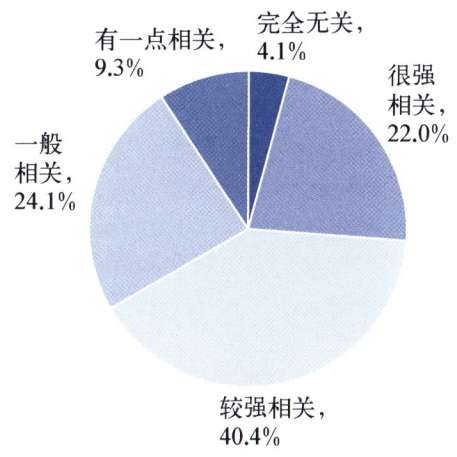

图 81　上海企业科技工作者从事职业与所学专业相关性

对于选择当前职业的缘由,企业的科技工作者主要看重能否发挥专业技能、是否符合个人兴趣以及工作的稳定性(见图 82),工作机会主要是通过招聘网站、招聘会和同行与同事介绍等途径获得(见图 83)。

(4) 公益服务类机构科技工作者从业概况

受访科技工作者中,从事教学的相对较多,其次是行政管理和科学普及(见图 84),从事的工作与所学专业的相关性较强(见图 85)。

对于选择当前职业的缘由,公益服务类机构的科技工作者主要看重工作的稳定性、是否符合个人兴趣以及能否发挥专业技能(见图 86),工作机会主要是通过招聘会、招聘网站和同行/同事介绍、国家分配调动等途径获得(见图 87)。

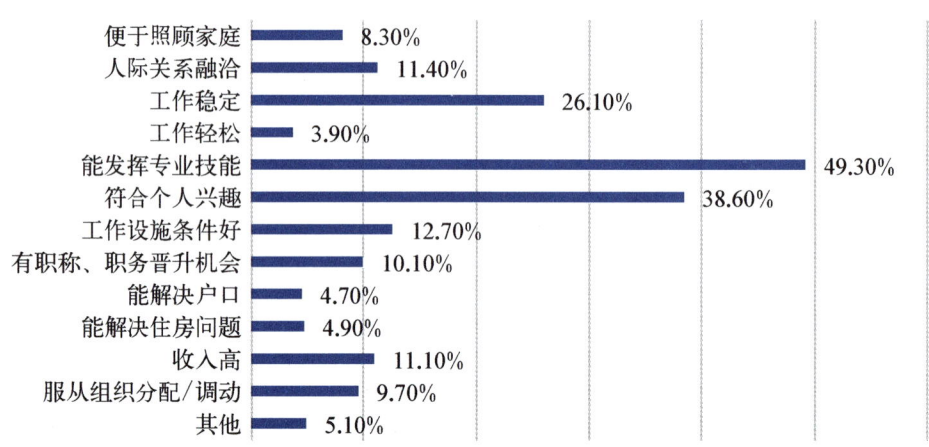

图 82　上海企业科技工作者职业选择缘由

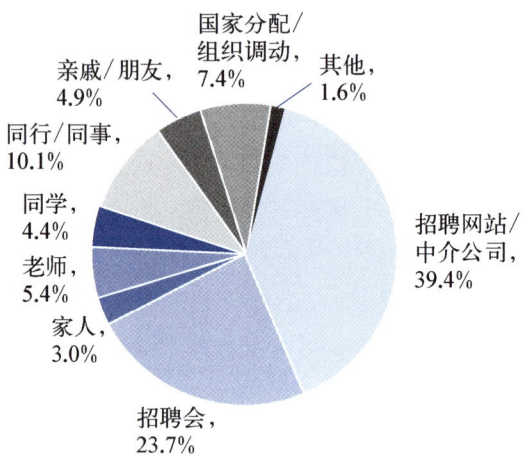

图 83　上海企业科技工作者职业选择途径

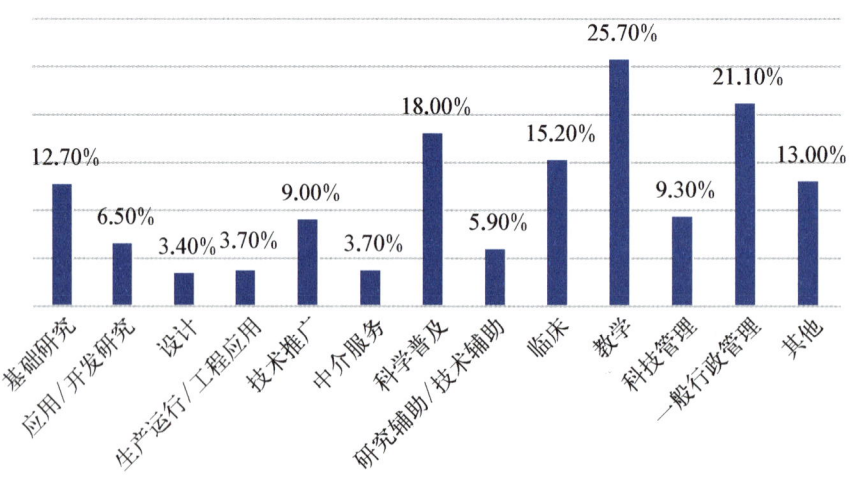

图 84　上海公益服务类机构科技工作者职业领域分布

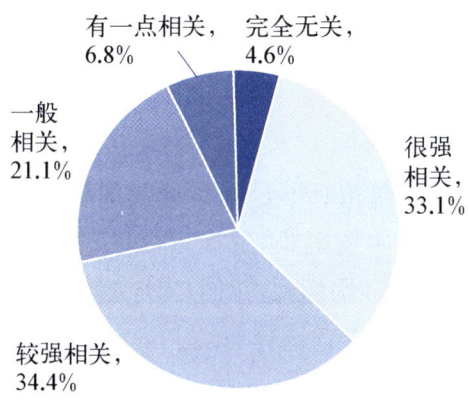

图 85　上海公益服务类机构科技工作者从事职业与所学专业相关性

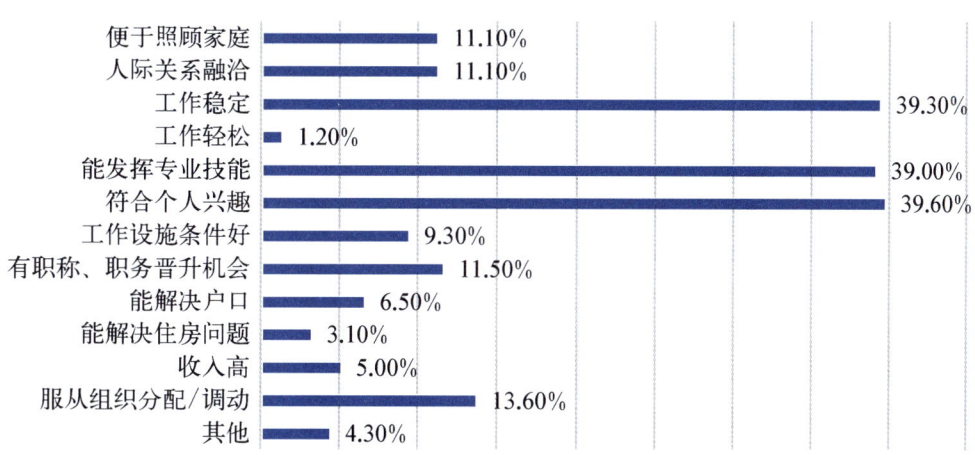

图 86　上海公益服务类机构科技工作者职业选择缘由

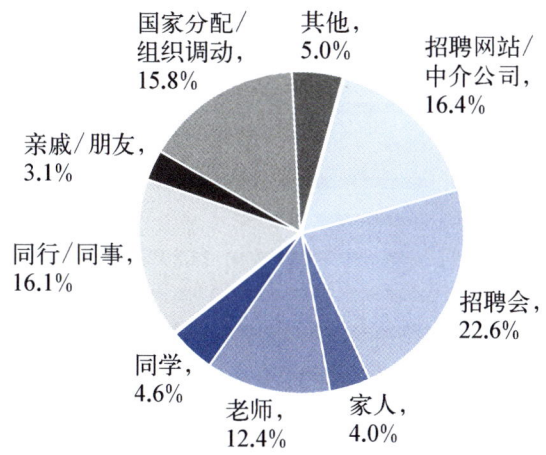

图 87　上海公益服务类机构科技工作者职业选择途径

(二)科研活动

1. 整体情况

(1)主要问题是科研经费相对不足和科技管理制度不灵活

对于科技创新工作中的主要困难,选择"科研经费不足"和"科技管理制度不灵活"的科技工作者相对最多,均超过30%;"研究成果转化难"和"科研项目难争取"也有25%以上的科技工作者选择(见图88)。

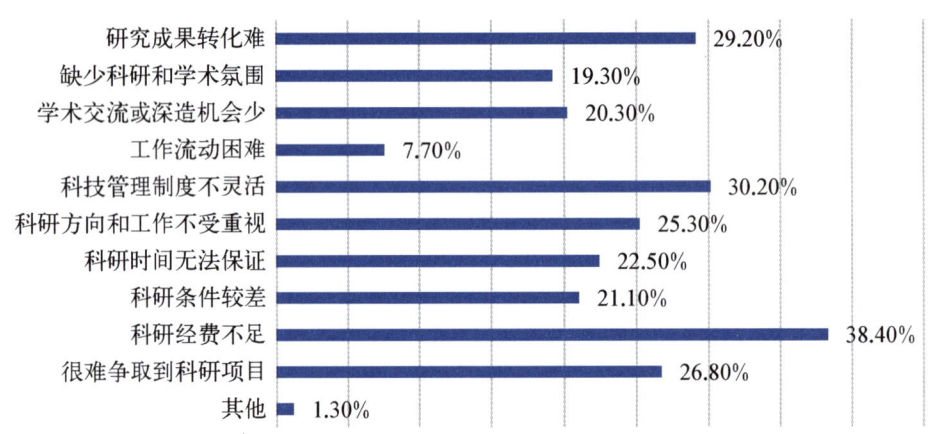

图88 上海科技工作者科技工作中的主要问题

(2)申报项目的最大问题是手续复杂以及基础研究不受重视

申报和承担财政支持的研究或开发项目中,科技工作者遇到的最大问题是申报手续复杂和基础研究不受重视,其次是申报周期过长(见图89)。

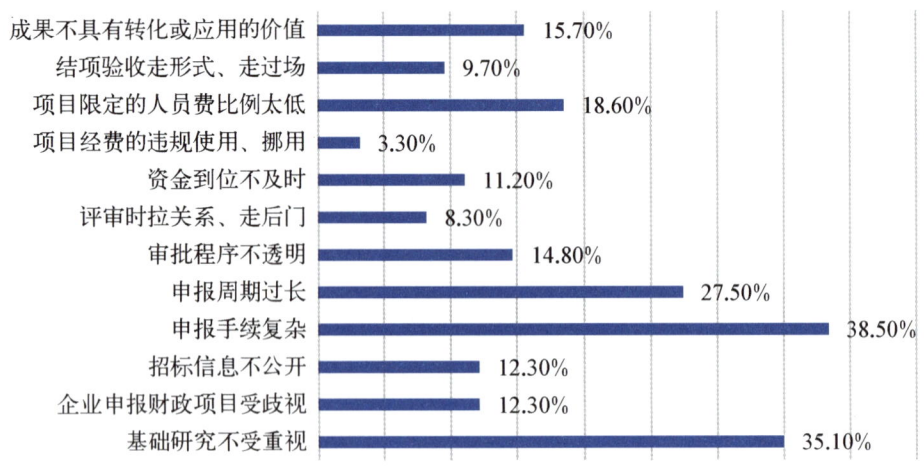

图89 上海科技工作者项目申报中的主要问题

与5年前的问卷调查结果相比,项目限定的劳务费比例过低的问题从第1位降至第4位,说明随着相关政策的实施,这一问题正在逐步得到解决。申报周期和手续问题仍然居于需要解决的问题前列,基础研究不受重视的问题从5年前的第8位跃升至第2位,表明在上海大力建设全球科创中心的背景下,这一问题的受关注程度与日俱增。

(3) 产生学术不端现象的主要原因是监督机制不健全和研究者自律不够

针对当前科研领域出现的一些学术不端行为,受访科技工作者认为,最主要的原因有两方面,外部监督机制不健全,研究者自律也不够(见图90)。与5年前相比,现行评价制度和社会大环境已不再是最突出的原因。

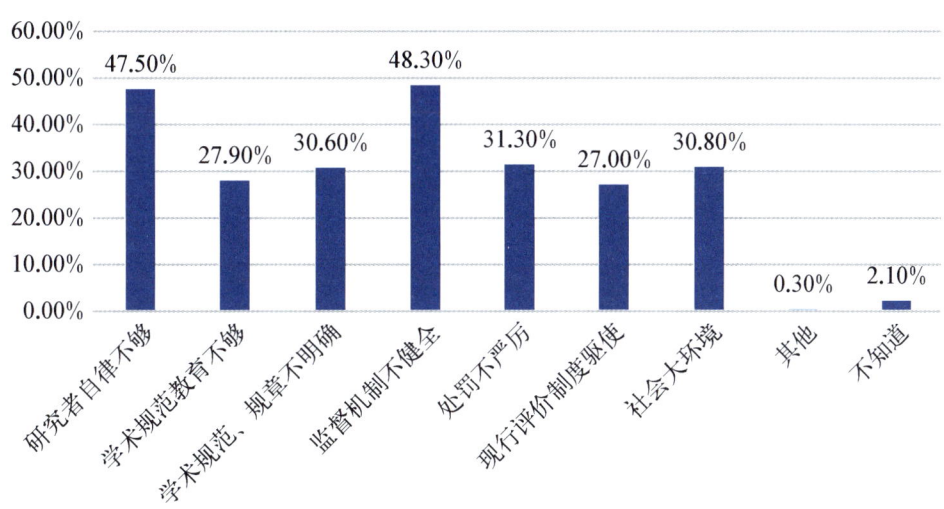

图90　上海科技工作者认为产生学术不端现象的主要原因

(4) 科技工作者认为科研人员应兼具创新研究能力与品德修养

面对建设具有全球影响力的科创中心的重大任务,科技工作者认为,科研人员首先应具备全面的能力与修养,尤其要兼具创新能力和品德修养,其次是团队合作能力和基础研究能力,均有50%以上的科技工作者选择(见图91)。在这四大能力中,除了创新能力和品德修养之外,高校和科研院所科技工作者更看重基础研究能力,企业和公益服务类机构的科技工作者则注重团队合作能力。

(5) 科技工作者认为科研人员的评价机制有待改善

与此相应,对科研人员的评价机制还存在以科研绩效评价为主、忽视科研质量和研究潜力,人才评价的社会化和市场化机制不健全,科技人才的分类分层评价机制还不完善、评价手段较为单一等问题,需要进一步完善(见图92)。在这

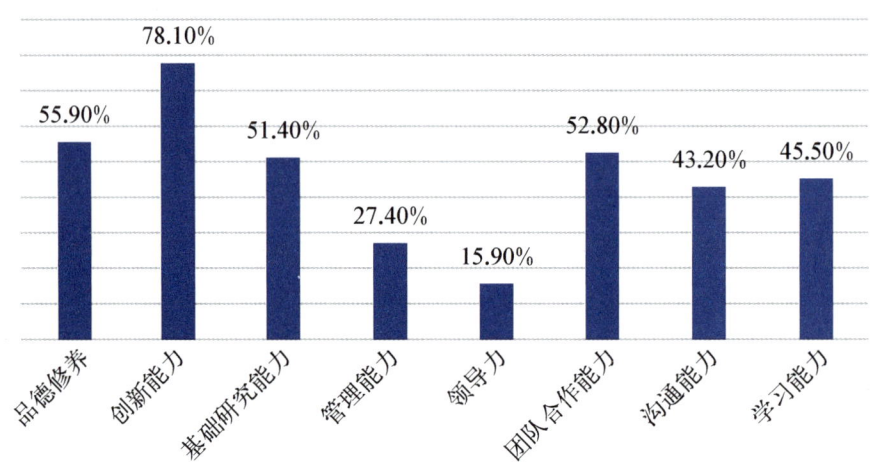

图91　上海科技工作者认为科研人员应当具备的能力与修养

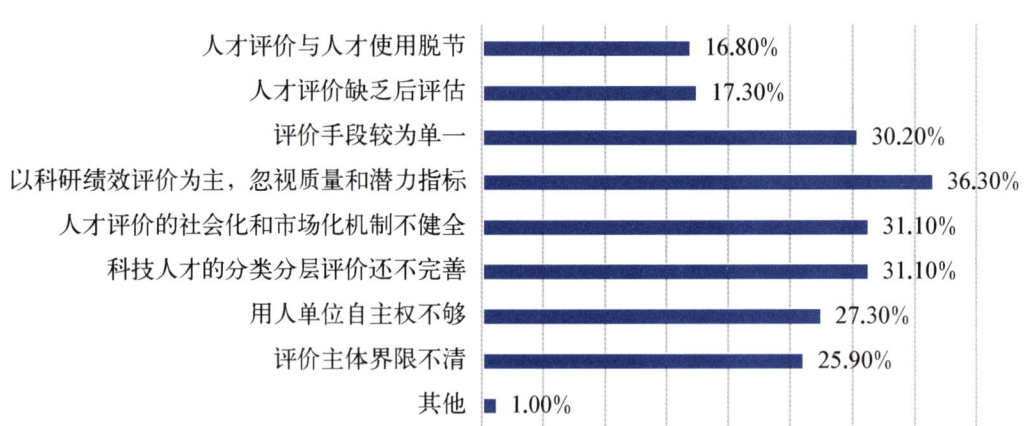

图92　上海科技工作者认为科研人员评价机制存在的问题

几个主要问题中,高校和科研院所科技工作者最看重评价手段单一问题,企业和公益服务类机构科技工作者则最重视以科研绩效评价为主忽视科研质量和研究潜力的问题。

2. 高校和科研院所科技工作者科研中存在的问题

(1)科研工作的主要困难是科研经费相对不足、科技管理制度不灵活等

对于科技创新工作中的主要困难,35%以上的科技工作者选择了"科研经费不足""科技管理制度不灵活"和"科研项目难争取"(见图93)。

(2)申报项目的最大问题是基础研究不受重视

申报和承担财政支持的研究或开发项目中,科技工作者遇到的最大问题首先是基础研究不受重视,其次是申报手续复杂和劳务费比例过低(见图94)。

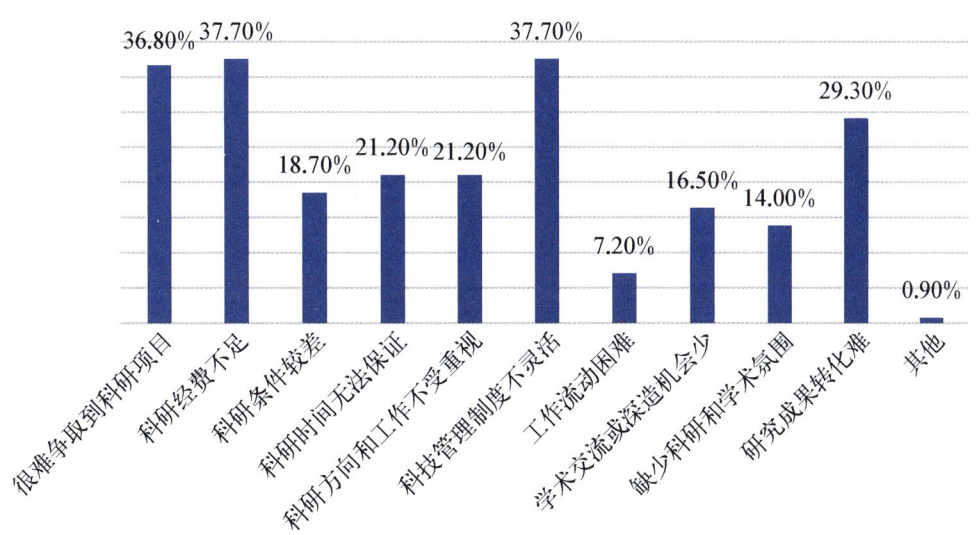

图93 上海高校和科研院所科技工作者科技工作的主要困难

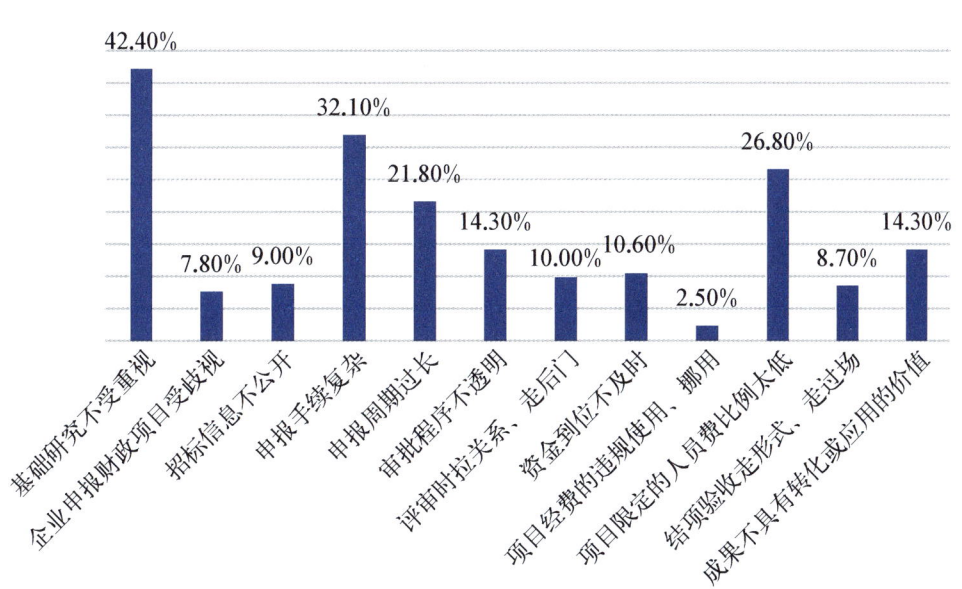

图94 上海高校和科研院所科技工作者项目申报的主要问题

(3) 产生学术不端现象的主要原因是研究者自律不够

针对当前科研领域出现的一些学术不端行为,受访科技工作者认为,最主要的原因是研究者自律不够,同时监督机制也不健全(见图95)。

(4) 科研人员应兼具创新研究能力与品德修养

面对建设具有全球影响力的科创中心的重大任务,科技工作者认为科研人员应具备全面的能力与修养,尤其要兼具创新能力、基础研究能力和品德修养

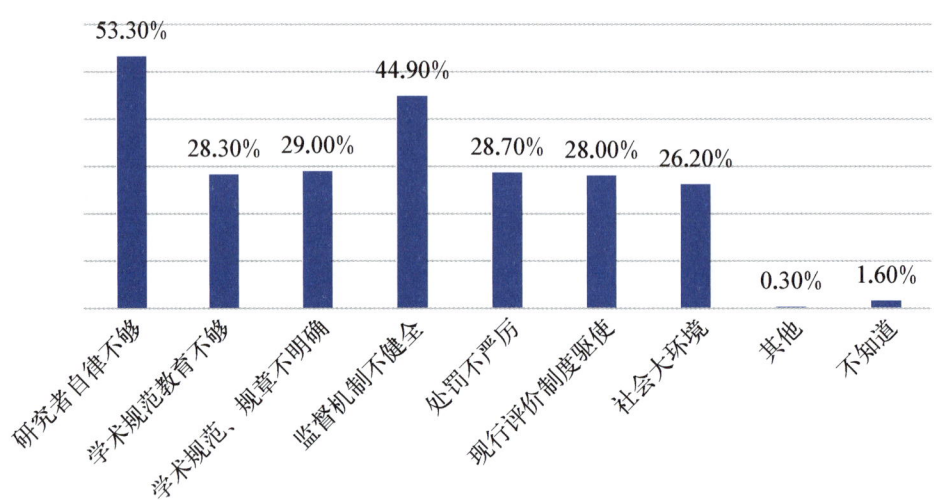

图95　上海高校和科研院所科技工作者认为产生学术不端现象的主要原因

（见图96）。与此相应，对科研人员的评价机制还存在评价手段单一、忽视科研质量和研究潜力等问题，需要进一步完善（见图97）。

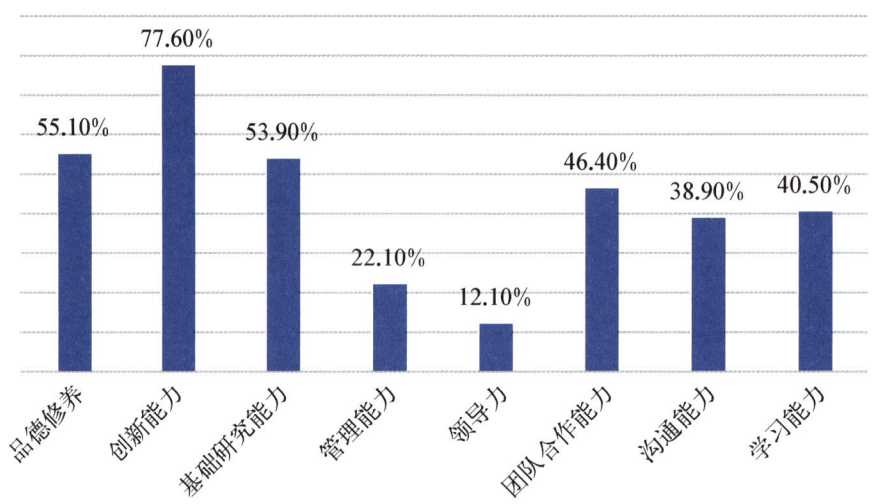

图96　上海高校和科研院所科技工作者认为科研人员应当具备的能力与修养

3. 企业科技工作者科研中存在的问题

（1）科研工作的主要问题是科研经费相对不足、成果转化难等

对于科技创新工作中的主要问题，近40%的科技工作者选择了"科研经费不足"，排首位，其次是"研究成果转化难"（见图98）。

（2）申报项目的最大问题是手续复杂

申报和承担财政支持的研究或开发项目中，科技工作者遇到的最大问题首

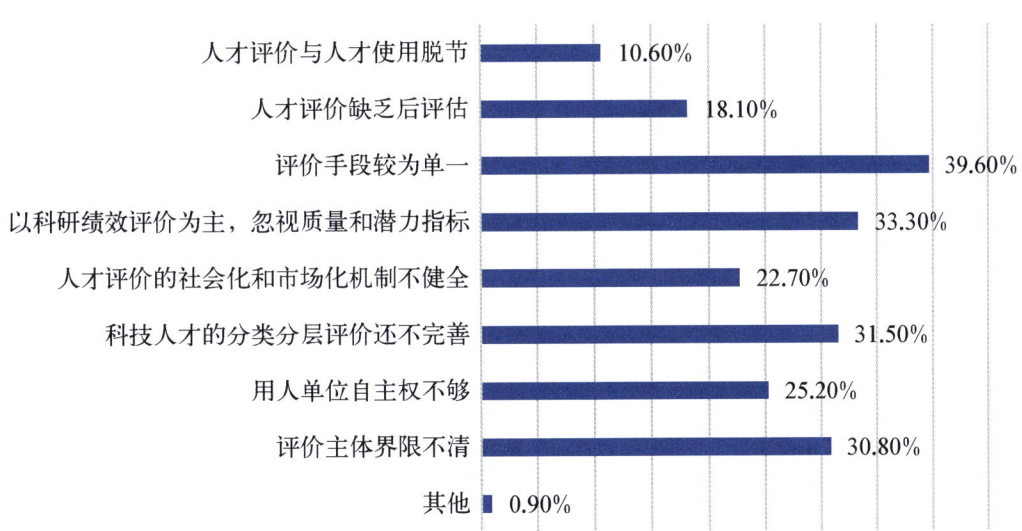

图97 上海高校和科研院所科技工作者认为科研人员评价机制存在的问题

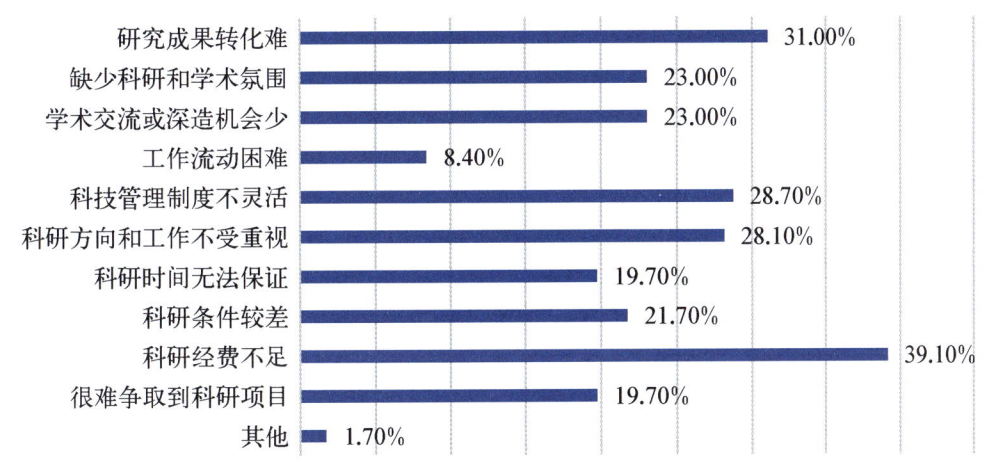

图98 上海企业科技工作者科技工作的主要困难

先是申报手续复杂,其次是基础研究不受重视(见图99)。

(3) 产生学术不端现象的主要原因是监督机制不健全和研究者自律不够

针对当前科研领域出现的一些学术不端行为,受访科技工作者认为,最主要的原因有两方面,外部监督机制不健全,研究者自律也不够(见图100)。

(4) 科研人员应兼具创新研究能力、品德修养与团队合作能力

面对建设具有全球影响力的科创中心的重大任务,企业科技工作者认为科研人员应具备全面的能力与修养,尤其要兼具创新能力、品德修养和团队合作能力(见图101)。与此相应,对科研人员的评价机制还存在以科研绩效评价为主、

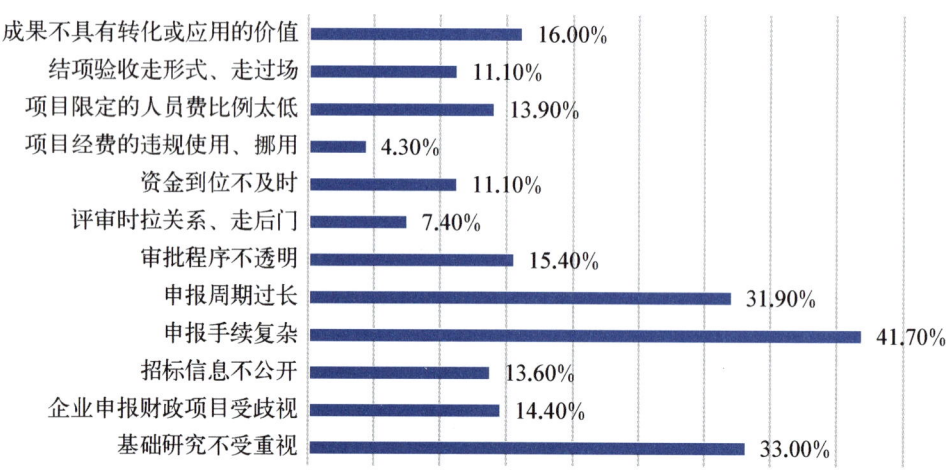

图 99　上海企业科技工作者项目申报的主要问题

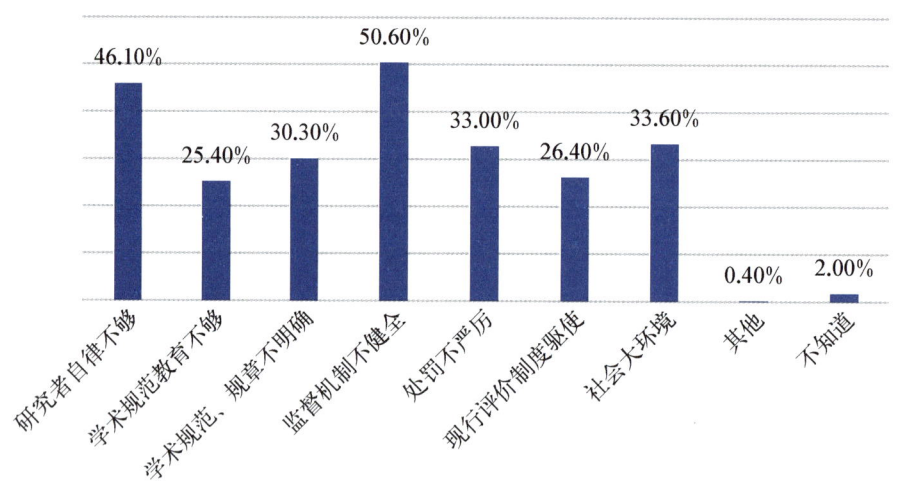

图 100　上海企业科技工作者认为产生学术不端现象的主要原因

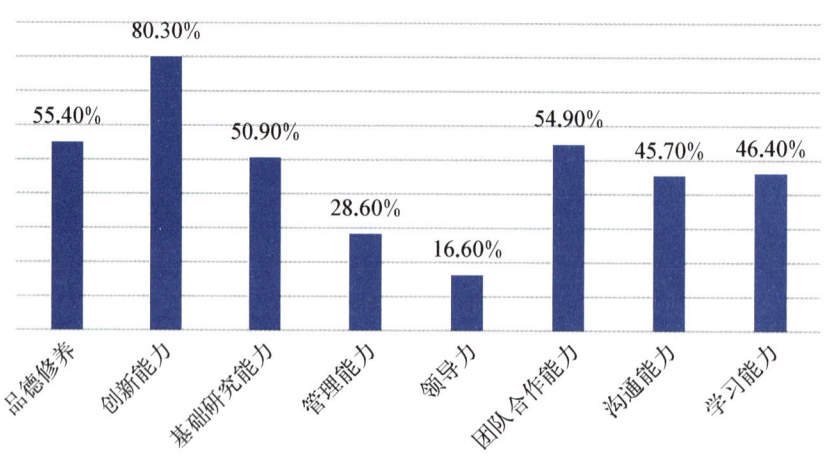

图 101　上海企业科技工作者认为科研人员应当具备的能力与修养

忽视科研质量和研究潜力,人才评价的社会化和市场化机制不健全,以及科技人才的分类分层评价机制还不完善等问题,需要进一步完善(见图102)。

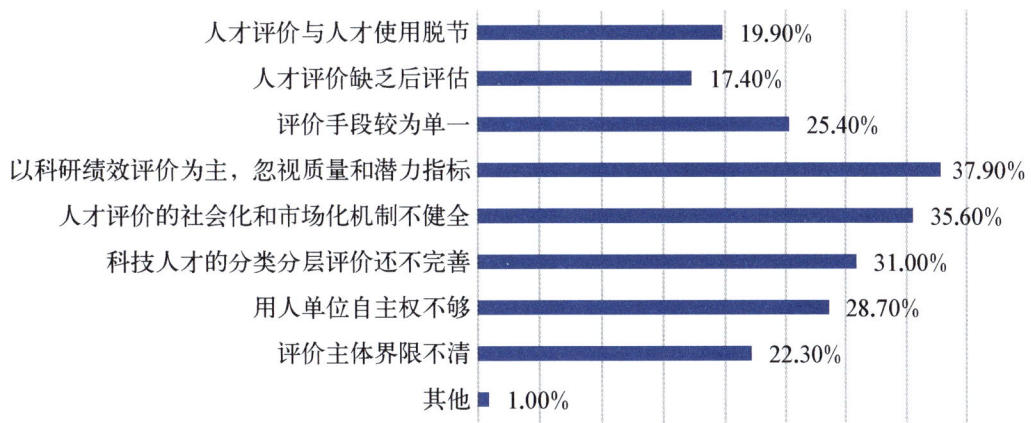

图 102　上海企业科技工作者认为科研人员评价机制存在的问题

4. 公益服务类机构科技工作者科研中存在的问题

(1) 科研工作的主要困难是科研经费相对不足、科研项目难争取等

对于科技创新工作中的主要困难,30%以上的科技工作者选择了"科研经费不足""科研项目难争取"和"科研时间难保证"(见图103)。

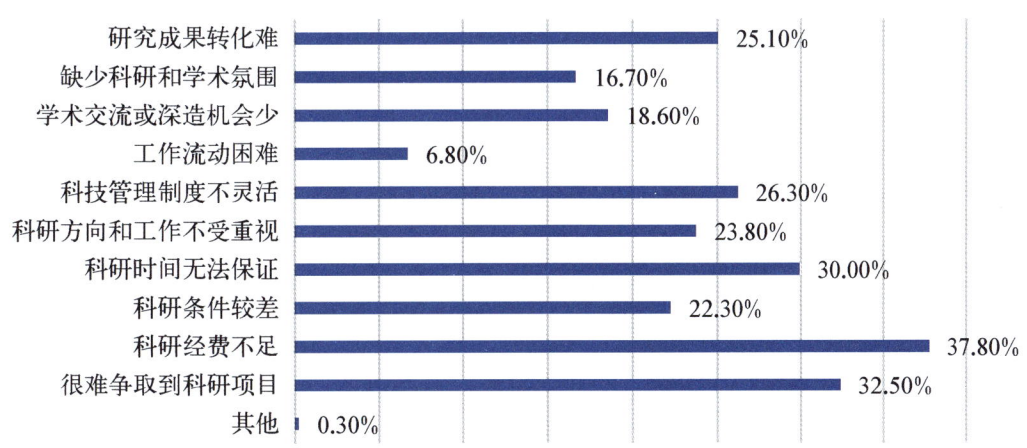

图 103　上海公益服务类机构科技工作者科技工作的主要困难

(2) 申报项目的最大问题是手续复杂

申报和承担财政支持的研究或开发项目中,科技工作者遇到的最大问题首先是申报手续复杂,其次是基础研究不受重视和申报周期过长、劳务费比例过低(见图104)。

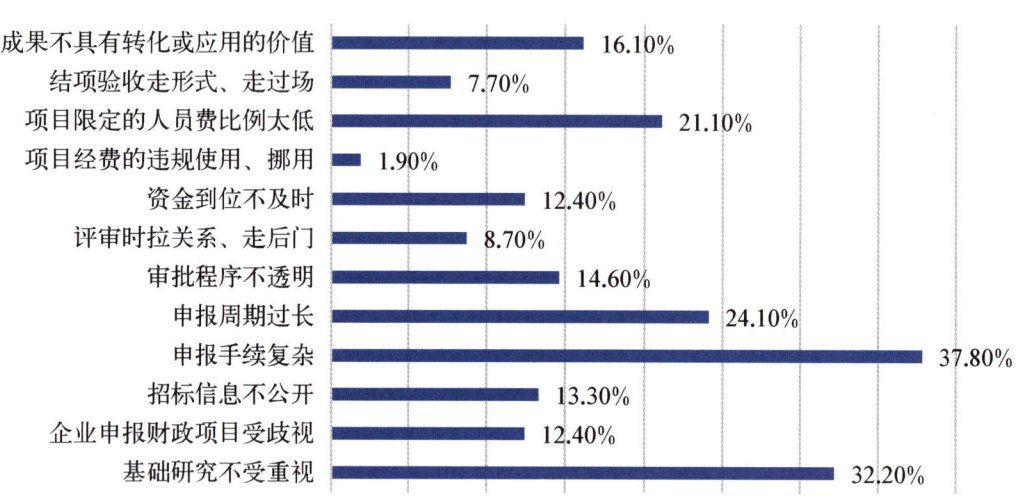

图104 上海公益服务类机构科技工作者项目申报的主要问题

(3) 产生学术不端现象的主要原因是监督机制不健全

针对当前科研领域出现的一些学术不端行为,受访科技工作者认为,最主要的原因是监督机制不健全,同时研究者自律也不够(见图105)。

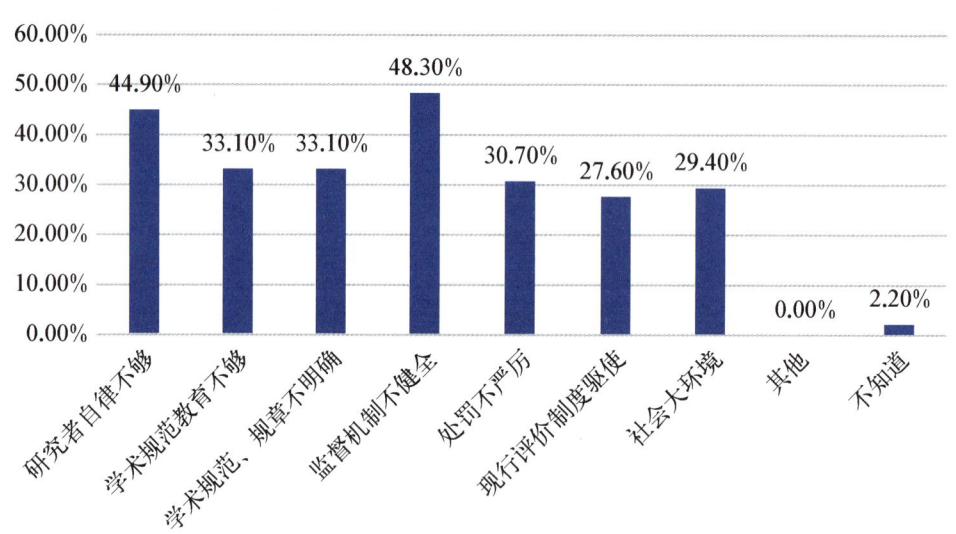

图105 上海公益服务类机构科技工作者认为产生学术不端现象的主要原因

(4) 科技工作者认为科研人员应兼具创新研究能力与品德修养

面对建设具有全球影响力的科创中心的重大任务,科技工作者认为科研人员应具备全面的能力与修养,尤其要兼具创新能力、品德修养和团队合作能力(见图106)。与此相应,对科研人员的评价机制还存在以科研绩效评价为主、忽视科研质量和研究潜力,评价手段单一,分类分层评价机制不完善等问题,需要进一步改进(见图107)。

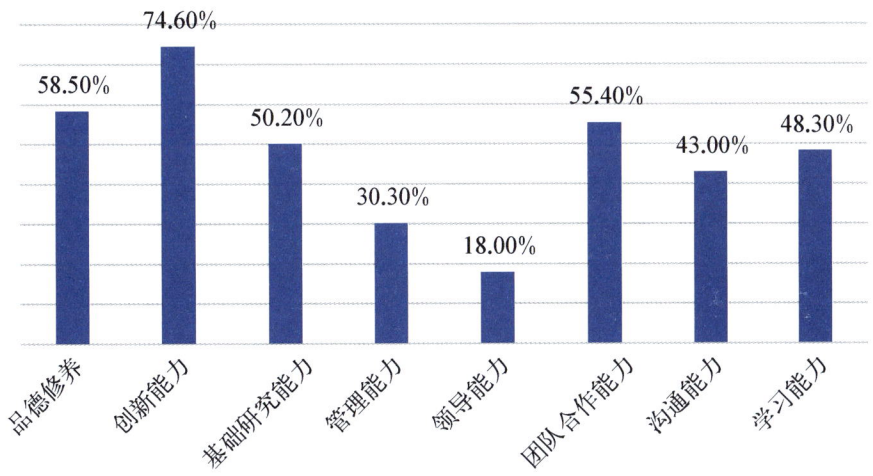

图106 上海公益服务类机构科技工作者认为科研人员应当具备的能力与修养

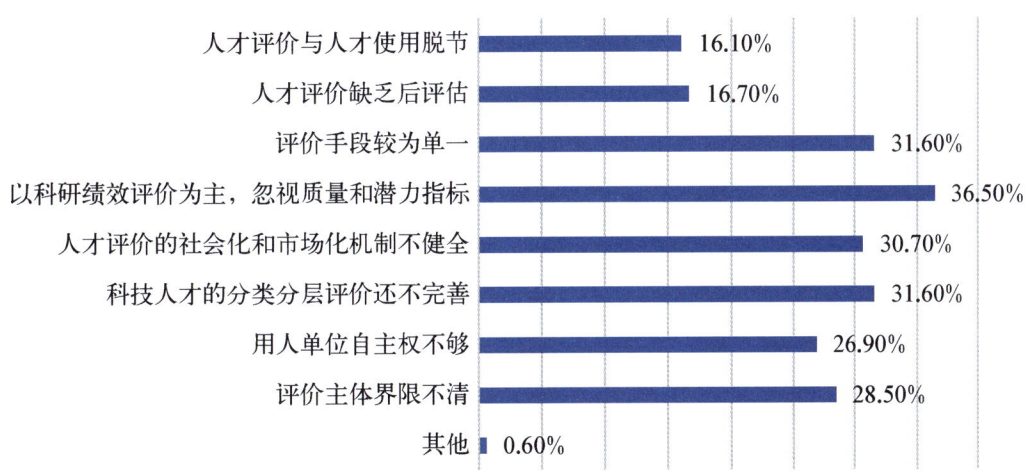

图107 上海公益服务类机构科技工作者认为科研人员评价机制存在的问题

(三)交流与进修

1. 整体情况

调查发现,科技工作者获取、了解科技信息的主要渠道是学术期刊和互联网,其次是学术会议(见图108)。其中,除了学术期刊以外,企业科技工作者通过互联网获取科技信息的比例最高。

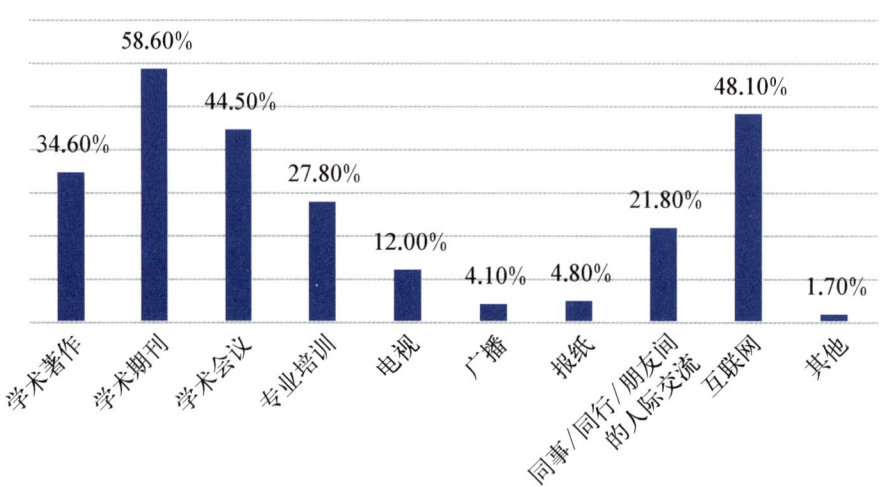

图 108　上海科技工作者获取科技信息的主要渠道

调研发现,尽管学术会议也是科技工作者获取、了解科技信息的主要渠道之一,但"工作太忙,没有时间"已成为他们参加学术交流或进修培训的最大障碍(见图 109、图 110)。这与 5 年前毫无二致。

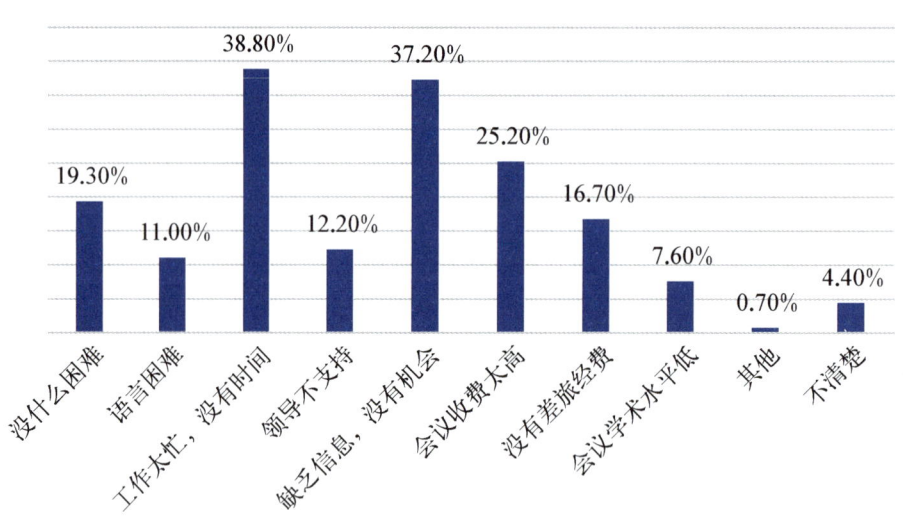

图 109　上海科技工作者参加学术会议的主要障碍

2. 高校和科研院所科技工作者交流与进修

调查发现,科技工作者获取、了解科技信息的主要渠道是学术期刊和学术会议,但"工作太忙,没有时间"已成为他们参加学术交流或进修培训的最大障碍(见图 111~113)。

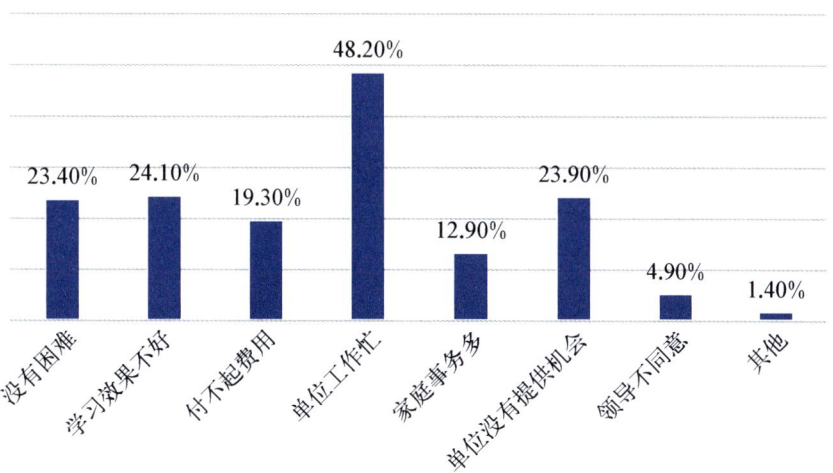

图 110　上海科技工作者参加进修培训的主要障碍

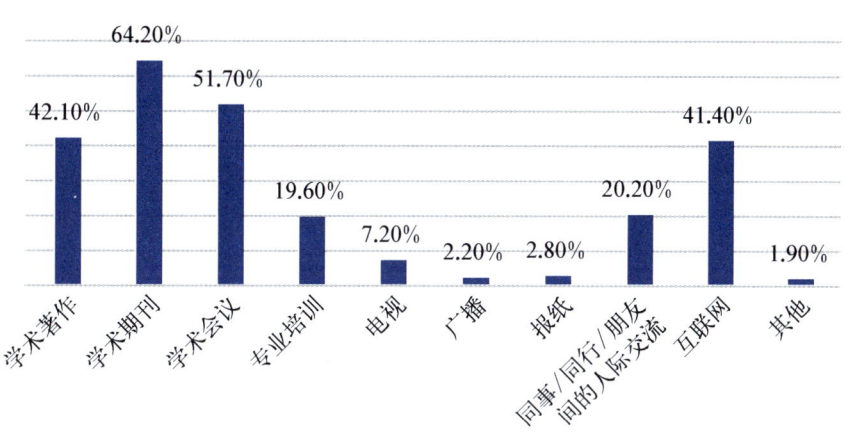

图 111　上海高校和科研院所科技工作者获取科技信息的主要渠道

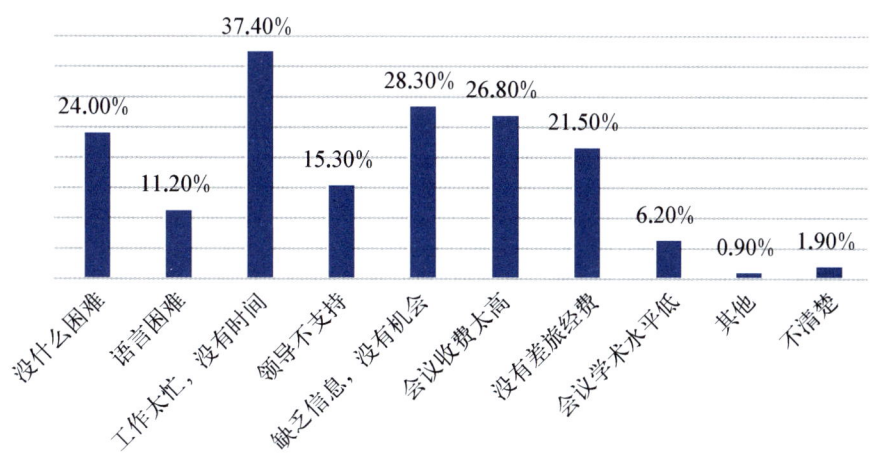

图 112　上海高校和科研院所科技工作者参加学术会议的主要障碍

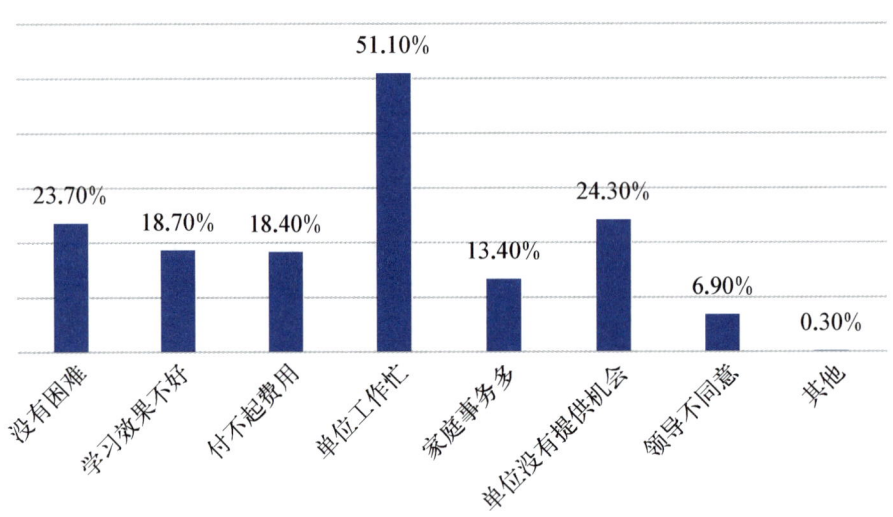

图 113　上海高校和科研院所科技工作者参加进修培训的主要障碍

3. 企业科技工作者交流与进修

调查发现，企业科技工作者获取、了解科技信息的主要渠道是学术期刊和互联网，而"缺乏信息、没有机会"和"工作太忙，没有时间"是他们较少参加学术交流或进修培训的主要原因（见图114～116）。

4. 公益服务类机构科技工作者交流与进修

调查发现，科技工作者获取、了解科技信息的主要渠道是学术期刊和学术会议以及互联网，但"工作太忙，没有时间"已成为他们参加学术交流或进修培训的最大障碍（见图117～119）。

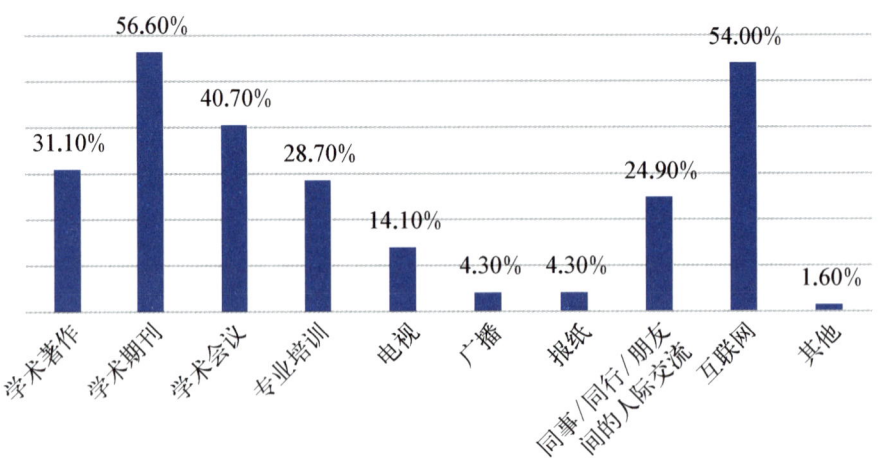

图 114　上海企业科技工作者获取科技信息的主要渠道

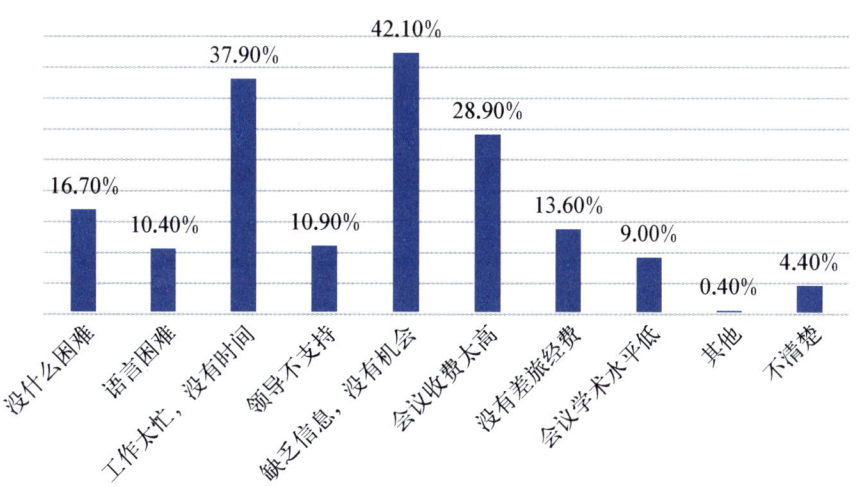

图 115　上海企业科技工作者参加学术会议的主要障碍

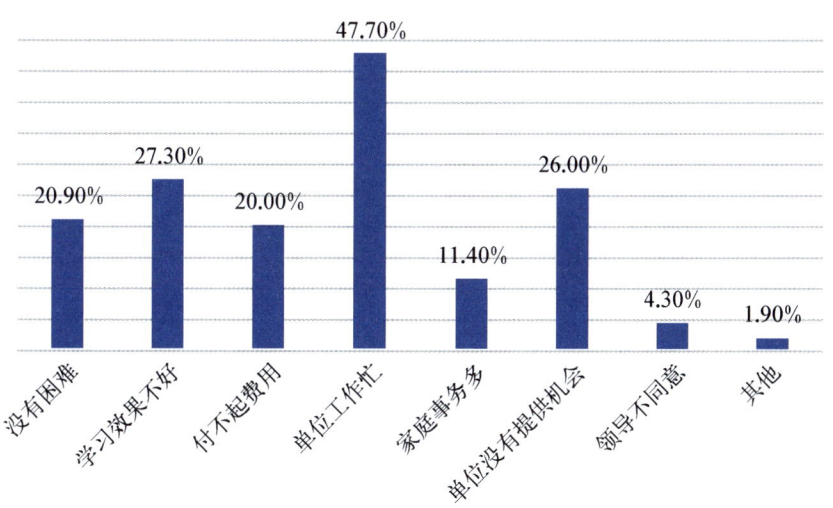

图 116　上海企业科技工作者参加进修培训的主要障碍

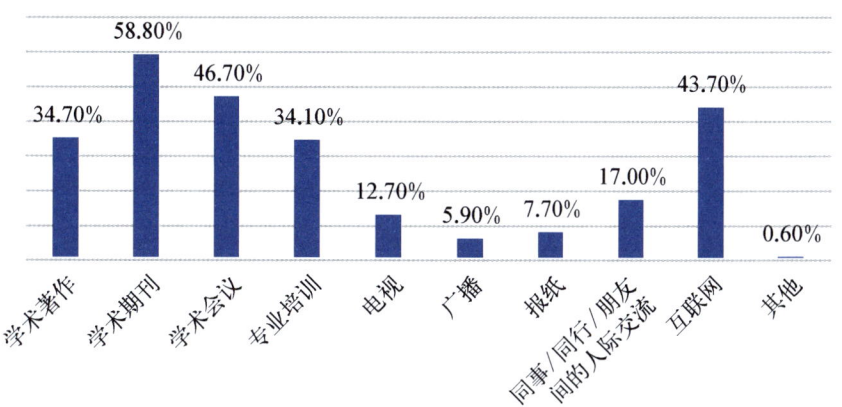

图 117　上海公益服务类机构科技工作者获取科技信息的主要渠道

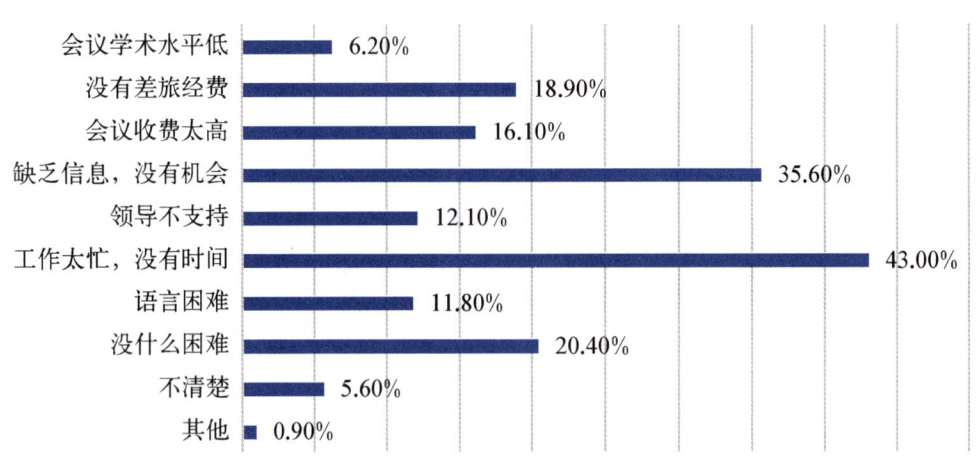

图 118　上海公益服务类机构科技工作者参加学术会议的主要障碍

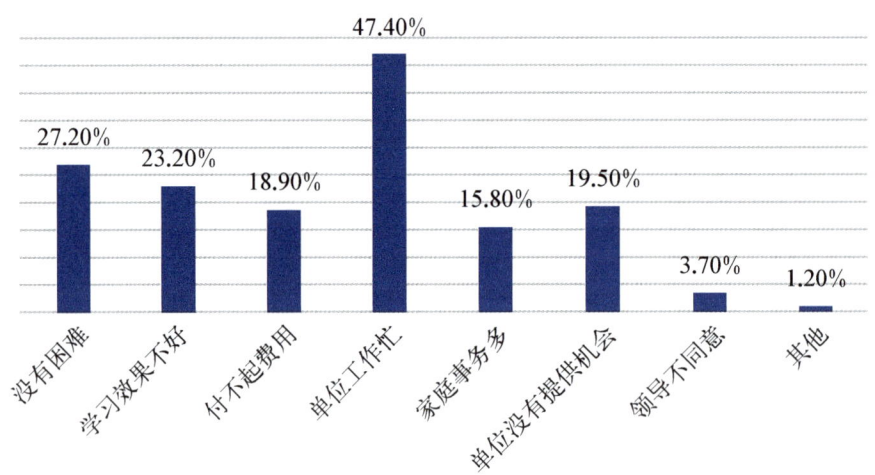

图 119　上海公益服务类机构科技工作者参加进修培训的主要障碍

（四）工作评价和个人发展

1. 整体情况

（1）科技工作者对工作较为满意，稳定性是最大优势

调查发现，大多数受访科技工作者对自己从事的工作表示"很满意"或"比较满意"，满意程度最主要来源于工作的稳定性（见图120），因此很少考虑更换目前的职业或工作单位（见图121），更没有考虑自己创业（见图122）。对此，高校院所、企业和公益服务类机构三类科技工作者的感受十分一致，与5年前的问卷调查结果也相差无几，反映出科技工作者队伍的稳定性较强。

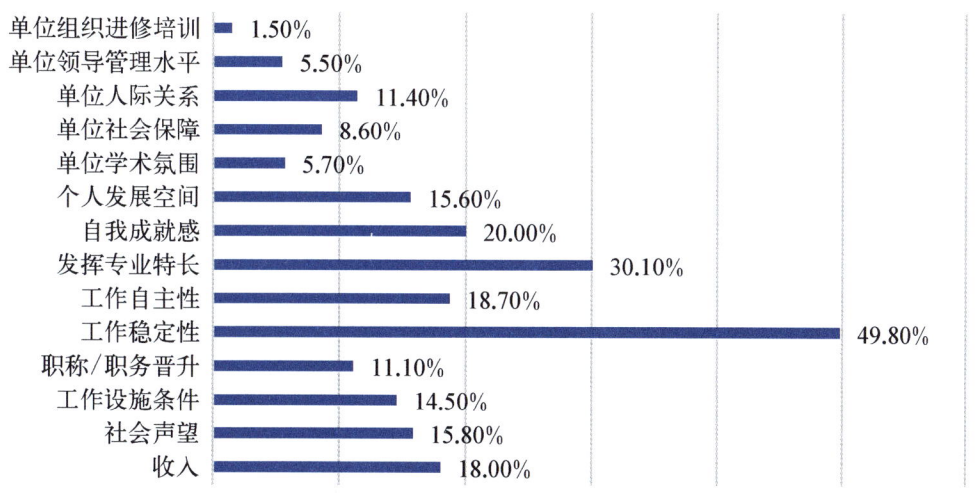

图 120　上海科技工作者对工作的满意度

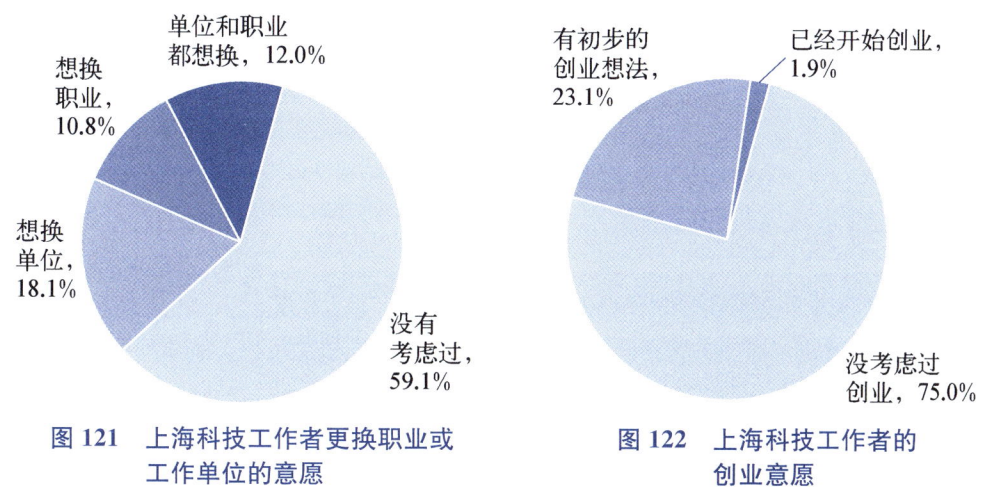

图 121　上海科技工作者更换职业或工作单位的意愿

图 122　上海科技工作者的创业意愿

（2）科技工作者对个人职业发展总体满意，主要看重工作平台和学术氛围

调查结果显示，近50%的科技工作者对个人职业发展表示满意，在几个与职业发展有关的具体因素中，最看重工作平台（见图123），工作自主性也较强（见图124）。此外，高校和科研院所的科技工作者对单位的学术氛围也较为满意。

（3）工资薪金对科技工作者的激励效应最为突出

在分别被问到对个人成长发展起促进激励和阻碍作用的制度时，选择工资薪金制度的受访科技工作者是最多的，列首位，其次是职称评审和职务晋升（见图125、图126）。这一结果反映出这几项制度的敏感性很强，完善的工资薪金以及职称评审、职务晋升制度可以起到很强的正向激励作用，但若有较大欠缺，也

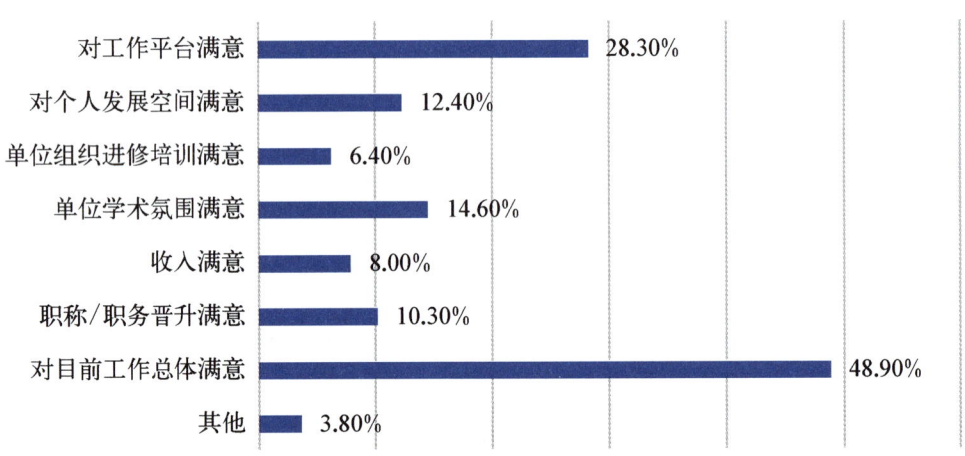

图 123　上海科技工作者个人职业发展满意度

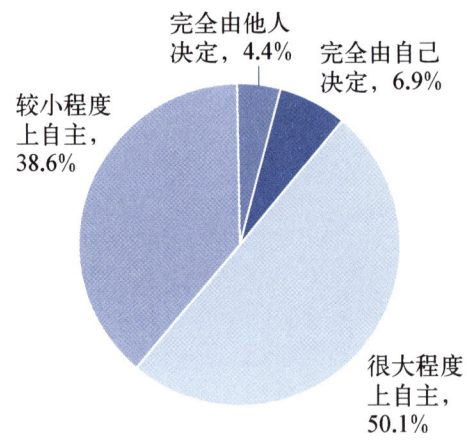

图 124　上海科技工作者的工作自主性

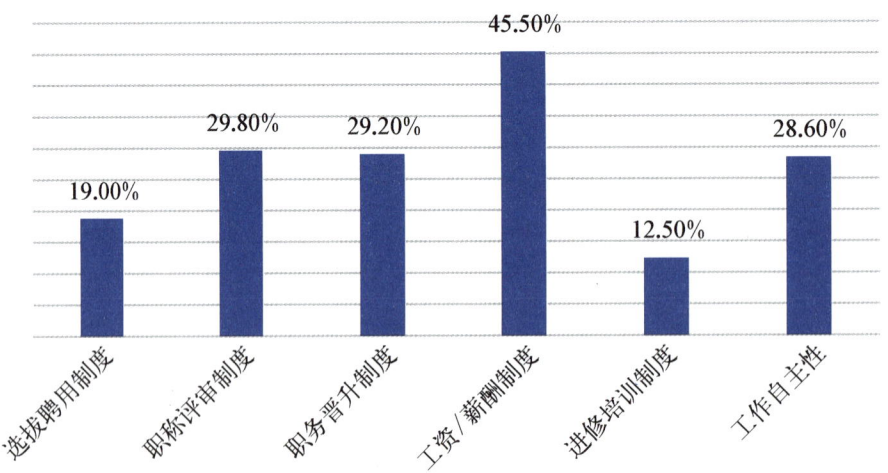

图 125　上海科技工作者认为对个人成长发展起促进激励作用的制度

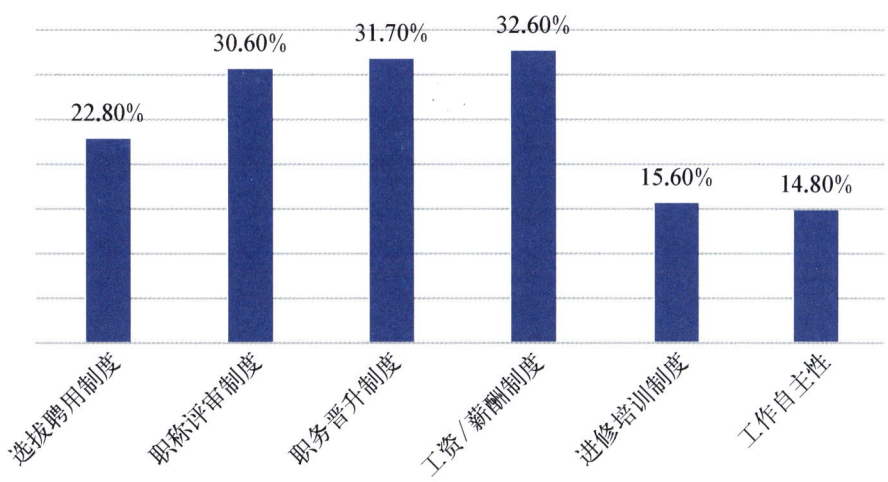

图 126　上海科技工作者认为对个人成长发展起阻碍作用的制度

会产生明显的负面效应。除了工资薪金外,高校和科研院所科技工作者很在意职称评审制度,企业科技工作者则更看重职务晋升,而公益服务类机构科技工作者对职称评审制度和职务晋升同样看重。

（4）经费不足和知识更新、学术交流是科技工作的主要难点

对于科技工作中的困难,在工作条件和设施方面最突出的问题是业务活动经费不足(见图127)。而在职业发展方面,对科技工作者造成最大困扰的则是跟不上知识更新速度和缺乏业务/学术交流(见图128)。此外,高校和科研院所科技工作者认为职称职务晋升难也是一大难点,公益服务类机构科技工作者还面临科研时间不充足的问题。

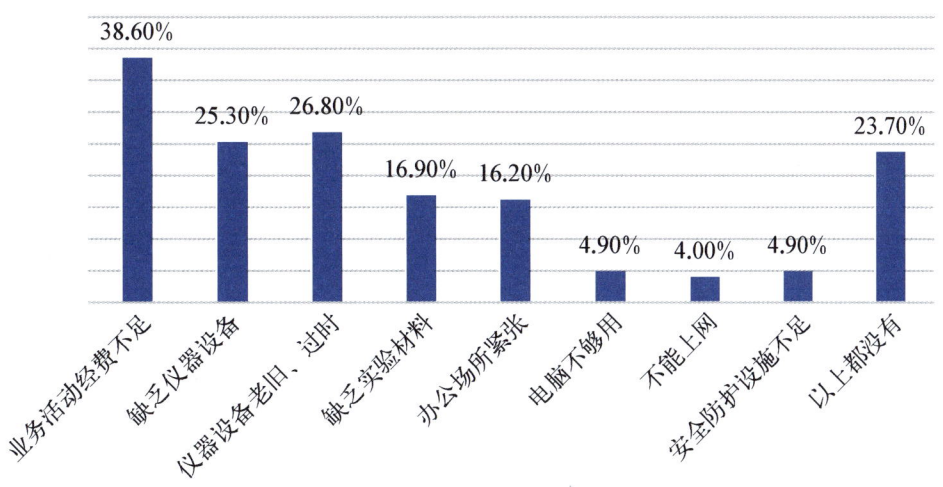

图 127　上海科技工作者认为工作条件和设施方面的困难

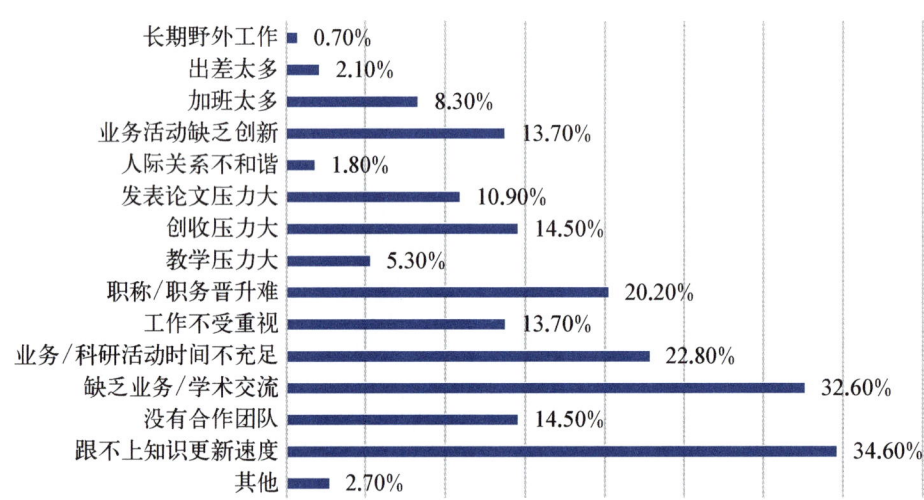

图128 上海科技工作者认为职业发展方面的困难

2. 高校和科研院所科技工作者工作评价和个人发展

（1）高校和科研院所的科技工作者对工作较为满意，稳定性是最大优势

调查发现，大多数受访科技工作者对自己从事的工作表示"很满意"或"比较满意"，满意程度最主要来源于工作的稳定性（见图129），因此很少考虑更换目前的职业或工作单位（见图130），更没有考虑自己创业（见图131）。

（2）科技工作者对个人职业发展总体满意，主要看重工作平台和学术氛围

调查结果显示，近50%的科技工作者对个人职业发展总体满意，在几个与职业发展有关的具体因素中，最看重工作平台和学术氛围（见图132），工作自主性也较强（见图133）。

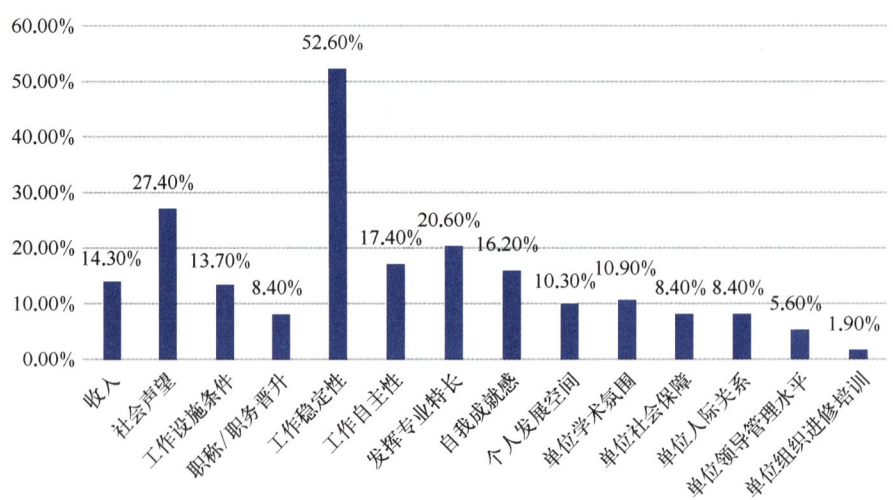

图129 上海高校和科研院所科技工作者对工作的满意度

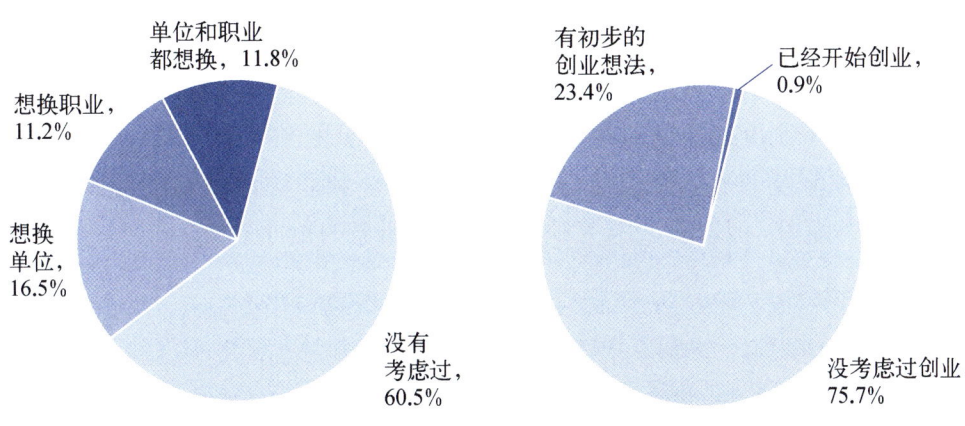

图130 上海高校和科研院所科技工作者更换职业或工作单位的意愿

图131 上海高校和科研院所科技工作者的创业意愿

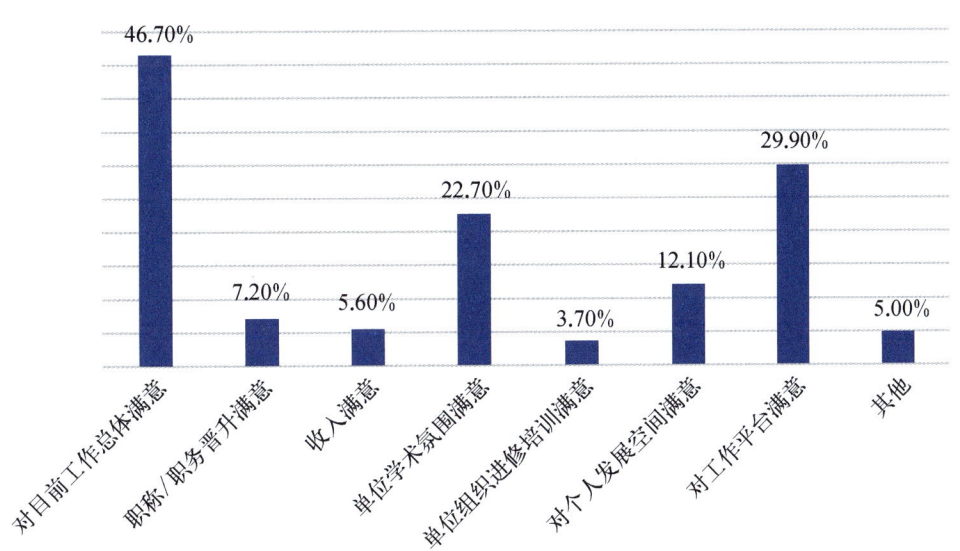

图132 上海高校和科研院所科技工作者个人职业发展满意度

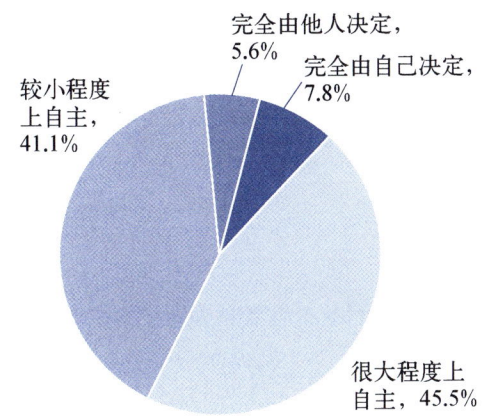

图133 上海高校院所科技工作者的工作自主性

（3）工资薪金和职称评审对科技工作者的激励效应最为突出

在分别被问到对个人成长发展起促进激励和阻碍作用的制度时，选择工资薪金和职称评审制度的受访科技工作者是最多的（见图134、图135）。这一结果反映出这两项制度的敏感性很强，完善的工资薪金和职称评审制度可以起到很强的正向激励作用，但若有较大欠缺，也会产生明显的负面效应。

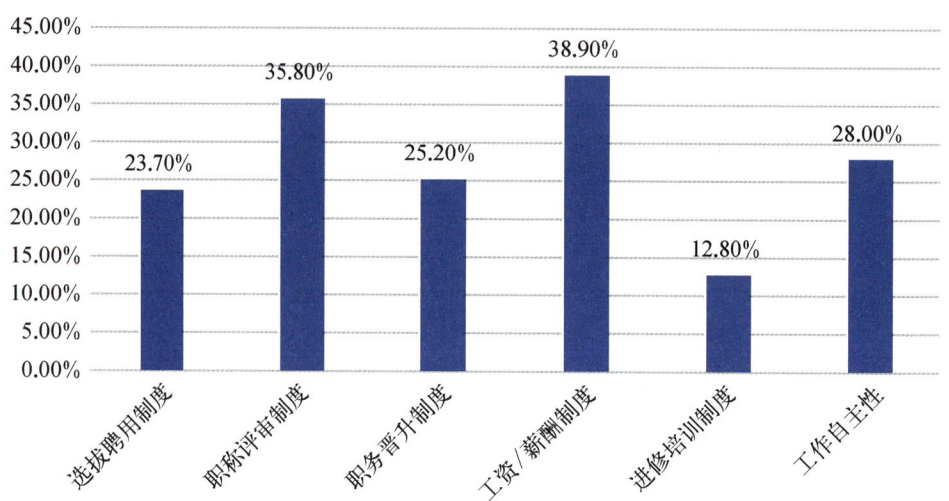

图134　上海高校和科研院所科技工作者认为对个人成长发展起促进激励作用的制度

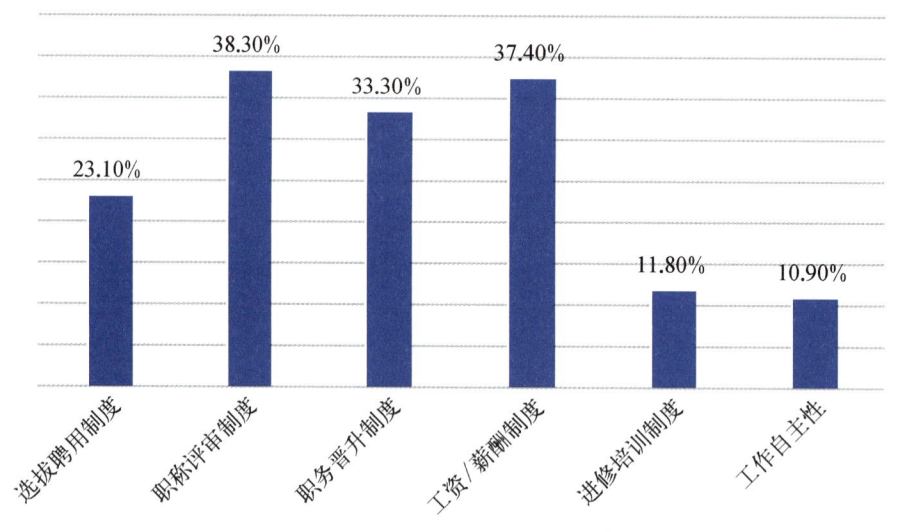

图135　上海高校和科研院所科技工作者认为对个人成长发展起阻碍作用的制度

（4）经费不足和知识更新、职业晋升是科技工作的主要难点

对于科技工作中的困难，在工作条件和设施方面最突出的问题是业务活动

经费不足(见图136)。而在职业发展方面,对科技工作者造成最大困扰的则是跟不上知识更新速度和职称/职务晋升难(见图137)。

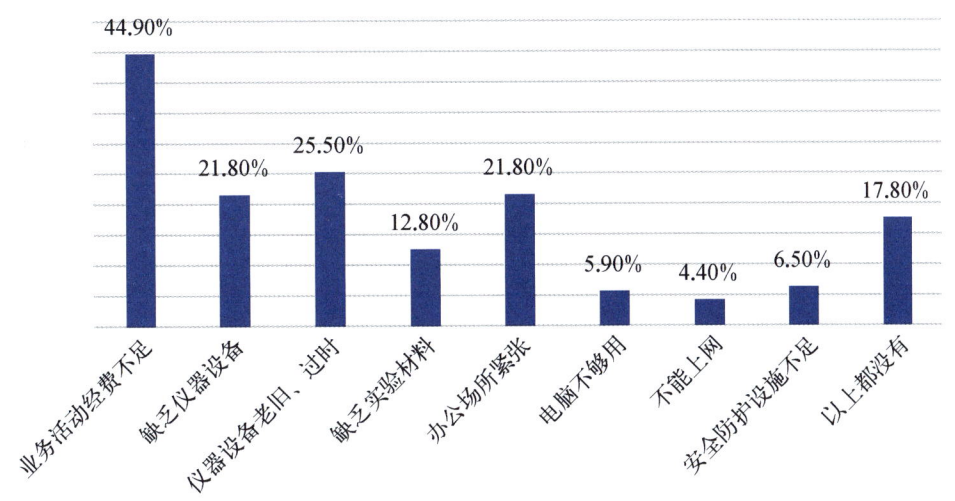

图136 上海高校和科研院所科技工作者工作条件和设施方面的困难

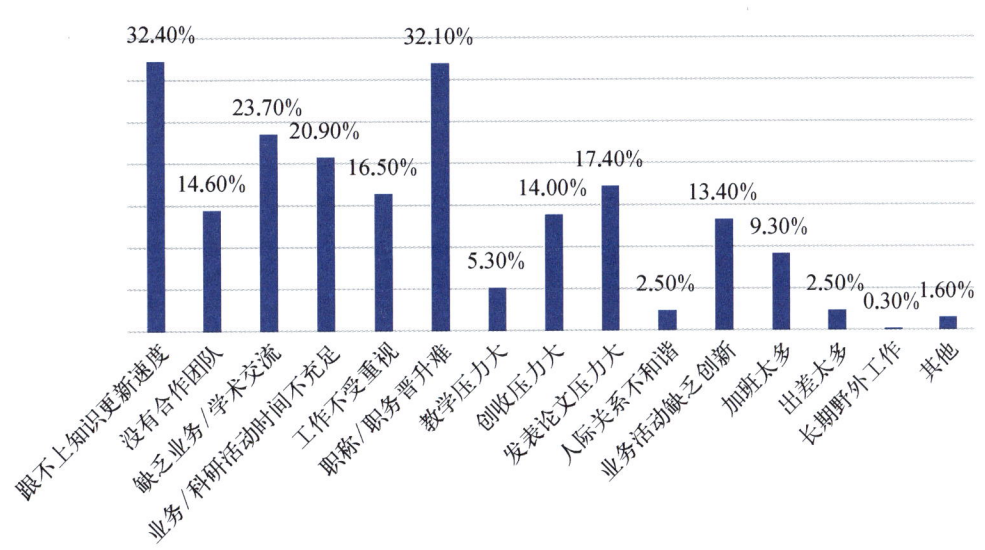

图137 上海高校和科研院所科技工作者职业发展方面的困难

3. 企业科技工作者工作评价和个人发展

(1) 科技工作者对工作较为满意,稳定性是最大优势

调查发现,近70%的受访企业科技工作者对自己从事的工作表示"很满意"或"比较满意",满意程度最主要来源于工作的稳定性(见图138),因此半数以上科技工作者没有考虑更换目前的职业或工作单位(见图139),更没有考虑自己创业(见图140)。

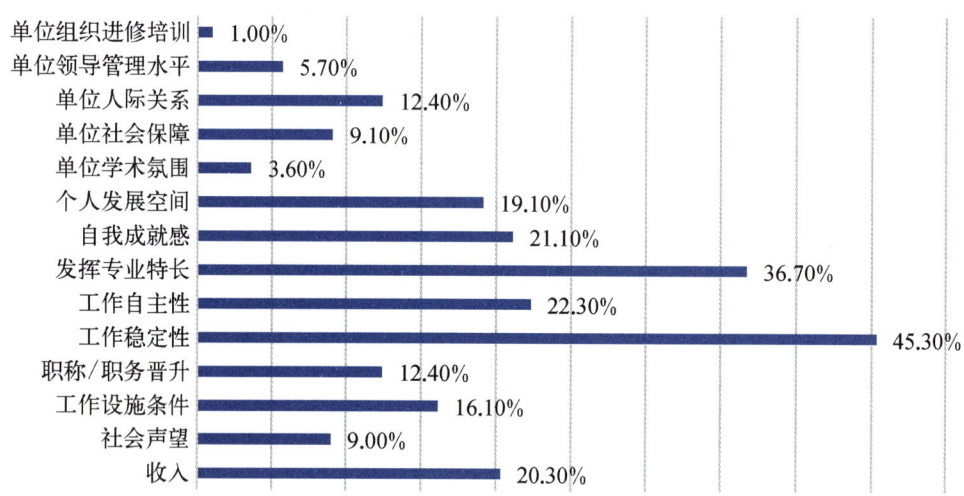

图138 上海企业科技工作者对工作的满意程度

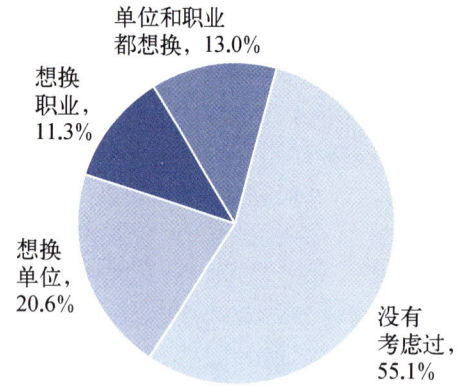

图139 上海企业科技工作者更换职业或工作单位的意愿

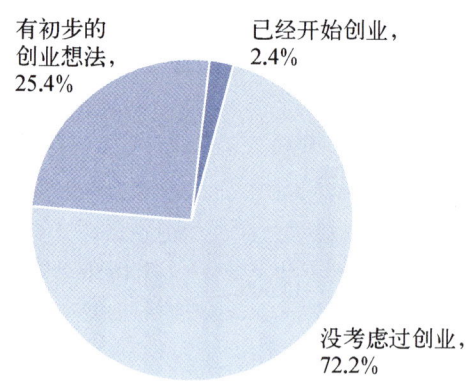

图140 上海企业科技工作者的创业意愿

(2) 科技工作者对个人职业发展总体满意，主要看重工作平台和发展空间

调查结果显示，近50%的科技工作者对个人职业发展总体满意，在几个与职业发展有关的具体因素中，最看重工作平台（见图141），工作自主性也较强（见图142）。

(3) 工资薪金和职务晋升的激励效应最为突出

在被问到对个人成长发展起促进激励作用的制度时，选择工资薪金制度的受访科技工作者超过了50%，职务晋升制度位居第二；而被问到对个人成长发展起阻碍作用的制度时，企业科技工作者首选的也是职务晋升和工资薪金制度（见图143、图144）。这一结果反映出，工资薪金和职务晋升制度的敏感性很强，完善的工资薪金和职务晋升制度可以起到很强的正向激励作用，但若有较大欠缺，也会产生明显的负面效应。

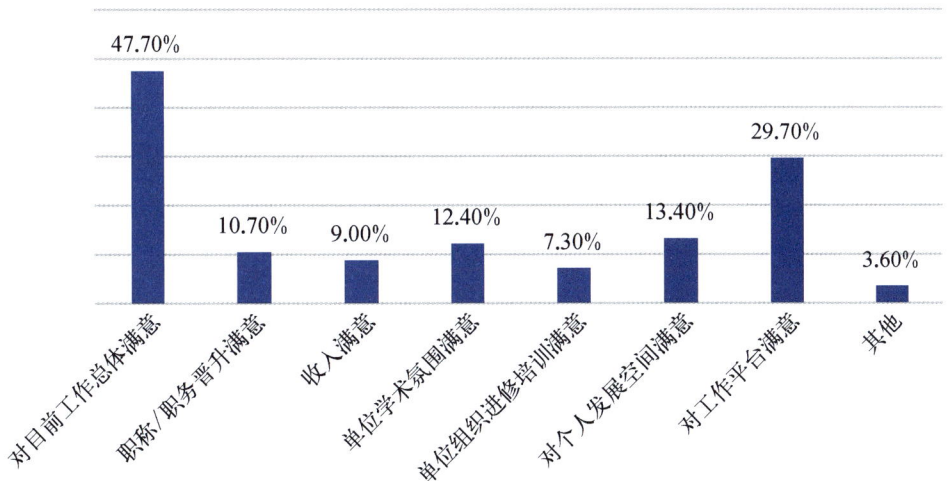

图 141　上海企业科技工作者个人职业发展满意度

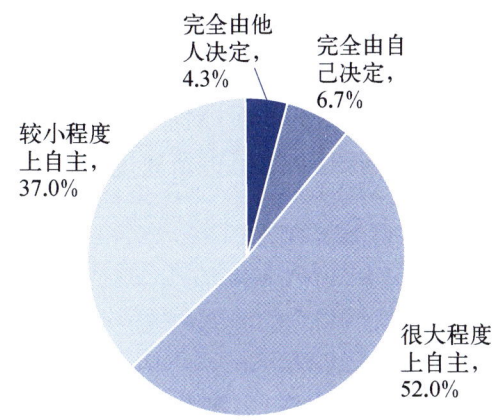

图 142　上海企业科技工作者的工作自主性

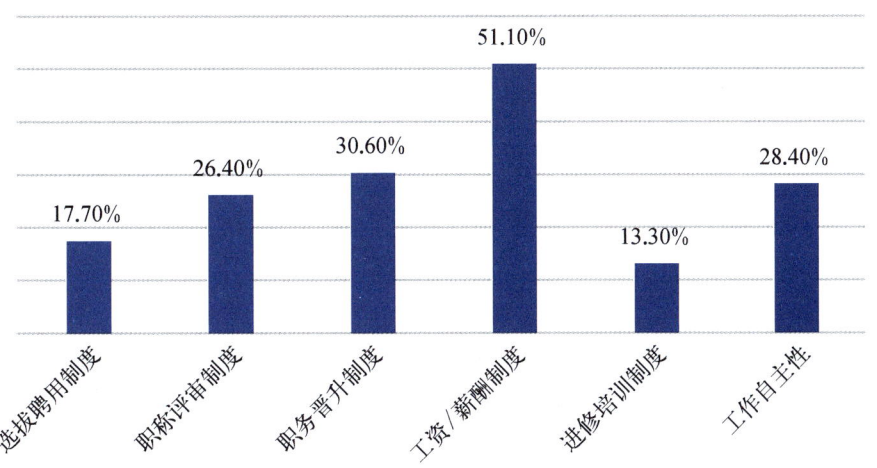

图 143　上海企业科技工作者认为对个人成长发展起促进激励作用的制度

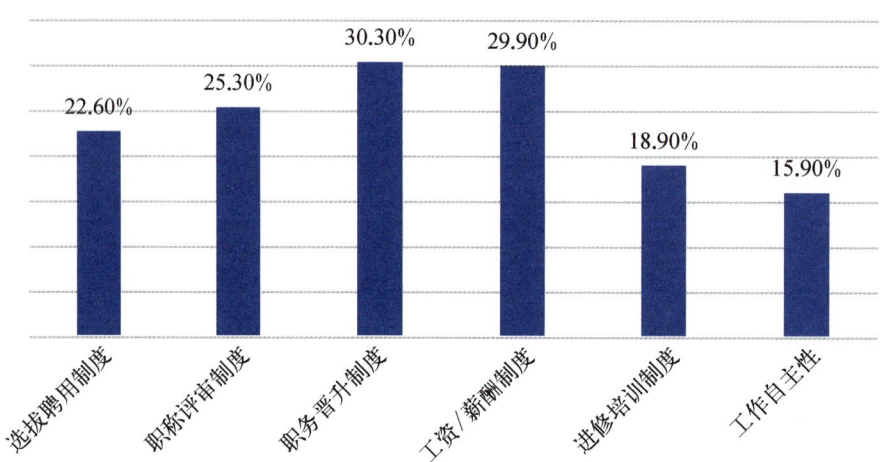

图 144　上海企业科技工作者认为对个人成长发展起阻碍作用的制度

（4）经费不足和知识更新、学术交流是科技工作的主要难点

对于科技工作中的困难，在工作条件和设施方面最突出的问题是业务活动经费不足（见图145）。而在职业发展方面，对企业科技工作者造成最大困扰的则是缺乏业务和学术交流以及跟不上知识更新速度（见图146）。

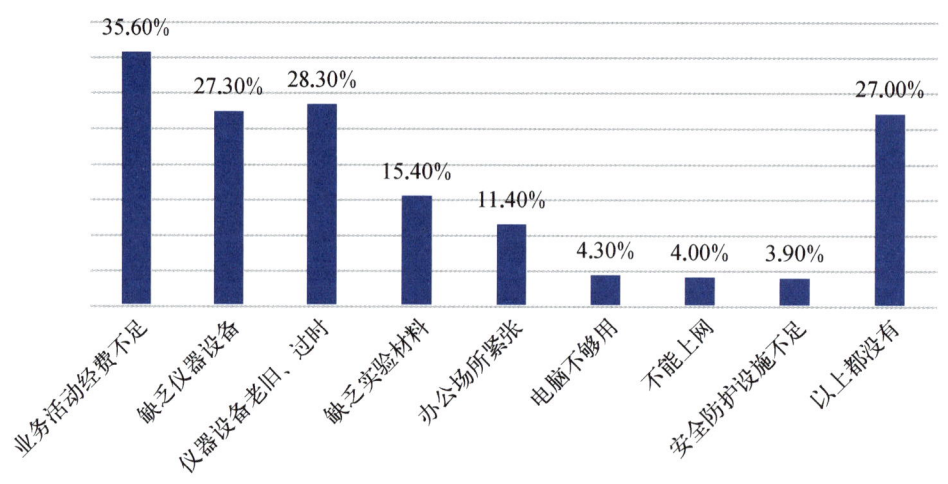

图 145　上海企业科技工作者工作条件和设施方面的困难

4. 公益服务类机构科技工作者工作评价和个人发展

（1）公益服务类机构的科技工作者对工作较为满意，稳定性是最大优势

调查发现，70%的受访科技工作者对自己从事的工作表示"很满意"或"比较满意"，满意程度最主要来源于工作的稳定性（见图147），因此很少考虑更换目前的职业或工作单位（见图148），更没有考虑自己创业（见图149）。

分报告一 上海科技工作者发展报告（2015—2019）

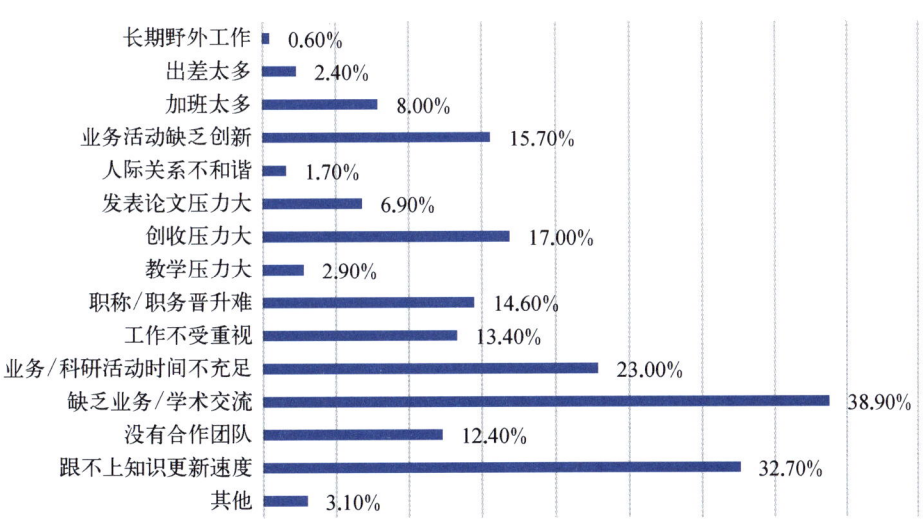

图 146　上海企业科技工作者职业发展方面的困难

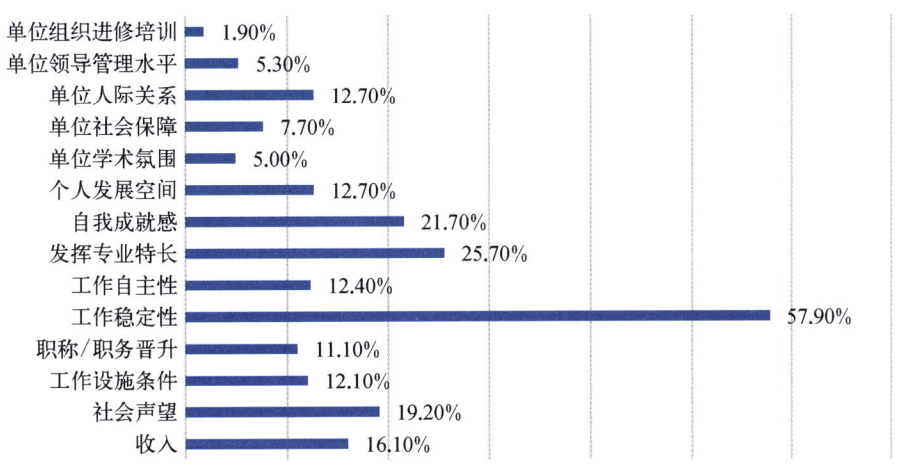

图 147　上海公益服务类机构科技工作者对工作的满意程度

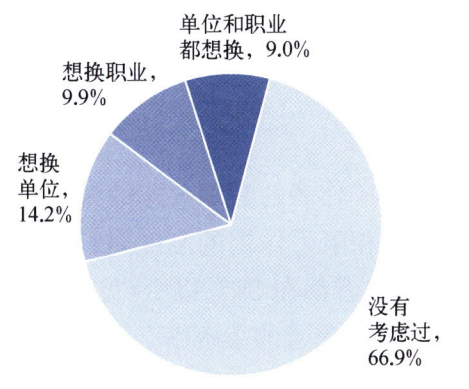

图 148　上海公益服务类机构科技工作者更换职业或工作单位的意愿

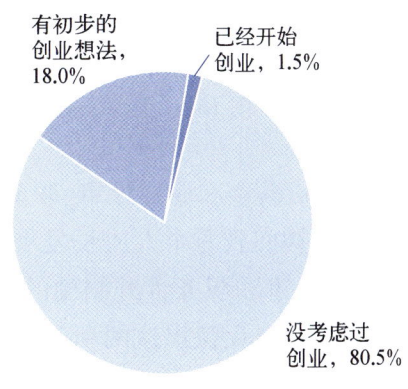

图 149　上海公益服务类机构科技工作者的创业意愿

145

(2) 科技工作者对个人职业发展总体满意,主要看重工作平台

调查结果显示,近50%的科技工作者对个人职业发展总体满意,在几个与职业发展有关的具体因素中,最看重工作平台(见图150),工作自主性也较强(见图151)。

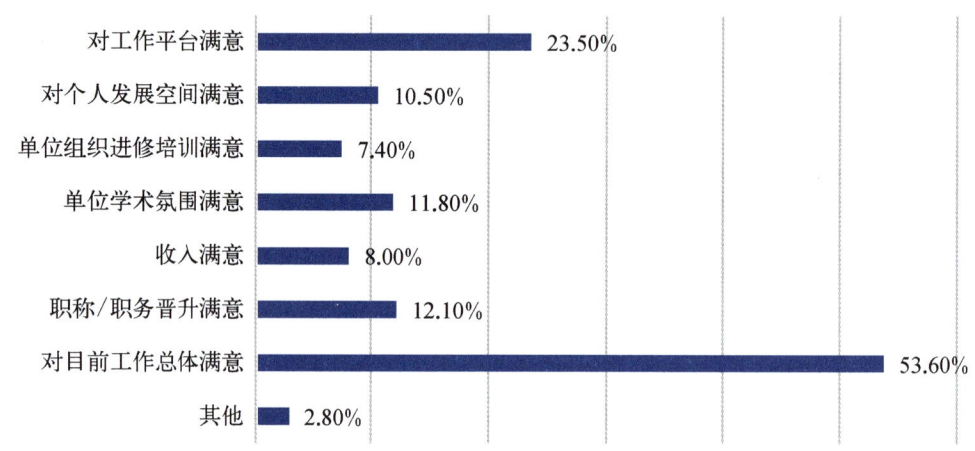

图150 上海公益服务类机构科技工作者个人职业发展满意度

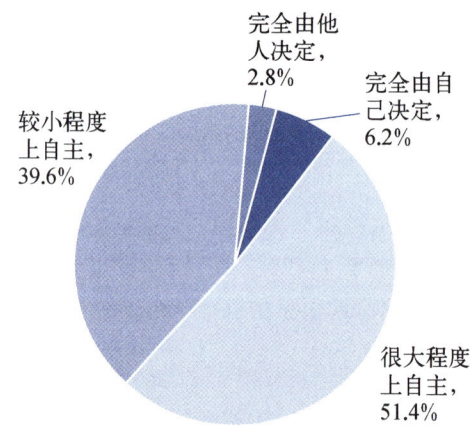

图151 上海公益服务类机构科技工作者的工作自主性

(3) 工资薪金和职称评审、职务晋升对科技工作者的激励效应最为突出

在分别被问到对个人成长发展起促进激励和阻碍作用的制度时,选择工资薪金、职称评审和职务晋升制度的受访科技工作者都在30%以上(见图152、图153)。这一结果反映出这两项制度的敏感性很强,完善的工资薪金、职称评审和职务晋升制度可以起到很强的正向激励作用,但若有较大欠缺,也会产生明显的负面效应。

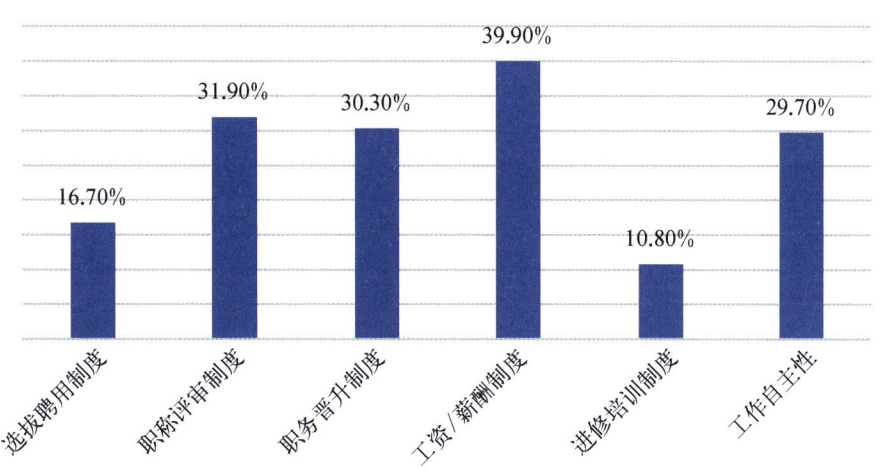

图152　上海公益服务类机构科技工作者认为对个人成长发展起促进激励作用的制度

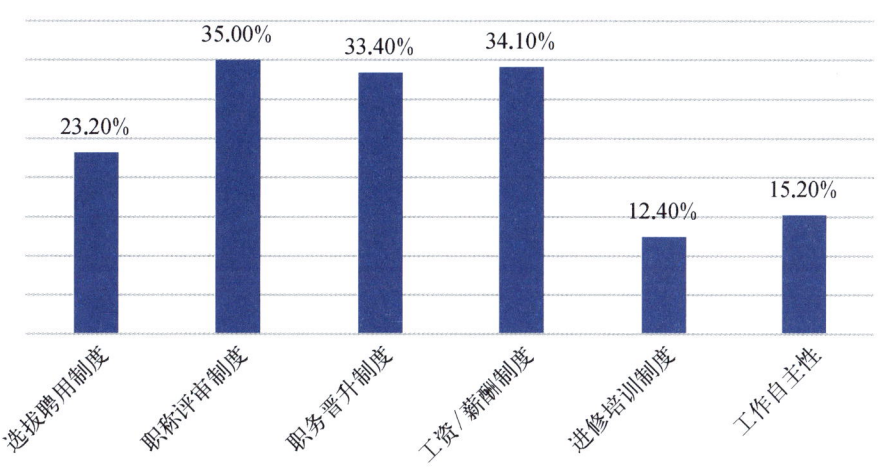

图153　上海公益服务类机构科技工作者认为对个人成长发展起阻碍作用的制度

（4）经费不足和知识更新、学术交流是科技工作的主要难点

对于科技工作中的困难，在工作条件和设施方面最突出的问题是业务活动经费不足（见图154）。而在职业发展方面，对公益服务机构的科技工作者造成最大困扰的则是跟不上知识更新速度、缺乏业务/学术交流和科研时间不足（见图155）。

（五）生活状况

1. 整体情况

（1）影响科技工作者生活水平的最主要因素是收入不高

高校和科研院所科技工作者对自己的收入水平不甚满意，约42%的受访科

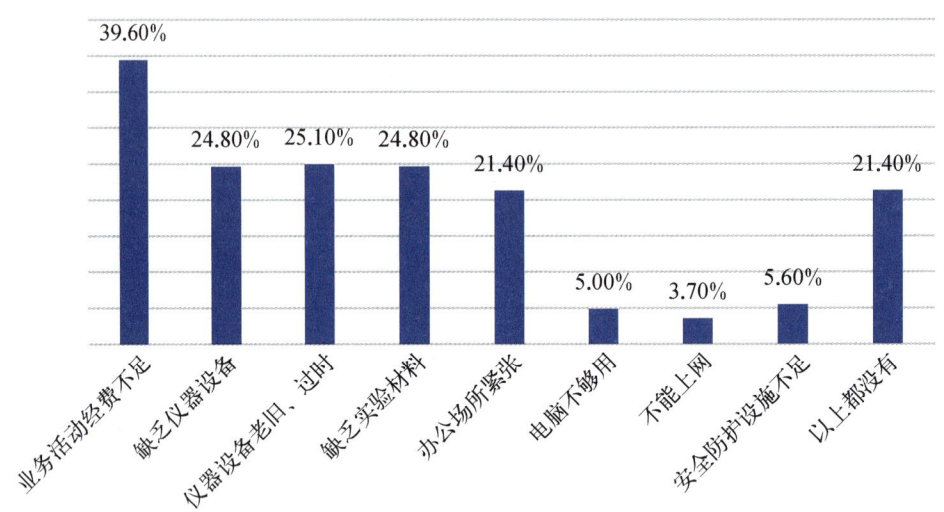

图 154　上海公益服务类机构科技工作者工作条件和设施方面的困难

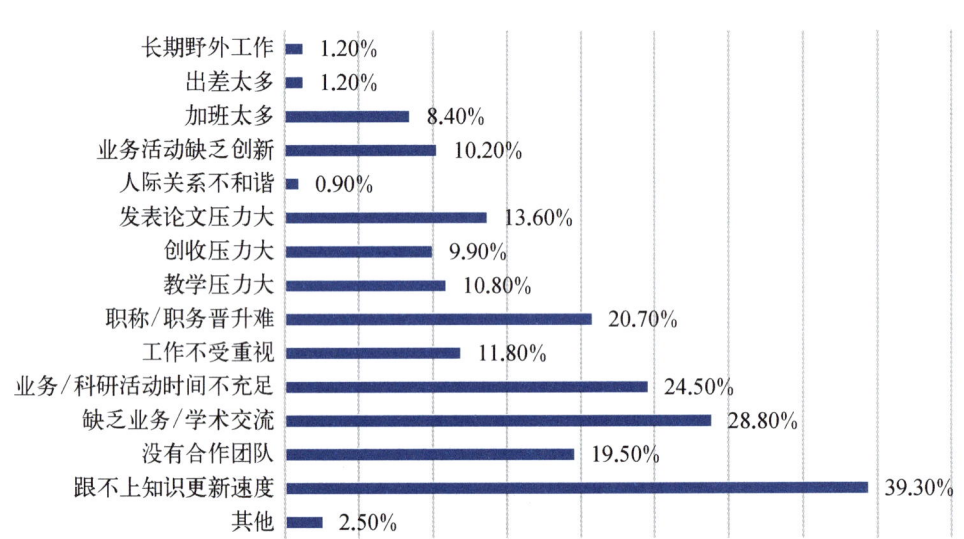

图 155　上海公益服务类机构科技工作者职业发展方面的困难

技工作者认为自己的收入属于中下层或下层(见图156),约44%的科技工作者认为生活中的最大问题是收入低(见图157)。而住房问题的主要原因也在于,同过高的房价相比,科技工作者的收入偏低(见图158)。

(2)科技工作者的居住条件尚可,多数拥有产权住房

调查显示,约75%以上的受访科技工作者或其配偶、家人拥有产权房(见图159),多数科技工作者对目前的居住条件比较满意(见图160)。

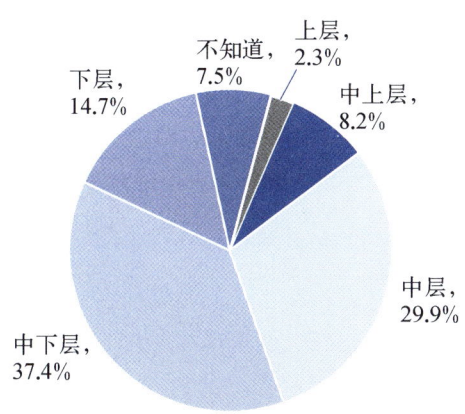

图 156　上海科技工作者的收入水平

图 157　上海科技工作者的生活困难

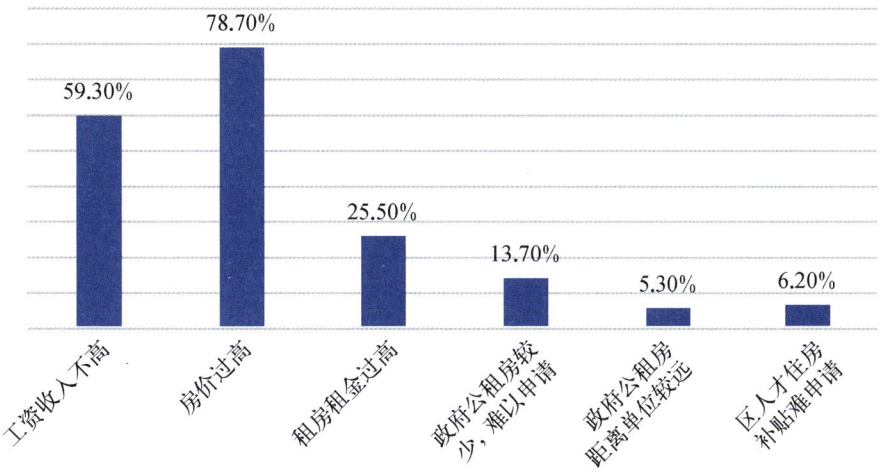

图 158　上海科技工作者住房难的主要原因

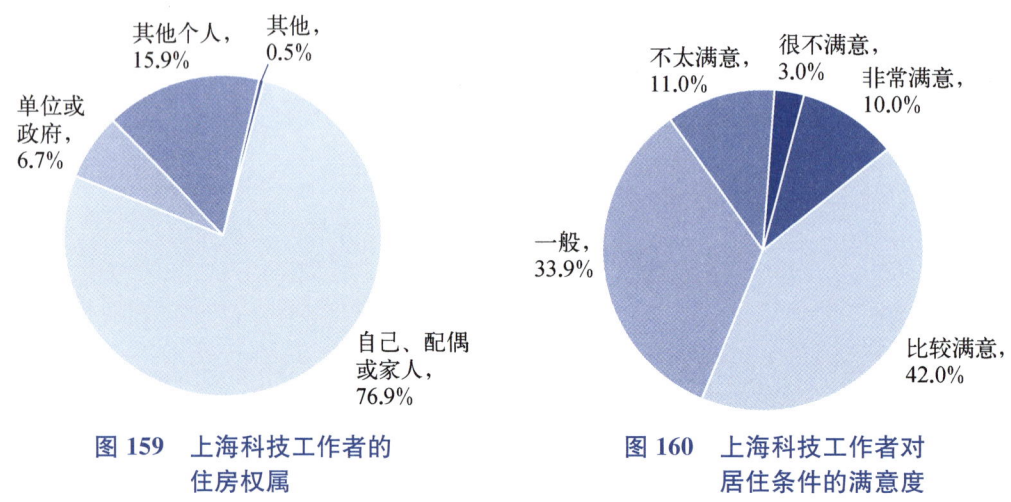

图 159　上海科技工作者的住房权属

图 160　上海科技工作者对居住条件的满意度

（3）科技工作者享有的社会保障比较完善

80%以上的科技工作者都享有社会养老和医疗保险,单位每年定期组织体检,近60%的受访科技工作者的医疗费可以按时报销(见图161~164)。

（4）科技工作者的身心健康状况良好,主要压力来自工作

64%的科技工作者对身体状况自我评估为"非常健康"或"比较健康",有点心理压力,主要压力来自工作本身(见图165~167),其次是经济收入。半数以上的受访科技工作者表示,近期很少或从未由于健康或情绪原因影响工作或日常活动。

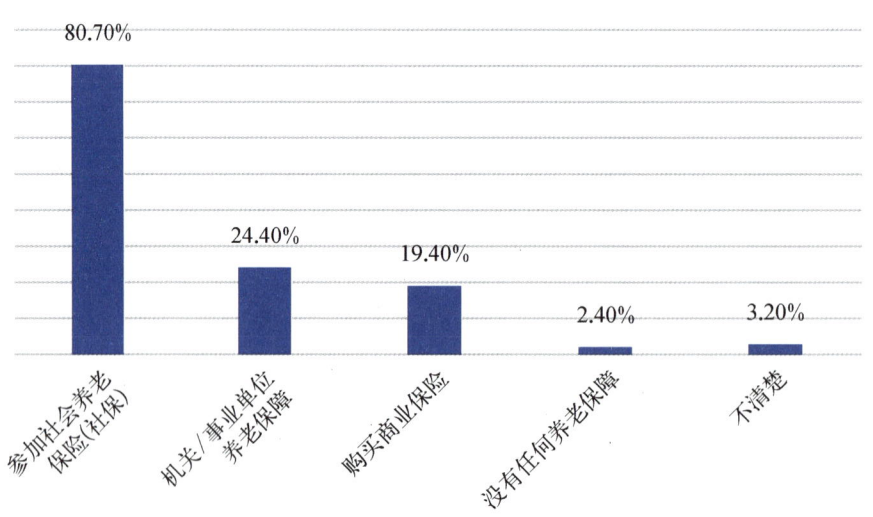

图 161　上海科技工作者的养老保障

分报告一 上海科技工作者发展报告（2015—2019）

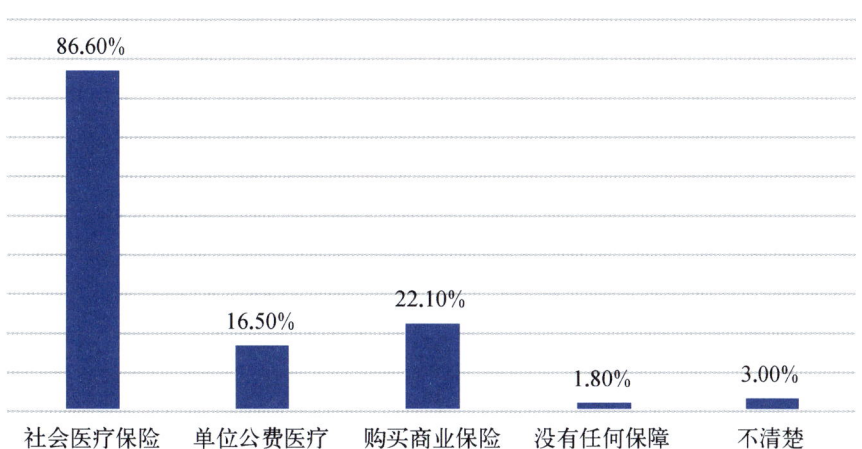

图 162　上海科技工作者的医疗保障

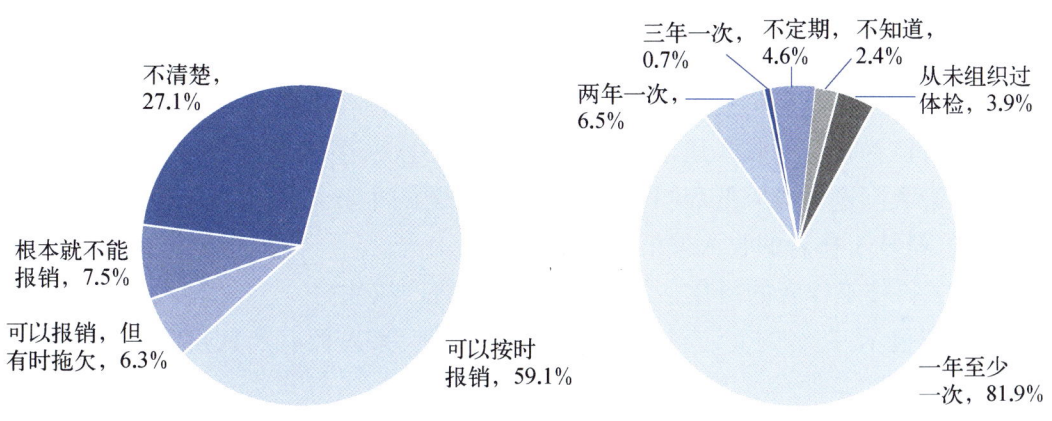

图 163　上海科技工作者的医药
费报销情况

图 164　上海科技工作者单位
组织体检情况

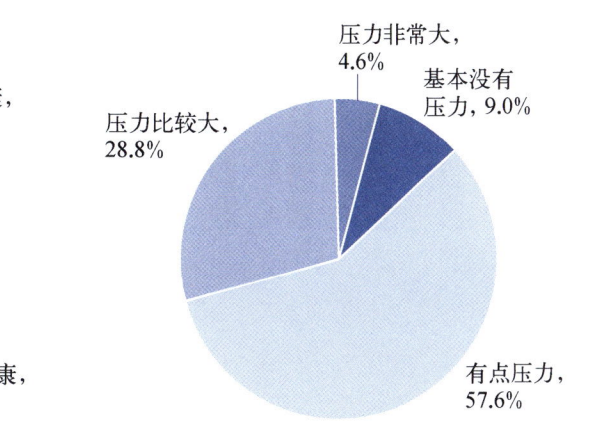

图 165　上海科技工作者身体健康状况　　图 166　上海科技工作者心理压力状况

151

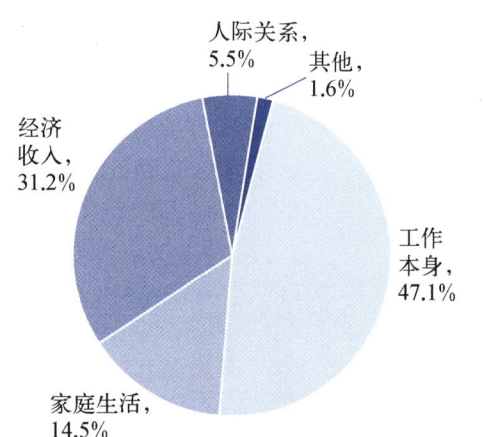

图 167　上海科技工作者心理压力来源　　图 168　上海高校和科研院所科技工作者的收入水平

2. 高校和科研院所科技工作者生活状况

（1）影响高校和科研院所科技工作者生活水平的最主要因素是收入不高

高校和科研院所科技工作者对自己的收入水平不甚满意，42.1%的受访科技工作者认为自己的收入属于中下层（见图168），一半以上科技工作者认为生活中的最大问题是收入低（见图169），住房问题的主要原因也在于同高企的房价相比，科技工作者的收入偏低（见图170）。

（2）科技工作者的居住条件尚可，多数拥有产权住房

调查显示，75%的受访科技工作者或其配偶、家人拥有产权房（见图171），对目前的居住条件满意度尚可（见图172）。

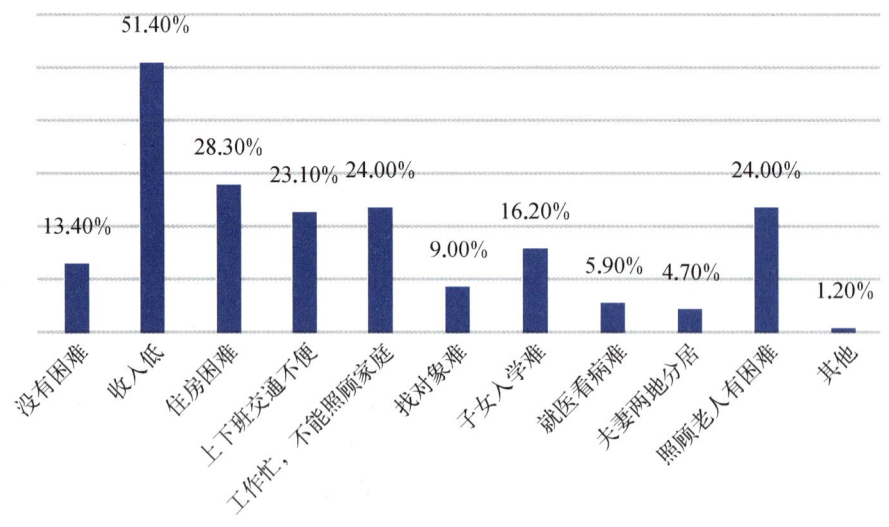

图 169　上海高校和科研院所科技工作者的生活困难

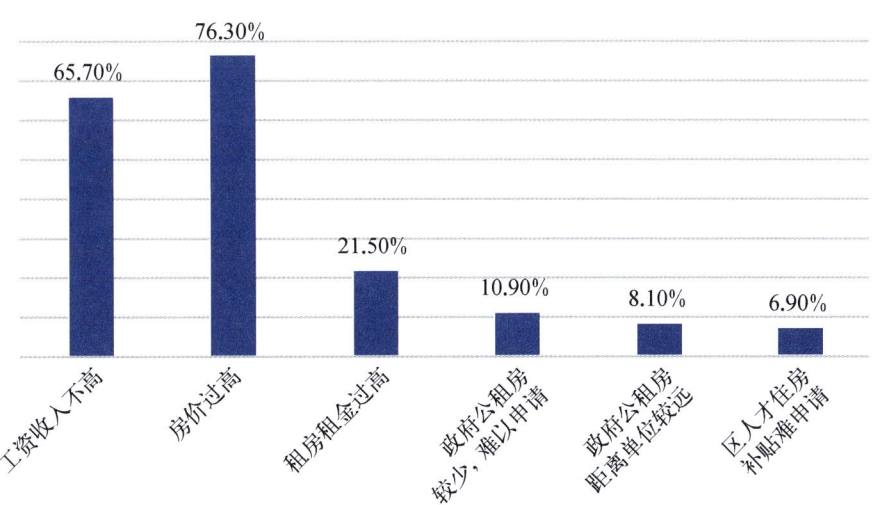

图170 上海高校和科研院所科技工作者住房难的主要原因

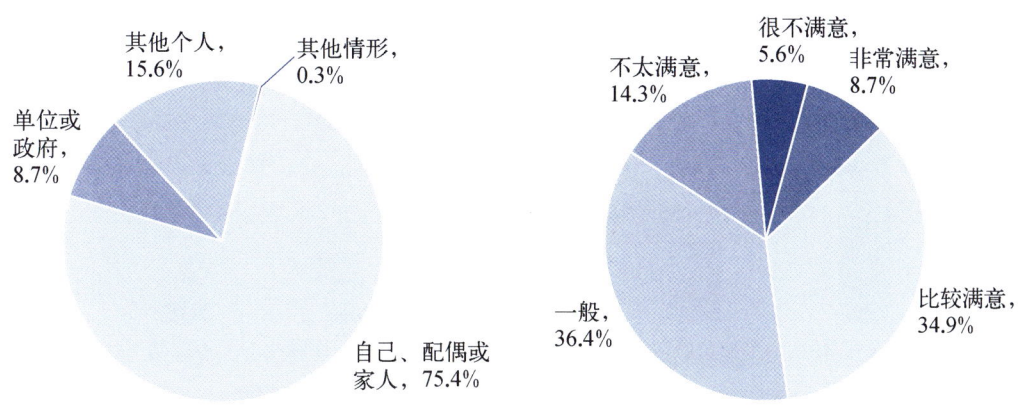

图171 上海高校和科研院所科技工作者的住房权属

图172 上海高校和科研院所科技工作者对居住条件的满意度

(3) 科技工作者享有的社会保障比较完善

绝大多数的高校和科研院所科技工作者都享有社会养老和医疗保险,单位每年定期组织体检,近一半的受访科技工作者的医疗费可以按时报销(见图173～176)。

(4) 科技工作者的身心健康状况良好,主要压力来自工作

58%的科技工作者对身体状况自我评估为"非常健康"或"比较健康",稍有心理压力,主要压力来自工作本身(见图177～179)。半数以上的受访科技工作者表示,近期很少或从未由于健康或情绪原因影响工作或日常活动。

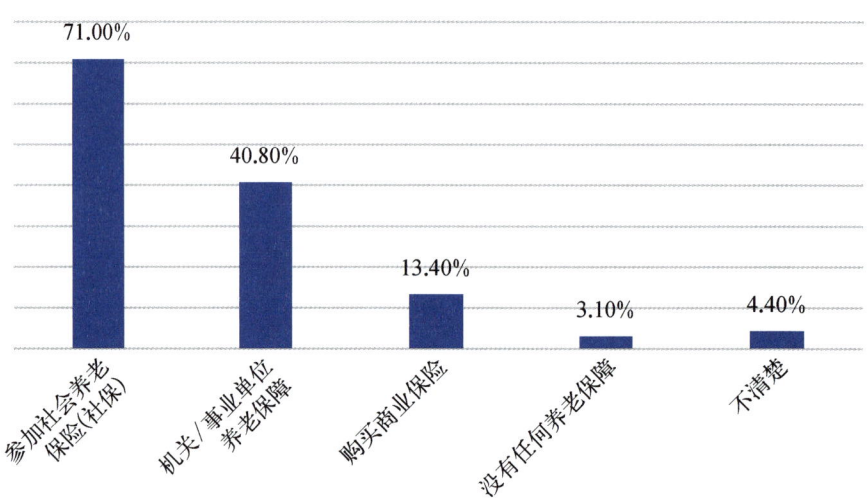

图 173　上海高校和科研院所科技工作者的养老保障

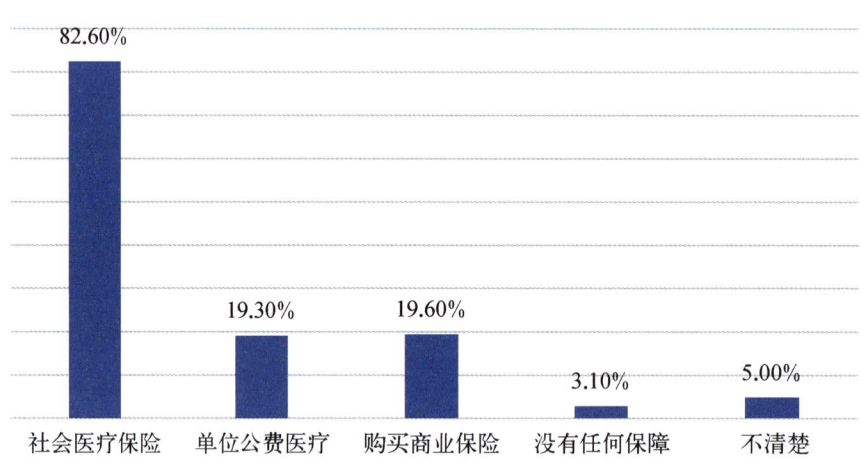

图 174　上海高校和科研院所科技工作者的医疗保障

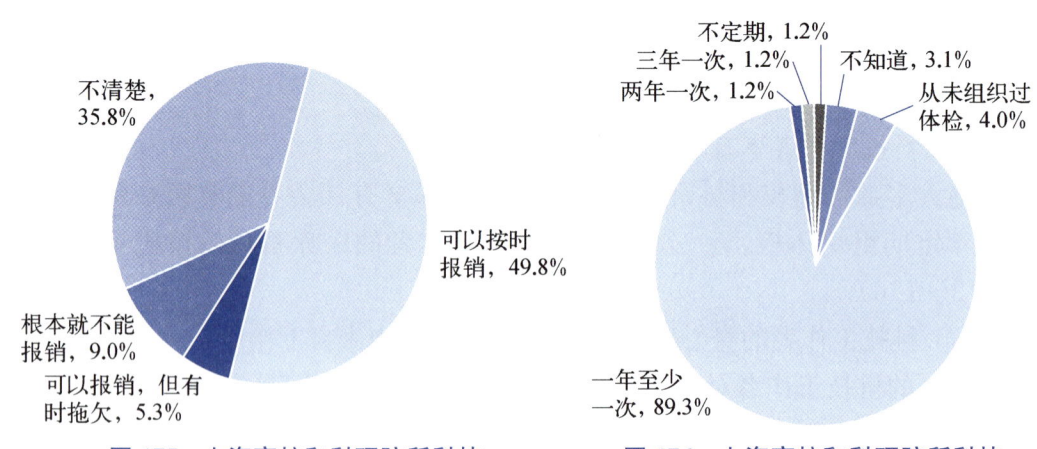

图 175　上海高校和科研院所科技工作者的医药费报销情况

图 176　上海高校和科研院所科技工作者单位组织体检情况

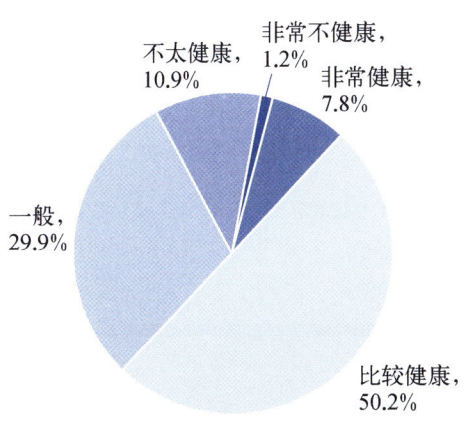

图177 上海高校和科研院所科技工作者身体健康状况

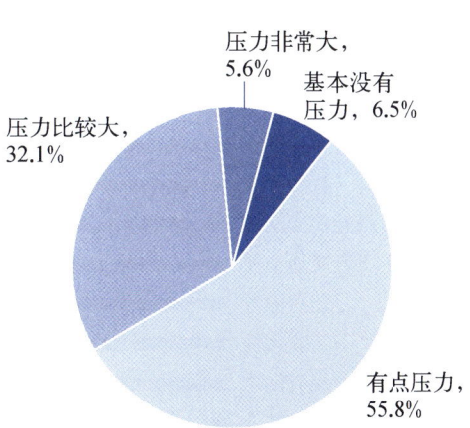

图178 上海高校和科研院所科技工作者心理压力状况

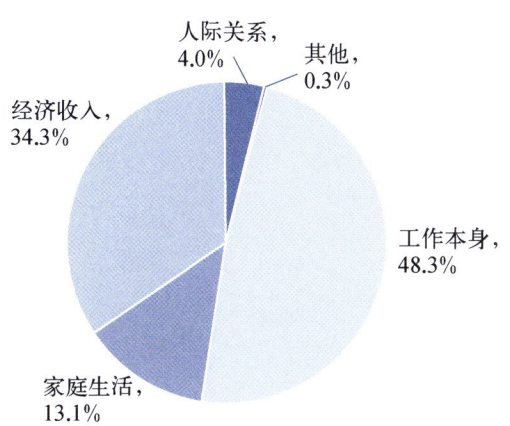

图179 上海高校和科研院所科技工作者心理压力来源

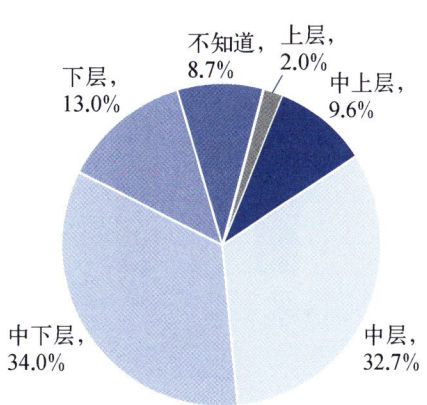

图180 上海企业科技工作者的收入水平

3. 企业科技工作者生活状况

(1) 影响企业科技工作者生活水平的最主要因素是收入不高

企业科技工作者对自己的收入水平不甚满意，34%的受访科技工作者认为自己的收入属于中下层（见图180），40%以上科技工作者认为生活中的最大问题是收入低（见图181），住房问题的主要原因也在于房价过高而科技工作者的收入相对偏低（见图182）。

(2) 科技工作者的居住条件尚可，多数拥有产权住房

调查显示，73.5%的受访科技工作者或其配偶、家人拥有产权房（见图183），对目前的居住条件比较满意（见图184）。

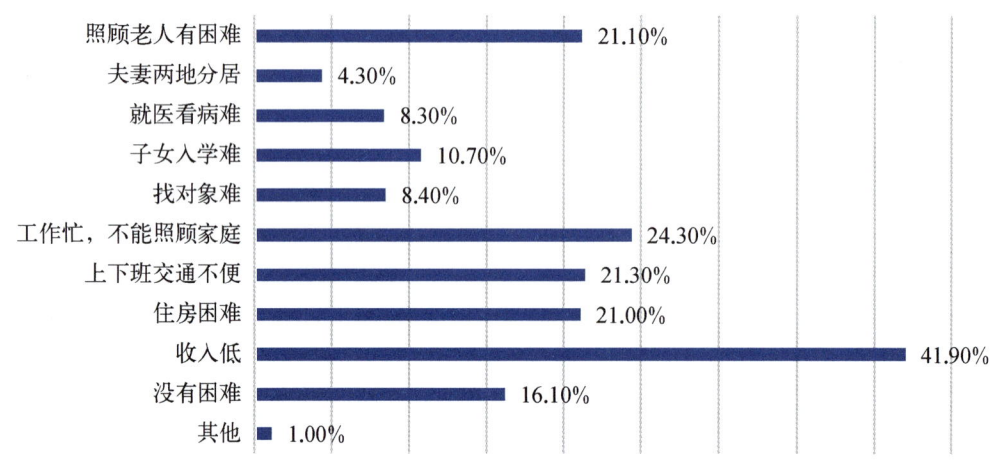

图 181　上海企业科技工作者的生活困难

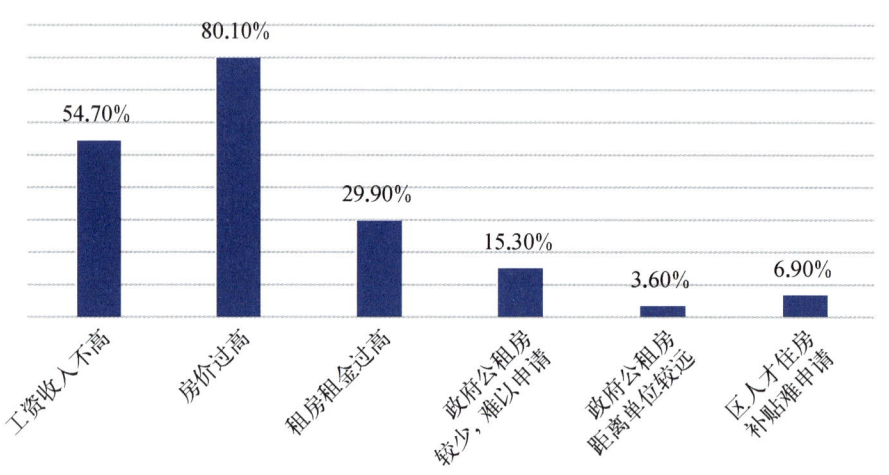

图 182　上海企业科技工作者住房难的主要原因

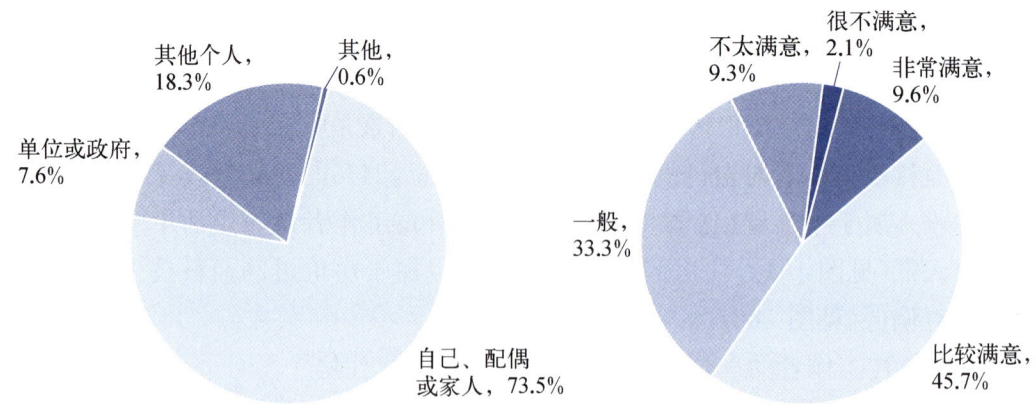

图 183　上海企业科技工作者的住房权属

图 184　上海企业科技工作者的对居住条件的满意度

（3）科技工作者享有的社会保障比较完善

绝大多数的企业科技工作者都享有社会养老和医疗保险，单位每年定期组织体检，60%的受访科技工作者的医疗费可以按时报销（见图185～188）。

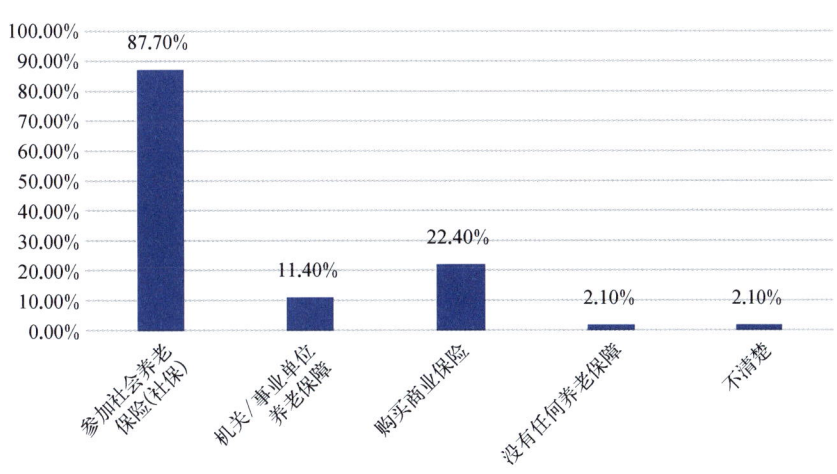

图185 上海企业科技工作者的养老保障

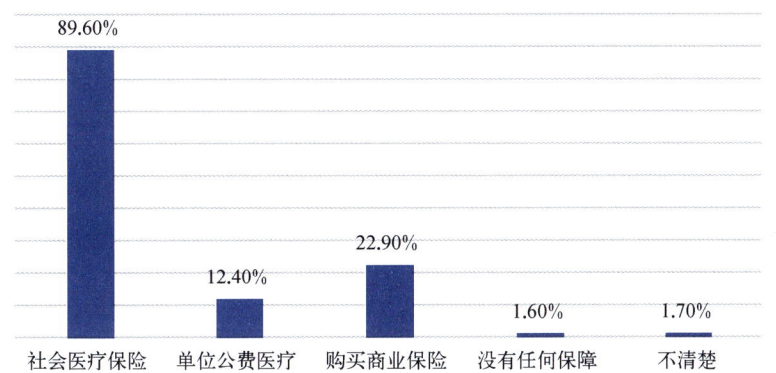

图186 上海企业科技工作者的医疗保障

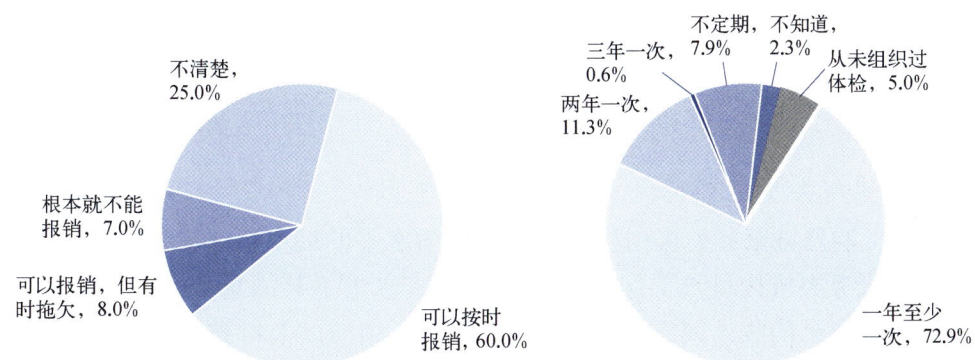

图187 上海企业科技工作者的医药费报销情况

图188 上海企业科技工作者单位组织体检情况

（4）科技工作者的身心健康状况良好，主要压力来自工作

67.8%的科技工作者对身体状况自我评估为"非常健康"或"比较健康"，稍有心理压力，主要压力来自工作本身和经济收入（见图189～191）。半数以上的受访科技工作者表示，近期很少或从未由于健康或情绪原因影响工作或日常活动。

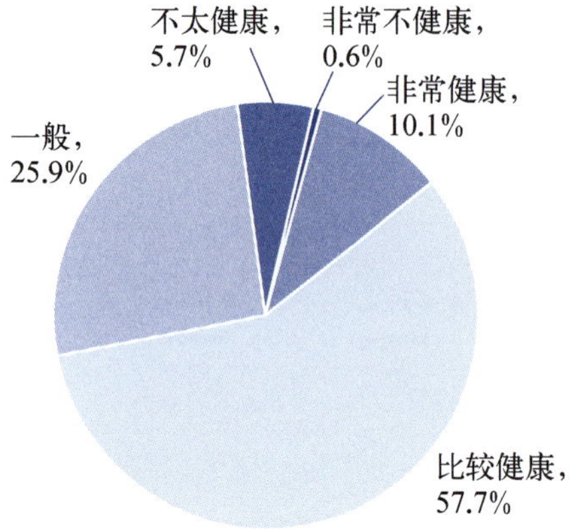

图189　上海企业科技工作者身体健康状况

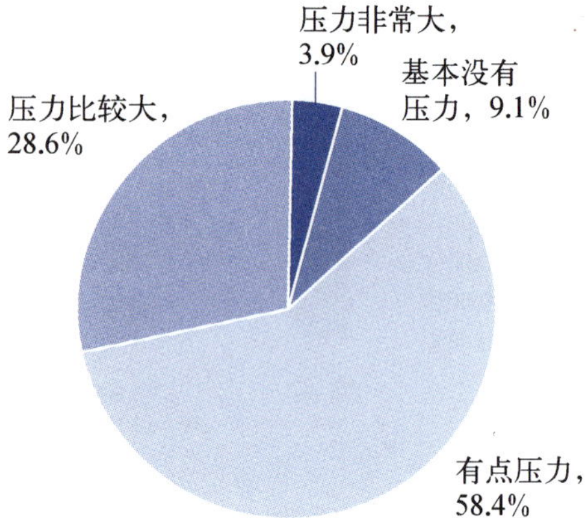

图190　上海企业科技工作者心理压力状况

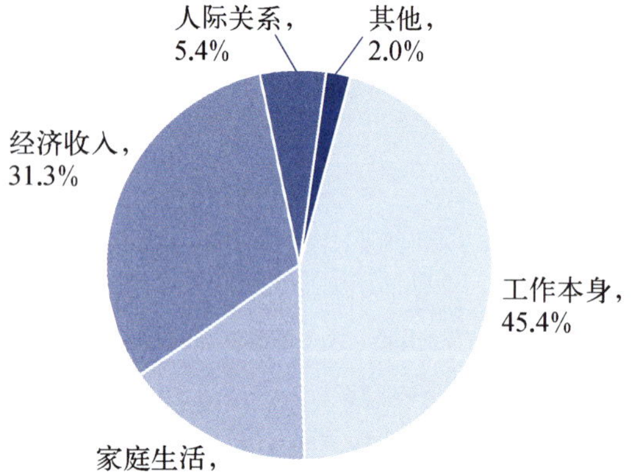

图191　上海企业科技工作者心理压力来源

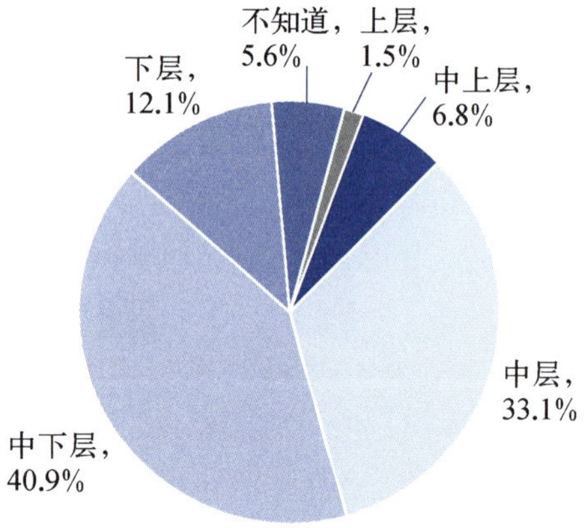

图192　上海公益服务类机构科技工作者的收入水平

4. 公益服务类机构科技工作者生活状况

（1）影响公益服务类机构科技工作者生活水平的最主要因素是收入不高

公益服务类机构科技工作者对自己的收入水平不甚满意，53%的受访科技工作者认为自己的收入属于中下层（见图192），40%以上科技工作者认为生活中的最大问题是收入低（见图193），住房问题的主要原因也在于同高企的房价相比，科技工作者的收入偏低（见图194）。

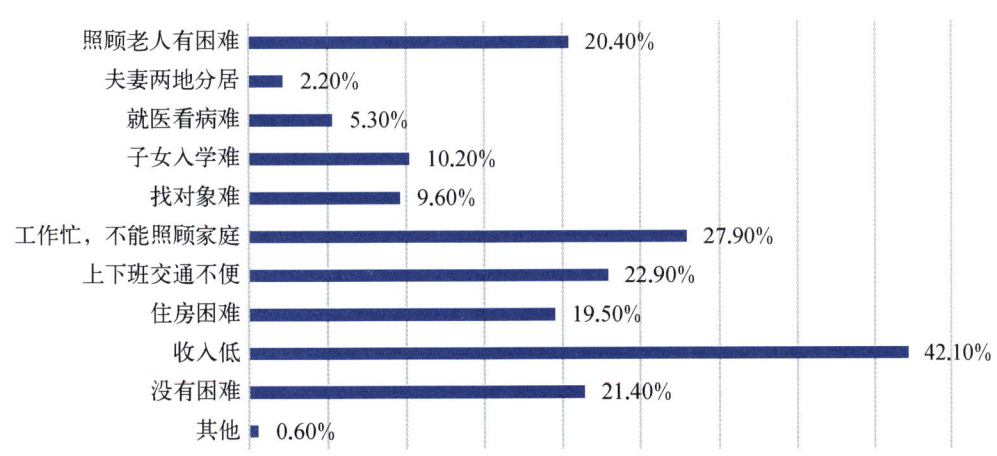

图 193 上海公益服务类机构科技工作者的生活困难

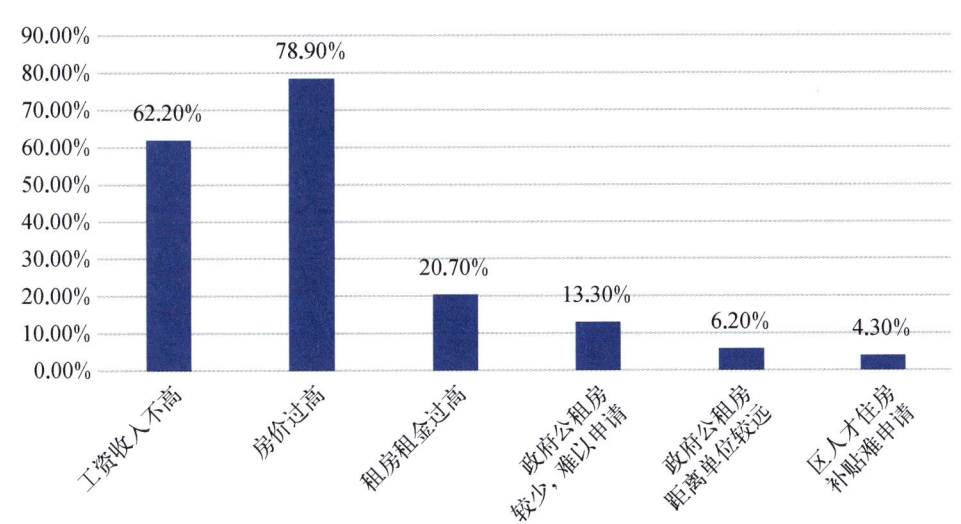

图 194 上海公益服务类机构科技工作者住房难的主要原因

（2）科技工作者的居住条件尚可，多数拥有产权住房

调查显示，超过 85％ 的受访科技工作者或其配偶、家人拥有产权房（见图 195），对目前的居住条件满意度尚可（见图 196）。

（3）科技工作者享有的社会保障比较完善

绝大多数的公益服务类机构科技工作者都享有社会养老和医疗保险，单位每年定期组织体检，2/3 以上的受访科技工作者的医疗费可以按时报销（见图 197～200）。

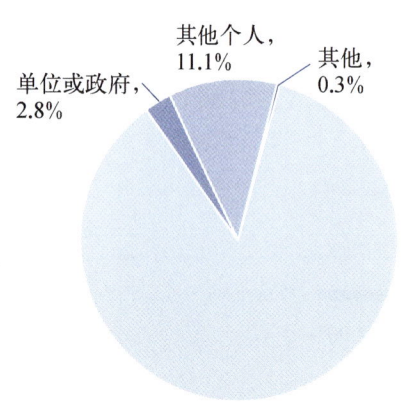

图 195 上海公益服务类机构科技工作者的住房权属

图 196 上海公益服务类机构科技工作者的对居住条件的满意度

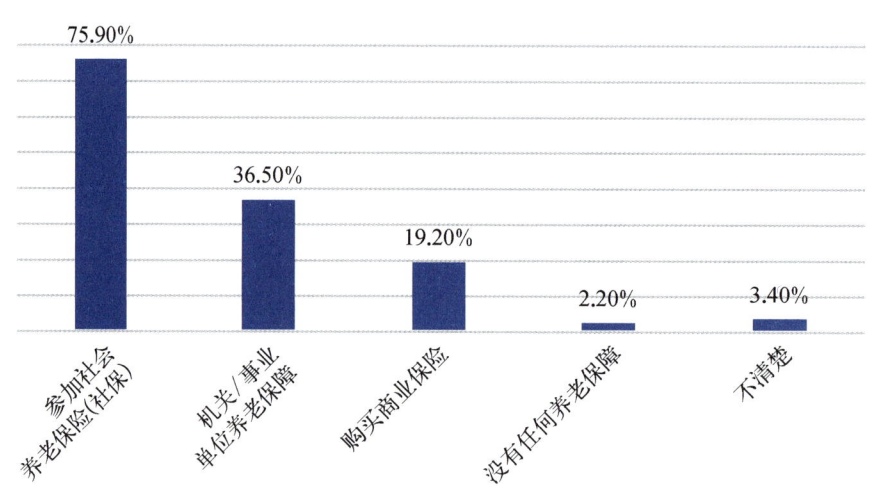

图 197 上海公益服务类机构科技工作者的养老保障

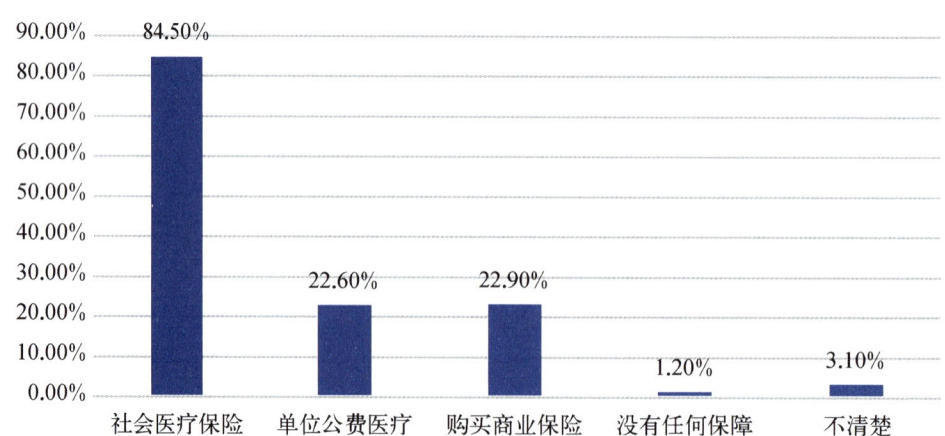

图 198 上海公益服务类机构科技工作者的医疗保障

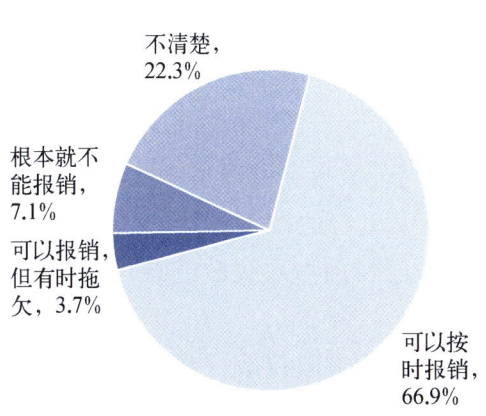
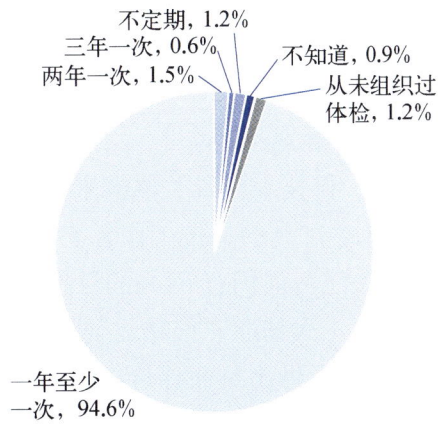

图199　上海公益服务类机构科技工作者的医药费报销情况

图200　上海公益服务类机构科技工作者单位组织体检情况

（4）科技工作者的身心健康状况良好，主要压力来自工作

62%的科技工作者对身体状况自我评估为"非常健康"或"比较健康"，稍有心理压力，主要压力来自工作本身和经济收入（见图201～203）。60%以上的受访科技工作者表示，近期很少或从未由于健康或情绪原因影响工作或日常活动。

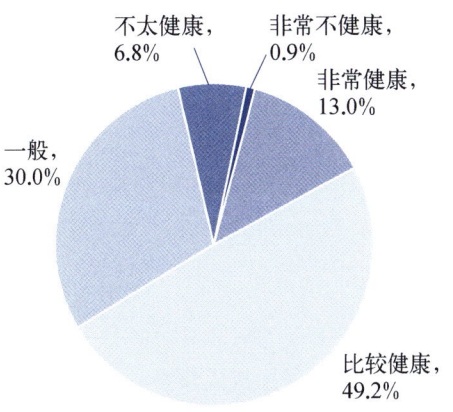

图201　上海公益服务类机构科技工作者身体健康状况

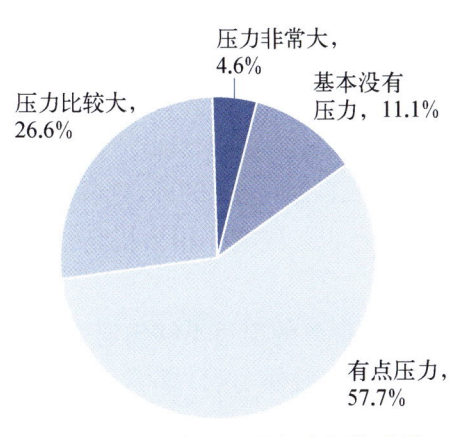
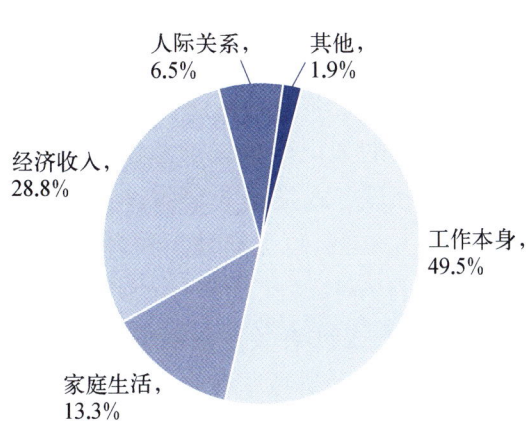

图202　上海公益服务类机构科技工作者心理压力状况

图203　上海公益服务类机构科技工作者心理压力来源

(六) 社会参与

1. 整体情况

(1) 科技工作者关注国家方针政策,但参与公共事务的渠道不够畅通

超过70%的科技工作者表示对近年来国家出台的政策方针"非常关注"或"比较关注",但仍有57%的科技工作者觉得自己目前参政议政或参与公共事务的渠道"不太畅通""很缺乏"或"说不清"(见图204、图205)。与5年前近85%的科技工作者做出负面评价相比,近年来科技工作者参政议政或参与公共事务的渠道畅通度有了很大提高,但仍不够理想。

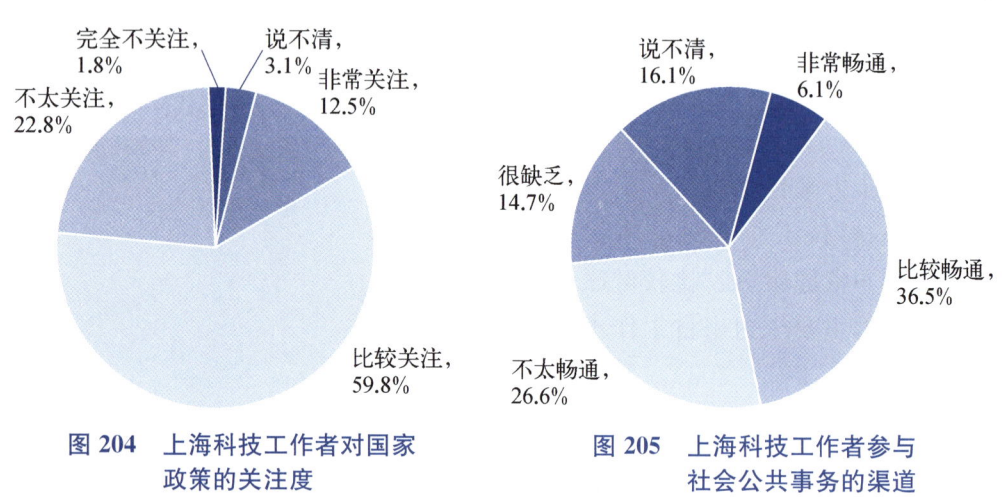

图204 上海科技工作者对国家政策的关注度

图205 上海科技工作者参与社会公共事务的渠道

(2) 科技工作者已具有初步的知识产权保护意识

近80%的科技工作者认为自己的知识产权没有被侵害过,若知识产权受到侵害,科技工作者首先选择向单位反映,也有近30%的科技工作者选择诉诸法律(见图206、图207)。这说明虽然目前知识产权纠纷还很少,但科技工作者已具有了初步的知识产权保护意识。而在5年前,科技工作者面对知识产权侵害最主要的处理方式是不予理睬,向单位和有关部门反映的不到20%,选择诉诸法律的仅占10%,可见科技工作者的知识产权维权意识已经有了很大提高。

2. 高校和科研院所科技工作者社会参与

(1) 科技工作者关注国家方针政策,但参与公共事务的渠道不够畅通

超过70%的科技工作者表示对近年来国家出台的政策方针"非常关注"或"比较关注",但仍有57%的科技工作者觉得自己目前参政议政或参与公共事务的渠道"不太畅通""很缺乏"或"说不清"(见图208、图209)。

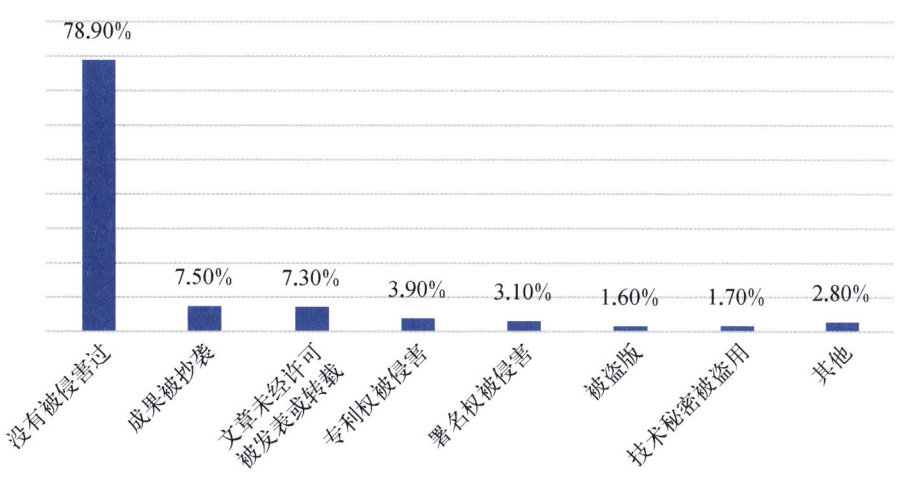

图 206　上海科技工作者知识产权被侵权情况

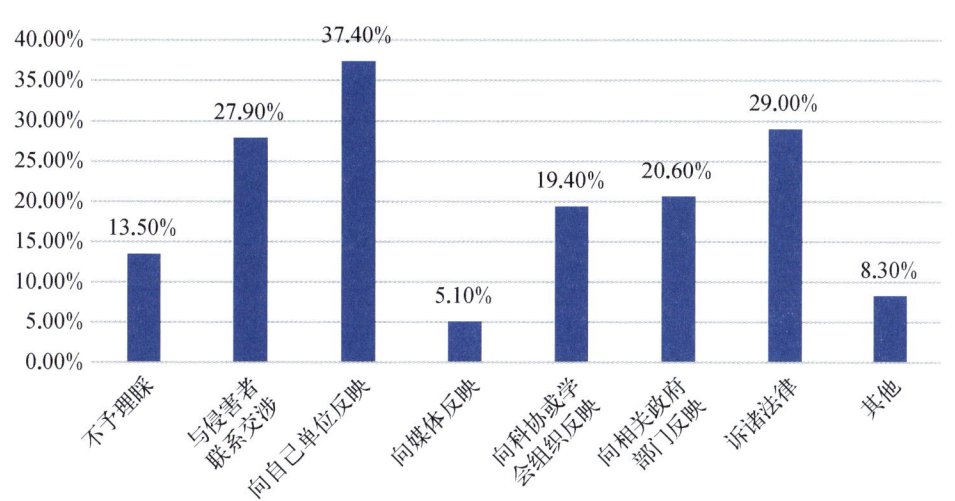

图 207　上海科技工作者知识产权保护方式

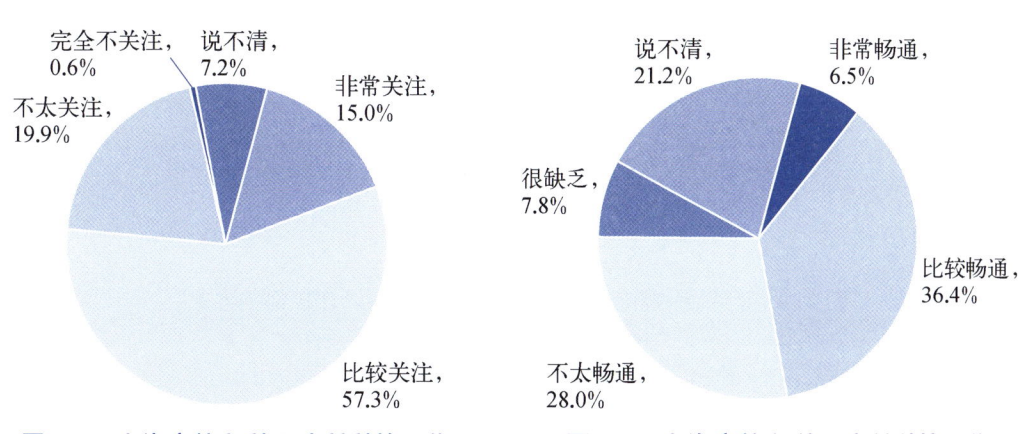

图 208　上海高校和科研院所科技工作者对国家政策的关注度

图 209　上海高校和科研院所科技工作者参与社会公共事务的渠道

(2) 科技工作者已具有初步的知识产权保护意识

80%以上的科技工作者认为自己的知识产权没有被侵害过,若知识产权受到侵害,科技工作者一般首先向单位反映,也有1/4的科技工作者选择诉诸法律(见图210、图211)。这说明虽然目前高校和科研院所知识产权纠纷还很少,但科技工作者已具有了初步的知识产权保护意识。

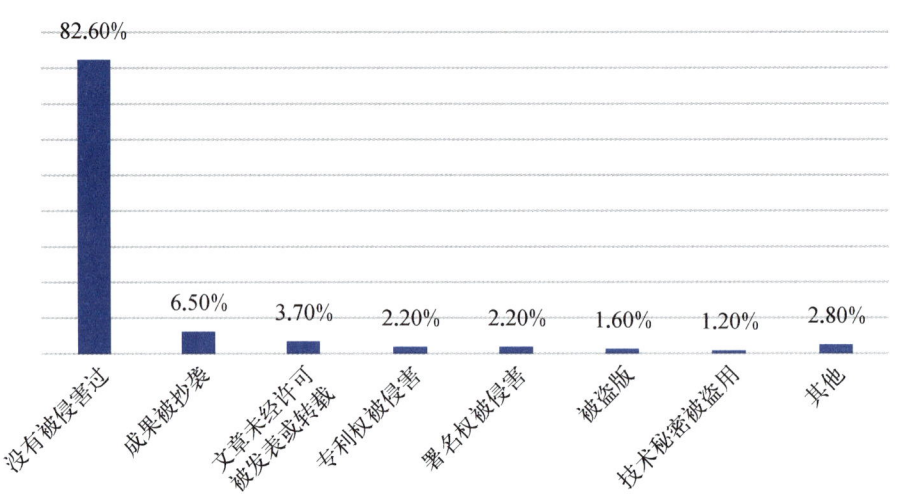

图210 上海高校和科研院所科技工作者知识产权被侵权情况

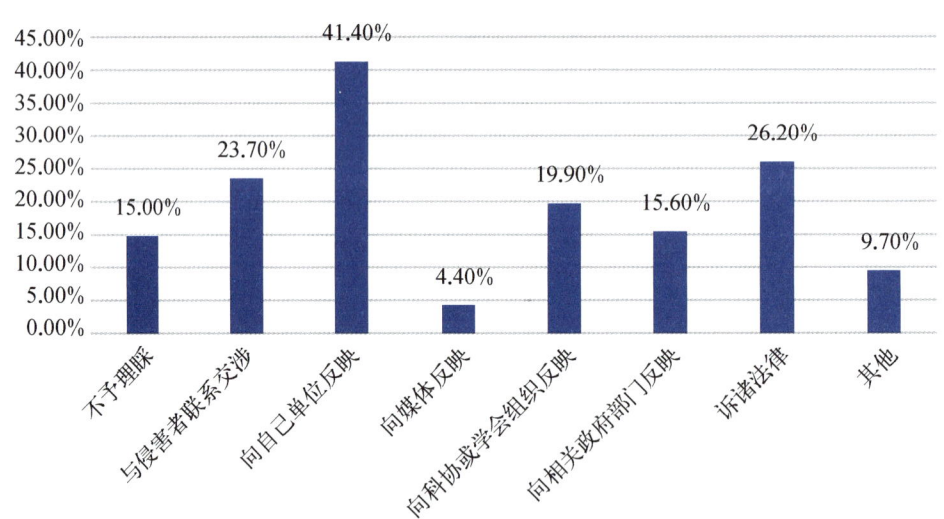

图211 上海高校和科研院所科技工作者知识产权保护方式

3. 企业科技工作者社会参与

(1) 科技工作者关注国家方针政策,但参与公共事务的渠道不够畅通

超过70%的科技工作者表示对近年来国家出台的政策方针"非常关注"或

"比较关注",但仍有近60%的科技工作者觉得自己目前参政议政或参与公共事务的渠道"不太畅通""很缺乏"或"说不清"(见图212、图213)。

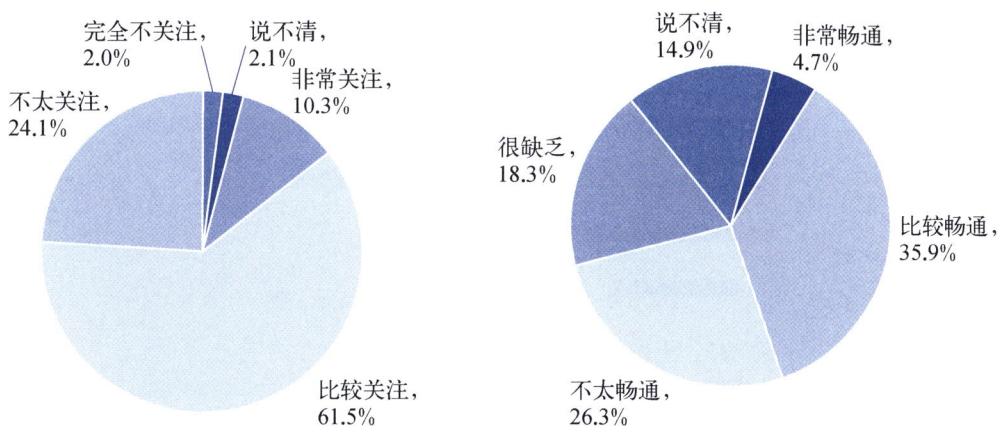

图212　上海企业科技工作者对国家政策的关注度

图213　上海企业科技工作者参与社会公共事务的渠道

(2) 科技工作者已具有初步的知识产权保护意识

76%的科技工作者认为自己的知识产权没有被侵害过,若知识产权受到侵害,科技工作者一般首先向单位反映,也有30%的科技工作者选择诉诸法律(见图214、图215)。这说明虽然目前企业知识产权纠纷还很少,但科技工作者已具有了初步的知识产权保护意识。

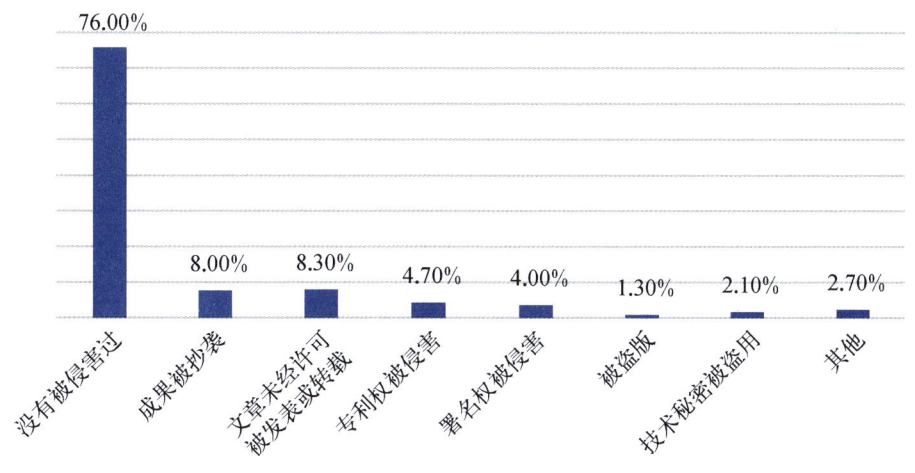

图214　上海企业科技工作者知识产权被侵权情况

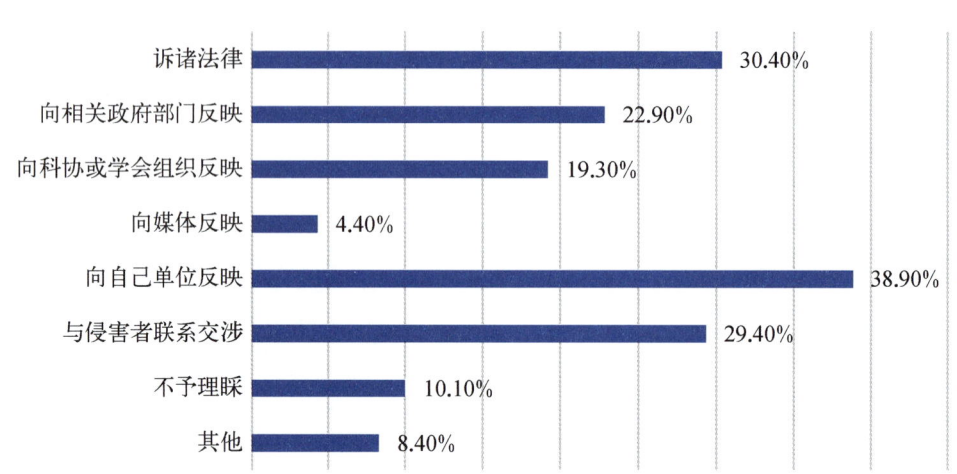

图 215　上海企业科技工作者知识产权保护方式

4. 公益服务类机构科技工作者社会参与

(1) 科技工作者关注国家方针政策,但参与公共事务的渠道不够畅通

超过70%的科技工作者表示对近年来国家出台的政策方针"非常关注"或"比较关注",但仍有53%的科技工作者觉得自己目前参政议政或参与公共事务的渠道"不太畅通""很缺乏"或"说不清"(见图216、图217)。

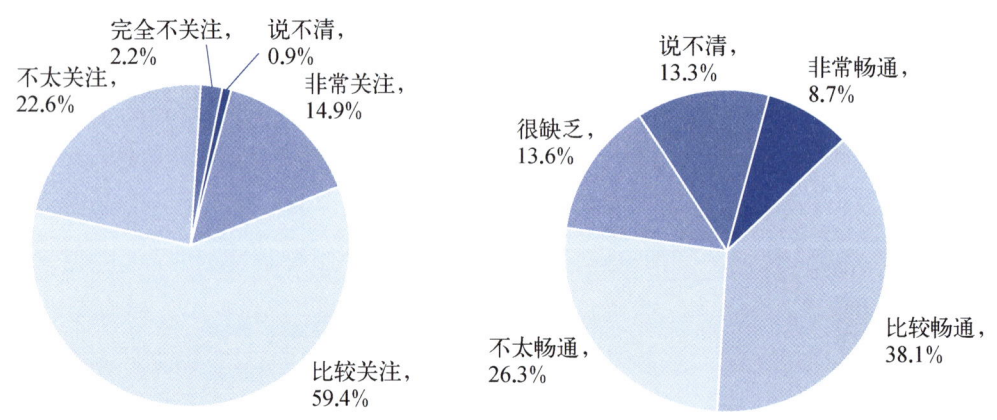

图 216　上海公益服务类机构科技工作者对国家政策的关注度

图 217　上海公益服务类机构科技工作者参与社会公共事务的渠道

(2) 科技工作者已具有初步的知识产权保护意识

80%以上的科技工作者认为自己的知识产权没有被侵害过,若知识产权受到侵害,科技工作者一般首先向单位反映,或选择诉诸法律、与侵权人交涉(见图218、图219)。这说明虽然目前公益服务类机构知识产权纠纷还很少,但科技工作者已具有了初步的知识产权保护意识。

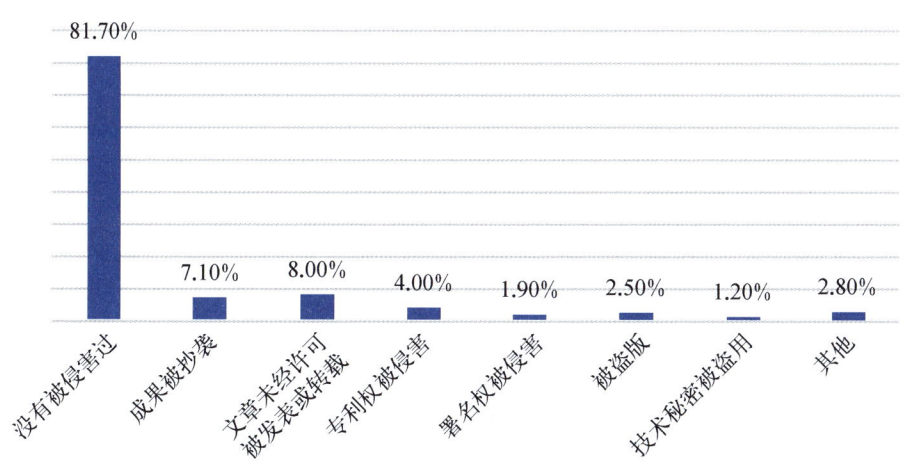

图 218 上海公益服务类机构科技工作者知识产权被侵权情况

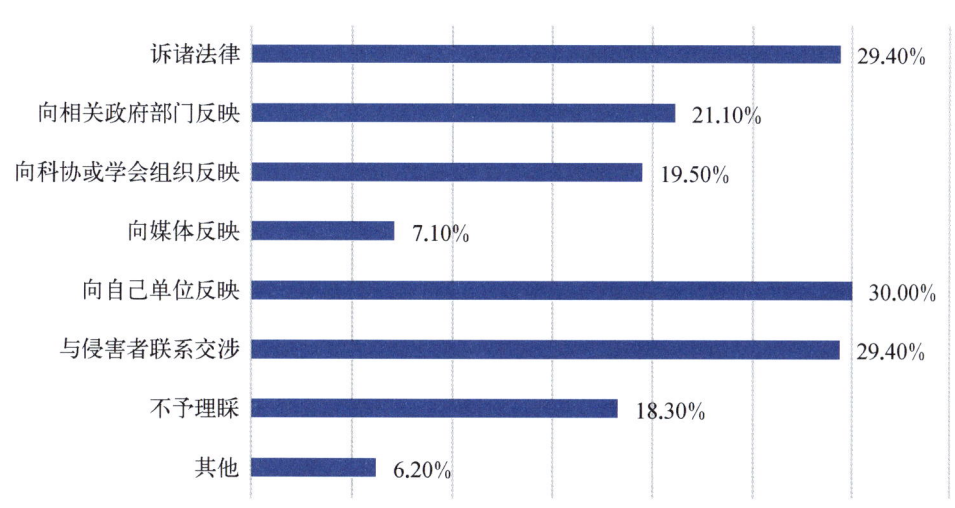

图 219 上海公益服务类机构科技工作者知识产权保护方式

（七）观念态度

1. 整体情况

（1）同行认可是科技工作者最重要的评价标准

近 60% 的受访科技工作者认为，评价一位科技工作者是否优秀的最重要标准是获得同行认可，排首位，其次是获得产业界认可和科技奖励（见图 220）。

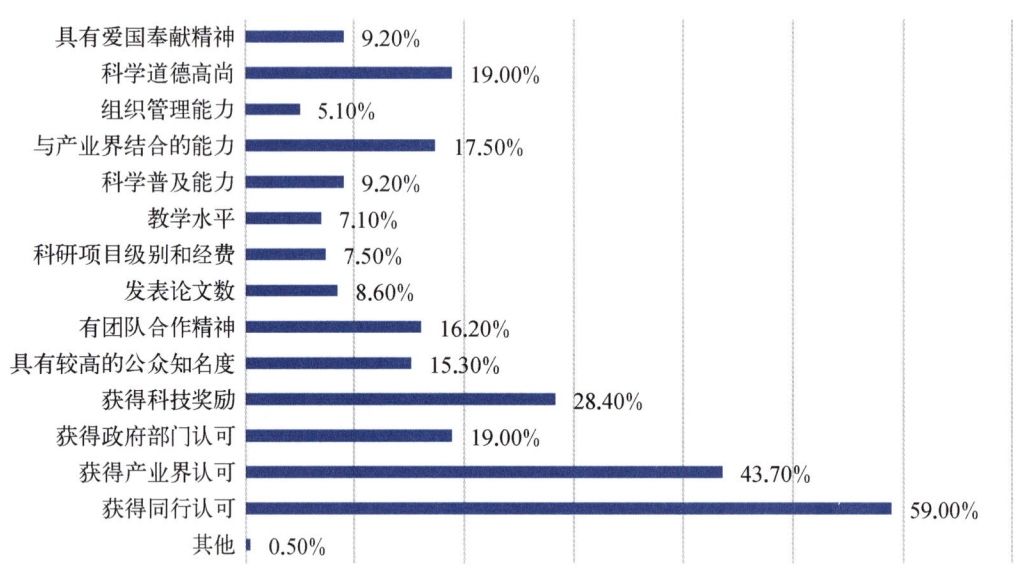

图 220　上海科技工作者的评价标准

(2) 当前科技工作者队伍的主要问题是急功近利、学风浮躁

受访科技工作者认为，当前科技工作者队伍存在的主要问题是急功近利、学风浮躁，其次是不安心做科研，研究脱离实际需求（见图 221）。与 5 年前相比，人才流失到国外虽然还是一个较为重要的问题，但在严重性上已经大大削弱了。

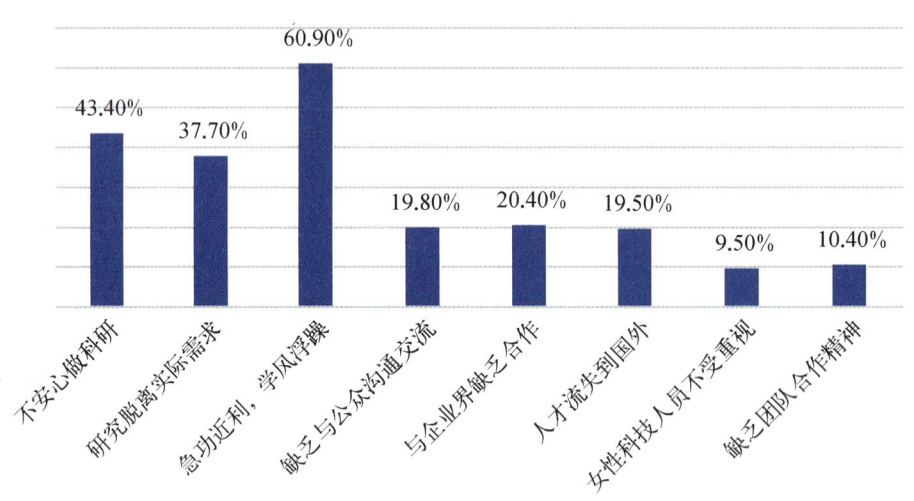

图 221　当前上海科技工作者队伍存在的主要问题

(3) 当前科技领域的突出问题是原创性科技成果少、产学研结合不紧密

对于当前科技领域存在的突出问题，反映最集中的是原创性科技成果少、产学研结合不紧密；企业没有确立技术创新主体地位、关键技术自给率低，研发和

成果转移转化效率不高也是相对比较突出的问题(见图222)。这几个问题5年前的调查中就已反映,仍需要各方不断努力加以改善。

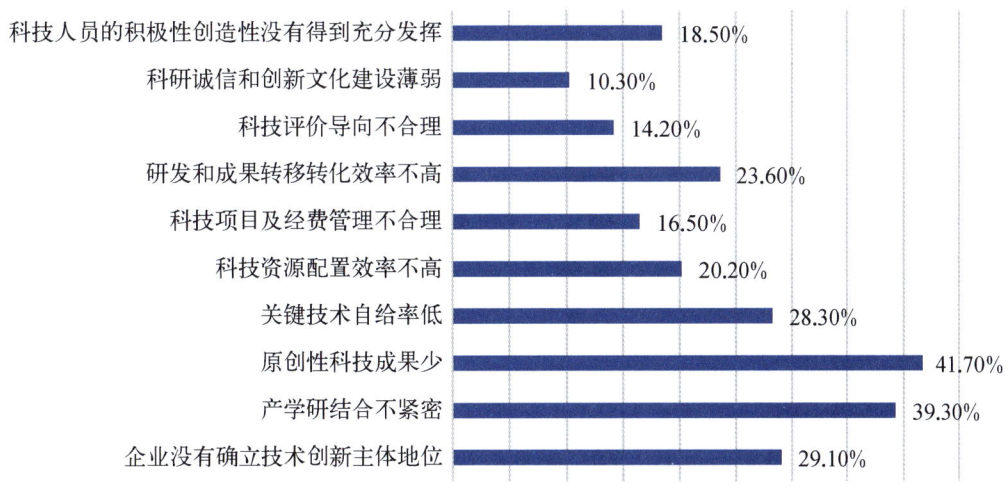

图222　当前上海科技工作者认为科技领域存在的突出问题

(4) 科技工作者的事业和生活水平发展趋势良好

回顾过去5年,70%左右的科技工作者觉得自己的工作状况、事业发展和生活水平不同程度有所提高,显示出良好的发展趋势(见图223、图224)。

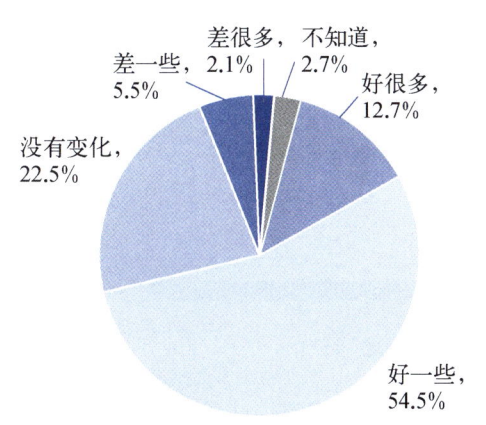 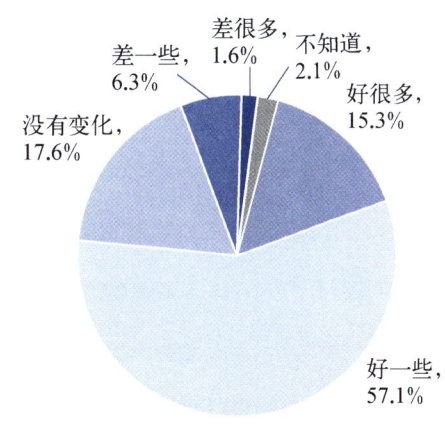

图223　上海科技工作者最近5年的事业发展趋势　　图224　上海科技工作者最近5年的生活水平发展趋势

2. 高校和科研院所科技工作者观念态度

(1) 同行认可是科技工作者最重要的评价标准

60%以上受访的高校和科研院所科技工作者认为,评价一位科技工作者是否优秀的最重要标准是获得同行认可,其次是获得产业界认可和科技奖励(见图225)。

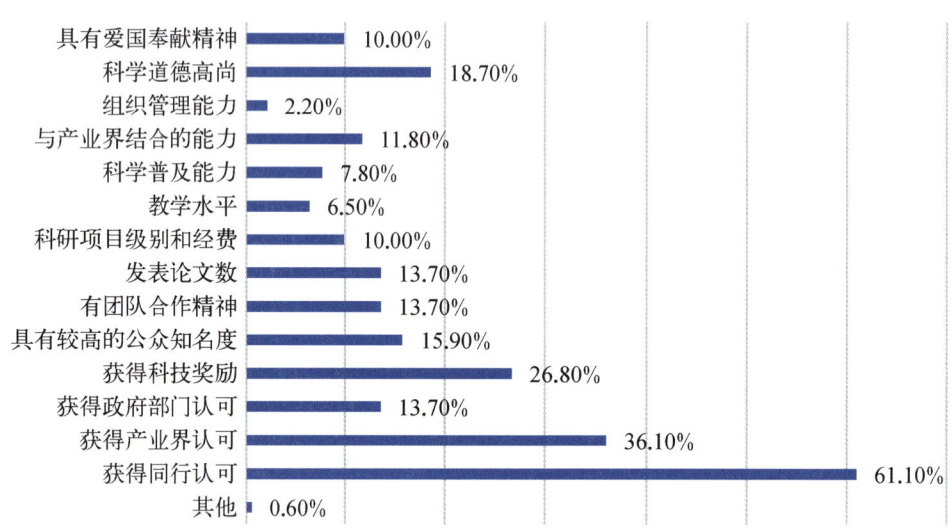

图225　上海高校和科研院所科技工作者的评价标准

（2）当前科技工作者队伍的主要问题是急功近利、学风浮躁

受访科技工作者认为，当前科技工作者队伍存在的主要问题是急功近利、学风浮躁，不安心做科研，研究脱离实际需求（见图226）。

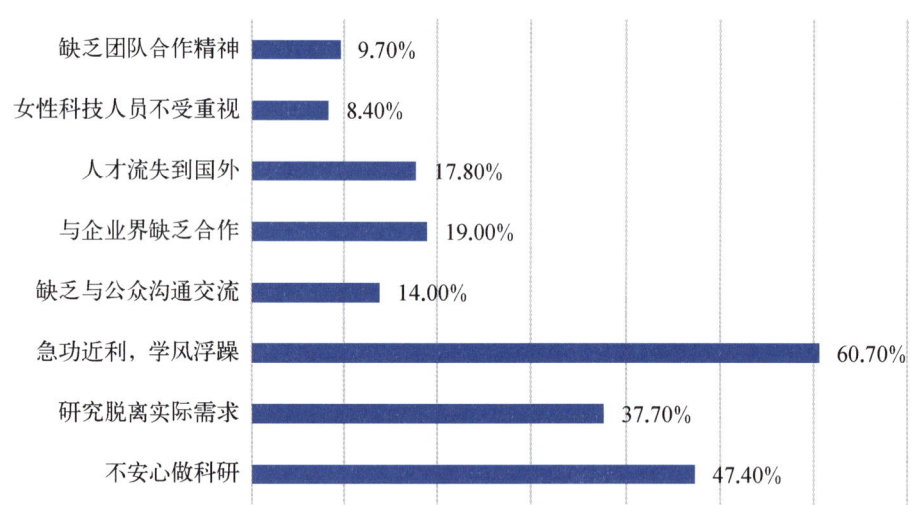

图226　当前上海高校和科研院所科技工作者队伍存在的主要问题

（3）当前科技领域的突出问题是产学研结合不紧密、原创性科技成果少

对于当前科技领域存在的突出问题，反映最集中的是产学研结合不紧密、原创性科技成果少；企业没有确立技术创新主体地位以及研发和成果转移转化效率不高、关键技术自给率低也是相对比较突出的问题（见图227）。

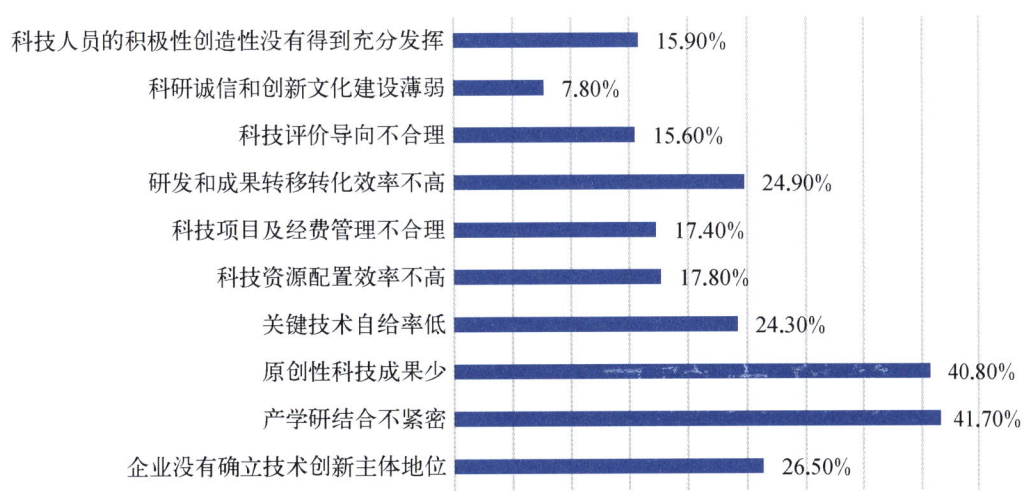

图 227　当前上海高校和科研院所认为科技领域存在的突出问题

(4) 科技工作者的事业和生活水平发展趋势良好

回顾过去 5 年,60% 以上的科技工作者觉得自己的工作状况、事业发展和生活水平不同程度有所提高,显示出良好的发展趋势(见图 228、图 229)。

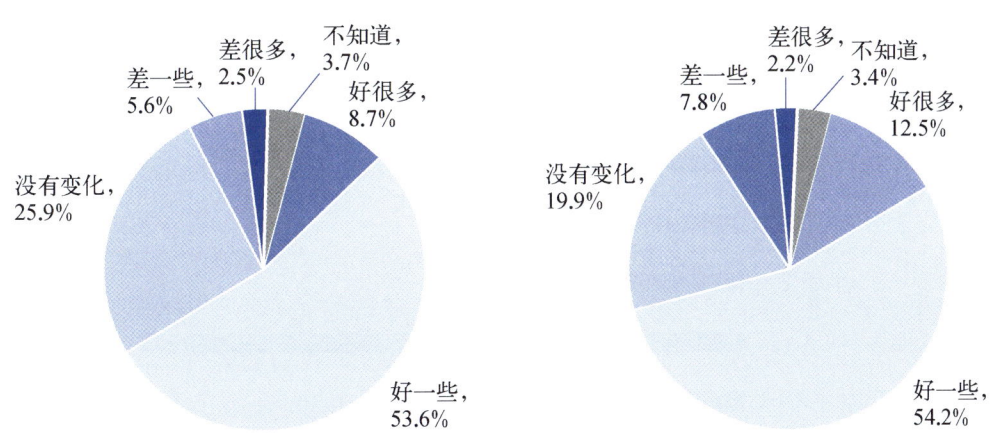

图 228　上海高校和科研院所科技工作者最近 5 年的事业发展趋势

图 229　上海高校和科研院所科技工作者最近 5 年的生活水平发展趋势

3. 企业科技工作者观念态度

(1) 同行和产业界的认可是科技工作者最重要的评价标准

近 60% 的受访企业科技工作者认为,评价一位科技工作者是否优秀的最重要标准是获得同行认可,其次是获得产业界认可(见图 230)。

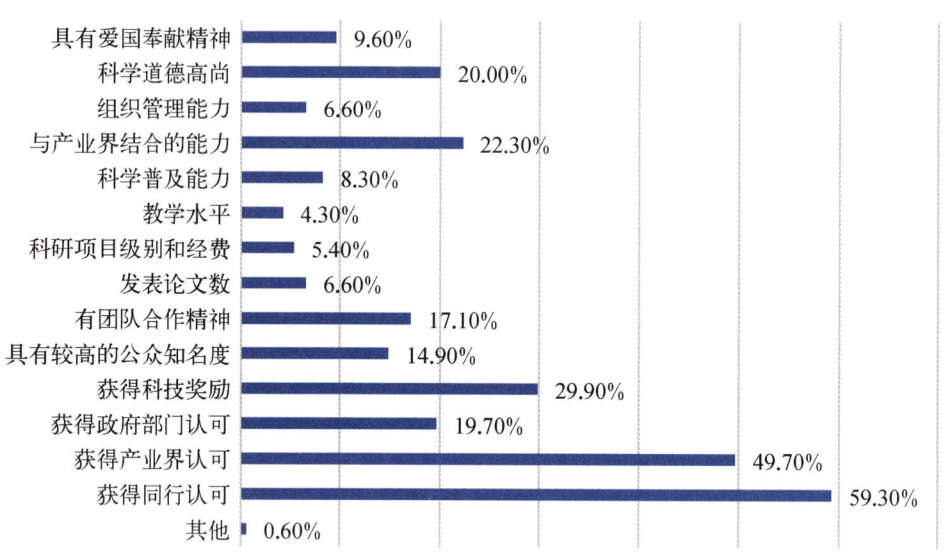

图230 上海企业科技工作者的评价标准

（2）当前科技工作者队伍的主要问题是急功近利、学风浮躁

受访科技工作者认为，当前科技工作者队伍存在的最主要问题是急功近利、学风浮躁，其次是不安心做科研，研究脱离实际需求（见图231）。

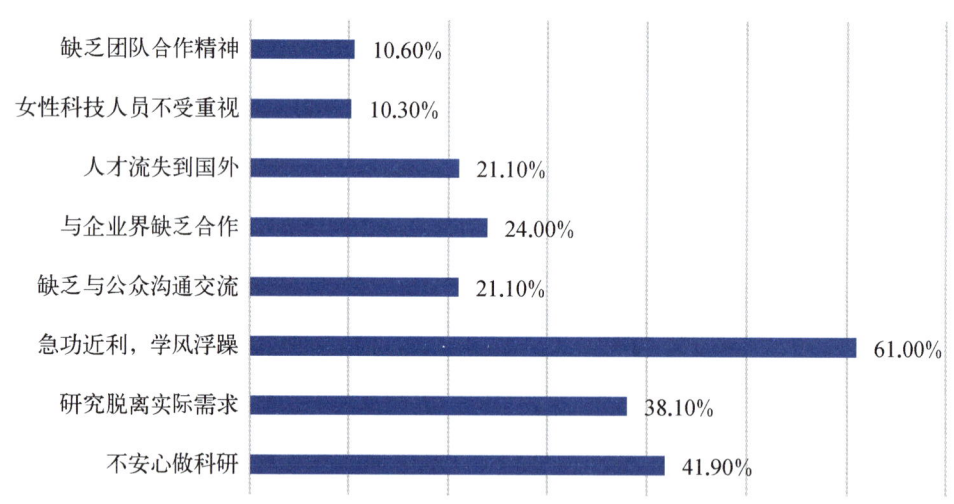

图231 上海企业科技工作者队伍存在的主要问题

（3）当前科技领域的突出问题是产学研结合不紧密、原创性科技成果少

对于当前科技领域存在的突出问题，问卷反映最集中的是原创性科技成果少、产学研结合不紧密；企业没有确立技术创新主体地位以及研发和关键技术自给率低也是相对比较突出的问题（见图232）。

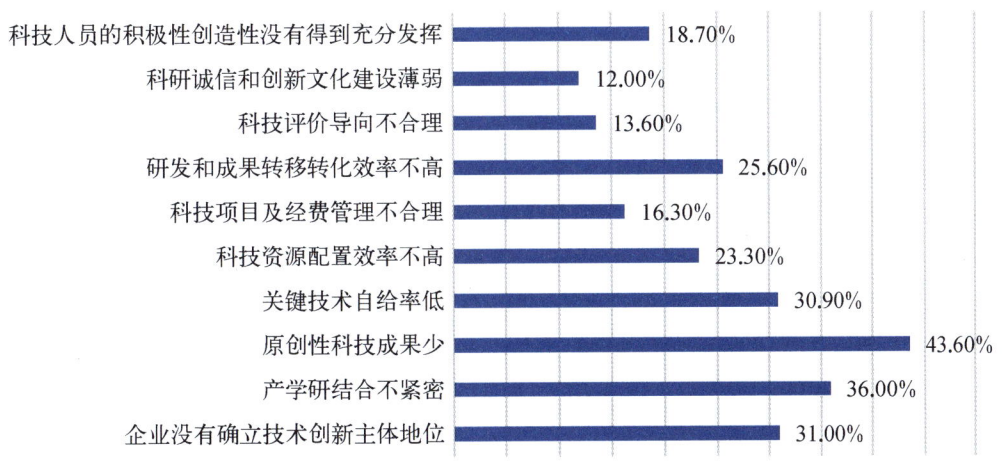

图 232　上海企业科技工作者认为科技领域存在的突出问题

(4) 科技工作者的事业和生活水平发展趋势良好

回顾过去 5 年，70% 以上的科技工作者觉得自己的工作状况、事业发展和生活水平不同程度有所提高，显示出良好的发展趋势（见图 233、图 234）。

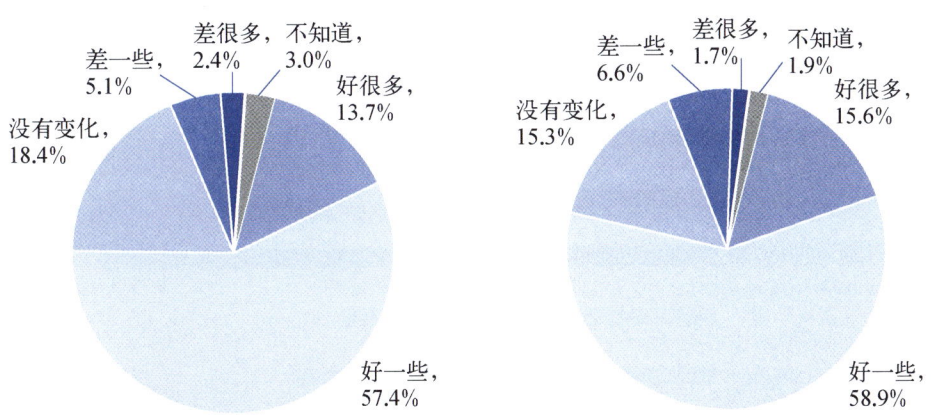

图 233　上海企业科技工作者最近　　图 234　上海企业科技工作者最近
　　　　5 年的事业发展趋势　　　　　　　　　　5 年的生活水平发展趋势

4. 公益服务类机构科技工作者观念态度

(1) 同行认可是科技工作者最重要的评价标准

半数以上的受访公益服务机构科技工作者认为，评价一位科技工作者是否优秀的最重要标准是获得同行认可，其次是获得产业界认可和科技奖励（见图 235）。

(2) 当前科技工作者队伍的主要问题是急功近利、学风浮躁

受访科技工作者认为，当前科技工作者队伍存在的主要问题是急功近利、学风浮躁，不安心做科研，研究脱离实际需求（见图 236）。

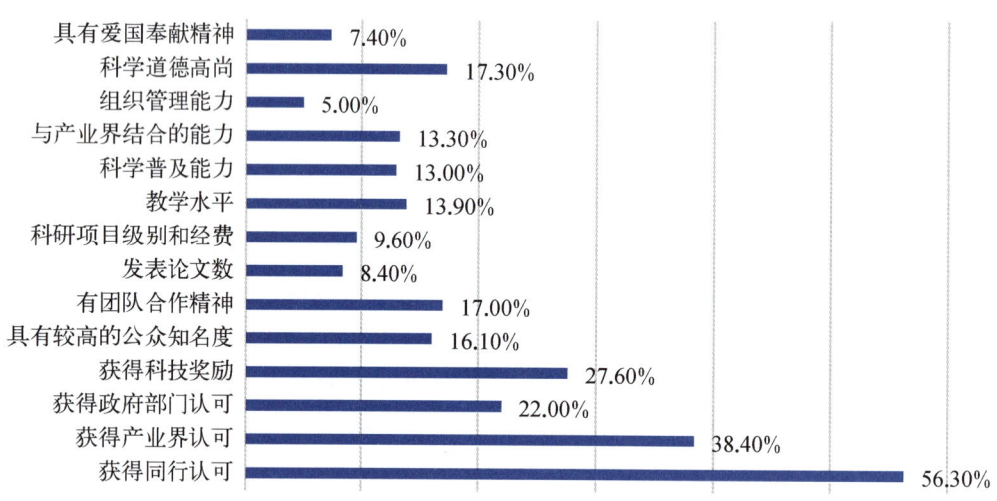

图 235　上海公益服务类机构科技工作者的评价标准

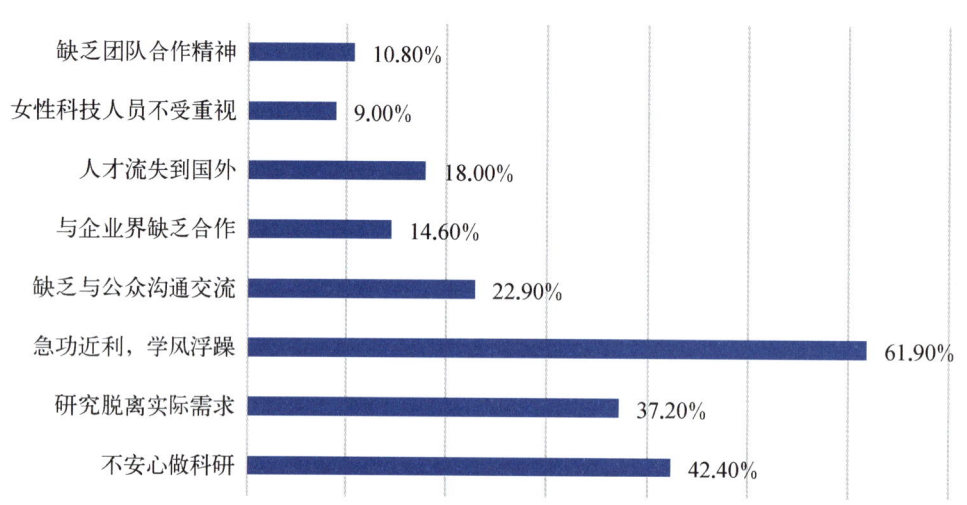

图 236　上海公益服务类机构科技工作者队伍存在的主要问题

(3) 当前科技领域的突出问题是产学研结合不紧密、原创性科技成果少

对于当前科技领域存在的突出问题,问卷反映最集中的是产学研结合不紧密、原创性科技成果少;企业没有确立技术创新主体地位以及关键技术自给率低也是相对比较突出的问题(见图237)。

(4) 科技工作者的事业和生活水平发展趋势良好

回顾过去5年,60%以上的科技工作者觉得自己的工作状况、事业发展和生活水平不同程度有所提高,显示出良好的发展趋势(见图238、图239)。

分报告一 上海科技工作者发展报告（2015—2019）

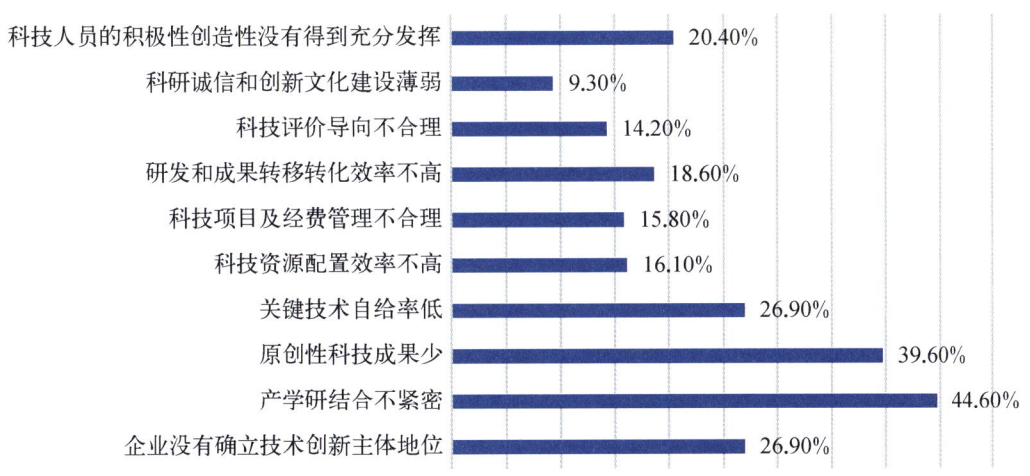

图237 上海公益服务类机构科技工作者认为科技领域存在的突出问题

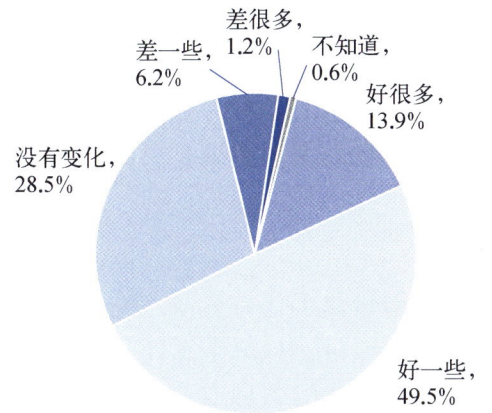

图238 上海公益服务类机构科技工作者最近5年的事业发展趋势

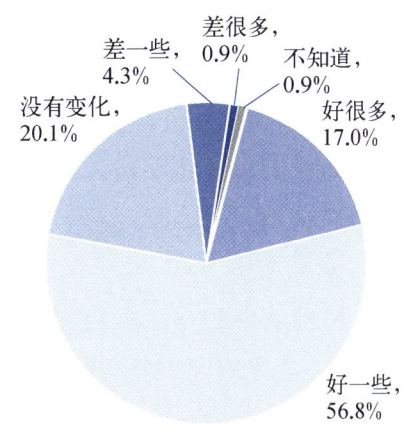

图239 上海公益服务类机构科技工作者最近5年的生活水平发展趋势

（八）海外经历

1. 整体情况

受访的科技工作者中，仅有20%的科技工作者有过一年及以上的海外留学（含做访问学者）或工作经历（见图240）。其中，留学工作目的地国家主要是美国，国外工作中学到的各种专业知识和积累的各种专业经验对科技工作者回国后的工作影响最大，而国内发展机会更多及与家人团聚则是科技工作者回国的主要动因。问卷调查中还了解到，86%的受访科技工作者表示没有再去国外工作的打算。

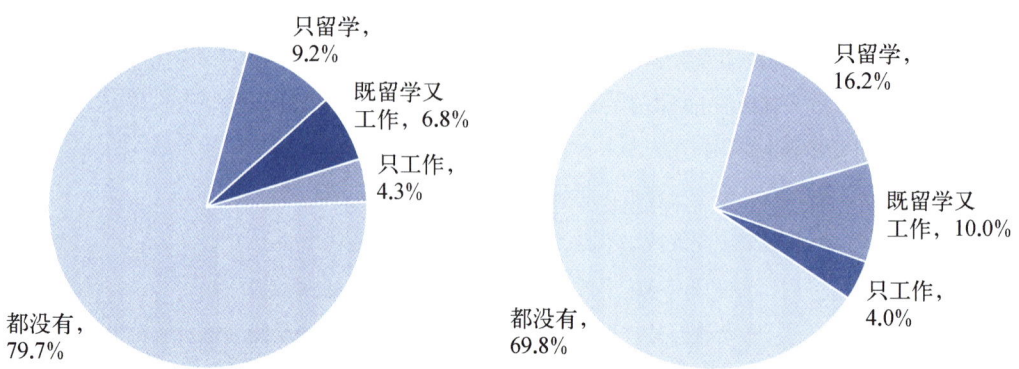

图 240　上海科技工作者海外留学或工作经历

图 241　上海高校和科研院所科技工作者海外留学或工作经历

2. 高校和科研院所科技工作者海外经历

受访的高校院所科技工作者中，仅有30%的科技工作者有过一年及以上的海外留学（含做访问学者）或工作经历（见图241）。其中，留学工作目的地国家主要是美国，国外工作中学到的各种专业知识和积累的各种专业经验对科技工作者回国后的工作影响最大，国内发展机会更多及与家人团聚是科技工作者回国的主要动因。

3. 企业科技工作者海外经历

受访的企业科技工作者中，仅有不到20%的科技工作者有过一年及以上的海外留学（含做访问学者）或工作经历（见图242）。其中，留学工作目的地国家主要是美国，国外工作中学到的各种专业知识和积累的各种专业经验对科技工作者回国后的工作影响最大，国内发展机会更多及与家人团聚是科技工作者回国的主要动因。同时，有85%以上的受访科技工作者并不打算再去国外工作。

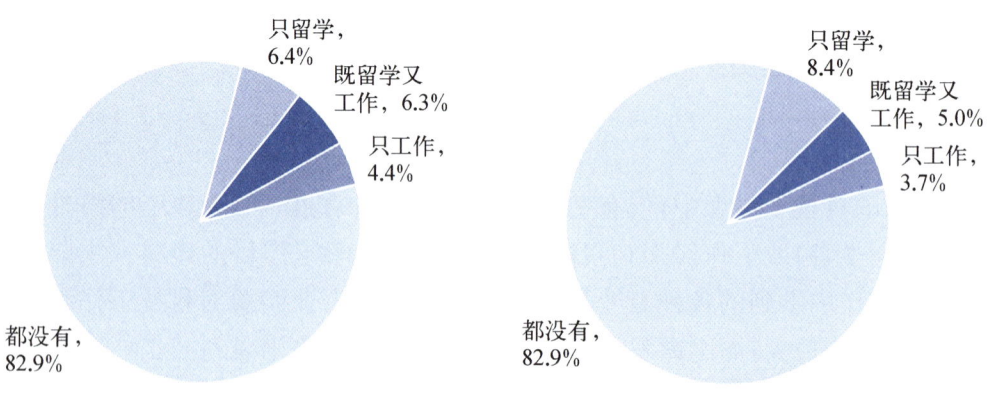

图 242　上海企业科技工作者海外留学或工作经历

图 243　上海公益服务类机构科技工作者海外留学或工作经历情况

4. 公益服务类机构科技工作者海外经历

受访的公益服务类机构科技工作者中,仅有17%的科技工作者有过一年及以上的海外留学(含做访问学者)或工作经历(见图243)。其中,留学工作目的地国家主要是美国,国外工作中学到的各种专业知识和积累的各种专业经验对科技工作者回国后的工作影响最大,国内发展机会更多及与家人团聚是科技工作者回国的主要动因。同时,有90%以上的受访科技工作者并不打算再去国外工作。

(九) 关于上海的科技创新环境

1. 整体情况

(1) 科技工作者对上海的科技创新环境总体评价较好

问卷对上海的科技创新环境设置了产学研协同创新、硬件设施设备配套条件、科技创新公共服务、研发资金的可获得性、风险投资的可获得性、科技成果的转化应用等16个评价指标。除生活居住情况主要评价为"一般"外,其余15个指标选择最多的是"比较好",可见科技工作者对上海的科技创新环境总体上给予了肯定(见表25)。相比5年前,在同行之间的协同创新、风险投资的可获得性、科技成果的转化应用、专利的推广应用、宽容失败的氛围、收入保障情况及上下班通勤条件等方面都取得了一定进步。

表25 上海科技工作者对上海科技创新环境的评价

	非常好	比较好	一般	不够好	很不好
产学研之间的协同创新	12.70%	51.40%	30.60%	4.40%	0.90%
同行之间的协同创新	11.80%	45.70%	36.20%	4.90%	1.30%
硬件设施设备配套条件	16.50%	53.60%	26.40%	2.70%	0.90%
科技创新公共服务	14.40%	52.00%	29.80%	3.10%	0.70%
研发资金的可获得性	12.00%	44.90%	36.20%	5.80%	1.20%
风险投资的可获得性	10.60%	40.00%	41.70%	6.60%	1.10%
科技成果的转化应用	10.10%	40.40%	41.60%	6.90%	1.30%
科技社团提供的交流机会	12.30%	47.20%	35.40%	4.10%	1.10%
科技信息的获取	17.50%	50.30%	28.40%	3.00%	0.70%
对科技创新成果的激励	12.80%	49.80%	31.90%	4.50%	1.00%
专利的推广应用	12.00%	41.90%	39.90%	5.10%	1.10%

(续表)

	非常好	比较好	一般	不够好	很不好
知识更新的机会	16.20%	50.20%	30.30%	2.70%	0.70%
宽容失败的氛围	11.40%	42.40%	37.60%	6.90%	1.60%
收入保障情况	10.40%	41.20%	39.50%	7.10%	1.80%
生活居住情况	10.10%	36.20%	43.20%	8.10%	2.30%
上下班通勤条件	10.20%	39.80%	39.20%	8.10%	2.70%

（2）上海在推进协同创新和成果转化中还存在一定的不足

调查结果显示，上海在推进协同创新中的最大问题是单位之间互相封闭，对协同创新不积极，企业、高校和科研院所各自需求不对接（见图244）；而在推进成果转化中，既有科技创新配套政策不完善、难以获得足够的配套资金支持的问题，也有项目本身不成熟，市场难以直接接受的不足（见图245）。

图244 上海科技工作者认为上海推进协同创新主要面临的难题

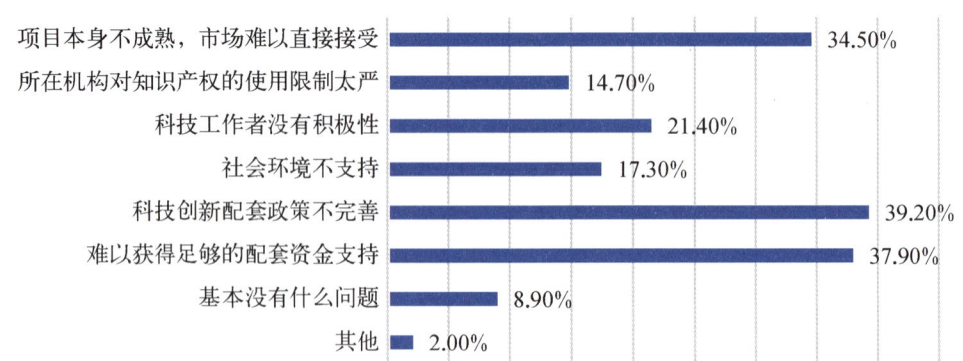

图245 上海科技工作者认为上海推进成果转化主要面临的难题

(3) 上海的科技创新文化建设有待完善

受访对象认为,上海在科创文化建设方面主要存在改善科研工作环境投入后劲不足、求异创新激励机制有待健全完善等问题,有待进一步完善(见图246)。

图246　上海科技工作者认为上海创新文化建设主要面临的问题

(4) 上海吸引科技人才的最大优势是事业发展机会

对于科技工作者,总体而言,上海的最大吸引力是事业发展机会多,社会氛围开放(见图247)。然而,在科创中心建设中引进国际拔尖人才,又面临缺乏适合顶尖人才发展的事业平台,经费支持不足,以及人才引进后的服务保障不够,科研机构选人用人缺乏自主权等困难(见图248)。

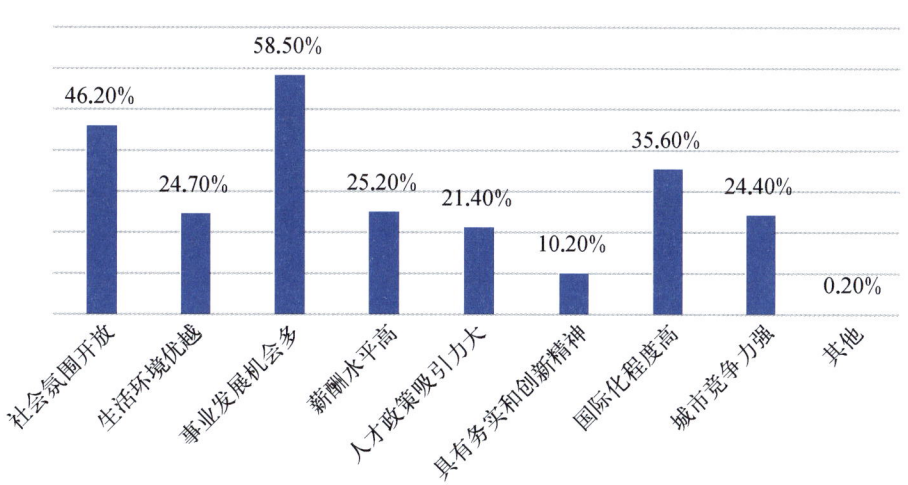

图247　上海科技工作者认为上海吸引科技人才的优势

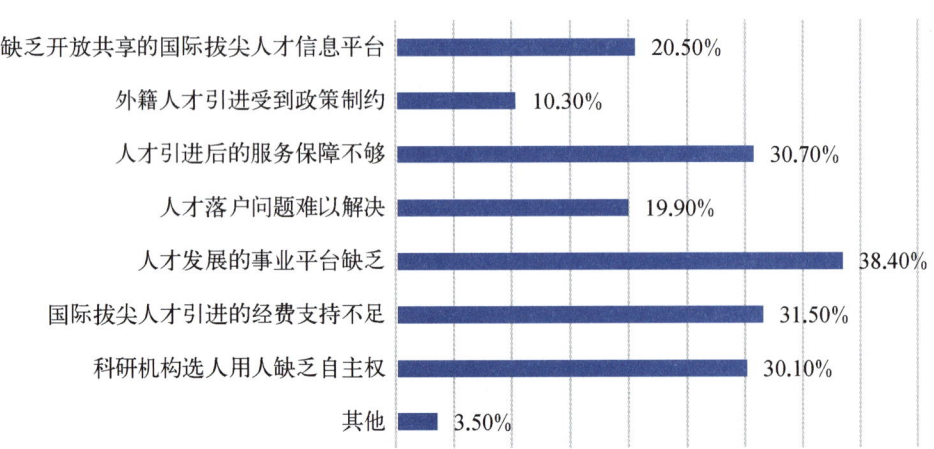

图248　上海科技工作者认为上海引进国际拔尖人才面临的主要困难

（5）单位培养科技工作者的方式获得较大肯定

对单位培养科技工作者的各种方式，如负责人的指导、参加各种科研创新活动的经验、单位内的各种讲座等交流活动、单位外部的各种研讨会或讲座等、派到国外科研机构或大学或大企业的进修学习、项目组形式的"干中学"等，科技工作者"比较有效"的评价最为集中，获得较大肯定（见表26）。

表26　上海科技工作者对科技工作者培养方式的有效性评价

	非常有效	比较有效	一般	不太有效	没有效果
得到负责人的指导	16.10%	48.30%	32.00%	2.60%	1.00%
参加各种科研创新活动的经验	12.90%	46.90%	37.50%	2.10%	0.60%
单位内的各种讲座等交流活动	13.30%	46.10%	35.60%	3.90%	1.10%
单位外部的各种研讨会或讲座等	12.80%	46.10%	36.90%	3.40%	0.80%
派到国外科研机构或大学或大企业的进修学习	13.50%	43.20%	35.80%	5.60%	1.90%
项目组形式的"干中学"	14.80%	47.70%	34.50%	2.50%	0.60%

（6）单位激励科技人才的方式较为有效

对单位激励科技工作者的各种方式，如设立人才基金、设立人才团队基金、给予人才称号、设立人才奖、设立特聘岗位、精神激励与人文关怀等，科技工作者"比较有效"的评价也最为集中（见表27）。

表27 上海科技工作者对单位激励科技工作者方式的有效性评价

	非常有效	比较有效	一般	不太有效	没有效果
设立人才基金	20.40%	46.50%	29.50%	1.90%	1.60%
设立人才团队基金	20.10%	45.70%	30.60%	2.20%	1.40%
给予人才称号	17.10%	46.00%	32.30%	3.20%	1.40%
设立人才奖	19.60%	48.70%	28.20%	2.40%	1.20%
设立特聘岗位	18.20%	46.90%	30.60%	3.00%	1.30%
精神激励与人文关怀	18.80%	45.20%	32.10%	2.90%	1.00%

(7) 工资待遇、子女入学和生活成本等对科技工作者工作生活影响最大

对于科技工作者在上海的日常工作和生活，影响因素非常多，其中工资待遇、子女入学、生活成本以及社会保障等对科技工作者的工作生活影响非常大，是人才政策始终需要重点关注的领域（见表28）。

表28 上海科技工作者对影响科技工作者工作生活的因素评价

	影响很大	影响较大	影响一般	基本上没影响	完全没影响
城市环境	19.40%	47.90%	27.60%	4.40%	0.70%
行业环境	24.10%	48.60%	23.30%	3.00%	0.90%
工作环境	24.30%	48.30%	23.50%	3.20%	0.70%
工资待遇	37.20%	41.70%	17.40%	3.10%	0.60%
户籍政策	24.00%	30.20%	28.00%	10.50%	7.30%
住房条件	29.30%	38.40%	22.50%	6.60%	3.20%
配偶从业	20.70%	35.70%	30.40%	8.00%	5.20%
子女入学	32.30%	36.10%	19.90%	6.60%	5.10%
生活成本	32.70%	41.00%	21.50%	3.30%	1.50%
社会保障	31.80%	39.60%	23.20%	3.50%	1.80%
交通状况	21.60%	40.70%	30.80%	5.60%	1.30%
创新氛围	24.70%	42.80%	27.90%	3.70%	0.90%
物质奖励	25.70%	46.00%	24.60%	2.70%	1.10%
精神奖励	19.90%	44.50%	30.50%	4.10%	1.00%
培训交流	16.40%	43.80%	35.60%	3.10%	1.10%

(8) 上海的创新型人才政策落实等问题制约人才队伍建设

受访科技工作者认为,上海的科技人才发展环境主要存在创新型人才培养环境不理想、科研道德和学术规范有待提高、政策法规不健全、缺少宽松的科研创新氛围等问题和不足(见图249)。政策环境是影响科技工作者成长的主要社会因素,而科技人才政策落实不到位、激励机制不完善等因素制约了上海科技人才队伍建设(见图250、图251)。

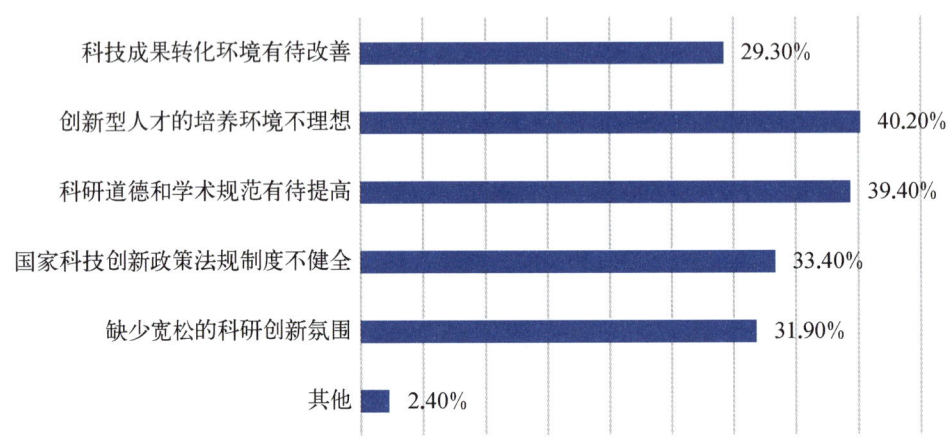

图249 上海科技工作者认为上海的科技人才发展环境的主要问题

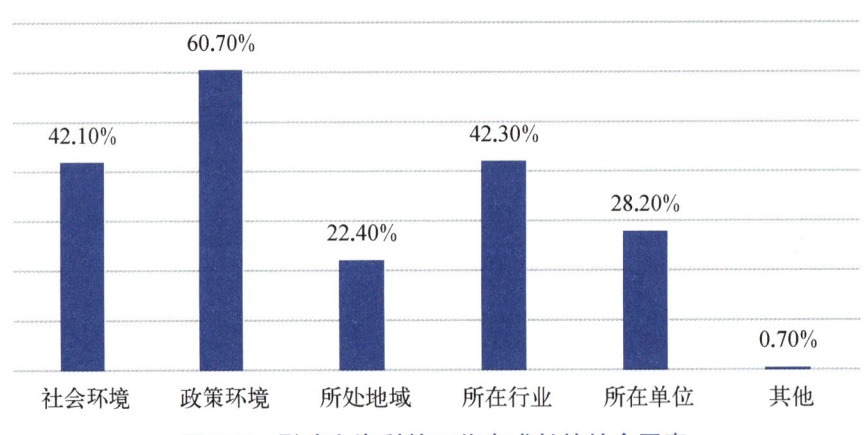

图250 影响上海科技工作者成长的社会因素

(9) 上海科技工作者对上海科技人才队伍建设和培育的需求和建议

第一,上海科技创新中心和卓越全球城市建设中科技人才队伍的建设和培育。

科技工作者认为,**一是要加大人才队伍的建设和培育力度**。人才重在培养,重在内部挖潜,既要关注高层次人才,也需要培养中低端的技术技能型人才;政策支持要多点开花,不要过于集中,给予青年科研工作者更多机会。目前各地人才竞争加剧,迫切需要培养和留住科技人才尤其是年轻人才。年轻科技工作者

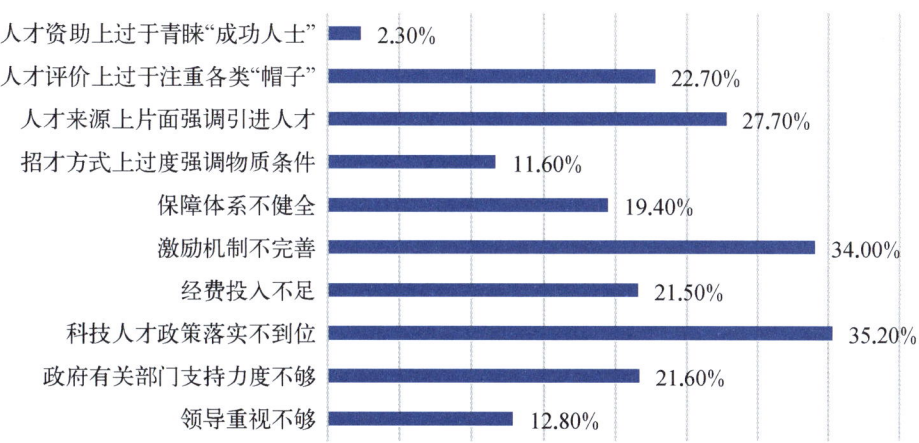

图 251　上海科技工作者认为影响上海科技人才队伍建设的主要制约因素

事业和家庭都在上升期,需要加强对他们的能力培养和物质保障,解决年轻科技工作者的后顾之忧(户籍、住房、子女入学等),保障其充分发挥科技创新能力。加强对一线科技人才的支持和培养,畅通科普场馆等公益机构的评审职称通道,改变唯论文、唯课题的评审标准,对人才分层评价,注重科技成果,弱化文章排名。增加人才项目覆盖面,实现对人才的可持续培养。增强核心科技创新力,保护个人知识产权。

二是要改善人才引进制度。人才引进与户籍政策应多向科技人才和科技工作者倾斜。合理分配创新资源,目前创新资源主要集中在一些"高知名度团队",对部分中层水平科技人员的激励较少,要加大扶持力度,提高研发人员的收入和社会地位,健全基层和初级研发人员的上升通道及对应生活保障,增强科技人才的获得感,同时加强后监督和评价。

三是要健全人才管理体制。选拔人才方面对"学术不端"零容忍,针对不同行业和研究领域建立不同的评价体系,以更灵活、更开放、更规范的政策吸引和留住国际一流人才,提高科研人员的待遇和社会地位。抵制急功近利等不良学风,打击科研造假等学术腐败,制定切实可行的相关政策,营造健康的科研环境。

四是要优化人才发展环境。**生活环境方面**尽可能解决人才落户和子女入学问题,控制房价,放宽对创新人才的住房补贴,打造良好的人文环境;全面落实以人为本的发展理念,从人的需求出发,营造更加便利舒适、充满关爱的人居环境,住房、交通、空气质量等方面有待提高,解决人与自然的可持续发展、人与人的协调发展问题,提高科研人员的生活质量,不断增强科技工作者的归属感、认同感和幸福感。**事业环境方面**营造宽松的学术环境,加大经费支持力度,简化管理程序,让科技工作者有更多的时间搞科研;加强对中小企业项目资金和研发投入支持,组织行业交流活动,让同行业人员及时了解科研成果信息和发展动态,打造新型产业体系和良好创新体系,充分发掘传统行业、创新经济的增长潜力,实现经济多样化发展,提供多元化的就业机会,建设适合各类人才成长创业的宜业城市。**政策环境方面**宽容失败,提高科研道德,做好服务,加强法治,确保政策公平性,政策信息平台可以更透明化,加大宣传力度,采取有效措施保障政策落地。侧重原创和基础创新,引导基础教育和基础研究。

第二,上海要进一步"深化科技体制机制改革,增强科技创新中心策源能力"。

科技工作者建议,**一是要把科创机制和基础建设好**。资金、人才、物资的配备和支持要及时下沉,活跃市场资本,解决项目资金问题,形成合力和闭环,吸引海内外人才来沪创新发展。要向深圳学习,加大创新力度,鼓励科研人员利用自身优势,通过技术等无形资产进行企业入股,增加话语权,调动科技人员的积极性。加强产学研合作,促进科技成果转化,规范学术道德,鼓励创新,但也允许失败。

二是加强人才队伍建设,吸引海内外人才来沪创新创业,完善人才培养/选拔机制,杜绝"圈子"文化、"山头"氛围,唯才是用,唯才是举。在家属落户、子女升学等方面提供更便利的通道。政策制定与单位和个人的实际需求相结合,了解一线科研工作者的工作生活环境,改变人才评价制度,对潜力较大的项目开设绿色通道,发挥人才积极主动性。

三是关注年轻科技创新者和高新小微企业的创新困境。扶持中小微企业的创新创业,给予制度和物质保障,保障其初期资金缺乏时的创新活动顺利进行,同时改善小微企业在人才招聘市场上的劣势,建立相关保障制度。增强创新活力,培育更多原创性成果和人才。尽快建立容错机制。尽快出台职务发明专利权归属及专利转化效益的分配比例等相关细则文件,缩短专利申请审批周期,多举行相关技术比赛交流活动。

四是创造产学研协同创新环境。大力培养全社会的科技创新意识,普及科学知识。加强学术机构跟企业的深度合作,建立科研机构、高校和企业之间的人才流动机制。提高科研管理人员的管理水平和技能,务实评价科技成果与科技人才,科研水平评价方式更多元化,建设上海市科技之都。政府搭建环境,是创新环境的引导者;产学研是创新主体,发挥创新主体的积极性创造性。

第三,上海市基于"新的三大任务"(自贸区扩区、科创板、长三角一体化),聚焦重点产业(集成电路、人工智能、生物医药)的人才战略实施。

科技工作者提出,长三角一体化意义重大,一是应该多开展信息资源分享交流。打破壁垒,产业链及人才方面及时互通有无。面对当前"新的三大任务",重点要引进好的项目产业链,推广复制好的项目应用。加强行业间的资源配置,通过政策吸引和重点扶持专业人才。

二是聚焦重点产业(集成电路、人工智能、生物医药)的人才培养,定期培训国内同行业人员,加大人才吸引的力度和广度,给予具有吸引力的落户、购房、租房补贴等政策。比如企业在吸引国外优秀人才时,遇到的落户、职称评定问题,希望相关政策能更多地向中级人才和管理人才倾斜。还必须在中小学的基础课程上下功夫,让更多孩子接触人工智能等高新技术,让他们有创新性思维,中国才能出像比尔·盖茨和乔布斯那样的人物,要把基础打扎实了、打厚实了,中国高端产业才能立于不败之地。

三是"三大产业"发展各有侧重。创建"人工智能"政府公开培训普及互联网平台。加大"集成电路"高校与企业的联合创新力度,加强国内企业之间的协同合作,共同开发。加大国有企业和大型企业承担研发的比例和份额,打造自有知识产品的芯片。引进先进"生物医药"国外产品企业,同时大力加强培育自有产品研发能力,加大对生物医药体外诊断方向的支持。生物医药领域应该加大自主创新和临床样本库的建设,加强临床医疗、临床研究和临床样本库三位一体建设。着力培育一大批优质上市资源,提高城市经济密度。除了重点产业外,上海作为中国的前沿性城市,也应该多做基础性研究投入,厚积薄发。

2. 高校和科研院所科技工作者评价上海科技创新环境

(1)科技工作者对上海的科技创新环境总体评价较好

问卷对上海的科技创新环境设置了产学研协同创新、硬件设施设备配套条件、科技创新公共服务、研发资金的可获得性、风险投资的可获得性、科技成果的转化应用等16个评价指标。其中有10个指标选择最多的是"比较好",其余6个指标主要评价为"一般",可见科技工作者对上海的科技创新环境总体上给予了肯定(见表29)。

表29 上海高校和科研院所科技工作者对上海科技创新环境的评价

	非常好	比较好	一般	不够好	很不好
产学研之间的协同创新	12.80%	50.80%	31.80%	3.40%	1.20%
同行之间的协同创新	11.50%	47.70%	34.90%	4.00%	1.90%
硬件设施设备配套条件	17.40%	53.30%	26.20%	1.90%	1.20%
科技创新公共服务	14.00%	50.80%	31.80%	2.50%	0.90%

(续表)

	非常好	比较好	一般	不够好	很不好
研发资金的可获得性	13.10%	41.70%	38.90%	4.00%	2.20%
风险投资的可获得性	11.80%	35.80%	45.80%	5.00%	1.60%
科技成果的转化应用	10.60%	34.00%	47.00%	6.20%	2.20%
科技社团提供的交流机会	12.50%	45.80%	37.10%	3.40%	1.20%
科技信息的获取	16.20%	51.70%	29.00%	2.20%	0.90%
对科技创新成果的激励	12.10%	48.90%	32.70%	4.70%	1.60%
专利的推广应用	13.10%	36.10%	43.90%	5.30%	1.60%
知识更新的机会	15.60%	49.50%	31.20%	2.80%	0.90%
宽容失败的氛围	12.80%	39.60%	38.90%	6.50%	2.20%
收入保障情况	10.90%	32.40%	42.40%	11.20%	3.10%
生活居住情况	11.20%	27.70%	41.40%	16.50%	3.10%
上下班通勤条件	10.60%	31.50%	41.10%	12.50%	4.40%

(2) 上海在推进协同创新和成果转化中还存在一定的不足

调查结果显示，上海在推进协同创新中的最大问题是企业和高校科研院所各自需求不对接，单位之间互相封闭，对协同创新不积极（见图252）；而在推进成果转化中，既有科技创新配套政策不完善、难以获得足够的配套资金支持的问题，也有项目本身不成熟，市场难以直接接受的不足（见图253）。

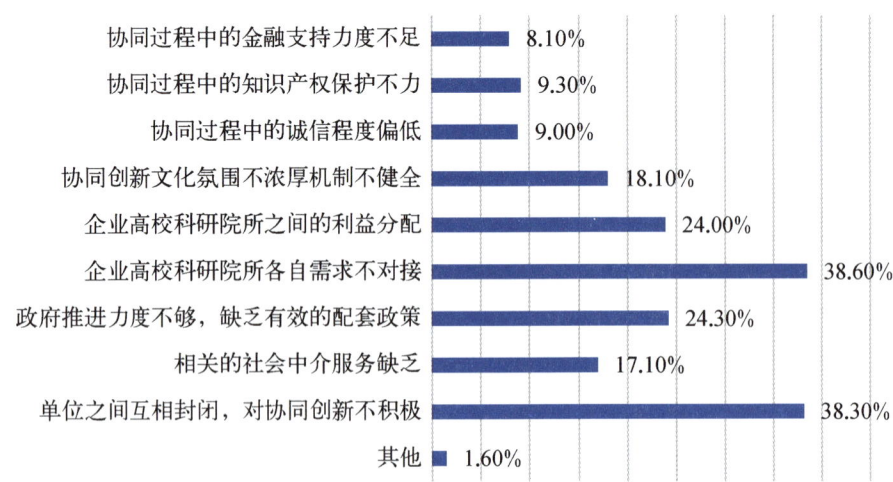

图252　上海高校和科研院所科技工作者认为上海推进协同创新主要面临的难题

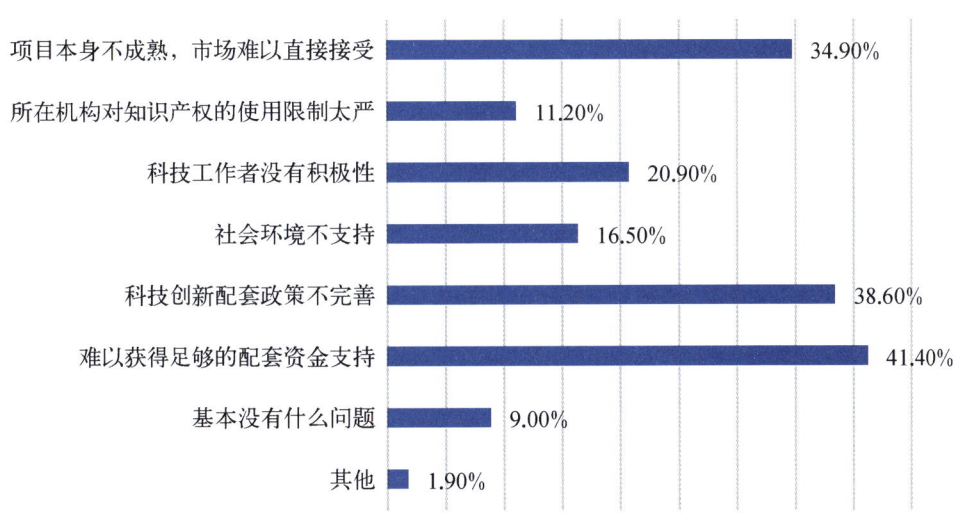

图253 上海高校和科研院所科技工作者认为上海推进成果转化主要面临的难题

(3) 上海的科技创新文化建设有待完善

受访对象认为,上海在科创文化建设方面主要存在改善科研工作环境投入后劲不足、求异创新激励机制有待健全完善等问题与不足(见图254)。

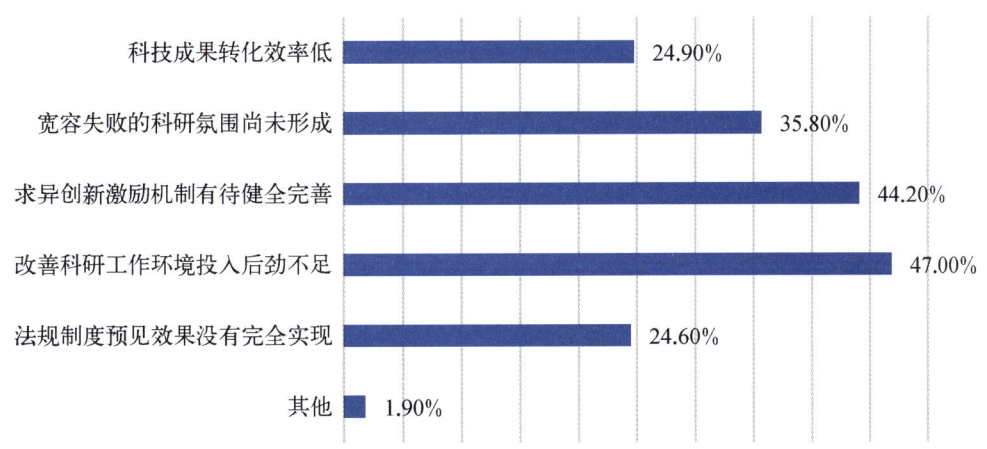

图254 上海高校和科研院所科技工作者认为上海创新文化建设主要面临的问题

(4) 上海吸引科技人才的最大优势是事业发展机会

对于科技工作者总体而言,上海的最大吸引力是社会氛围开放,事业发展机会多(见图255)。然而,在科创中心建设中引进国际拔尖人才,又面临缺乏适合顶尖人才发展的事业平台及人才引进后的服务保障不够等困难(见图256)。

(5) 单位培养科技工作者的方式获得较大肯定

对单位培养科技工作者的各种方式,如负责人的指导、参加各种科研创新活

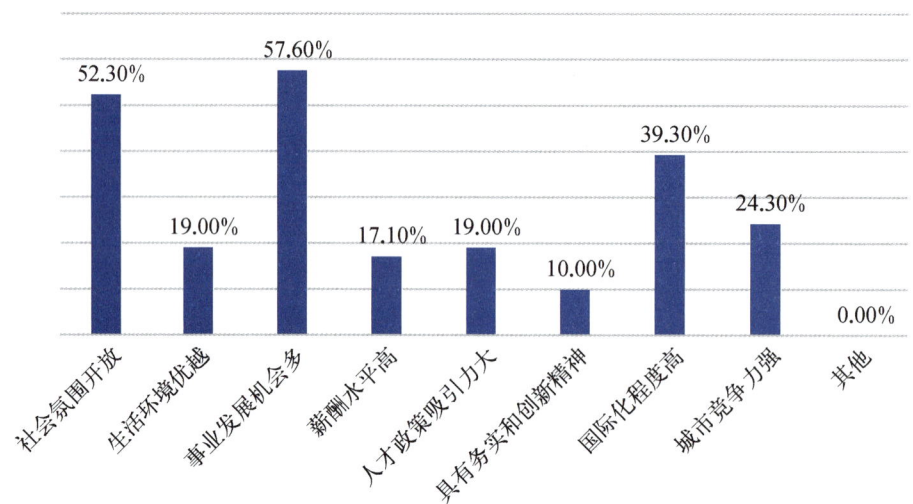

图 255　上海高校和科研院所科技工作者认为上海吸引科技人才的优势

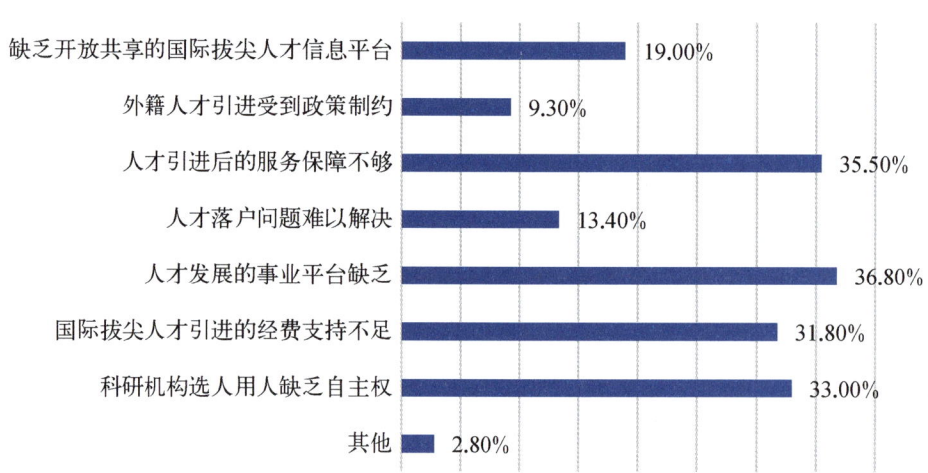

图 256　上海高校和科研院所科技工作者认为上海引进国际拔尖人才面临的主要困难

动的经验、单位内的各种讲座等交流活动、单位外部的各种研讨会或讲座等、派到国外科研机构或大学或大企业的进修学习、项目组形式的"干中学"等,科技工作者"比较有效"的评价最为集中,获得较大肯定(见表30)。

表 30　上海高校和科研院所科技工作者对科技工作者培养方式的有效性评价

	非常有效	比较有效	一般	不太有效	没有效果
得到负责人的指导	17.80%	43.00%	35.20%	3.10%	0.90%
参加各种科研创新活动的经验	14.00%	43.60%	38.60%	2.80%	0.90%
单位内的各种讲座等交流活动	14.60%	44.20%	35.20%	5.30%	0.60%

(续表)

	非常有效	比较有效	一般	不太有效	没有效果
单位外部的各种研讨会或讲座等	15.00%	45.50%	35.20%	4.00%	0.30%
派到国外科研机构或大学或大企业的进修学习	17.80%	43.60%	32.70%	5.00%	0.90%
项目组形式的"干中学"	15.90%	43.00%	37.40%	3.10%	0.60%

(6) 单位激励科技人才的方式较为有效

对单位激励科技工作者的各种方式,如设立人才基金、设立人才团队基金、给予人才称号、设立人才奖、设立特聘岗位、精神激励与人文关怀等,科技工作者"比较有效"的评价也最为集中(见表31)。

表 31 上海高校和科研院所科技工作者对单位
激励科技工作者方式的有效性评价

	非常有效	比较有效	一般	不太有效	没有效果
设立人才基金	21.20%	44.90%	30.80%	1.20%	1.90%
设立人才团队基金	19.30%	45.50%	32.70%	1.60%	0.90%
给予人才称号	20.60%	42.40%	34.30%	1.60%	1.20%
设立人才奖	21.50%	44.90%	31.80%	1.60%	0.30%
设立特聘岗位	19.30%	43.90%	34.30%	1.90%	0.60%
精神激励与人文关怀	20.20%	38.60%	37.10%	2.50%	1.60%

(7) 工资待遇、住房条件和子女入学对科技工作者的工作生活影响最大

对于科技工作者在上海的日常工作和生活,影响因素非常多,其中工资待遇、住房条件和子女入学对科技工作者的工作生活影响非常大,是人才政策始终需要重点关注的领域(见表32)。

表 32 上海高校和科研院所科技工作者对影响
科技工作者工作生活的因素评价

	影响很大	影响较大	影响一般	基本上没影响	完全没影响
城市环境	20.20%	46.40%	29.30%	3.40%	0.60%
行业环境	23.40%	49.50%	24.00%	2.20%	0.90%
工作环境	27.10%	47.70%	22.70%	1.90%	0.60%

(续表)

	影响很大	影响较大	影响一般	基本上没影响	完全没影响
工资待遇	46.10%	35.50%	16.20%	1.90%	0.30%
户籍政策	26.20%	28.30%	30.20%	10.90%	4.40%
住房条件	37.10%	34.90%	20.60%	6.20%	1.20%
配偶从业	25.50%	32.40%	32.10%	7.50%	2.50%
子女入学	38.60%	34.60%	19.30%	5.90%	1.60%
生活成本	38.30%	41.40%	17.10%	3.10%	0.00%
社会保障	34.90%	40.50%	20.60%	4.00%	0.00%
交通状况	24.00%	42.40%	27.40%	5.90%	0.30%
创新氛围	21.20%	46.10%	26.50%	5.60%	0.60%
物质奖励	27.10%	44.90%	24.60%	2.50%	0.90%
精神奖励	19.30%	43.30%	32.40%	4.00%	0.90%
培训交流	15.60%	45.20%	35.20%	3.10%	0.90%

（8）上海的创新型人才政策落实等问题制约人才队伍建设

受访科技工作者认为,上海的科技人才发展环境主要存在创新型人才培养环境不理想、缺少宽松的科研创新氛围等问题和不足,其中政策环境对科技工作者的成长影响最大,而科技人才政策落实不到位、激励机制不完善等因素制约了上海科技人才队伍建设(见图257～259)。

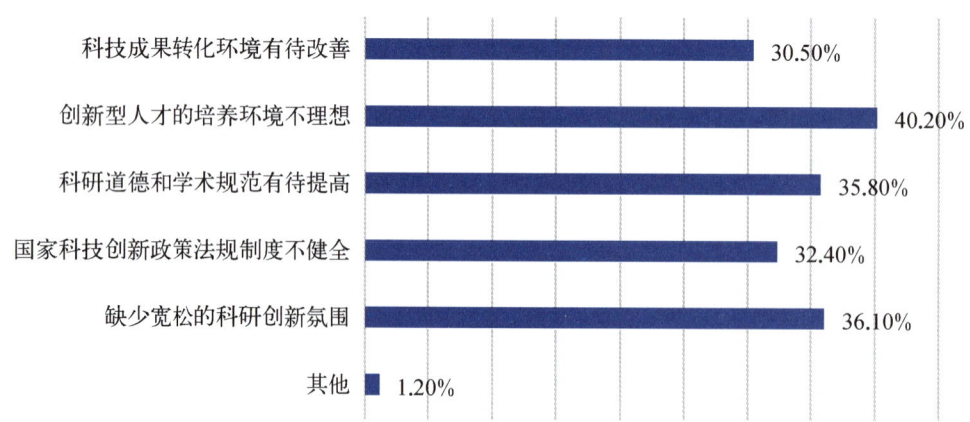

图257　上海高校和科研院所科技工作者认为高校院所科技人才发展环境的主要问题

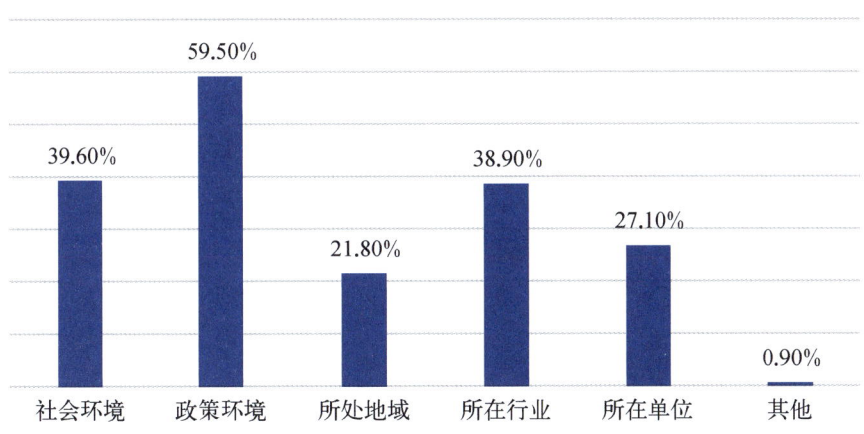

图 258　影响高校和科研院所科技工作者成长的主要社会因素

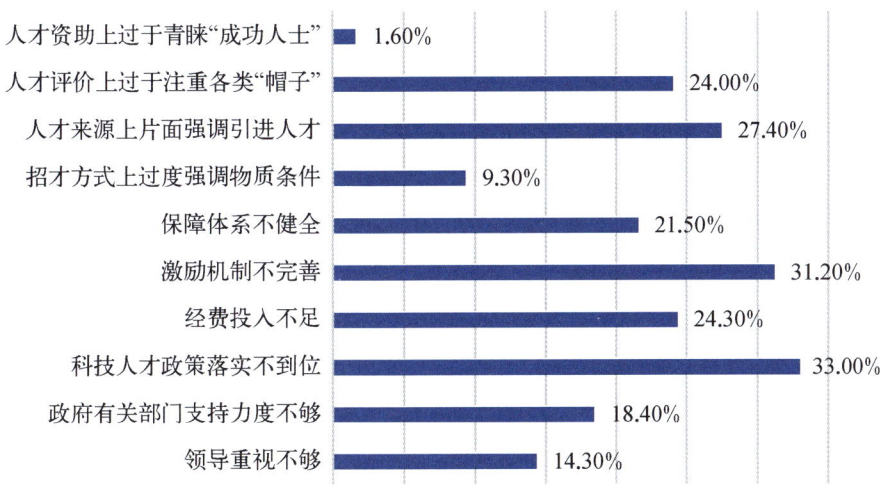

图 259　上海高校和科研院所科技工作者认为影响上海科技人才队伍建设的主要制约因素

（9）上海高校和科研院所科技工作者对上海科技人才队伍建设和培育的需求和建议

针对上海科技创新中心和卓越全球城市建设中科技人才队伍的建设和培育，高校和科研院所的科技工作者认为，**一是要完善多层次的人才培养体系**，人才重在培养，重在内部挖潜，既要关注高层次人才，也需要培养中低端的技术技能性人才；政策支持要多点开花，不要过于集中，给予青年科研工作者更多机会。**二是要健全人才管理体制**，选拔人才方面对"学术不端"零容忍，针对不同行业和研究领域建立不同的评价体系，以更灵活、更开放、更规范的政策吸引和留住国际一流人才，提高科研人员的待遇和社会地位。**三是要优化人才发展环境**，一方面要营造宽松的学术环境，加大经费支持力度，简化管理程序，让科技工作者多点时间搞科研;另一方面要提高科研人员的生活质量,收入、住房、交通、空气质量等方面有待提高,解决人与自然的可持续发展、人与人的协调发展以及人对自我的认知与幸福感的提升。

针对上海市如何"深化科技体制机制改革,增强科技创新中心策源能力",高校和科研院所的科技工作者建议,建设具有全球影响力的科技创新中心已进入深化推进阶段,上海要向深圳学习,加大创新力度,鼓励科研人员利用自身优势,通过技术等无形资产进行企业入股,增加话语权,调动科技人员的积极性。加强产学研合作,促进科技成果转化,规范学术道德,鼓励创新,但也允许失败。

针对当前上海市基于"新的三大任务"(自贸区扩区、科创板、长三角一体化),聚焦重点产业(集成电路、人工智能、生物医药)的人才战略该如何实施,高校院所科技工作者提出,集成电路、人工智能、生物医药三大产业要想腾飞,必须对中小学的基础上下功夫,让更多孩子接触人工智能等高新技术,让他们有创新性思维,中国才能出像比尔·盖茨和乔布斯那样的人物,要把基础打扎实了、打厚实了中国高端产业才能立于不败之地。同时还要加强行业间的资源配置,通过政策吸引和重点扶持专业人才。

3. 企业科技工作者评价上海科技创新环境

(1) 企业科技工作者对上海的科技创新环境总体评价较好

问卷对上海的科技创新环境设置了产学研协同创新、硬件设施设备配套条件、科技创新公共服务、研发资金的可获得性、风险投资的可获得性、科技成果的转化应用等16个评价指标。从企业科技工作者的反馈看,出来对居住条件评价是"一般"之外,其余15个指标选择最多的都是"比较好"(见表33),可见科技工作者对上海的科技创新环境总体上给予了较高的肯定。

表33 上海企业科技工作者对上海科技创新环境的评价

	非常好	比较好	一般	不够好	很不好
产学研之间的协同创新	12.00%	54.90%	27.40%	5.10%	0.60%
同行之间的协同创新	11.10%	45.30%	36.90%	5.40%	1.30%
硬件设施设备配套条件	14.60%	56.60%	24.90%	3.30%	0.70%
科技创新公共服务	14.90%	53.10%	28.40%	3.00%	0.60%
研发资金的可获得性	11.40%	47.60%	34.40%	6.00%	0.60%
风险投资的可获得性	9.90%	42.10%	40.10%	6.90%	1.00%

(续表)

	非常好	比较好	一般	不够好	很不好
科技成果的转化应用	10.30%	43.00%	38.90%	7.10%	0.70%
科技社团提供的交流机会	12.10%	47.00%	35.60%	4.30%	1.00%
科技信息的获取	17.60%	50.30%	28.70%	3.00%	0.40%
对科技创新成果的激励	13.00%	51.00%	31.10%	4.10%	0.70%
专利的推广应用	12.10%	44.30%	38.00%	4.70%	0.90%
知识更新的机会	15.60%	51.00%	30.40%	2.60%	0.40%
宽容失败的氛围	10.70%	44.30%	36.90%	6.90%	1.30%
收入保障情况	10.00%	46.40%	36.60%	5.70%	1.30%
生活居住情况	10.00%	40.30%	42.90%	5.30%	1.60%
上下班通勤条件	9.60%	44.30%	37.10%	6.90%	2.10%

(2) 上海在推进协同创新和成果转化中还存在一定的不足

调查结果显示，上海在推进协同创新中的最大问题是单位之间互相封闭，对协同创新不积极，企业、高校和科研院所各自需求不对接(见图 260)；而在推进成果转化中，既有科技创新配套政策不完善、难以获得足够的配套资金支持的问题，也有项目本身不成熟，市场难以直接接受的不足(见图 261)。

图 260　上海企业科技工作者认为上海推进协同创新主要面临的难题

(3) 上海的科技创新文化建设有待完善

受访对象认为，上海在科创文化建设方面主要存在求异创新激励机制有待健全完善、改善科研工作环境投入后劲不足等问题与不足(见图 262)。

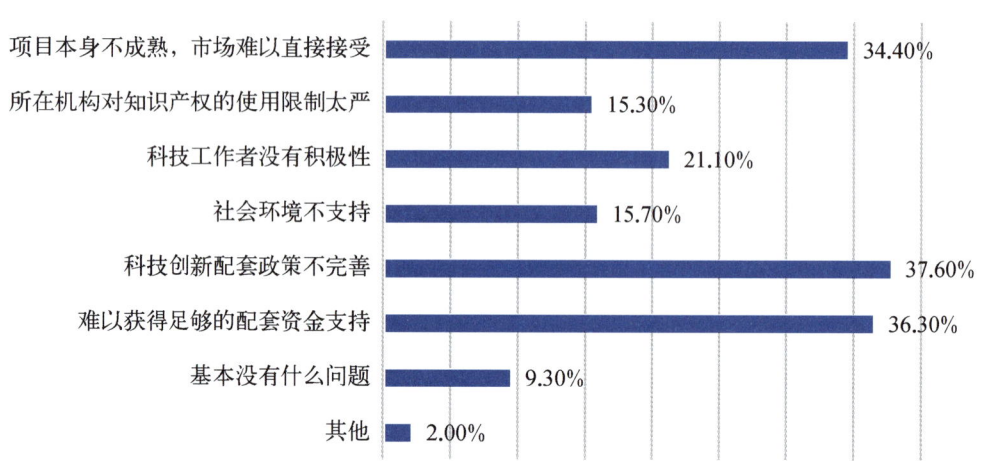

图 261　上海企业科技工作者认为上海推进成果转化主要面临的难题

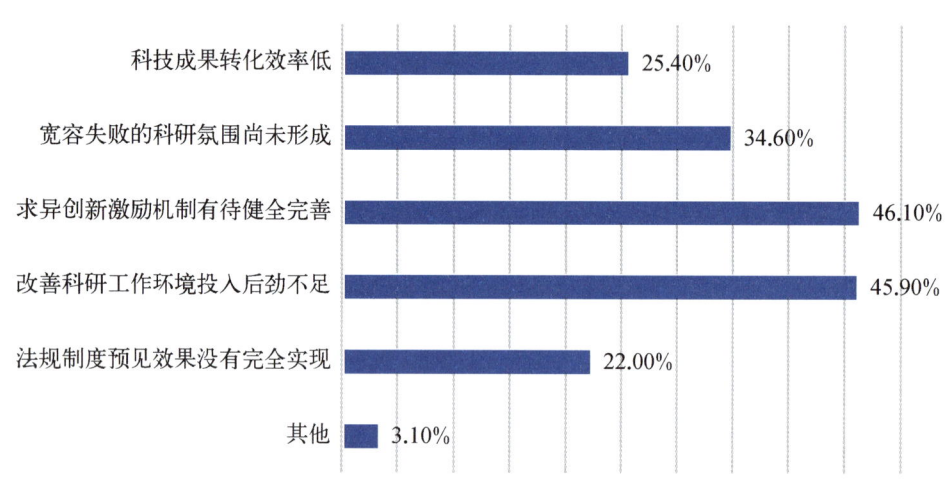

图 262　上海企业科技工作者认为上海创新文化建设主要面临的问题

（4）上海吸引科技人才的最大优势是事业发展机会

调查发现，上海对科技人才的最大吸引力是社会氛围开放，事业发展机会多（见图263）。然而，在科创中心建设中引进国际拔尖人才，又面临缺乏适合顶尖人才发展的事业平台及人才引进后的服务保障不够等困难（见图264）。

（5）单位培养科技工作者的方式获得较大肯定

对单位培养科技工作者的各种方式，如负责人的指导、参加各种科研创新活动的经验、单位内的各种讲座等交流活动、单位外部的各种研讨会或讲座等、派到国外科研机构或大学或大企业的进修学习、项目组形式的"干中学"等，科技工作者"比较有效"的评价最为集中，获得较大肯定（见表34）。

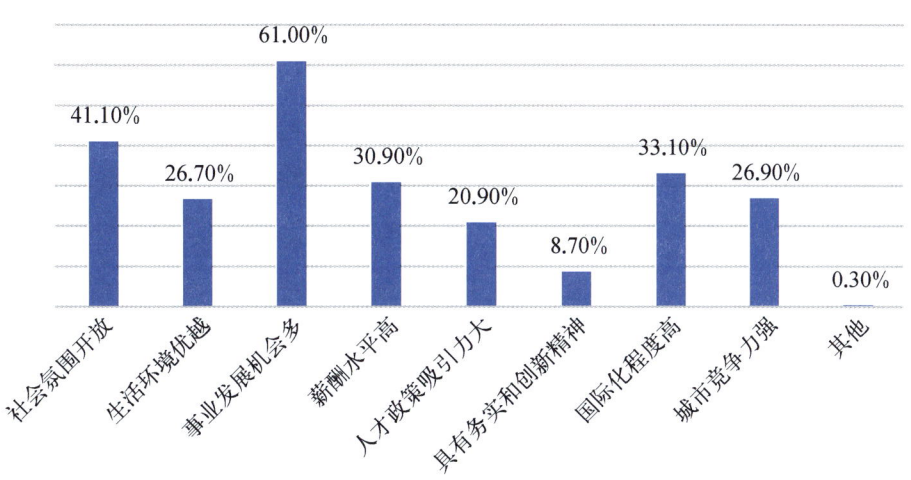

图263 上海企业科技工作者认为上海吸引科技人才的优势

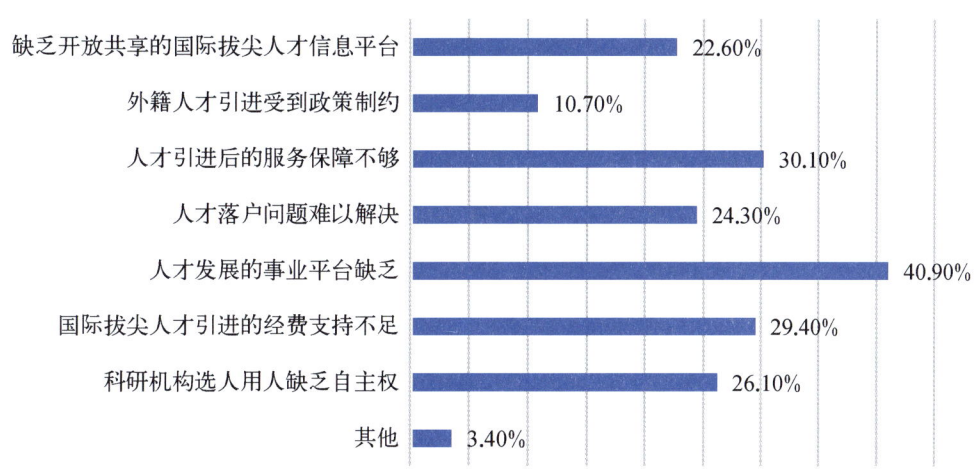

图264 上海企业科技工作者认为上海引进国际拔尖人才面临的主要困难

表34 上海企业科技工作者对科技工作者培养方式的有效性评价

	非常有效	比较有效	一般	不太有效	没有效果
得到负责人的指导	15.40%	51.60%	29.60%	2.40%	1.00%
参加各种科研创新活动的经验	12.00%	47.90%	37.90%	2.00%	0.30%
单位内的各种讲座等交流活动	12.40%	46.30%	36.10%	3.90%	1.30%
单位外部的各种研讨会或讲座等	12.10%	46.90%	36.60%	3.40%	1.00%
派到国外科研机构或大学或大企业的进修学习	11.00%	44.90%	36.10%	5.40%	2.60%
项目组形式的"干中学"	14.30%	50.90%	31.90%	2.40%	0.60%

(6) 单位激励科技人才的方式较为有效

对单位激励科技工作者的各种方式,如设立人才基金、设立人才团队基金、给予人才称号、设立人才奖、设立特聘岗位、精神激励与人文关怀等,科技工作者"比较有效"的评价也最为集中(见表35)。

表35 上海企业科技工作者对单位激励科技工作者方式的有效性评价

	非常有效	比较有效	一般	不太有效	没有效果
设立人才基金	20.10%	47.60%	28.40%	2.60%	1.30%
设立人才团队基金	20.40%	46.00%	29.00%	3.00%	1.60%
给予人才称号	15.40%	48.70%	30.00%	4.40%	1.40%
设立人才奖	18.60%	50.30%	26.60%	3.40%	1.10%
设立特聘岗位	17.00%	48.90%	28.90%	3.90%	1.40%
精神激励与人文关怀	17.30%	49.10%	29.40%	3.10%	1.00%

(7) 工资待遇、住房条件和子女入学对科技工作者的工作生活影响最大

对于科技工作者在上海的日常工作和生活,影响因素非常多,其中企业科技工作者最看重的是城市环境、行业环境和工作环境。可见,环境营造对人才发展的影响正日益凸显,在城市发展和政策制定中需要重点关注(见表36)。

表36 上海企业科技工作者对影响科技工作者工作生活的因素评价

	影响很大	影响较大	影响一般	基本上没影响	完全没影响
城市环境	18.70%	50.60%	24.90%	5.00%	0.90%
行业环境	25.40%	50.00%	19.90%	3.70%	1.00%
工作环境	23.10%	49.90%	22.60%	3.90%	0.60%
工资待遇	36.30%	44.30%	15.60%	3.30%	0.60%
户籍政策	24.70%	31.70%	26.00%	10.10%	7.40%
住房条件	27.70%	40.40%	21.10%	6.90%	3.90%
配偶从业	19.40%	36.70%	29.00%	8.30%	6.60%
子女入学	31.60%	36.40%	18.40%	6.60%	7.00%
生活成本	31.70%	41.90%	20.40%	3.70%	2.30%
社会保障	32.00%	38.90%	22.60%	3.70%	2.90%
交通状况	22.00%	39.10%	31.00%	5.90%	2.00%

(续表)

	影响很大	影响较大	影响一般	基本上没影响	完全没影响
创新氛围	26.90%	42.90%	25.70%	3.70%	0.90%
物质奖励	26.90%	47.70%	21.10%	3.10%	1.10%
精神奖励	20.70%	46.70%	26.60%	4.90%	1.10%
培训交流	17.00%	44.40%	34.30%	3.30%	1.00%

(8) 上海的创新型人才政策落实等问题制约人才队伍建设

受访企业科技工作者认为,上海的科技人才发展环境主要存在创新型人才培养环境不理想、科研道德和学术规范有待提高问题,而政策环境是影响科技工作者成长的最主要社会因素,科技人才政策落实不到位、激励机制不完善等因素制约了上海科技人才队伍建设(见图265~267)。

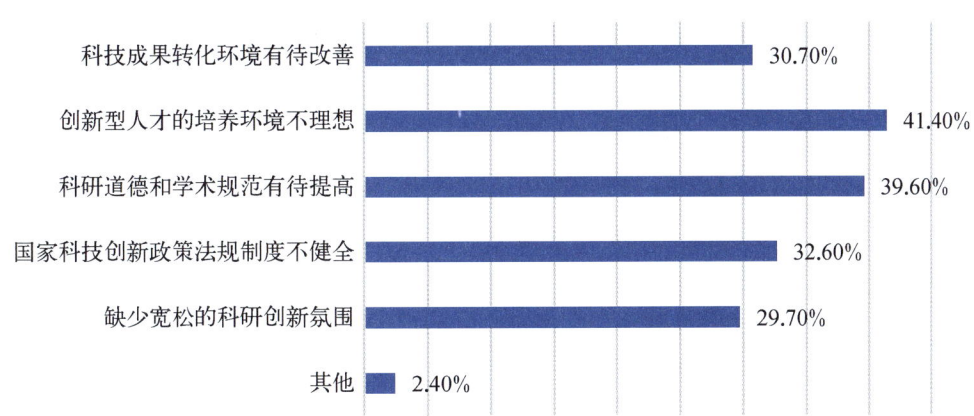

图265　上海企业科技工作者认为上海科技人才发展环境的主要问题

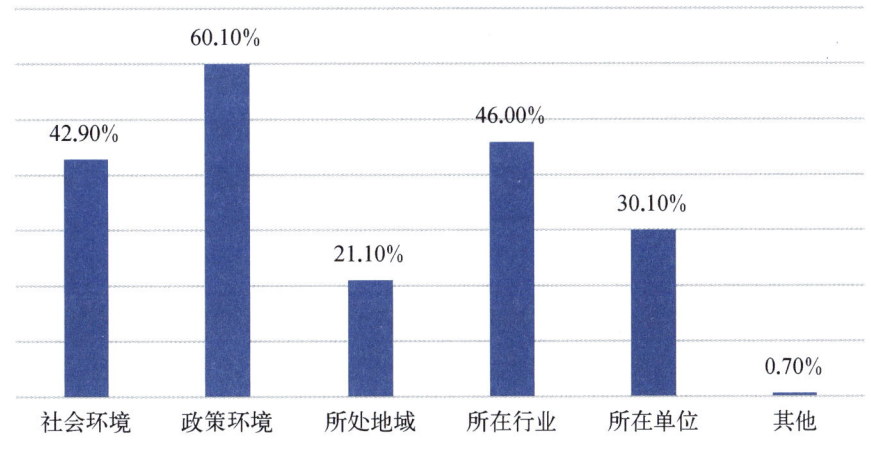

图266　影响企业科技工作者成长的主要社会因素

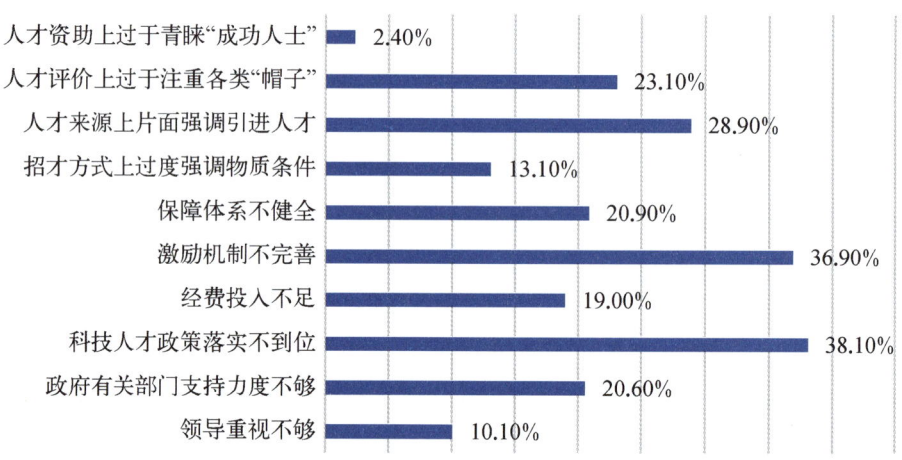

图 267　上海企业科技工作者认为影响上海科技人才队伍建设的主要制约因素

（9）上海企业科技工作者对上海科技人才队伍建设和培育的需求和建议

针对上海科技创新中心和卓越全球城市建设中科技人才队伍的建设和培育，企业的科技工作者认为需要做好以下几件工作。**一是要改善人才引进制度**，人才引进与户籍政策应多向科技人才和科技工作者倾斜。合理分配创新资源，目前创新资源主要集中在一些"高知名度团队"，对部分中层水平科技人员的激励较少，要加大扶持力度，提高研发人员的收入和社会地位，健全基层和初级研发人员的上升通道及对应生活保障，增加科技人才的获得感，同时加强后监督和评价。**二是加大人才队伍的建设和培育力度**。目前各地人才竞争加剧，迫切需要培养和留住科技人才尤其是年轻人才。年轻科技工作者事业和家庭都在上升期，需要加强对他们的能力培养和物质保障，解决年轻科技工作者的后顾之忧（户籍、住房、子女入学等），保障其充分发挥科技创新能力。建立人才库，选人用人做到公平公正公开，加大对人才晋升和职称评定的支持。**三是营造良好的创新环境**。**生活环境方面**尽可能解决人才落户和子女入学问题，控制房价，放宽对创新人才的住房补贴，打造良好的人文环境；**事业环境方面**加强对中小企业项目资金和研发投入支持，组织行业交流活动，让同行业人员及时了解科研成果信息和发展动态，打造新型产业体系和良好创新体系，充分发掘传统行业、创新经济的增长潜力，实现经济多样化发展，提供多元化的就业机会，建设适合各类人才成长创业的宜业城市；**政策环境方面**宽容失败，提高科研道德，做好服务，加强法治，确保政策公平性，政策信息平台可以更透明化，加大宣传力度，采取有效措施保障政策落地。侧重原创和基础创新，引导基础教育和基础研究。

针对上海市如何深化科技体制机制改革，增强科技创新中心策源能力，企业的科技工作者提出如下建议。**一是要把科创机制和基础建设好**,资金、人才、物资的配备和支持要及时下沉,活跃市场资本,解决项目资金问题,形成合力和闭环,吸引海内外人才来沪创新发展。**二是关注年轻科技创新者和高新小微企业的创新困境**,扶持中小微企业的创新创业,给予制度和物质保障,保障其初期资金缺乏时的创新活动顺利进行,同时改善小微企业在人才招聘市场上的劣势,建立相关保障制度。**三是创造产学研协同创新环境**,加强学术机构跟企业的深度合作,建立科研机构、高校和企业之间的人才流动机制。提高科研管理人员的管理水平和技能,务实评价科技成果与科技人才,科研水平评价方式更多元化,建设上海市科技之都。政府搭建环境,是创新环境的引导者;产学研是创新主体,发挥创新主体的积极性创造性。**四是增强创新活力,培育更多原创性成果和人才**。尽快建立容错机制。尽快出台职务发明专利权归属及专利转化效益的分配比例等相关细则文件,缩短专利申请审批周期,多举行相关技术比赛交流活动。

针对当前上海市基于"新的三大任务"(自贸区扩区、科创板、长三角一体化),聚焦重点产业(集成电路、人工智能、生物医药)的人才战略该如何实施,企业科技工作者提出,长三角一体化意义重大,**一是应该多开展信息资源分享交流**,打破壁垒,产业链及人才方面及时互通有无。面对当前"新的三大任务",重点要引进好的项目产业链,推广复制好的项目应用。**二是聚焦重点产业(集成电路、人工智能、生物医药)的人才培养**,定期培训国内同行业人员,加大人才吸引的力度和广度,给予具有吸引力的落户、购房、租房补贴等政策。比如企业在吸引国外优秀人才时,遇到的落户、职称评定问题,希望相关政策能更多地向中级人才和管理人才倾斜。**三是"三大产业"发展各有侧重**。创建"人工智能"政府公开培训普及互联网平台。加大"集成电路"高校与企业的联合创新力度,加强国内企业之间的协同合作,共同开发。加大国有企业和大型企业承担研发的比例和份额,打造自主知识产权的芯片。引进先进"生物医药"国外产品企业,同时大力加强培育自有产品研发能力,加大对生物医药体外诊断方向的支持。除了重点产业外,上海作为中国的前沿性城市,也应该多做基础性研究投入,厚积薄发。

4. 公益服务机构科技工作者评价上海科技创新环境

(1)公益服务机构科技工作者对上海的科技创新环境总体评价较好

问卷对上海的科技创新环境设置了产学研协同创新、硬件设施设备配套条件、科技创新公共服务、研发资金的可获得性、风险投资的可获得性、科技成果的转化应用等16个评价指标。其中有12个指标选择最多的是"比较好",其余4个指标主要评价为"一般",可见科技工作者对上海的科技创新环境总体上给予了肯定(见表37)。

表37　上海公益服务机构科技工作者对上海科技创新环境的评价

	非常好	比较好	一般	不够好	很不好
产学研之间的协同创新	13.60%	45.50%	35.90%	4.00%	0.90%
同行之间的协同创新	13.00%	44.90%	36.50%	5.00%	0.60%
硬件设施设备配套条件	19.20%	48.00%	30.00%	2.20%	0.60%
科技创新公共服务	13.30%	51.10%	31.00%	4.00%	0.60%
研发资金的可获得性	11.50%	43.00%	37.20%	7.10%	1.20%
风险投资的可获得性	10.50%	39.90%	41.20%	7.70%	0.60%
科技成果的转化应用	8.70%	40.20%	42.70%	7.10%	1.20%
科技社团提供的交流机会	11.80%	49.50%	33.40%	4.30%	0.90%
科技信息的获取	18.30%	49.80%	26.90%	4.00%	0.90%
对科技创新成果的激励	12.70%	48.90%	32.50%	5.30%	0.60%
专利的推广应用	10.20%	42.70%	40.20%	5.90%	0.90%
知识更新的机会	17.60%	49.50%	29.40%	2.80%	0.60%
宽容失败的氛围	10.80%	41.80%	38.10%	7.70%	1.50%
收入保障情况	10.20%	38.70%	43.30%	6.20%	1.50%
生活居住情况	8.70%	35.90%	46.40%	6.20%	2.80%
上下班通勤条件	10.20%	38.70%	42.10%	6.80%	2.20%

（2）上海在推进协同创新和成果转化中还存在一定的不足

问卷结果显示，上海在推进协同创新中的最大问题是单位之间互相封闭、对协同创新不积极，企业和高校科研院所各自需求不对接（见图268）；而在推进成

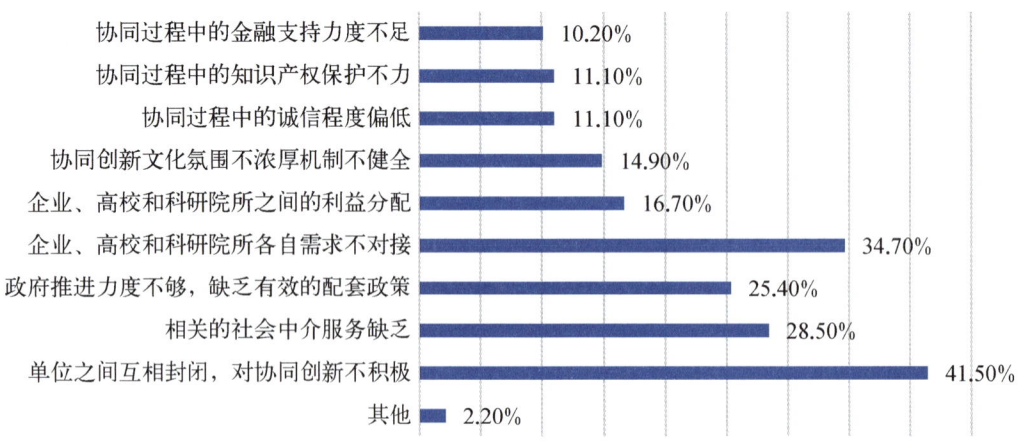

图268　上海公益服务机构科技工作者认为上海推进协同创新主要面临的难题

果转化中,既有科技创新配套政策不完善、难以获得足够的配套资金支持的问题,也有项目本身不成熟,市场难以直接接受的不足(见图269)。

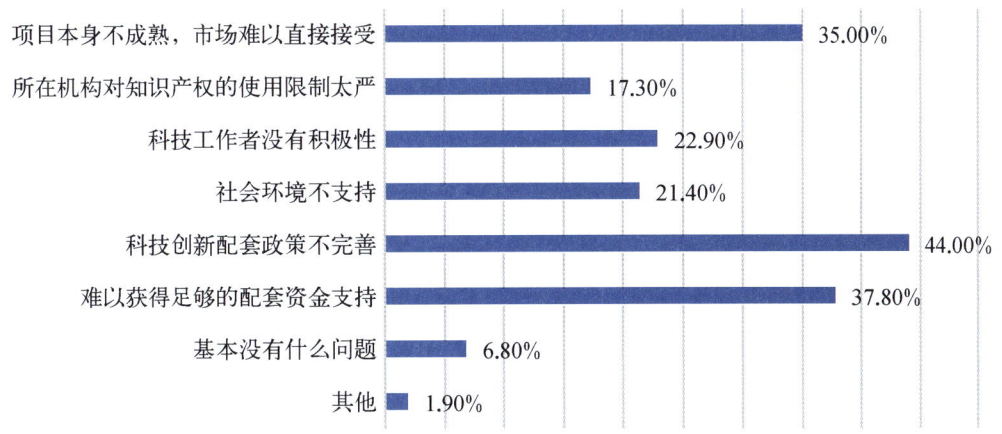

图 269　上海公益服务机构科技工作者认为上海推进成果转化主要面临的难题

(3) 上海的科技创新文化建设有待完善

受访对象认为,上海在科创文化建设方面主要存在改善科研工作环境投入后劲不足、求异创新激励机制有待健全完善等问题与不足(见图270)。

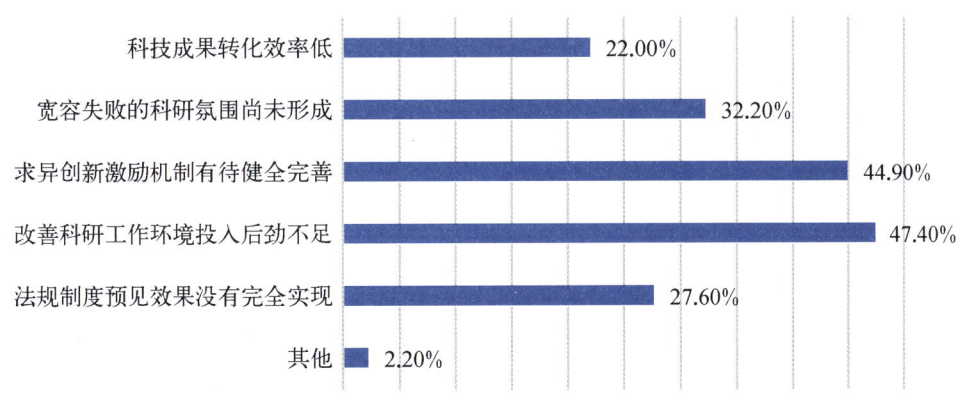

图 270　上海公益服务机构科技工作者认为上海创新文化建设主要面临的问题

(4) 上海吸引科技人才的最大优势是事业发展机会

对于科技工作者,总体而言,上海的最大吸引力是社会氛围开放,事业发展机会多(见图271)。然而,在科创中心建设中引进国际拔尖人才,又面临经费支持不足,缺乏适合顶尖人才发展的事业平台及科研机构选人用人缺乏自主权等困难(见图272)。

(5) 单位培养科技工作者的方式获得较大肯定

对单位培养科技工作者的各种方式,如负责人的指导、参加各种科研创新活

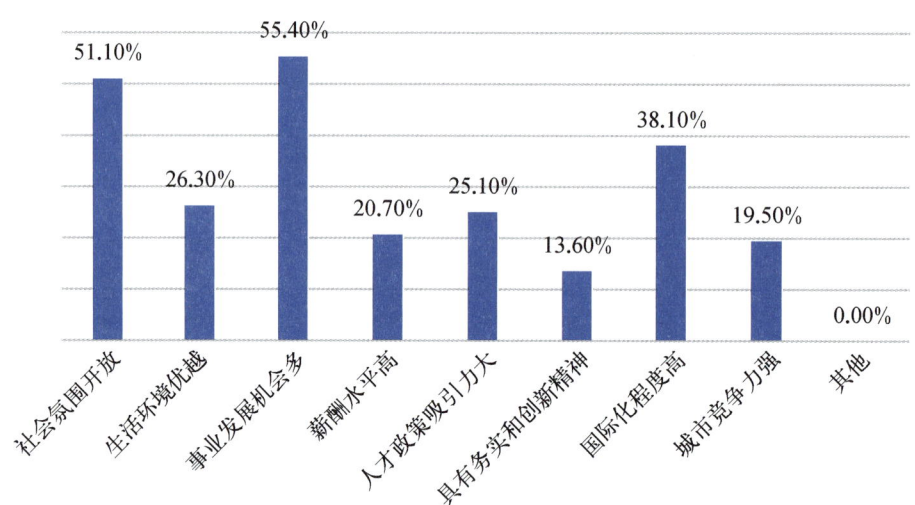

图271　上海公益服务机构科技工作者认为上海吸引科技人才的优势

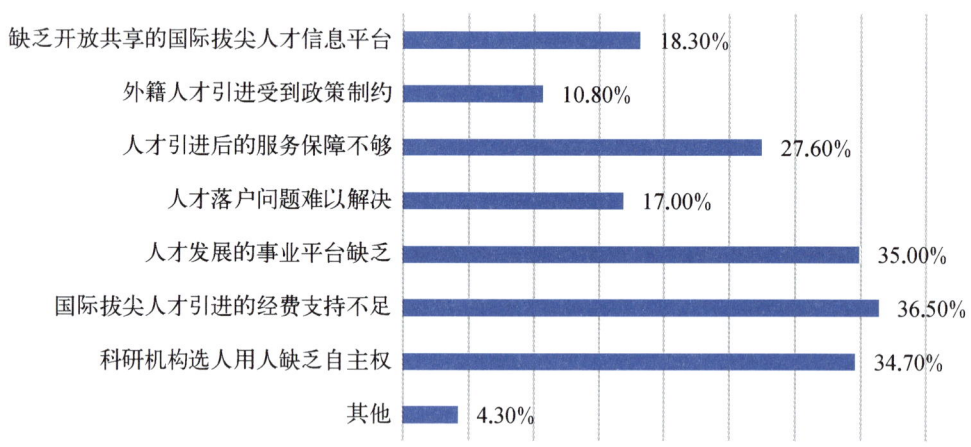

图272　上海公益服务机构科技工作者认为上海引进国际拔尖人才面临的主要困难

动的经验、单位内的各种讲座等交流活动、单位外部的各种研讨会或讲座等、派到国外科研机构或大学或大公益服务类机构的进修学习、项目组形式的"干中学"等,科技工作者"比较有效"的评价最为集中,获得较大肯定(见表38)。

表38　上海公益服务机构科技工作者对科技工作者培养方式的有效性评价

	非常有效	比较有效	一般	不太有效	没有效果
得到负责人的指导	14.90%	47.70%	34.10%	2.50%	0.90%
参加各种科研创新活动的经验	13.00%	48.90%	35.60%	1.50%	0.90%
单位内的各种讲座等交流活动	13.30%	48.00%	34.70%	2.80%	1.20%

(续表)

	非常有效	比较有效	一般	不太有效	没有效果
单位外部的各种研讨会或讲座等	11.80%	45.50%	39.00%	2.80%	0.90%
派到国外科研机构或大学或大公益服务类机构的进修学习	13.90%	39.60%	38.10%	6.80%	1.50%
项目组形式的"干中学"	14.20%	45.80%	37.20%	2.20%	0.60%

(6) 单位激励科技人才的方式较为有效

对单位激励科技工作者的各种方式,如设立人才基金、设立人才团队基金、给予人才称号、设立人才奖、设立特聘岗位、精神激励与人文关怀等,科技工作者"比较有效"的评价也最为集中(见表39)。

表39 上海公益服务机构科技工作者对单位激励科技工作者方式的有效性评价

	非常有效	比较有效	一般	不太有效	没有效果
设立人才基金	19.80%	46.40%	30.30%	1.20%	2.20%
设立人才团队基金	19.50%	45.80%	31.90%	1.20%	1.50%
给予人才称号	16.70%	44.30%	35.30%	2.20%	1.50%
设立人才奖	19.20%	49.80%	27.90%	0.90%	2.20%
设立特聘岗位	18.90%	46.40%	30.70%	2.20%	1.90%
精神激励与人文关怀	20.10%	43.70%	32.80%	2.80%	0.60%

(7) 公益机构科技工作者的工作生活影响因素较为多样

从问卷调研结果看,公益服务机构科技工作者在上海的日常工作和生活受到多方因素影响,与城市和行业发展软硬件环境、各类生活环境因素相比,户籍政策本身的影响反而相对较小,可见科技工作者在意的是整体工作生活条件的提升,户籍的价值也在于其附加的购房、子女入学等生活条件,而非其本身(见表40)。

表40 上海公益服务机构科技工作者对影响科技工作者工作生活的因素评价

	影响很大	影响较大	影响一般	基本上没影响	完全没影响
城市环境	19.80%	44.60%	31.00%	4.00%	0.60%
行业环境	21.70%	45.50%	29.70%	2.50%	0.60%

(续表)

	影响很大	影响较大	影响一般	基本上没影响	完全没影响
工作环境	23.80%	46.10%	26.00%	3.10%	0.90%
工资待遇	30.30%	42.70%	22.00%	4.00%	0.90%
户籍政策	19.80%	29.10%	30.00%	11.10%	9.90%
住房条件	24.80%	37.80%	26.90%	6.50%	4.00%
配偶从业	18.00%	37.50%	31.30%	8.00%	5.30%
子女入学	27.20%	37.20%	23.20%	7.70%	4.60%
生活成本	29.10%	39.60%	27.20%	2.80%	1.20%
社会保障	28.20%	40.60%	26.90%	2.80%	1.50%
交通状况	18.00%	43.00%	33.40%	5.00%	0.60%
创新氛围	23.20%	39.90%	33.70%	1.90%	1.20%
物质奖励	21.40%	44.00%	31.60%	1.90%	1.20%
精神奖励	18.30%	41.80%	36.50%	2.50%	0.90%
培训交流	15.50%	41.80%	38.40%	2.80%	1.50%

(8) 人才政策落实等问题制约人才队伍建设

受访科技工作者认为，上海的科技人才发展环境主要存在科研道德和学术规范有待提高、创新型人才培养环境不理想、政策法规不健全等问题和不足。政策环境是影响公益服务类机构科技工作者成长的主要社会因素，而科技人才政策落实不到位、激励机制不完善等因素制约了上海科技人才队伍建设（见图273～275）。

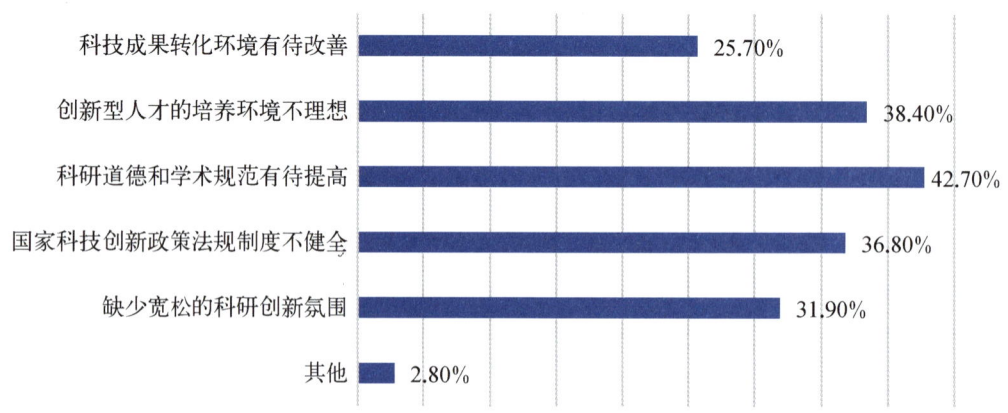

图273　上海公益服务机构科技工作者认为上海科技人才发展环境的主要问题

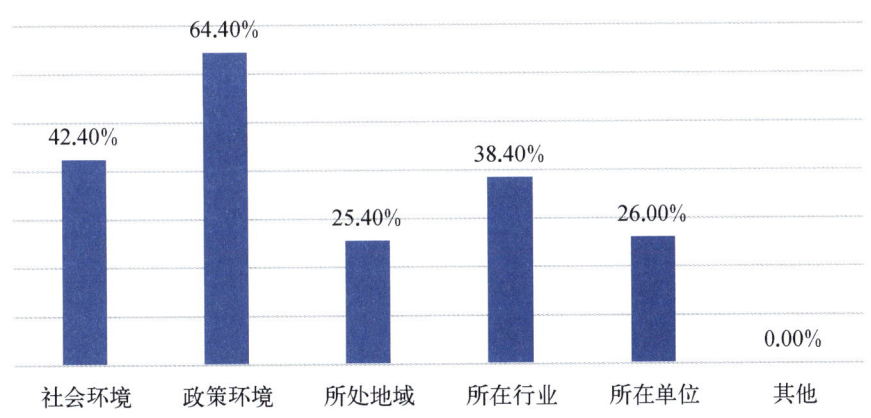

图 274　影响公益服务类机构科技工作者成长的主要社会因素

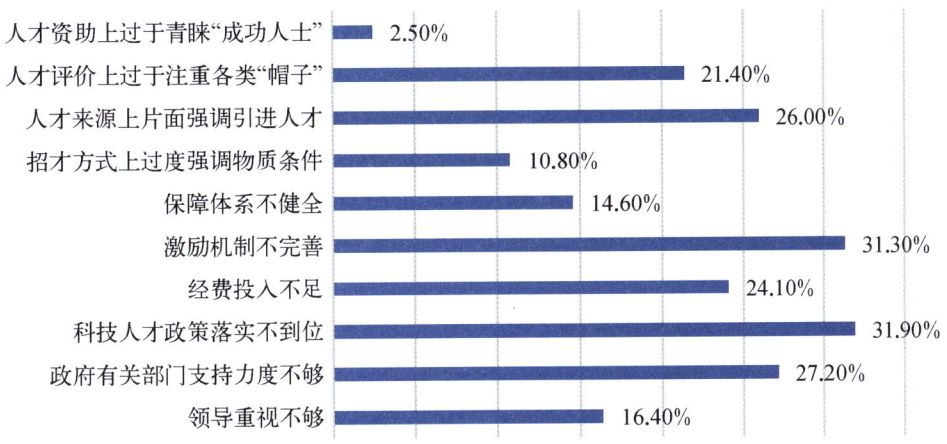

图 275　上海公益服务机构科技工作者认为影响上海科技人才队伍建设的主要制约因素

（9）上海公益服务机构科技工作者对上海科技人才队伍建设和培育的需求和建议

针对上海科技创新中心和卓越全球城市建设中科技人才队伍的建设和培育，公益服务类机构的科技工作者认为，以下几点很重要。**一是要注重社会创新氛围的引导和形成**，抵制急功近利等不良学风，打击科研造假等学术腐败，制定切实可行的相关政策，营造健康的科研环境。**二是要全面落实以人为本的发展理念**，从人的需求出发，营造更加便利舒适、充满关怀的人居环境，不断增强科技工作者的归属感、认同感和幸福感。**三是加强对一线科技人才的支持和培养**，畅通科普场馆等公益机构的职称评审通道，改变唯论文、唯课题的评审标准，对人才分层评价，注重科技成果，弱化文章排名。增加人才项目覆盖面，实现对人才的可持续培养。增强核心科技创新力，保护个人知识产权。

针对上海市如何"深化科技体制机制改革,增强科技创新中心策源能力",公益服务类机构的科技工作者建议如下。**一是加强人才队伍建设**,吸引海内外人才来沪创新创业,完善人才培养/选拔机制,杜绝"圈子"文化、"山头"氛围,唯才是用,唯才是举。在家属落户、子女升学等方面提供更便利的通道。**二是要大力培养全社会的科技创新意识**,普及科学知识。与基层单位多接触沟通,确保落实源头需求,规避形式上的高大上。**三是政策制定与单位和个人的实际需求相结合**,了解一线科研工作者的工作生活环境,改变人才评价制度,对潜力较大的项目开设绿色通道,发挥人才积极主动性。

针对当前上海市基于"新的三大任务"(自贸区扩区、科创板、长三角一体化),聚焦重点产业(集成电路、人工智能、生物医药)的人才战略该如何实施,公益服务类机构科技工作者提出,要充分调研,从实际出发制定相关政策,并在实践中不断修正政策措施。细化科技政策落地工作,加强政策宣传和舆论导向,加大科技资金投入,鼓励科创科技人员发挥潜力。生物医药领域应该加大自主创新和临床样本库的建设,加强临床医疗、临床研究和临床样本库三位一体建设。着力培育一大批优质上市资源,提高城市经济密度。

分报告二
人才环境篇

(多元化的协调与共融环境研究)

分报告二 上海科技工作者发展报告（2015—2019）

随着经济全球化、贸易一体化的持续深入，全球经济竞争已经逐步演化为科技竞争、人才竞争。当下，金融危机下的全球贸易保护主义等不断抬头，对全球经济发展和科技进步产生了重要的影响，对高层次科技人才的自由流动带来了重大的挑战。同时，金融危机造成了世界格局和世界城市体系的大变革，大量新兴城市枢纽跃然于全球创新网络体系中，进而发展成为全球经济网络的重要节点。党的十九大以来，上海加快建设"五个中心"，全力打响"四大品牌"，加快建设现代化经济体系，加快提升城市能级和核心竞争力，成为中国走向世界的"桥头堡""排头兵"。2017年年底，国务院正式批复《上海市城市总体规划（2017—2035年）》（以下简称"上海2035"），明确提出上海要建设"卓越的全球城市"，这为上海转变发展方式、优化经济结构、转换增长动力提出了新的要求，也对上海科技工作者提出了更高的要求。人才生态环境建设是上海吸引全球科技工作者的关键因素，对科技工作者安心事业发展产生重要的影响。上海在加强政治环境、政策环境、经济环境的基础上，进一步提升教育环境、文化环境、服务环境的建设，突出科技企业、事业单位、社会团体等社会力量，体现开放、发展、包容、创新的品格，持续创新城市管理模式、加强一体化区域共建，深化国际合作交流，推进人才服务市场化改革，推动多元化的共融环境建设，进而形成科技工作者和人才生态的良性互动。

一、科技工作者成长的外部影响因素

党的十九大报告指出，创新是引领发展的第一动力，是建设现代化经济体系的战略支撑。根据国外研究成果，创新生态系统可以理解为一个具备完善合作创新支持体系的群落，其内部各个创新主体通过发挥各自的异质性，与其他主体进行协同创新，实现价值创造，并形成了相互依赖和共生演进的网络关系。科技工作者是创新生态系统中的重要组成部分，是科技创新的重要推动力。外部环境是引进、培育、使用科技工作者的基础，是影响科技工作者各个阶段发展的社会及物质要素的综合体。科技工作者成长的外部环境主要包括宏观环境和微观环境，其中宏观环境直接反映了大环境下对科技工作者的现实需求，对科技工作者的成长方向具有指导性作用，主要包括政治环境、教育环境、经济环境、科技环境和社会环境等方面；微观环境是影响科技工作者成长的直接外在因素，主要包括工作环境、组织体制环境（包括组织发展战略、组织治理与管理体制）、科研氛围、人才服务环境等方面。

在接受本次问卷调查的上海市1 355位科技工作者中,78.9%的科技工作者认为工资待遇对工作生活的影响较大,是所有类别中影响程度最大的因素。生活成本、行业环境、工作环境、社会保障、子女入学、住房条件等外部因素都是影响科技工作者成长的重要因素(见图276)。

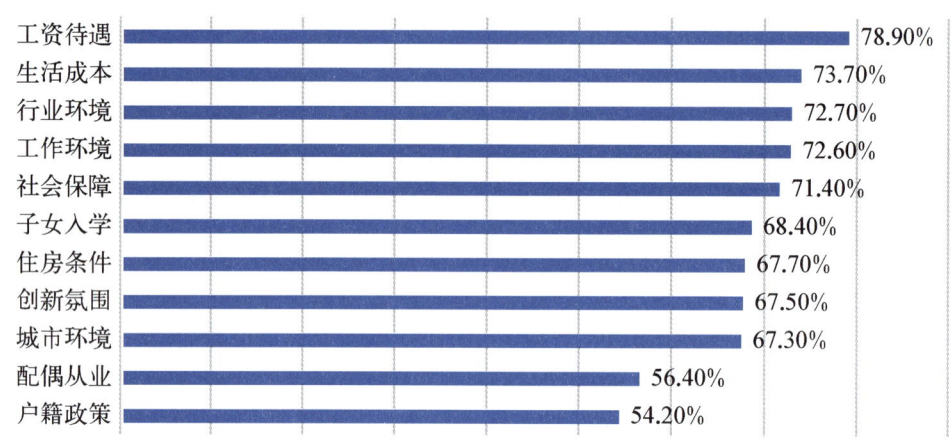

图276　上海科技工作者受环境影响程度的因素

数据来源:2019上海市科协调查问卷整理

(一) 国家、地区环境影响

1. 政治环境是科技工作者成长的先决条件

科技工作者成长的政治环境包括国际、国内的政治形势,国家方针政策及其变化,是激励或制约科技工作者成长和发展的一个重要因素。安定团结的政治局面有利于经济的发展和人们生活的稳定,为科技工作者的成长提供安定、和谐的社会环境,为科技工作者实现自我价值提供了保障。政治文化的开放包容程度与创造力呈正向关系,政治环境的民主、平等、自由度相当于为科技工作者的成长提供良好的土壤,越是思想开放、包容、多元化和稳定的环境,越有利于科技工作者实现科技创新。

受世界经济整体增速放缓的影响,世界各国纷纷加大国家推动科技创新的力度,提升国家和地区的核心竞争力。在人工智能、先进制造、半导体、量子信息和5G等关键技术领域具有优势的国家开始对本国技术实行保护主义、单边主义,冲击现有国际秩序和多边贸易体制,利用技术优势持续扩大自己的影响力。同时,白热化的全球科技创新竞赛态势让中国科技自主创新能力迎来了新的机遇和挑战,也带来了弯道超车的机会。中国一直致力于加入国际创新型国家阵营,携手打造全球创新共同体,实现创新资源的互联互通与共存共享,在全球的创新网络中突破跟随式创新为引领式创新。"一带一路"倡议等国家战略的实施,进一步加大了国门开放的宽度与深度,强化科技资源集聚能力,持续提升在全球科技创新网络中的地位。据德勤的数据调查显示,在全球创新体系中,中国从2016年的第26位跃升至2019年的第14位,进步显著,也是前30名中唯一的中等收入经济体。

随着中国创新发展新阶段的到来,上海更要把握全球价值链重构和产业链升级的机遇,培养一支适应上海经济社会发展需求的科技工作者队伍,才能推动数字化、网络化、智能化的产业融合的技术变革和转型升级,掌握未来经济发展命脉。2018年上海人才工作大会上,上海市委书记李强强调:努力建设世界一流的人才发展环境,让上海成为天下英才最向往的地方之一。上海发布"科改25条"等创新政策优化政策环境,向用人主体放权、为人才松绑,持续深化人才发展体制机制改革。重视用好张江综合性国家科学中心,积极打造研发与转化功能型平台。让科技工作者创新创业、实现梦想提供更广阔的天地。

2. 人才机制体制是科技工作者成长的重要保障

人才机制体制主要包括科技工作者的培养、引进、选拔、激励、评价和退出等政策体系等,重在挖掘人才潜力、发挥人才效益。在人才引进使用方面,完善人才引进、团队组建、硬件设施等各个环节的保障配套有利于发挥科技工作者的引领和示范积极性。在人才激励层面,从营造积极向上的科研氛围,整合人力、物力、财力等硬件资源,优化信息、氛围、学术等软环境资源等方面着手,打造人才成长的摇篮和可持续发展的平台。在人才评价机制方面,只有针对不同学科领域人才特点和发展规律,建立健全科学、合理的绩效评价体系,才能进一步增强科技工作者的使命感、紧迫感和责任感。上海推出的《分类推进人才评价机制改革的实施方案》中提出,要牢固树立人才引领发展的战略地位,尊重用人主体评价自主权,以科学分类为基础,以激发人才创新创业活力为目的,坚持全球视野,对标国际标准,加快形成导向明确、精准科学、规范有序、竞争择优的科学化社会化市场化人才评价机制。同时也要通过科学合理的人才退出机制确保科学合理的人才队伍数量及结构,如建立"非升即走"或"非升即转"的流转有序、进出通畅的人才退出机制。

拥有500多万人口的芬兰创新实力深厚,得益于将整个国家建设为巨型创业孵化器,大量的创新项目由一套称之为"国家创新体系"的完整系统支持。在这一系统中,议会、内阁、科学与技术政策理事会组成首要政治机构,属于顶层设计部门,决定着芬兰创新发展的方向。教育部、贸易与工业部等政策制定部门属于第二层级的创新机构,负责将抽象的战略、政策、理念转化为能够落地实施的具体措施。第三层级的创新机构包括隶属教育部的芬兰科学院、直属国家议会的 SITRA 和就业与经济部下辖的 TEKES,是创新机构体系中的政策落实及协调部门,是推动科技成果向现实生产力转化的重要载体,实现了政府意志与市场运作的有机结合。仅诺基亚的前任员工就已经设立了 400 家小公司,每年有约 20 000 个新兴项目创新。

在接受本次问卷调查的上海市 1 355 位科技工作者中,42.1%的科技工作者认为政策落实机制不够完善是上海科技创新体系存在的主要问题(见图 277)。

图 277　上海科技创新体系存在的主要问题

数据来源:2019 上海市科协调查问卷整理

3. 教育体系是培育科技工作者的沃土

以高等教育为主的管理机制、师资、校园环境等都对科技工作者的成长与成才具有密不可分的关系。在教育管理机制上,不同类型的科技人才培养的目标要相对明确,通过强化学术管理营造良好的创新教育环境。卓越创新城市的教育体系必定是与教育投入和体系紧密融合发展。以色列在技术型创新领域长年屹立不败之地,取决于其高质量的人才、企业家文化、大胆的创新精神以及政府长久以来对于科技研发的大力支持,每百万人中有 8 000 多名研究人员,人均数量几乎是美国的两倍,人均拥有创新企业数量、人均拥有高科技公司均位居世界第一。以色列高度重视教育,教育支出占 GDP 的 5.9%,世界排名第 22。以色列共有 9 所大学,其中 6 所在 2020 年的 QS 大学排名上榜上有名。

美国将鼓励创新的价值取向体现在教育体系,建立了一套与之相适应的培养创新能力教育体制。按照不同的阶段为创新能力培养设计了不同的教育目标和方法。在早期教育阶段,以开发儿童的想象力为主,为创新思维的启迪奠定基础,尽可能地激发、鼓励孩子的想象力,树立自信。从小学高年级到中学阶段主要培养学生的创新兴趣,教他们如何做实验、考察所学知识或推理自己的设想。而大学录取学生时,重点考查学生的潜在能力和创新能力。大学采用以学生为主的课堂教学,注重独立思考,注重培养学生的创新能力。对于具有创业激情的学生,可以退学创业,在一个鼓励创新的文化氛围里发挥潜能。美国创新文化核心价值观根植于教育,并不断完善,这种培育、开发创新能力的教育体系增强了美国在世界上的竞争优势和竞争力。

上海也将高校和科研院所作为科技工作者的重要培养基地加强建设。"上海市高等教育内涵建设工程"以"扶需、扶特、扶强"为原则实施一系列项目,高校整体实力不断增强,特色更加彰显。上海积极对接国家"双一流"建设战略,重点支持建设在沪8所部属高校加快世界一流大学发展步伐,遴选有条件的市属高校启动高水平大学建设,全面实施"高峰""高原"学科建设计划,上海高校的学科建设水平得以迅速提高,上海高校进入ESI全球排名前1‰的学科数由2012年初的40个增至2017年的88个。此外,在高等教育国际化方面,上海也取得明显进展。上海积极推进高校产学研合作,2017年11月,上海市教委发布《关于开展2018年度上海市协同创新中心建设工作的通知》,旨在进一步激发高校创新主体技术转移活力,提升高等学校的知识创新和知识服务能力,促进高校产学研合作,将高校科技创新成果转化为推动地方经济社会发展的现实动力。

4. 科技、经济、产业发展助推科技工作者结构、素质变化

科技工作者成长的经济环境包括地方经济发展阶段和水平、经济制度和体系以及贸易状况。经济环境是科技工作者成长的基本保证,影响着科技工作者创新关注的研究领域和专业趋势,对科技工作者的成长具有决定性意义。繁荣的经济环境会衍生许多新兴产业,公众也会呈现多样化的需求和追求高品质的生活,科技工作者会有较大的创造研究空间。2018年上海经济增速6.6%,经济发展前景良好,自贸区建设、长三角一体化、科创板设立、民生保障、第二届中国国际进口博览会举办、国际金融中心建设等如火如荼,繁荣的上海经济为科技工作者提供了信心和支持。

科技的重大突破和创新会极大地推动经济发展方式转变和经济结构的重大调整,经济结构的变化会带来产业结构的调整及人才结构的变化。科技产业经济结构和科技人才需求结构之间存在着相互依存、相互促进的关系,经济产业结构和科技的发展状况决定了人才需求的结构变化。人才的需求与一定时期的经济发展水平相联系,并处于不断的变化中。科技工作者是科技创新的决定性因素,科技工作者队伍的数量与质量、配置结构以及科技人才资源的开发利用效率的高低,决定了国家和区域竞争力的高低。

在接受调查的1 355位科技工作者中,72.7%的科技工作者认为行业环境对安心事业的影响较大,甚至很大;23.3%的科技工作者认为城市环境对安心事业的影响一般(见图278)。

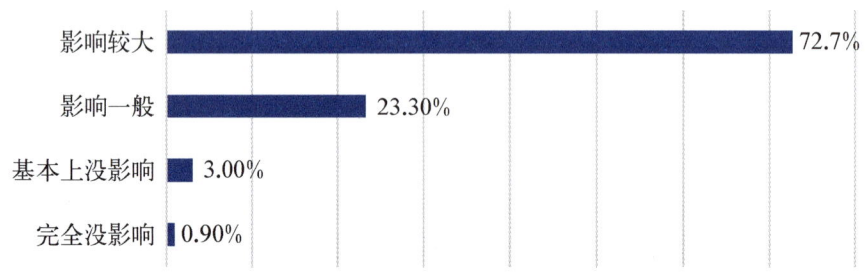

图278　行业环境对上海科技工作者的影响程度

数据来源:2019上海市科协调查问卷整理

5. 社会环境是科技工作者成长的外在引擎

培养科技工作者要有良好的社会环境,就是要在全社会培育创新意识。上海在《科技创新"十三五"规划》中大力倡导创新精神,完善创新机制,大力提倡敢为人先、敢冒风险的精神,大力倡导敢于创新、勇于竞争和宽容失败的精神,努力营造鼓励科技工作者创新、支持科技工作者实现创新的社会环境有利条件。在接受调查的1 355位科技工作者中,67.3%的科技工作者认为城市环境对安心事业的影响较大;27.6%的科技工作者认为城市环境对安心事业影响一般(见图279)。

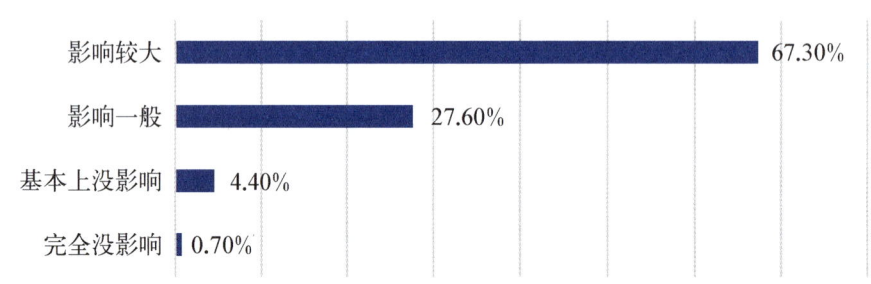

图279　城市环境对上海科技工作者的影响程度

数据来源:2019上海市科协调查问卷整理

在科技工作者成长的各阶段,引进与培育政策、创新创业相关法律与管理制度、利益群体之间的关系协调以及良好的社会文化氛围等都会产生巨大影响。社会化多元化的精神评价激励更有利于保障科技工作者持久创新动力。以提高全民族的科学文化素质和专业技术水平为基础目标,在全社会倡导尊重知识、尊重人才、尊重创新的良好风尚,倡导鼓励人才奉献事业、支持人才的社会环境,激励人才把爱国奉献的热情转化为创新创造的不竭动力;大力宣传、表彰和嘉奖有突出贡献的科技人才。关注中青年人才的教育、子女及婚姻问题,增强海归人才的归属感、圈层需求等。

《中国区域创新能力评价报告2019》显示,2015年至2019年,广东创新能力提升步伐明显快于其他9个省市,领先优势持续扩大:实力指标排名第一位,知识创新排名全国第三位,知识获取排名第三位,企业创新、创新环境及创新绩效均排名全国第一位。得益于其对创新的高度重视与投入,对外开放度高,外贸经济发达,且市场活力较好,创新创业活动十分活跃,具备宽松的创新创业环境。

文化氛围是社会环境的重要组成部分。社会文化影响人们对于创业的行为选择,以色列独特的开放、宽容、冒险的社会文化与创业风险相结合形成了其独有的创新创业生态环境,形成了大企业、初创企业与整个社群之间人员的自由流动循环。上海弘扬中华文化、海派优秀传统文化源头优势,融入丰富的红色文化资源和源远流长的红色文化基因,将创新精神与城市精神相结合,将创新活力与城市基因相结合,形成了具有上海特色的创新文化氛围,吸引不同地区、不同层次、不同肤色的科技工作者"以上海为家"。通过"科技精英选拔推荐""青年英才培养计划"等方式,形成科技工作者的发现、跟踪、锁定、引进、培养、教育、交流、激励的科学化的完整创新体系,树立全社会充分尊重、客观评价科技工作者的理念导向。

(二) 单位、工作环境影响

1. 工作环境是科技工作者成长的质量保证

用人主体是促进科技工作者成长的重要因素。用人单位作为科技工作者的落脚点,从引进、培养、服务和激励等方面直接影响着科技工作者的成长。用人单位应充分利用政府机构提供的各项政策及平台,根据自身发展所需,选拔和引进不同层次的科技工作者。同时,制定发展规划,建立系统的培养体系,促进科技工作者在实践中快速成长,对有科研成果和杰出贡献的科技工作者给予认可和褒奖,在单位内部塑造勇于争先的工作环境。用人主体倡导学术民主、鼓励创新和不惧权威的精神,能为科技工作者提供意见表达、参与管理的渠道和机会,激发科技工作者的主人翁精神。用人主体营造合理、公平、公开的资源配置环境,提升科技工作者的积极性和主动性,创造更多的事业和创新机遇。

在接受调查的1 355位科技工作者中,72.6%的科技工作者认为工作环境对工作生活的影响较大,甚至很大;23.5%认为城市环境对工作生活的影响一般。绝大部分科技工作者非常重视工作环境的影响(见图280)。

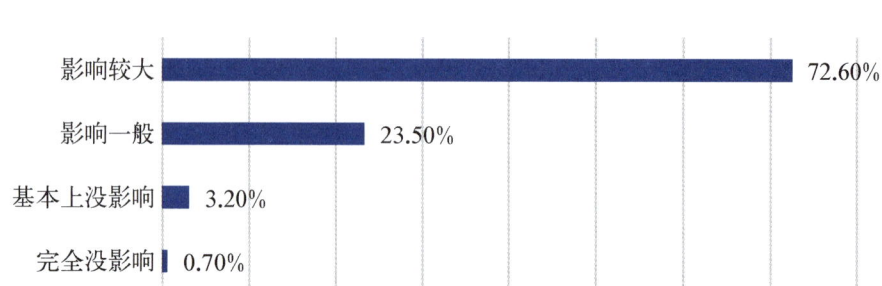

图 280　工作环境对上海科技工作者的影响程度

数据来源：2019 上海市科协调查问卷整理

2. 组织管理体制是科技工作者成长的动力保障

用人主体的考核评价体系和激励机制等组织体制环境对科技工作者有着重要的影响。考核指标引导着科技工作者的努力方向，考核周期决定着科技工作者的工作规划。同一个用人主体中不同类型的科技工作者更应该采取分类评价的方式。《关于我市分类推进人才评价机制改革的实施方案》就对从事基础研究、技术转移服务、科技战略研究、社会公益研究和科技管理服务的人才采取了不同的评估指标，发挥人才评价的指挥棒作用。激励机制体现企业发展和个人成长相一致。分配激励的根本是让人才"名利双收"，事业激励很重要，物质激励也很关键。上海改革科技成果转化分配，出台股权和分红激励政策，包括国有企业股权奖励和员工持股等，让科技工作者通过创新获益，充分调动积极性和创造性，真正体现出尊重人才、尊重创造的价值观。

在接受调查的 1 355 位科技工作者中，78.9% 的科技工作者认为工资待遇对工作生活的影响较大，甚至很大，是影响程度最大的影响因素；17.4% 的科技工作者认为工资待遇对工作生活的影响一般，更加关注事业的发展（见图 281）。

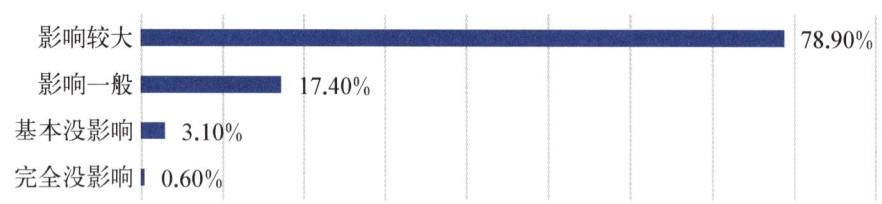

图 281　工资待遇对上海科技工作者的影响程度

数据来源：2019 上海市科协调查问卷整理

3. 科创文化氛围是科技工作者勇于创新的活力源泉

宽松的创新文化氛围是创新的沃土，用人主体为科技工作者营造更加宽松、平等和自由的创新氛围，才能激发科技工作者的创新主动性和积极性。硅谷是宽松文化的典型代表。在尊重和诚信的基础上,形成高度互信、竞争合作的创新生态体系。各创新主体最大限度发挥潜能和专长,共同协作满足多样化的市场需求,适应了快速多变的市场,提高了创新的效率和质量。开放性是硅谷创新文化的另一显著特征。在这里随处可见拥有不同母语和文化背景的工程师、科学家、企业家以及艺术家,常常保持着正式或非正式的交流网络,使得信息、知识在不同组织、不同领域间快速传播,激励了各类创新。

日本具有高度的文化认同性,形成了团队意识和集体观念。在创新方面,日本更加鼓励团队的合作。一直比较重视通过企业外部力量进行合作创新,重视与供应商、用户之间组成协作创新的网络,形成复杂产品创新的社会体系。将善于学习的文化转化为有组织的系统学习,从而提高创新效率。

在接受调查的1 355位科技工作者中,67.5%的科技工作者认为创新氛围对事业发展的影响较大,甚至很大;27.9%的科技工作者认为创新氛围对事业发展的影响一般(见图282)。

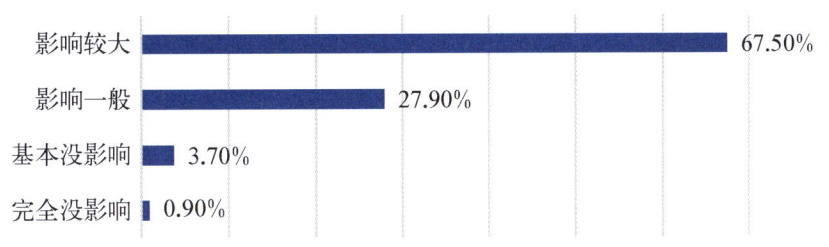

图282　创新氛围对上海科技工作者的影响程度

数据来源:2019上海市科协调查问卷整理

目前我国研究与试验发展经费投入、论文发表数量、专利申请数量目前都在全世界名列前茅,然而在基础研究、关键核心技术领域的颠覆性创新成果的数量和质量却与领先数据不相匹配,究其原因,科创文化氛围还存在着只重视数量不重视质量、只重视形式不重视内容的现象。2019年6月中共中央办公厅、国务院办公厅印发的《关于进一步弘扬科学家精神加强作风和学风建设的意见》,强调"推动作风和学风建设常态化、制度化,为科技工作者潜心科研、拼搏创新提供良好政策保障和舆论环境"。进一步加强科创文化氛围,对于从根源上解决科创文化的弊端、营造有益于科技工作者获得颠覆性成果的科创文化生态具有重要的战略价值。

在接受调查的1 355位科技工作者中,46.3%的科技工作者认为改善科研工作环境投入后劲不足是上海在科创文化建设方面主要存在的问题。求异创新激励机制有待健全完善、宽容失败的科研氛围尚未形成、科技成果转化效率低、法规制度预见效果没有完全实现也是科技工作者比较关注的问题(见图283)。

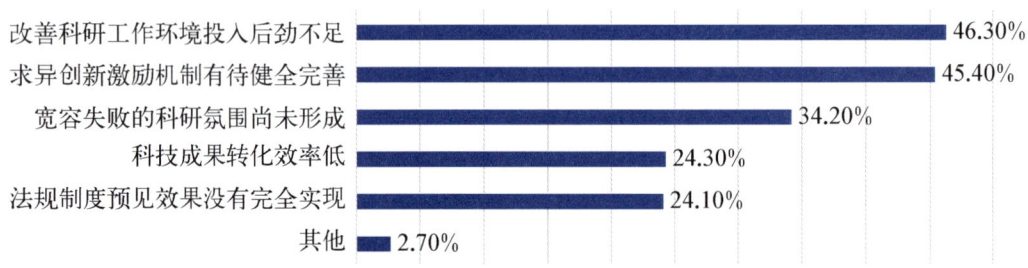

图283 上海在科创文化建设方面存在的主要问题

数据来源:2019上海市科协调查问卷整理

4. 服务环境是科技工作者成长的支撑条件

良好的服务环境包括优质的社会服务体系、有序的市场竞争环境、和谐的人文社会环境、高效的行政服务效率等。除了政府以政策规划、行政手段对科技工作者的服务给予顶层设计及更多关注之外,用人主体对科技工作者在心理、价值观和精神层面也要给予足够重视,在充分了解科技工作者在物质和精神层面的需要、价值观的变化以及自我实现的需要的基础上,为科技工作者提供高效服务,为其成长营造更加人性化、持续性的生态环境。

在接受调查的1355位科技工作者中,71.4%的科技工作者认为社会保障对事业发展的影响较大,甚至很大;23.2%的科技工作者认为社会保障对事业发展的影响一般(见图284)。

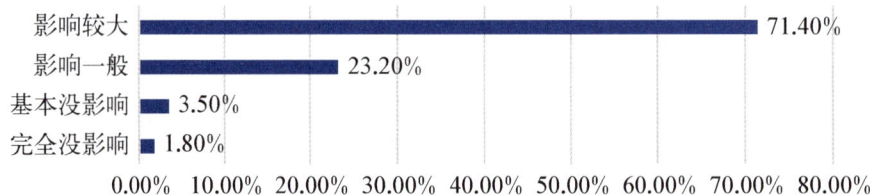

图284 社会保障对上海科技工作者的影响程度

数据来源:2019上海市科协调查问卷整理

人才在创新创业活动中,离不开政府的科技政策和资助,也离不开市场化的服务。现有的政府公共服务体系中物理组合较多、内部融合较少,提供服务资源的各方面机构,内部缺乏有效的机制将服务融合在一起,未能将各方机构日常工作与服务工作进行有机结合,造成服务效率低。上海市通过"一网通办",打通各委办局职能壁垒,优化服务流程,提升公共服务的满意度。此外,市场化服务资源数量虽多,但服务水平参差不齐,没有形成体系化的服务资源整合,因此难以为科技工作者提供优化配置的、更加灵活有效的服务。同时,由于当前社会仍缺乏对科技工作者服务队伍的评价,导致了高水平的复合型人才不愿参与到服务中,服务型人才的结构和能级不足,与科技工作者的实际需求不匹配。

在接受调查的1 355位科技工作者中,60%以上的科技工作者对上海科技创新公共服务感到比较好,甚至非常好。36%的科技工作者认为上海科技创新公共服务一般。这说明,大部分的科技工作者总体上对上海的科技创新公共服务表示满意(见图285)。

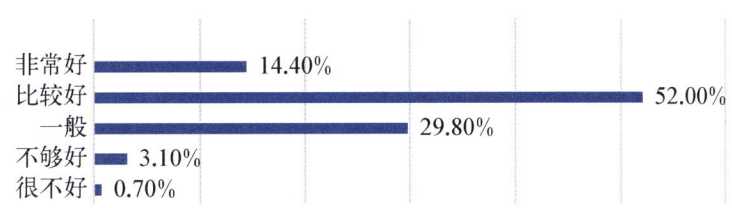

图285　科技创新公共服务对上海科技工作者的影响程度

数据来源:2019上海市科协调查问卷整理

二、科技工作者成长生态环境构建与治理

从本质上来讲,科技工作者的成长生态环境就是构筑符合国家和地区科技创新的生态系统。科技工作者是整个科技创新生态之中最为重要的组成部分。通过培育、引进、使用科技工作者,加快城市的科技创新步伐。同时,可持续的创新又促进了区域经济发展、创造就业机会、改善生活环境,浓厚文化氛围,进而集聚更多的科技工作者,逐步形成健全的可持续发展的生态系统。科技工作者集聚的初始动因在于区域间的经济利益差异和科技创新氛围,稳定的政治经济环境、健全的法律政策环境、持续创新的产业环境、多元包容的文化环境也进一步推动科技工作者的集聚。英国伦敦依靠营造了一个开放、宽松、多元的营商环境吸引机构和人才,在劳动力成本、工作模式、税率以及金融机构创新等方面也具有较大的优势,才最终成为全球的金融中心。

上海在面对全球经济的不确定性时,利用稳定的政治和经济环境,强化顶层设计和制度供给,落实长三角一体化国家战略,推动长三角区域科技创新协同发展,聚焦集成电路、人工智能、生物医药三大重点产业领域,完善"科创板"为引领的科技金融体系,厚植"上海品格"的文化氛围,社会经济发展稳步推进,培育、吸引大批科技工作者扎根上海。

在接受调查的1 355位科技工作者中,40.2%的科技工作者认为创新型人才的培养环境不理想是上海科技工作者发展环境主要存在的问题。科研道德和学术规范有待提高、国家科技创新政策法规制度不健全、缺少宽松的科研创新氛围也是科技工作者重点关注的问题(见图286)。

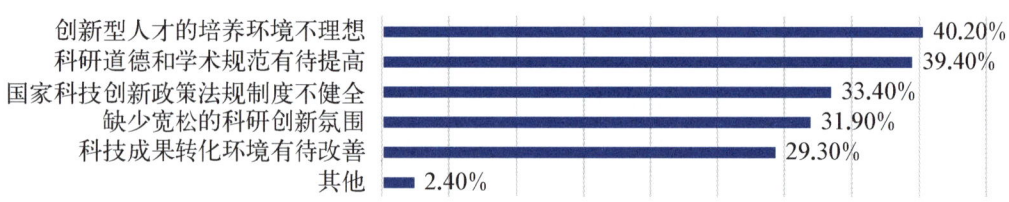

图286　上海的科技工作者发展环境存在的主要问题

数据来源:2019上海市科协调查问卷整理

(一) 科技工作者成长生态需求导向

1. 国际导向

人才生态环境建设是中国由人力大国迈入人才强国的重要保障。从国际层面来看,《2018国家创新指数报告》指出,中国的创新进展主要呈现三个特征:一是创新资源投入持续增加;二是知识创造能力显著增强;三是科技创新对经济发展的贡献日益显著。这表明我国科技创新的核心竞争力稳步提升,在参与全球科技创新治理的过程中,对世界科技创新贡献率大幅提高,正成为全球创新版图中日益重要的枢纽,为全球科技创新生态圈的繁荣做出更大贡献。从国内层面来看,人才生态环境营造更是推动区域经济转型发展的重要举措。

长三角地区以领先的经济地位、灵活的政策制度、高效的协同机制、丰富的创新资源,引领区域创新发展。2018年的长三角三省一市主要负责人会议上提出率先发展、创新引领,努力建设具有全球影响力的世界级产业集群、创新集群和城市集群的主要目标。《2018年度中国区域创新报告》指出,北京和上海作为科技创新中心的实力和作用日益凸显,科技工作者和人力资本集聚水平、创新创业投入规模和强度、知识创造的深度与广度、技术成果传播和扩散效应,对国内乃至国际的创新辐射力均明显领先于其他地区。

加权引文影响力(学科标准化后的论文影响力,简称FWCI),是学者论文的被引用次数和相同学科、相同年份、相同类型论文平均被引次数的比值,FWCI＝1代表论文质量等于世界平均水平,FWCI＞1说明论文质量高于世界平均水平。根据全球高层次科技专家信息平台相关数据显示,2016年以来,上海的FWCI都超过了1。这说明近些年来,上海的整体论文质量已经超过了世界平均水平,上海的科技创新水平已经得到了国际上的认可(见图287)。

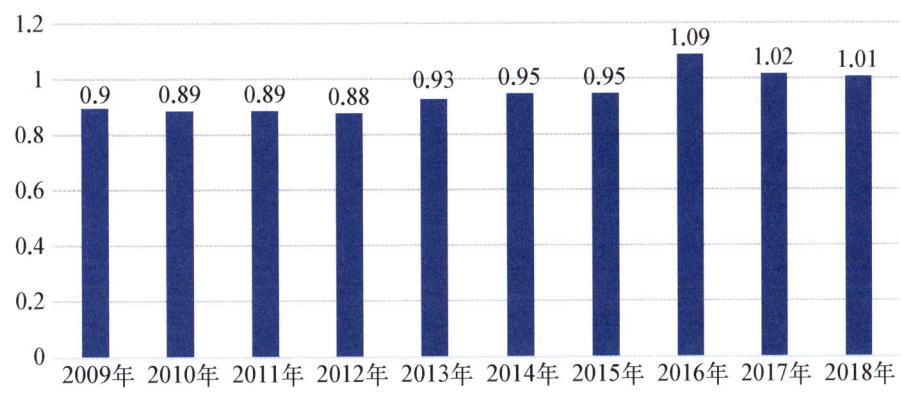

图287　2009—2018年上海FWCI情况

数据来源：全球高层次科技专家信息平台

上海始终坚持创新驱动发展战略,加强"五个中心"建设,打造卓越的全球城市和具有影响力的社会主义现代化国际大都市。进一步优化城市功能、产业、人才布局,加强创新资源的共建共享,营造良好的人才生态环境,促进人才的合理流动,推动区域经济转型与发展。

2. 市场导向

长期以来,各地的人才战略、人才引进都以政府主导的方式开展,市场在人才资源配置中的作用相对比较弱化,这和政府传统的行政理念以及初期市场发育不健全有关。改革开放40周年以来,我国的市场经济发展迅速,北京、上海等超大城市的经济指标也位居世界前列。根据2019全球城市实力指数报告数据显示,在经济领域,北京得分为288.4分,位列世界第三;上海得分236.6分,排名全世界第十六位(见图288)。

随着经济的迅猛发展,以及部分西方国家实施"单边主义""贸易保护主义",政府主导的人才战略已经在全球人才资源竞争中处于相对弱势的地位。这就迫切需要上海调整人才战略,改变人才引进模式。从上海实践来看,"人才30条""科改22条""人才评价机制改革"等一系列政策和措施的出台,预示着政府逐步将人才引进、人才培育、人才使用、人才评价的权力下放给用人单位。用人单位在人才引进的过程中获得了更多的自主权,这更有利于用人单位根据市场的需

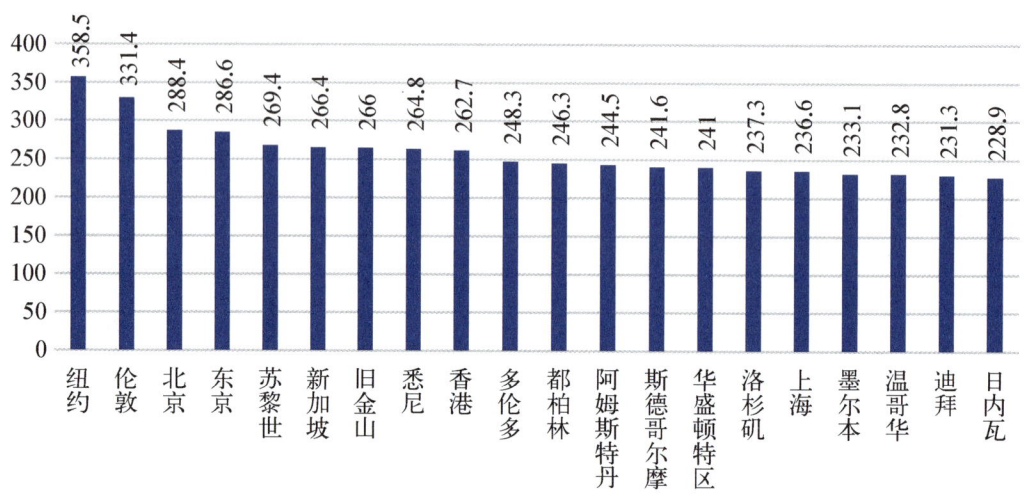

图 288　2019 全球城市经济领域排行榜

数据来源：2019 全球城市实力指数报告

求引进和培育适合自身发展的人才，发挥市场在资源配置中的决定性作用。上海人才服务行业协会成立于 2002 年，拥有会员单位超过 500 家，为用人单位提供人力资源管理咨询、高级人才寻访等服务。2019 年，浦东新区人力资源服务机构联盟正式成立，300 多家人力资源服务机构加入联盟，搭建人力资源服务机构交流平台，探索创新型人力资源服务发展方向。

上海在打造卓越的全球城市进程中，抢抓长三角区域一体化发展国家战略重大机遇，进一步突破体制机制，打破地理约束、优化产业布局，破除人才流动的壁垒，构建现代产业体系、打造现代城市体系、重塑城市文化体系，以产业链为主线，以价值链为纽带，优化产业链、价值链在城市之间的布局，实现人才均衡，高质量推进长三角区域一体化发展。

3. 精准导向

上海应如何培育厚植人才优势的土壤？其中的重要环节就是精准引才用才。精准引才的关键在于以需求为导向，因地制宜，紧扣卓越的全球城市的建设规划，聚焦集成电路、人工智能、生物医药等重点产业，围绕用人单位的创新发展需求定向培育、引进、使用人才。坚持人才结构与产业结构相匹配的工作思路，梳理主导产业人才结构、分布和缺口，根据产业领域发展趋势，精准对接产业发展人才需求，鼓励拥有专业行业人力资源信息、网络的人才服务机构提供人才精准寻访和匹配服务，实现专业荐才。

2019 年 12 月，中共中央、国务院印发了《长江三角洲区域一体化发展规划纲要》，强调要在长三角地区基本形成区域协同创新体系，使其成为全国重要科技创新策源地。精准引才、用才还应该突出上海在贯彻长三角一体化发展国家战略中的龙头地位,以产业发展为导向,以市场服务为驱动,以人才合理流动为媒介,推动长三角区域"精准引才、精准育才、精准用才",打通科技创新资源流动的通道,为长三角地区的政府和企业提供精准服务,让最合适的人才扎根在最合适的土壤里。

(二) 人才生态环境的一体化治理发展趋势

1. 树立差异化发展思维,规避同质化竞争

差异化竞争发展理念是国家、地区在全球人才竞争大战中脱颖而出的关键因素。目前,全球范围内的人才竞争非常激烈,国内人才的竞争也日趋白热化。北上广深等超大城市依靠历史积淀、城市定位、发展理念、环境氛围等优势吸引全球的人才集聚。但一线、二线城市在经济发展程度、城市软环境建设等方面还无法与超大城市竞争,而 GDP 指标、产业培育、人才引进等都是各级政府考核的重要依据,这就迫使二线城市在引才招商的过程中,在"力度""数量"和"层次"上做文章,而缺乏针对产业特色的专业人才配置计划,这也从一个侧面反映出目前部分二线城市的产业竞争同质化问题。近年来,成都、南京、苏州、宁波、武汉、西安等城市相继推出吸引高端人才以及高校毕业生的政策,在落户、购房、补助、创业扶持等方面进行全方位的"人才争夺战"。诚然,政策的出台对人才有相当的"吸引力",但城市的产业生态、服务配套、产能供给、人才培育等方面的不足,会导致各类人才资源的浪费。特别是"花大钱"引进的"高精尖"人才团队,如果无法提供足够的产业链支撑和服务配套,造成地区产业关联度不高并且难以形成产业集聚优势,这对于城市产业的发展极为不利。

如今,北上广深等超大城市逐步趋于饱和,人口的虹吸效应也日渐式微,上海作为驱动长三角一体化发展国家战略的龙头,发挥超大城市的带动作用,与长三角区域的各大城市实现产业链融合,推动差异化的产业定位和人才的合理流动,推动长三角城市群的创新驱动发展。一是加强城市的顶层设计。长三角城市在与上海对接的过程中,要充分考虑自身的传统产业优势和区位优势,对标国际化产业链的配置标准,与上海形成"同产业链、不同价值链环节"的差异化产业定位。加大对重点产业链的扶持力度,培育或引进龙头企业,以优势产业带动产业链的整体发展,力求以点带面,形成专业化、市场化、精细化的产业集聚。二是有针对性地引进人才。改变人才数量、"帽子"数量的引才标准,要根据自身的产业定位,形成具有针对性的产业发展规划、人才梯队规划、配套服务规划等,为产

业链转型升级提供精准的人才支撑,打造具有城市特色的人才生态环境,推动城市可持续发展。

2. 强化一体化区域共建,克服比拼性桎梏

在全球经济一体化趋势下,区域人才发展理念应放眼未来、立足全国,借鉴海内外先进城市地区人才集聚模式,坚持竞合理念,推动区域合作,实现人才合作与竞争的统一。长三角一体化并不是简单将三省一市的地理概念一体化,而是从经济发展、政策制度、产业协同、人才流动等多个方面实现合作共赢。长三角一体化融合的瓶颈在于体制的融合,三省一市的利益诉求各不相同,需要建立更加包容、共享的机制,促进利益链的重新分配。要以长三角城市群整体的利益为目标,建立更加紧密的命运共同体和利益共同体,相互合作、相互竞争。

长三角人才一体化需要发挥上海的龙头作用,以点带面,形成世界级的人才集聚高地。长三角人才一体化,须打破传统的地方本位主义政绩观,树立"一体化"意识,突破公共服务的地方性思维,打破地方行政壁垒,发挥上海人才集聚和辐射功能,利用长三角区域不同城市、不同产业、不同资源,实现创新资源优势互补,实现人才在区域间的自由流动、自由选择、最优配置和一体共享,创新长三角区域的人才服务模式,提升区域协同治理能级,实现区域高质量一体化。

加强长三角一体化,还应转变开放的合作理念来展开良性竞争,鼓励人才、项目合作性流动,推动人才创新资源的共建共享,推动区域间项目评估的兼容性、人才认证的通行性。通过全方位无障碍的人才互联互通、资源共建共享来实现真正的高质量一体化。

3. 建设可持续发展生态,破解家传性困境

全球人才竞争的日趋加剧,为吸引人才加大筹码,各个国家和地区比拼优厚待遇,人才引进成本不断加大,制度环境、发展环境如果跟不上新的需求,政策红利衰减极快。只有可持续的机制、发展环境,可以延长政策红利释放周期的持久性,才能持续吸引全球科技人才集聚。

在这种情况下,突破现有体制、实施更为有效的人才生态发展规划显得尤为重要。上海由于经济发达,法规透明、公正,人才、医疗和教育资源富集,成为科技人才最为关注的城市之一。长期以来,上海科研院所、高等院校、学会协会、学术期刊等科技创新主体在科技创新、科技人才集聚等方面发挥了重要作用,是上海提升城市创新能力的重要推动力。为提升核心竞争力,各科技创新主体相互间展开人才竞争、资源竞争,形成了较强的竞争壁垒。科技创新成果只能在科技

创新主体内部使用和传承,无法形成有效的资源整合和共享。

随着全球化进一步加深,上海对人才的素质要求愈来愈高,吸引人才的难度加大,实际成本增加迅速。从城市发展目标出发,结合政治、经济、文化和地理背景等区位特征,深化在软环境方面的资源优化配置规划,着眼于建立共建共享、共融共荣的机制。紧密结合科研院所、高等院校、学会协会、学术期刊等产业和资源家传特色,重点扶持和培育本单位特色产业、专业领域人才,通过共享共建,在一定区域内形成人才互补互通、合作流动的共融性个性化人才群体。各科技创新主体需要以整体化战略思维,站在全局高度推进可持续发展生态建设,将不同参与方及利益主体构筑为一个互相融通、协作共赢的共同体。在人才生态环境建设方面首先需着力优化教育、服务、科研平台、创新文化等软环境,在高校、科研院所转型发展的关键时期,破除人才发展瓶颈,激发创新创业活力,加强共融互通,建立多元化、分层次、全方位人才的培育、引进、储备体系,服务于上海经济、科技、社会发展,实现在全球范围内的可持续发展。

三、科创中心建设中科技工作者的应用新策

加快建设具有全球影响力的科技创新中心,是上海建设成为知识经济时代引领者的内在要求,也是实现创新驱动、转型发展的必经之路。2015年5月,上海市委市政府发布了《关于加快建设具有全球影响力的科技创新中心的意见》,开启了全面推进科技创新中心建设征程。四年来上海坚持科技创新与制度创新双轮驱动、自主创新与开放创新相得益彰、创新功能与城市功能一体建设,科技创新中心战略实现良好开局。《2018年全国创新指数报告》指出,北京和上海是国内当之无愧的引领技术成果转化的策源地,输出技术成果成交额占全国比重达41.4%,同时还是向国外输出技术的主要地区,评价指标显示北京和上海技术国际收入合计达230.9亿美元,占全国一半以上,显示出迈向国际创新中心的强劲势头。

2019年11月,习近平总书记在考察上海时强调,要强化科技创新策源功能,努力实现科学新发现、技术新发明、产业新方向、发展新理念从无到有的跨越,成为**科学规律的第一发现者**、**技术发明的第一创造者**、**创新产业的第一开拓者**、**创新理念的第一实践者**,形成一批基础研究和应用基础研究的原创性成果,

突破一批卡脖子的关键核心技术。"四个第一"为上海科技创新中心建设赋予了新的内涵,也为上海科技创新工作明确了发展方向。

(一)拓宽创新研究领域,体现信息化时代精神

1. 科技工作者助推产业链重塑和价值链升级

知识化与全球化正在重塑世界城市功能,重构全球科技和经济版图,形成全球创新网络。信息技术、人工智能、生命科学等领域不断涌现原创性突破,为前沿、颠覆式科学技术提供更多创新源泉,学科、技术之间愈发呈现交叉融合趋势。面对新阶段新形势,上海科创中心建设要抓住全球价值链重构和产业分工格局重塑的机遇,建立起适应上海经济社会发展需求的科技工作者队伍结构和层次,推动技术变革和转型升级,促进产业向全球价值链中高端攀升。

根据全球科技专家信息库的数据统计结果显示,在库专家领域构成中工程领域专家人数最多,占21.9%。工程、医学、计算机科学及材料科学四个领域专家人数共计占比超过50%。2009—2018年,上海在全学科领域共发表论文424 784篇,年均增长率为8.34%。其中在计算机科学领域共发表论文59 028篇,年均增长率为5.84%;在材料科学领域共发表论文76 100篇,年均增长率为7.91%。在能源学领域共发表论文18 524篇,年均增长率为18.11%。在医学领域共发表论文76 595篇,年均增长率为9.12%。其中在全学科领域共有302 021位学者参与发表论文,年均增长率为10.87%,在全学科领域发表论文共被引5 008 915次(见图289)。

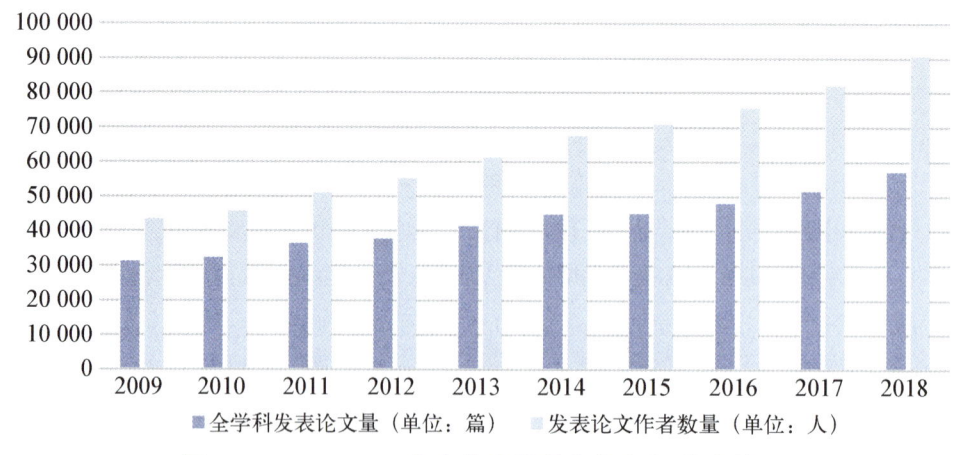

图289 2009—2018年上海全学科发表论文、作者情况

数据来源:全球科技专家信息库

在经济全球化的趋势下,产业数字化、网络化、智能化的融合发展带动产业人才培育新动能。上海除了培养壮大集成电路、人工智能、生物医药等战略新兴产业人才队伍,夯实产业经济支柱之外,还需持续优化产业和人才政策环境吸引国际化高端人才,促进高水平研究机构的发展,着力突破关键技术难题。紧跟科技进步方向和产业革命趋势,以实施新一轮全面创新改革试验为契机,聚焦张江国家科学中心大力推进大科学基础设施群、国家实验室建设,在加快前沿科研机构集聚的基础上,推动创新资源力量进一步向张江集中,聚焦集成电路、人工智能、生物医药三大领域攻坚突破。

2. 搭建一体化的科研、创新创业、合作交流发展平台

上海要抓住新一轮更大范围、更高层次开放合作的机遇,大力实施创新驱动发展战略,在全球科创中心建设、长三角一体化共建的进程中,探索建立更有效的资本和产能合作机制,推动高端技术和优质产能的国际交流融合,带动国内产业结构调整和布局优化。搭建更多创新创业服务、科研合作平台,鼓励发展创新创业新业态新模式。

利用区域内不同产业领域特色和创新资源协同互补优势,在人才引进方面完善共享的人力资源信息库,建立通用的人才互评互认机制,进一步支持、发挥高能级城市人才发展平台的引领、辐射功能,如上海全球科创中心、清华长三角研究院等。让长三角周边城市承接上海城市人才高地的溢出效应,推动长三角区域协同发展。通过资源共享优势互补,让区域内人才自由出入,事业发展空间得以延伸拓展,获得更宽广的科研创新及创业空间。

通过建立一体化共享的大科学仪器装备的创新平台,设立三省一市高校联盟、创新创业基金、发布三省一市通兑的科技创新券等,为人才提供跨区域共享的创新平台。研究表明,科技人才普遍倾向于以项目为纽带与企业开展短期性合作的方式参与科技成果转化,因此采取灵活多样的人才引进合作机制,最大程度为优秀人才及其团队提供项目合作支持。如通过专家咨询、返聘顾问等多种方式,采用劳动、聘任等合同形式,实行项目责任、目标任务、经济效益、社会效益等绩效考核,以薪酬、劳务费等多种报酬形式灵活激励。

在区域人才融通方面,通过设立跨区域研发机构、众创空间、辐射型产业园区等,整合各地创新资源,建立目标导向、协同攻关、开放共享的一体化运行机制,通过与科研院所、大学、企业等科研机构的合作,建设以突破、引领为目标导向的重点实验室、工程技术中心等科研平台,夯实战略科技力量,形成能级互补、良性互动的共赢格局。

目前由上海市研发公共服务平台管理中心开发建设的"全球高层次科技专

家信息平台"建立起全球专家人才的研究论文、合作网络、任职机构和科研指纹等大数据平台,实现高层次人才的基本信息查询、专家匹配、人才比对和统计分析等功能。为政府、高校、科研院所和科技企业在人才引进、人才评估、专家评审、数据统计、趋势研究、科技合作等方面提供服务支撑;为具有全球影响力的科创中心建设提供强有力的科技人才信息支撑。长三角科技创新资源共享平台共聚集了长三角三省一市的 2 423 家服务机构的 31 164 台(套)大型科学仪器设施;集聚包括上海光源等在内的重大科学装置 19 个,国家级研发基地 344 家;加工梳理了 15 700 余条仪器检验检测的服务项目,整合国内外标准 160 万余条。通过在长三角省市设立服务驿站与科技服务中心,特别是通过科技创新券的合作,有效促进上海优质创新资源的区域辐射效应,促进创新服务与研发需求的跨区域对接。通过创新券的带动,上海一批服务机构成功对接长三角巨大的研发需求和科技服务商机,外省市也借助政策获得更有力的研发服务支撑。从平台对接、资源互认、政策互通等方面打通资源与服务,畅通资源-人才-企业的服务渠道,逐渐形成"研发-技术-人才-市场-服务"的创新链条,逐步发展成为长三角区域科技人才学术交流、成果转化的平台。

3. 营造新鲜、动态、流动的集聚环境

人类命运共同体构成主体要素多样,重大领域的科研与应用需要两国甚至多国的联合共建才能完成。在 2017 年 5 月"一带一路"国际合作高峰论坛开幕式上,习近平总书记指出,要促进科技同产业、科技同金融深度融合,优化创新环境,集聚创新资源,要为互联网时代的各国青年打造创业空间、创业工场。共同体的形成给科技发展带来更广阔的空间,科技最终将为世界共享,为人类服务。

在新一轮科技革命推动下,在国与国之间的关系层面,各国科技企业、科技工作者的相互交流合作逐渐密集,全球科技的集聚力量越来越强,科技全球化动力作用更加强劲。国际性的交流合作有利于拓宽科技全球化渠道,营造更具活力的新鲜、动态的集聚环境,通过不同地区、不同文化背景的交流与融汇,丰富人才环境的多样性,有利于环境的改善进步;同时通过与外部人才的不断交流,促进技术的学习、应用和转移,更有利于增强人才环境的活力,获得人才环境自身的完善发展。上海为加快建设全球人才创新创业高地,更需健全世界一流事业发展和知识价值增值为主机制的政策体系,全面参与全球科技创新体系建设,努力在推进科技创新、实施创新驱动发展战略方面,领先全国,跻身世界前列。

(二) 深化国际创新交流,倡导多元化培养途径

我国现行科技工作者培养途径较为单一,对培养造就一批创新型科技工作

者造成一定阻滞。只有实现培养途径多元化,才能培养出大批的创新型科技工作者,推动创新型国家、创新型城市的建设和发展。而实现创新型科技工作者培养途径多元化是一项周期长、系统化的工程,需要完善的培育环境和良好的社会氛围作保证。

1. 基础途径:学校教育培养

科技工作者培养首先与国家支柱产业及战略产业需求接轨。以系统的观点统筹小学、中学、大学学校教育直至就业的各个环节,围绕我国经济社会发展、科技事业发展要求深化教育体制机制改革,形成有利于科技工作者成才的教育培养体系和长效机制。倡导知识结构的科学性、多元化和一专多能的素质教育;探索科技工作者教育方法和培养方式,树立科技工作者培养的信念和价值观。注重开发培养敢于质疑的创新精神和能力,激发学习潜能,形成利于个性发展的人才培养模式,正确引导专业能力倾向;以实际应用和战略需求为导向改革和完善高校课程体系,加强基础学科、应用学科建设,重视理论与实践的紧密结合。

在接受调查的1 355位科技工作者中,69.4%的科技工作者认为当前教育环境与时代特色的创新人才培育部分匹配,只有13.60%的科技工作者认为当前教育环境与时代特色的创新人才培育完全匹配。这说明,大部分的科技工作者认为当前教育环境还有进一步改善的可能(见图290)。

图290 当前教育环境与时代特色的创新人才培育的匹配程度

数据来源:2019上海市科协调查问卷整理

2. 发展途径:产学研合作培养

现阶段政府、社会和企业在科技工作者培养上尚未形成强大合力,社会化的培养力量也未充分发挥作用。究其原因在于政府关于科技工作者培养方面的投入及重视度都还有所不足,且极大部分经费和资源都聚焦在少数拔尖人才身上,对于其他的科技工作者缺乏较大覆盖面的支持。坚持科技工作者培养与创新实践紧密结合,建立以企业为主体、市场为导向、产学研相结合的创新体系。在科技工作者供给端充分发挥高校学科齐全、科研机构基础雄厚、企业市场应用的优势,通过校院企地联合创新平台,持续推动科研成果转化。政府须有针对性地加强对企业广泛吸纳科技工作者的引导,不断健全企业吸纳和使用科技工作者的社会化服务体系,有效发挥市场在培养科技工作者的基础性作用。

同时多层次、多渠道、大规模地开展职中科技工作者的专业技术能力提升继续教育,不断提高科技创新素质水平。充分发挥企业在培养科技工作者中的主体作用,鼓励企业增加科技投入,推动科技工作者向企业集聚,实现培养途径的多元化。

在创业孵化、成果转化、产业技术创新联盟的财政性经费中,探索安排一定比例资金用于科技创业、管理、服务人才、成果转化与产业化人才和应用技术研发人才培养提高。

3. 扩大途径:合作交流培养

科技工作者跨国流动是先进技术传播转移的关键。随着上海科技前沿引领力、产业创新支撑力、创新要素集聚力和制度创新示范力的加速提升,鼓励科技工作者全方位参与多层次、跨领域的国际科技合作与交流,加大支持国内科学家参加国际大科学研究计划,支持与国际高水平研究机构和团队之间的实质性合作,对我国科学家发起和牵头的大合作研究计划和项目给予重点支持,有助于保障科技工作者创新能力持续提升。中国科学院配合国家重大决策部署,布局实施发展中国家科教合作拓展工程、海外科教中心建设、国际伙伴计划、国际人才计划、"一带一路"科技合作行动计划等一系列重大举措,并已在亚洲、非洲、南美洲等地区创建了10个海外科教合作中心,率先实现科技走出和融合,为科技工作者提供了更为广阔的成长平台。根据国家自然科学基金委员会(NSFC)与欧盟委员会(European Commission)的双边合作协议,2019年共同资助的"中欧人才项目",支持中国研究人员赴欧盟开展研究活动,与所在国在科技合作方面实现深度融合,用实实在在的科技普惠成果共同促进全球科技创新网络的更加繁荣。

在科技工作者培育模式方面积极借鉴国外科技发达城市人才培育机制。以日本为例,培养IT人才是日本经济产业省重要人才导向,首先着重培养国内IT人才,其次引进为日本革新作出贡献的国外人才,以弥补日本青年人才不足的问题。如"亚洲信息技术工程师考试"是IPA(独立行政法人信息处理促进机构)引进外国人才的最大项目之一。通过设立亚洲统一考试系统,培养亚洲科技人才,促进各国科技人才交流合作。从2000年日本在ASEAN+日中韩经济部长会议中推进此项目至今,已有印度、新加坡、韩国、中国等10个国家参与,获得此证的科技人才可在参与国范围内开展活动。IPA中还有"创新的IT人才发掘·培养事业"项目,旨在发掘以及培养拥有创意和技术的突出人才。从2000年至今已成功发掘培养1 700名青年人才;"Security Camp"项目旨在发掘和培养能够应对高难度网络攻击的青年人才,从2004年至今已成功发掘培养了663名青年人才。日本在2017年设立了第四次工业革命技能学习认证制度,旨在培养AI、IoT、大数据、数据科学等方面的人才。此外日本还注重实施各类青年培养项目。总而言之,建立起适应区域特色、发展需要的多元化、多层次、分阶段的人才培养体系,对完善适合我国科技发展需要的人才结构,不断发展壮大创新型科技人才队伍至关重要。

(三)推进服务市场化改革,壮大专业化服务网络

1. 政府政策机制引导,用人主体拓展服务领域

高校、科研院所、企业主体新增科技工作者服务类目,拓展服务领域,通过引进国内外知名服务机构或企业,提升高层次人才服务的专业化水平,完善研究开发服务链条,借鉴全球领先的市场化运营理念,结合国内实情,探索高层次人才的智能化管理、自动化分析匹配、全球化配置的服务模式。一方面通过网络化手段广泛集聚各类市场服务资源,整合科技服务供需信息,构建完整、全面的科技服务资源供应链条,为科技服务供需双方提供桥梁和支撑服务。

政府通过政策引导和机制安排,以物质和精神利益,吸引服务机构在专业化、综合化方面加强精细化服务建设,促进上海科技工作者服务生态的建立。如在科技项目招标、共性技术平台建设评估时,将是否拥有一支稳定的高素质的服务队伍、是否具备服务培养及管理能力等作为重要依据,改变以往偏重场地、设备的指标。强调针对性精细化服务。如充分利用科技创新券制度,推进知识产权服务领域的科技创新券申领和兑现工作,填补科研经费的限制与市场化知识产权服务价格之间的差距,鼓励更多社会化的知识产权服务机构为科技工作者提供专业服务。

以色列民间在科技研发上的投入占国民生产总值的4.1%,是欧洲平均投入(1.9%)的两倍多,给生命科学、信息技术等领域带来了源源不断的创新技术和专业人才。政府通过集中激励和创新政策为企业家提供支持。资助近20家孵化器,给予初创企业高达85%的资助,但政府角色始终十分明确:只负责推动和支持,不干预企业正常经营。同时还通过对国外公司建立研发中心、孵化器和创新实验室等科研活动实施针对性减税、拨款等激励政策,进一步助力创业生态环境的发展。上海以政府主导、企业主体、社会参与为原则,加快推进创新服务机构的转制转型,主动融入现有的服务体系。

2. 完善创新创业服务平台，扶持科技工作者事业发展

在科技工作者事业发展层面，通过着重搭建完善科技创新创业服务平台，为科技工作者的成果转化和创新创业提供有力支撑。目前国内科技工作者事业发展方面存在流动渠道不畅通、科技资源过于集中、评价激励与贡献不匹配、科技工作者擢升难等相关问题。调查显示海归青年在选择工作和生活的城市的因素中，最看重的是求职机会（67.59%）、创业机会（62.96%）、社会保障（62.04%）、子女教育（50%）、创业机会（44.4%）等因素。对于科研事业刚刚起步的科技工作者来说，资本原始积累不足，相关科研资源积累也不够，面对巨大生活压力，怀揣情怀、凭借毅力坚持从事科研创新。

创新创业为科技工作者提供更多职业发展和创业经验。广东省一直依托知识产权联盟平台积极加强与政府主管部门、科研院所、高科技企业、知识产权评估公司的交流合作，推广知识产权质押融资业务。2017年推出了银行"技术流"评价体系，即用国家知识产权局累积多年的全国企业专利数据，从专利数量、技术领先程度、公司科技创新实力等多个维度，动态持续分析企业创新能力，将知识产权从"无形"转化为"有形"，实现了知识产权在金融领域的"信用化""数字化"。2013年巴黎市政府发起创立的"法国科创 La French Tech"计划汇集了企业家、投资者、工程师、设计师、开发商、社会团体、博客、媒体、大型企业以及政府机构等，致力于推动法国初创企业成长及促进其国际化发展，极大繁荣了法国的科创之风。科技工作者实现创新创业，需要突破现有事业发展服务的局限，通过搭建助推科技资源共享，提供金融、人才、技术等个性化对接服务，最大程度降低科技工作者创新创业的成本。

3. 培育扶持社会组织，提升社会组织服务功能

改革开放以来，国家层面的科技公共服务体系越来越完善，大众创新万众创业的便捷化得以提升，科技工作者的获得感和满足感得到提升。在政府简政放权、职能转变的阶段，须以完善科技工作者服务网络为目标的组合拳来加强扶持社会组织的发展和承接服务功能。

社团组织作为高层次的科学共同体，汇集了各领域最优秀的人才，拥有人才智力资源优势，以及跨地域、跨行业和跨学科的多元化优势，应发挥社会、政府和科技工作者之间交流协调的桥梁作用，在规范管理、服务会员、增强核心凝聚力的基础上，争取更多的社会资源和政府资源，拓展服务功能，为科技工作者提供更多展示舞台，履行社会责任，充分发挥社会公信力、社会影响力的优势作用，实现社会、政府和社团的共同繁荣进步。上海市科协在提升学术引领能力方面，引导学会承接科技评价、职业资格认定、技术标准研制、科技奖励推荐等政府转移

职能,提升学会社会化服务能力。举办高端国际性会议,鼓励和支持学会培育具有学科标志性和国际影响力的学术交流品牌。加强与国际科技组织的交流合作,办好与港澳台地区的民间科技交流活动。发挥学术共同体自律和监督作用,倡导科学道德和学风建设,营造良好的学术生态环境。通过开展"弘扬爱国奋斗精神、建功立业新时代"活动,大力宣传优秀科学家、杰出科技工作者的突出贡献和爱国情怀。同时通过开展中国工程院院士候选人推选、上海市科技精英评选等优化院士、科技人才等联系服务机制。在党管人才原则方面探索提升基层科协组织力"3+1"试点工作,促进高校科协建设,加强对"两新"组织的组织和服务覆盖。切实有效发挥了上海科技工作者队伍培养、使用和激励平台作用,在积极营造良好环境、推进科技工作者发展方面取得较好成效。

"鱼无定止,渊深则归;鸟无定栖,林茂则赴。"上海要筑好巢、引来凤,还有诸多方面需要努力,只有建立完善稳定、持续吸引优秀的科技工作者的生态系统,才能打造一个不仅吸引海内外优秀华人人才,而且能够吸引来不同国籍、不同族裔的最优秀人才的环境。只有到那时,上海才能成为具备强大人才集聚向心力、汇聚全球顶尖人才,引凤来栖的佳巢。

四、全球视野下的人才多元化的共融环境建设

在经济全球化的背景下,上海发展已经进入新的阶段,始终坚持"五个中心"的定位,建设卓越的全球城市和具有世界影响力的社会主义现代化国际大都市,强化创新生态环境建设,发挥创新思想策源地的引领作用,营造多元化的科技创新环境,聚合全球创新资源,加快构建具有全球竞争力的人才制度体系,集聚全球科技工作者,进一步提升城市的核心竞争力。

(一)城市创新管理建设,提升城市的竞争力

1. 城市管理软环境

城市管理模式是城市竞争力的重要体现,是吸引人才的重要影响因素。城市管理模式的创新,需要在细微处见功夫、见质量、见情怀,更加重视城市管理软环境,不断增强城市吸引力、创造力、竞争力。

在城市精细化管理方面,上海市委书记李强强调,提高城市管理精细化水平,必须下绣花功夫,以绣花般的细心、耐心和卓越心,"绣"出城市管理精细化的品牌,使上海这座城市更有温度、更富魅力、更具吸引力。结合"互联网+政务服务"、智慧城市建设,上海已基本做到信息共享、实时感知、智能管理,政务一网通办。"一网通办"自推行以来,线上服务与线下服务也逐渐融合,较好地改善了市民的办事体验和全市的营商环境。目前,上海市"一网通办"平台已经成功接入1 000余项政务服务事项,日均办理量超过7万。上海市民服务热线(12345)自2013年1月7日正式运行,全天24小时接听市民来电。2017年,12345市民服务热线共受理市民诉求330万件,同比增长23%;网站和手机受理21万件,同比增长80%;转送工单173万件,人工回访事项解决率83.4%;电话回访市民15.7万件,综合满意率为93.4%。据第三方测评,市民感受度和热线管理水平全国领先。开通于2006年5月的上海对外信息服务热线(The Shanghai Call Center),全天24小时免费向在沪外籍人士提供上海城市各类信息咨询、应急翻译、交通工具和手机通信委托服务、互联网信息咨询和阶段性地为政府重大项目和展会任务提供外语语音配套服务等五大类公益服务。热线设有英语、法语、德语、日语、韩国语、西班牙语、意大利语、俄语、阿拉伯语、马来语、印尼语、葡萄牙语、捷克语等15个语种的服务。截至2017年末,总共为来自92个国家和地区的外籍人士提供服务逾千万次。

在法治保障方面,维护公平高效的市场秩序,落实公平竞争审查制度,坚持对所有市场主体一视同仁,弘扬市场契约精神和企业家精神。营造勇于探索、鼓励创新、宽容失败的文化氛围,大力扶持创新型企业发展,积极培育市场前景好、成长爆发性强、技术和模式先进的独角兽和超级独角兽企业,细分行业专精特新企业和隐形冠军企业。支持民营企业发展,激发各类市场主体活力。

在接受调查的1 355位科技工作者中,事业发展机会多、社会氛围开放、国际化程度高是上海吸引科技工作者的最大优势(见图291)。

2. 多元化文化融合

上海文化品牌是城市的金字招牌、重要标志,承载着城市精神品格和理想追求,是增强城市文化软实力的重要依托,也是人才多元化共融环境建设的黏合剂。长期以来,上海以开放、发展、包容、创新的姿态,吸引海内外人才集聚,持续激发科技工作者的创新活动。为加快建成更加开放包容、更具时代魅力的国际文化大都市,切实把"红色文化""海派文化""江南文化"三大文化资源转化成为品牌建设源动力,推动文化的融合创新,2018年上海制定了《关于全力打响"上海文化"品牌加快建成国际文化大都市三年行动计划》(下称《行动计划》)、《"上

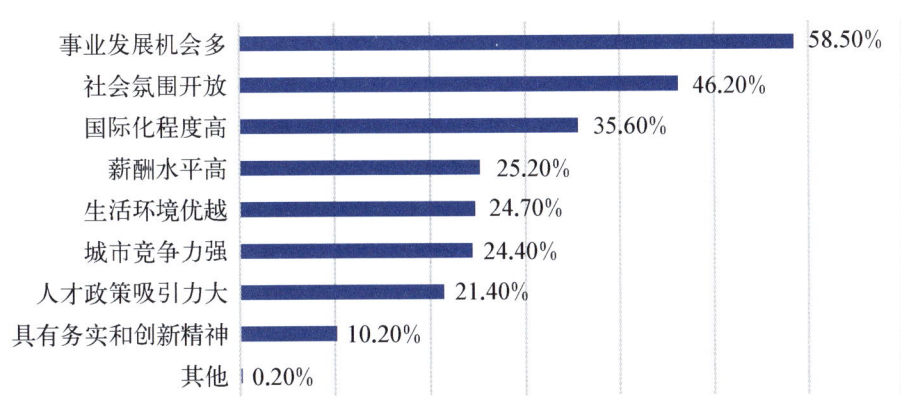

图 291　上海吸引科技人才的最大优势

数据来源：2019 上海市科协调查问卷整理

海文化"品牌建设重点项目 150 例工作目标及具体任务表》等相关政策，提出三大品牌任务、12 项专项行动、46 项具体抓手和 150 项重点项目，进一步提升"上海文化"品牌的展现标识度，推进上海文化品牌的建设。

强烈的归属感会让人才主动与这座城市结成命运共同体，全面打响"上海文化"品牌，加快建成国际文化大都市，推动上海文化品牌融入城市血脉，推动多元化的共融环境建设，提升上海的文化软实力让科技工作者在思想上、心理上、情感上产生认同感、安全感和依赖感，全身心地融入这个城市，从而增强做好事业的责任心和使命感，让上海这座城市成为科技工作者的家园，进而吸引更多的科技工作者集聚上海。

3. 医疗教育的支撑保障

上海的医疗服务和教育水平已在全国处于领先水平，但相比卓越的全球城市的建设需求，还有很大的提升空间。

良好的医疗服务是卓越的全球城市应有的基本功能，是提供更好的公共服务的保证，是吸引科技工作者的重要支撑。据上海市卫生健康委员会 2018 年上海市卫生健康统计数据显示：2018 年上海共拥有卫生机构 5 298 家，其中医院 364 家。卫生技术人员 20.65 万人，其中医生 7.49 万人。2018 年全年诊疗总人次 27 637.78 万人次。上海还拥有复旦大学医学院、上海交通大学医学院、同济大学医学院、海军军医大学、上海中医药大学等著名院校及附属医院，围绕进一步提高临床医疗水平和完善医疗服务体系进行研究。2017 年 9 月 11 日上海制定出台了《上海市临床重点专科建设"十三五"规划》。《规划》提出，到 2020 年，基本建成与上海科创中心建设目标和亚洲医学中心城市定位相符合的临床重点专科学科群，争创 2 家以上国家医学中心、10 家以上国家区域医疗中心，15 个以上国家级临床重点专科,培养和引进一批国家级的医学人才,巩固上海市临床专科能力在国内的领先地位。上海将致力把三级甲等医院(大型综合性)建设成为具有一定国际影响力的危重疑难病症诊疗中心和上海医疗技术创新、临床医学人才规范化培养的主要基地,打造一批国内领先、国际知名、特色鲜明的医疗中心。

在教育资源与教育水平方面,上海也在全国处于领先水平。2018年,上海全市共有中小学、幼儿园、特殊教育学校及工读学校3 223所,其中:幼儿园1 627所;小学721所;中学833所;特殊教育学校30所;工读学校12所。共有在校学生196.74万人,其中:幼儿园57.14万人;小学80.02万人;普通初中43.25万人;普通高中15.82万人;特殊教育学生0.44万人;工读学校学生0.07万人。全市共有普通中等职业学校80所,其中:职业高中23所,中等专业学校50所,中等技工学校7所。共有全日制在校生8.86万人。普通高等学校64所。普通高校本专科在校学生51.78万人。研究生培养机构49家(不包括中科院在沪分院和煤炭院上海分院),共有研究生17.88万人(含全日制和非全日制),其中:博士生3.47万人,硕士生14.41万人。

为提升高校学生的就业创业能力,上海市在各大高校开展创新创业教育。2018年立项上海市级双创项目3 618项(其中市属高校2 535项),入选国家级双创项目1 761项(其中市属高校825项),支持举办上海大学生学科竞赛活动25项。参加第十一届全国大学生创新创业年会,共入选学术论文10篇,展示项目10个。开展第三届"汇创青春"——上海大学生文化创意作品展示活动,征集40余所上海高校9类文化创意学生作品3 000余件,在文化场所、园区进行20余场展示展映。组织开展第四届中国"互联网+"大学生创新创业大赛上海赛区比赛,共有60多所高校和科研院所报名参赛,参赛项目8 500多个,参赛学生36 000多人次。组织参加全国"互联网+"总决赛,上海高校共获5项金奖、7项银奖、14项铜奖。

(二)人才合作交流建设,增强城市的吸引力

1. 人才引进建设下高层次人才集聚明显

近年来上海紧跟国家发展战略,结合上海经济社会发展的需求,在人才的"引进、培育、居留、使用、激励"等方面都出台一系列的政策措施,其中包括在"人才20条"的基础上,推出的"人才30条",以及"科改25条"等,形成了一定的人才政策体系,在集聚人才的规模、专业化上居于全国领先地位。如上海出台"海外人才计划""领军人才计划"等多项人才计划,根据扶持对象类型的不同,给予

5万～100万的资金扶持。尤其在打造"上海具有全球影响力科技创新中心的核心承载区"的张江科学城上,人才与科创资源的集聚效应越来越显著。上海科创中心的核心承载地张江,是全市"海外人才计划""双创"人才的主要集聚地和培育之地,依托创新创业引进培养的"海外人才计划"创业人才约占全市60%。

在高端人才引领、提升专项培训水平、优化人才发展环境方面,上海紧密围绕产业与信息化发展需要,依托复旦大学、交通大学,持续举办"专精特新"企业家培训,截至2018年年底,累计培训38期、企业家1 800人次。2017年起,连续2年举办重点创业企业创始人培训,累计培训初创企业创始人300人,培养了一批优秀企业家和高水平经营管理人才。

2018年,有12家"专精特新"企业负责人入选2018年上海领军人才培养计划,行业引领成效逐步显现;截至2018年年底,135名产业和信息化人才入选上海领军人才培养计划,8名产业和信息化人才享受政府特殊津贴;2018年年底,上海市经信委还会同上海市人社局开展新技能培训试点工作,计划到2021年,探索形成行业企业自主培训评价、行业主管部门评审管理、人力资源社会保障部门指导服务的新技能培训工作机制,填补一批新技能人才评价项目空白,形成一批可复制可推广的新技能培训经验做法。

2. 科创中心建设下创新资源取得新成效

上海科技创新中心建设取得新进展。2017年,全市用于研究与试验发展(R&D)经费支出相当于全市生产总值的比例为3.78%。科技创新中心建设的重大布局基本确立。张江综合性国家科学中心建设全面推进,全面创新改革试验加快落实落地,6个研发与转化功能性平台启动建设,创新创业环境持续优化。加快构建更具竞争力的人才集聚制度,深入探索更加灵活的人才管理机制。加大海外人才和高层次人才引进培养力度,推进实施两批共22条海外人才出入境试点政策,引进海外人才110 426人。

上海创新主体高度集聚。2017年末,全市拥有外资研发中心426家。科技小巨人(含培育)企业达到1 798家,技术先进型服务企业274家,2015—2017年末高新技术企业总数达7 642家。建设创新集聚区,发展大众创业、万众创新,2017年,上海拥有各类众创空间超过500家,其中创客空间等新型创新创业组织占比达1/2,在孵科技型中小企业超过1.6万家。创新产出明显提高。全市专利授权量为7.05万件,比2016年增长9.8%,其中发明专利授权量为2.07万件,增长3.1%。建设亚太地区知识产权中心城市,每万人口发明专利拥有量达到41.5件,比2016年增长17.9%。上海创新成果加速转化。2017年高新技术成果转化项目共493项。其中,电子信息、生物医药、新材料等重点领域项目占比达到87.4%。

认定登记的各类技术交易合同21 559件,合同金额867.53亿元,增长5.4%。

上海科技体制机制创新取得积极成效。科技创新中心建设的人才发展政策、财政科技投入统筹管理政策等政策体系基本形成;研发费用加计扣除、高新技术企业认定等改革措施落地实施。上海不断加强科普基础设施建设,初步建立起以上海科技馆为引领,一批专题性科技场馆为主干,众多基础性科普教育基地为辅助的多元化、多类别的科普基础设施网络。2016年,上海举办科普宣讲活动近10 000次。

3. 长三角一体化助推人才一体化新机制

2019年9月24日,长三角人才一体化发展城市联盟在乌镇正式成立。该联盟由浙江省嘉兴市发起,沪苏皖浙19个城市积极响应,共同推进人才领域更高水平协作开放。人才是引领发展的战略资源,人才一体化是实现长三角一体化发展的内在要求,是支撑长三角一体化的重要保障,也是检验长三角一体化的重要的标准。长三角一体化建设助推区域产业人才工作联动合作机制,加强产业人才发展政策协同和信息交流,促进产业人才发展优势互补、资源共享。长三角地区是中国经济最具活力、开放程度最高、创新能力最强、吸纳外来人口最多的区域之一。区域内产业的发展不仅仅依靠高层次人才的聚集,与之配套的专业技术人才队伍、技能人才队伍、经营管理人才队伍组建是下一阶段的工作重点。

长三角区域一体化发展需要构建产业集聚区,产业集聚区的发展迫切需要构建新型产业人才生态体系,形成产业人才的集聚区。长三角各地要共同拓展产业经济和产业人才领域广阔的合作空间,加快创建长三角城市群产业人才协同高质量发展的示范区。提升产业人才公共服务、产业人才评价标准的兼容性,畅通区域产业人才流动渠道,推动以人才的交流合作促进产业集群发展。统筹利用区域内产业人才教育、培养资源,充分发挥各地特色优势,加强区域产业人才培养培训工作合作,共同为产业人才发展提供支持。

(三)科研创新平台建设,激发城市的集聚力

1. "科改25条"破除体制障碍,提供政策保障平台

为破除体制机制障碍,2019年年初,上海市委办公厅、市政府办公厅印发《关于进一步深化科技体制机制改革增强科技创新中心策源能力的意见》(简称"科改25条"),为上海深入开展科技体制机制改革,推动科技体制机制改革向纵深发展提供了政策依据。目前的科技体制机制改革还存在冷热不均情况,政府首当其冲,敢于质疑限制科技创新的体制机制,进一步解放思想,将科技创新的

权利还给科技工作者。上海要在科技创新策源能力上加快突破,努力成为"全球学术新思想、科学新发现、技术新发明、产业新方向的重要策源地"。目前,上海张江实验室建设取得实质性进展,一批大科学装置获批或正加快筹建;以李政道研究所挂牌成立为标志,一批高水平创新单元日益集聚;在脑与类脑研究、人类表型组、量子科技等前沿领域,一批重大科学问题出现突破。上海作为国际化大都市,具有天然的开放性和共融性,在吸引和利用资本、人才、技术、管理等外部科创资源方面积累了较为丰富的经验,并形成了较为成熟的产业基础条件。创新策源能力建设从促进各类主体创新发展、激发广大科技工作者活力、推动科技成果转移转化、改革优化科研管理、融入全球创新网络、推进创新文化建设等多个方面推动科技体制改革的发展。围绕建立多层次多类型国际合作网络,发起或参与国际大科学计划,支持外资机构在沪开展科技创新活动,加快建设长三角科技创新共同体等方面加强国际化、区域化协同创新,搭建全球科技资源协同创新链,逐步成为全球创新网络的重要枢纽。

2. 搭建学会联盟科技联合体,引领城市创新活力

学术交流是培育科创中心建设的内生动力,是引领科技创新活力的来源。为了发挥学术交流的"倍增"效应,推动学术水平高端化、学术成果智库化、学术资源的深度开发,上海积极搭建跨界平台并组织相关品牌学术活动,如上海市科技精英评选、首届世界顶尖科学家论坛、长三角科技论坛、科协学术年会、院士圆桌会议、科协大讲坛、东方论坛,等等。上海积极推动成立学会联盟等一系列科技联合体,至今拥有 200 多家市级学会,覆盖自然科学和工程技术各领域;同时,在上海市科协主管的近 40 家民非机构中,具有研发机构性质的就有 34 家,涉及生物医学、大数据、能源环境等领域。强大的组织网络资源和丰富细分的专业人才,为学科交叉融合和产业集群发展提供支撑,为产业技术创新、技术标准制定、成果转化、促进协同创新等方面发挥协调服务作用。

在接受调查的 1 355 位科技工作者中,跟不上知识更新速度、缺乏业务/学术交流、业务/科研活动时间不充足是科技工作者工作中的主要困扰。说明科技工作者对学术交流还存在的很大的需求(见图 292)。

为鼓励和支持学会培育具有国际影响力的学术交流品牌,上海市医学会每年举办各类学术活动 1 500 余场,其中东方论坛在学术界、科技界受到广泛认可;创设上海医学科技奖,促进高水平医学科技成果展示交流。上海市船舶与海洋工程学会精心打造的中国国际海事展,已经成为全球规模最大、最具影响力的海事专业展会。上海市化学化工学会聚焦奉贤重点产业,共建东方美谷研究院,加速科技成果转移转化。

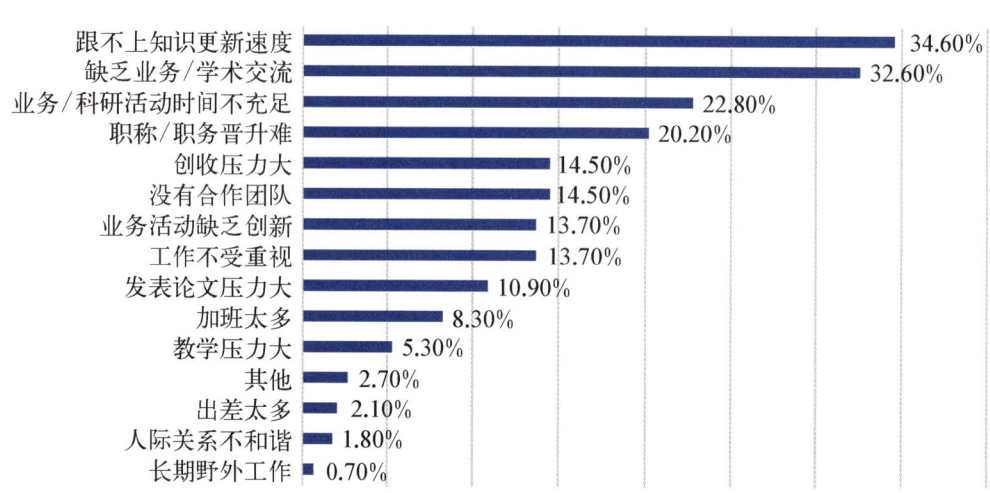

图 292　科技工作者在工作中遇到的主要困扰

数据来源：2019 上海市科协调查问卷整理

为增强创新策源能力，聚焦上海科创中心建设，上海市科协聚焦集成电路、人工智能、生物医药三大领域，成立专委会，更好发挥院士专家作用，在产业发展方向、战略定位、关键环节、人才培育等方面汇众智，解决集成电路主要卡脖子的难题，推动人工智能未来发展，助力生物医药转化应用，推动科研与企业、产业更加紧密结合。同时，联合市社团局，开展"建设与科创中心相适应的学会调研和能力提升"专题研究，主动发现和解决学会工作的痛点和难点。

学术交流高端化、科学普及大众化、创新服务精准化、人才举荐有效化、决策咨询科学化，上海积极搭建学会联盟科技联合体，聚焦上海科创中心建设，为科技工作者服务，建设好"科技工作者之家"。

3. 举办大型论坛及赛事活动，激发社会创新热情

为促进科技型中小企业创新发展，宣传创新创业人物，打造一批科技创业明星，激发全社会的创新创业热情，推动大众创业、万众创新，上海举办了多种类型面向不同主体的创新创业主体的国际国内大赛。如上海国际创新创业大赛、上海青年创新创业大赛、上海设计创新产品大赛、世界人工智能创新大赛、上海市青少年科技创新大赛等。其中上海国际创新创业大赛是上海市影响力最大、参与人数最多的双创赛事之一，由科技部火炬高技术产业开发中心、上海市科学技术委员会主办。上海国际创新创业大赛秉持着推进实施创新驱动发展战略，加快建设具有全球影响力的科技创新中心，加大对本市初创期及小微科技企业的扶持，营造"大众创业、万众创新"的创新生态环境的战略目标。

除了举办大型赛事之外，上海还积极举办国际型论坛。如浦江创新论坛、上

海金融科技创新论坛、上海城市发展创新论坛、中国国际工业博览会。浦江创新论坛自2008年创办以来,始终围绕创新主题,坚持国际视野、国家需要,致力于搭建创新发展交流平台、先进理念、传播平台,学界思想争锋平台和最新政策发布平台。服务创新驱动发展战略。以全球视野谋划和推动创新,已成为具有国际影响力的高层次国际创新论坛。

上海充分发挥中国国际进口博览会、浦江创新论坛、世界人工智能大会、中国上海国际技术交易大会等平台功能和溢出效应,建设全球科技创新产品首发地、新技术与产品展示体验中心。推进创新文化与城市空间功能融合发展,加快张江国家自主创新示范区、张江科学城等科技创新中心重要承载区建设,激发全社会的创新氛围和热情。

五、融会中西包容多元的创新文化建设

文化是卓越全球城市的核心功能之一,是上海营造创新氛围,构建创新生态的重要基石,是提升城市软实力的重要依托。上海聚焦服务长三角一体化发展战略,加强与长三角城市群协同协作,持续整合"红色文化""海派文化""江南文化"等具有上海特色的文化传统,将科技创新和文化建设相融合,逐步完善城市创新发展的文化基因,吸引全球科技工作者集聚,推动技术创新和产业融合,实现城市的创新发展。

(一)加强科研诚信建设,树立创新文化信念

1. 完善科研诚信制度,守住科技创新"生命线"

科研诚信是科技工作者实施科技创新的根本要求,通过完善科研诚信的制度体系,坚持堵疏结合、放管结合,进一步扩大科技创新的监管视野,从源头上治理科研失信的问题。2018年,中共中央办公厅、国务院办公厅印发了《关于进一步加强科研诚信建设的若干意见》(厅字〔2018〕23号),对完善科研诚信管理工作机制和责任体系、加强科研活动全流程诚信管理、推进科研诚信制度化建设、加强科研诚信的教育和宣传、查处严重违背科研诚信要求的行为、推进科研诚信信息化建设等方面指明了方向。2019年9月,科技部、中央宣传部、最高人民法

院等多部门联合发布关于印发《科研诚信案件调查处理规则(试行)》的通知,对科研失信行为做出了具体界定,进一步规范了科研诚信案件调查处理工作。发达国家围绕科研失信、科研不端行为制定了相应的政策措施。2000年12月,美国白宫科技政策办公室颁布了《关于科研不端行为的联邦政策》。2014年9月,日本发布了《对研究不端行为采取有效措施》。2015年,德国科学委员会于发布了《科研诚信的建议》。各国对科研机构、科研人员在实施科技创新过程中出现的科研失信、科研不端等问题制定了相应的预防、监督、检查和处罚措施,加强科研过程管理,进一步完善科研诚信体系。

2019年年初,上海发布了"科改25条",给予科技人才更多的科研自主权,这也给科技创新工作带来了更多的"灰色地带"。2019年8月23日,上海市科学技术委员会印发了《关于科研不端行为投诉举报的调查处理办法(试行)》(沪科规〔2019〕8号),对加强上海市科研诚信建设,健全预防与惩治并举的工作机制,营造诚实守信的科研环境提出了明确的意见措施,进一步明确了不端行为的界定、投诉举报的渠道、查处的规则和程序,以及对举报人和被举报人合法权益的保护等措施。科研诚信制度体系的持续完善,为科研工作者开展科技创新守住了一条"生命线",将进一步推进科研评价制度改革,完善科研诚信体系建设,释放科技创新动力。

在接受调查的1 355位科技工作者中,监督机制不健全、研究者不自律、处罚不严厉是当前产生学术不端行为的主要原因(见图293)。

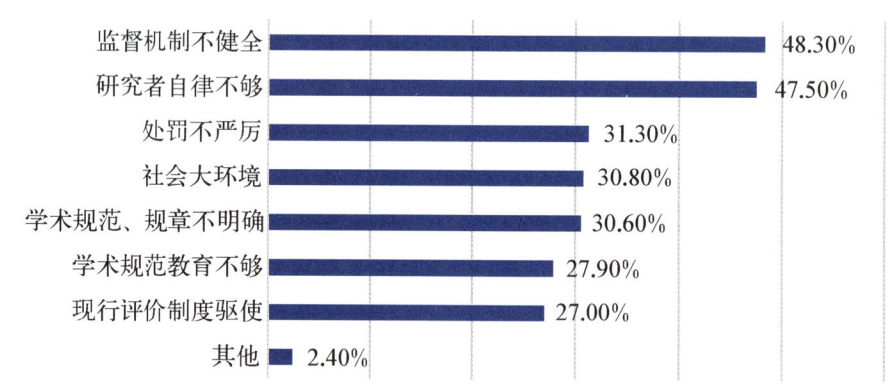

图293 造成当前学术不端行为的主要原因

数据来源:2019上海市科协调查问卷整理

2. 强化社会宣传教育,提升科技创新"控制力"

加强科研诚信制度、科研守信事迹和科研守信先进个人的宣传教育,进一步坚定科技工作者遵守科研活动规范,自觉将科研诚信作为开展科技创新的道德底线,持续增强科技工作者的科研失信"免疫力"。2011年,中国科协、教育部发布了《关于开展科学道德和学风建设宣讲教育活动的通知》(科协发组字〔2011〕38号)和《关于成立全国科学道德和学风建设宣讲教育活动领导小组的通知》(科协发组字〔2011〕39号)。为加强对宣讲教育工作的统筹协调,中国科协、教育部发起成立了全国科学道德和学风建设宣讲教育领导小组,中科院、社科院、工程院、自然科学基金会陆续加入,形成六部门协同、三级联动的工作格局。自2011年开始,全国科学道德和学风建设宣讲教育报告会每年举办一次,邀请老一辈科学家和部分杰出中青年科学家作道德学风报告,持续推进科学道德和学风建设宣讲教育。2019年6月,中共中央办公厅和国务院办公厅印发《关于进一步弘扬科学家精神加强作风和学风建设的意见》(以下简称《意见》),《意见》从宣传科学家精神、创新宣传方式、加强宣传阵地建设等方面对加强宣传,营造尊重人才、尊崇创新的舆论氛围作出了全面部署。

上海也一直致力于科学道德和学风建设宣传教育。2011年,上海市科协、市教委联合成立上海市科学道德和学风建设宣讲教育活动领导小组,统筹协调科学道德和学风建设宣讲教育。自2011年起,上海市科学道德和学风建设宣讲教育报告会每年组织一次,向上海科技工作者宣传遵守科学规范、坚守学术诚信、恪守科学道德、坚持科学精神的科研诚信信念。2012年,蒲慕明院士正式在中国科学院神经科学研究所开设了必修课程"科学交流、诚信与创新",这是国内科研诚信教育的首创,获得了科技工作者的一致好评。2019年9月,蒲慕明院士出席"科研诚信与创新"主题培训,并作了"科研诚信与创新"的主题报告,探讨了科研诚信的概念、规则和一些"灰色地带"现象,集中阐述了科研人员如何做负责任的科研,怎样处理科研诚信与创新的关系,以及如何面对科学探索的挑战等问题。为进一步加强科学道德的宣传,上海市科协持续开展"上海市科学道德和学风建设宣讲教育优秀组织单位、优秀项目案例奖"等评审,广泛宣传科技工作者和创新团队典型。通过国家、上海多个层面的宣传教育,引导广大科技工作者尊重科学、遵守科学道德的信念,提升广大科技工作者的科学道德"控制力",在全社会营造尊重科学、尊重人才的良好氛围。

3. 惩治科研失信行为,增强科技创新"免疫力"

科研失信行为源于追逐名利的利益驱动。要加大惩治科技工作者的科研失信行为的力度,全面治理各种违反科研诚信的不良风气和行为,实行终身追究,使失信者得不偿失。国外对科研失信行为绝不姑息。哈佛大学的终身教授Piero Anversa是国际医学界的绝对权威,但不少人质疑他学术造假。2014年,哈佛大学联合布莱根妇女医院发起了对Piero Anversa学术不端行为的调查。在被证实之后,哈佛大学撤回了其31篇学术论文,并且主动公布调查结果,震惊整个医学界。2009年,德国科隆检察机关公布了德国近100名涉嫌学术造假的教授名单,指控他们为不合格学生获得博士学位提供方便,最后,众多教授被判处3.5年有期徒刑。2014年6月,美国爱荷华州立大学前助理生物医学教授韩东构因伪造研究数据、提交不实报告以获得政府资助等联邦项重罪被起诉,最终获刑57个月,罚款720万美元,出狱后还要接受3年的管制。在国际学术界,一旦论文被证实有造假、剽窃等学术不端行为,所有的作者都必须共同承担责任。哪怕是名牌大学校长、诺贝尔奖获得者,都将断然引咎辞职。

近年来,我国对科研失信行为也越来越重视。2011年9月,王志国教授因学术论文造假,已被加拿大蒙特利尔大学心脏病研究所革除科研权力。2015年,中国科研界发生过一件大丑闻,117篇论文因为造假等原因被国际知名出版集团集中撤稿,其中28篇与国家自然科学基金会项目有关。2018年,多部门联合发布《关于对科研领域相关失信责任主体实施联合惩戒的合作备忘录》(发改财金〔2018〕1600号),明确科研领域失信行为责任主体将面临43项联合惩戒,进一步建立健全科研领域失信联合惩戒机制,构筑诚实守信的科技创新环境。2019年出台的《科研诚信案件调查处理规则(试行)》更是明确篡改研究数据、买卖论文、违反科研伦理规范等均属于违背科研诚信要求的行为,通过对科研失信人员采取诫勉谈话、通报批评、暂定或终止财政资助、撤销学术奖励和荣誉称号、取消已获得的院士等高层次专家称号等多种方式重拳出击。2019年,上海发布的《关于科研不端行为投诉举报的调查处理办法(试行)》,进一步加强了上海市的科研诚信建设。

进一步加强科研失信、学术造假事件的惩处力度,是完善科研诚信体系的重要组成部分,更需要从前端治理到后端处理形成常态化的监管体系。要从机制上约束和规范科技工作者和相关机构的行为,从源头上预防和遏制科研和学术腐败,营造良好学术环境,弘扬学术道德和科研伦理。

(二)强化"协同创新"策略,完善创新文化机制

城市经济的发展离不开科技创新,产业及企业的生存也依赖着创新,协同创新成了经济加速发展的助推剂。近年来,上海在基础研究、技术创新等领域的投入持续增加,科研院所、高等院校、学术学会、社会团体、科技企业、服务机构等紧密协同,推进各创新资源协调联动,提升城市整体创新效能。随着上海加快建设卓越全球城市,推动落实长三角区域一体化发展国家战略,上海更需要加快"上

海文化"品牌的塑造,营造良好的创新文化机制,引领长三角区域"协同创新"发展,致力于提升城市群能级和核心竞争力。

1. 以科创中心建设为抓手,建立需求驱动的协同创新链

中美贸易战爆发以来,国际经济环境、政治环境等变化不仅带来了新的挑战,更带来了重大的机遇。2019年,上海正式出台《关于进一步深化科技体制机制改革增强科技创新中心策源能力的意见》,聚焦科技创新体制机制改革,全面提升科技创新策源能力,在全球创新网络中发挥关键节点作用。着眼于突出更高程度的开放和更加公平自由的市场的角度,发挥市场配置资源作用,促进政府、科研机构、高等院校、社会组织、科技企业的创新资源有效整合,主动克服创新动力机制不够开放,创新要素流动不畅、科技资源共享缺乏等因素,促进科技、人才、资源的高度融合,实现科技创新的多维度融合发展。美国旧金山湾区是全球最重要的高科技研发中心,云集了成千上万家高新科技企业。"硅谷"是湾区典型代表,科技工作者密度居全美之首,基于创新的就业岗位所占比重超过美国其他地区。旧金山湾区构建了高等院校、服务机构、风险投资、科技企业、政府"五位一体"的创新生态体系。政府重视与高等院校、科技企业的合作,从政策制定、环境营造等多个方面鼓励科技创新活动,始终坚持市场导向,推动了科技产业链的发展。高等院校注重科学研究,持续为湾区输出新鲜的科技创新血液。高科技企业始终关注市场变化,时刻掌握最新的市场需求。依托产业联盟计划将服务机构、科研机构、高等院校等资源有效整合,鼓励高校科研人员在外创新创业,推动学术研究的产业化进程。创新生态体系的构建,充分调动创新主体的积极性与创造性,对区域经济发展、资源配置、成果转化、人才流动等方面起到重要作用。

上海积极发挥市场和社会的影响力,依托社会组织、学会积极营造创新文化氛围,夯实科技创新生态体系的根基。院士专家工作站是上海市科协服务企业创新和人才培养的新型产学研合作平台,截至2019年9月,全市共建立院士专家工作站(含服务中心)390家,进站工作的院士专家共1 856位,其中院士203位;签订产学研合作项目2 240项,攻克关键技术难题3 105项,获得专利7 837项,获得国家级和省部级科技奖411个,研发的新技术新产品为企业创造效益达370亿元。上海市科协与市委组织部联合共建"院士风采展示馆",集中展示近300名院士的精神风范和科技成就,年度参观人次达16万。打造"时尚科技之窗""科学发明与发现艺术长廊"等,宣传中外著名科学家,展示世界科技前沿成果。建成并运营上海科技影城,为科技工作者播放科技资料片,向市民开放科技电影公益专场。举办科学会堂草坪音乐会9场,参加的科技工作者达7 000余

人次。推动科协组织向基层延伸。大力推进园区科协和企业科协组织建设,建立园区科协28家,企业科协136家。学会是科技工作者沟通和联系的纽带。上海市医学会、上海市土木工程学会、上海市公路学会、上海市化学化工学会、上海市标准化协会等49家学会、协会承接政府转移职能和社会化服务项目174个。城市与交通科学、生命科学学会联盟的成立,促进科技工作者跨学科、跨领域交流合作。

上海在高等院校、科研院所、重点产业、科技企业和科技工作者等方面已经有较好的基础,市场和社会组织应更加主动发挥创新文化的融合作用,加强创新资源和要素的运用与共享,发挥各自比较优势并进行不同形式的协同,特别是通过协会学会发挥建立起高效的产学研合作平台,引导科研院所、高等院校、科技企业、科技工作者以更加开放的姿态进行合作交流,以市场需求来引导科技创新,引导人才集聚,构建完成的科技创新链条。

在接受调查的1 355位科技工作者中,12.7%的科技工作者认为产学研之间的协同创新非常好,51.4%的科技工作者认为产学研之间的协同创新比较好。同时,有30%科技工作者认为产学研之间的协同创新一般(见图294)。

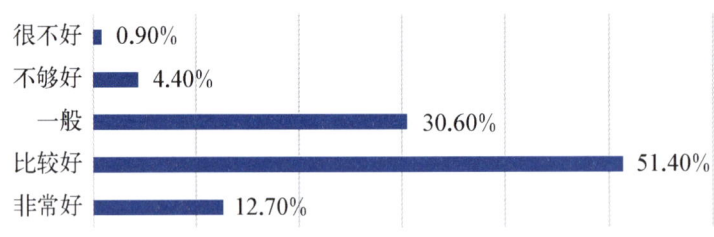

图294　产学研之间的协同创新

数据来源:2019上海市科协调查问卷整理

2. 以长三角一体化为驱动,合理配置区域科技创新资源

在经济全球化的浪潮之下,国际形势发生重大变化,长三角区域一体化发展上升为国家战略,是中国经济新常态的必然选择。上海建设具有全球影响力的科创中心,集聚全球创新资源,依托科研平台、科研环境、人才资源等方面的优势,引导并推动长三角区域科技协同创新。上海、江苏、浙江、安徽四地的发展基础和现实条件各不相同,应根据各地特色和差异有针对性地进行产业链的分工合作,以国际视野来构建特色化的区域创新生态。充分发挥创新生态在配置区域科技创新资源,增强区域科技创新竞争力,带动区域社会经济融合,打造长三角科技创新城市群,促进区域整体协同水平和区域竞争力的提升。长三角地区协同创新指数总体得分从2010年的100.00分(基期)增长到2017年的178.91

分,年均增长8.67%,长三角区域协同创新水平稳步提升。① 从大型仪器共享情况来看,截至2019年10月,"长三角区域科技资源共享平台"聚集了长三角三省一市的2423家服务机构,总价值超过360亿元。集聚包括上海光源等在内的重大科学装置19个,国家级研发基地344家,加工梳理了15700余条仪器检验检测的服务项目,整合国内外标准160万余条。② 从长三角地区科研人才流动来看,随着科研合作不断深化,人才流动成为重要联系纽带。2019年首届长三角一体化创新成果展集中展示长三角科技创新成果的"大窗口",也是有力推动科技知识普及传播、创新成果转化交易的"大平台",加快建设长三角科技创新共同体,促进区域创新资源高效流动和优势互补(见图295)。

图295 长三角大型仪器共享数

数据来源:长三角科技资源共享服务平台

近年来,上海与长三角省市持续加强区域创新合作,共建创新服务体系,共享科技设施资源,基本形成了全方位、立体化的长三角创新协同体系。这不仅成为上海科创中心建设的重要支撑,也为长三角更高质量一体化发展提供了强有力的引擎。长三角区域内跨省域合作国内发明专利申请量,从2010年的357件增长到了2017年的1671件,7年间增长近5倍,参与跨省域合作城市从2010年的31个增长2017年至37个。③ 其中,沪宁、沪杭、杭宁成为技术合作主要通道,在空间上构成技术合作"三角"枢纽地带。由上海、江苏、浙江、安徽四地科协联合主办的长三角科技论坛已连续举办16届。论坛为四地的科技工作者提供了分享交流、学术研讨、建言献策于一体的综合性交流平台,直面科技与产业发

---

① 数据来源:《2019长三角一体化区域协同创新指数》。
② 数据来源:长三角区域科技资源共享平台。
③ 数据来源:《2019长三角一体化区域协同创新指数》。

展需求,充分交流分享学术思想和成果,探讨科技前沿新知,加速形成更加紧密的区域发展共同体。2019年三省一市科协共同签署《关于服务长三角一体化发展战略合作框架协议》,着力打破影响科技要素流动的地方保护、部门壁垒、条块分割,破除制约创新主体活力的各类"弹簧门""旋转门",积极开放各地各级科技资源,实现跨区域科技项目共建共享。

行业协会商会是社会组织的典型代表和社会团体的中坚力量,是市场经济要素中的重要组成部分,是长三角一体化融合发展的重要推动力。2018年,"发挥行业协会商会作用、助推长三角一体化发展"论坛在浦东举办,来自浙江、江苏、安徽及上海的专家学者及行业协会代表就行业协会商会在长三角一体化发展中的政策参与、角色定位、功能发挥、服务创新以及产业布局优化、营商环境优化等主题开展研讨交流,营造长三角良好的创新环境,进一步推进行业标准一体化、国际化,助推重点领域产业融合发展。

当前,长三角区域一体化发展已经上升为国家战略,长三角协同创新站上了新的历史起点。长三角一体化发展要突出全球视野,以世界格局、开放包容、多元共存的姿态主动参与国际科技竞争、人才竞争。进一步完善区域科技服务平台,加快长三角区域协同创新的体制机制对接,整合创新资源,实现创新要素高效流动,提升长三角区域的整体科技创新氛围。长三角区域整体的经济实力、创新能力较强,但跨区域政策相对较少,创新资源、人才资源相对分散,使得创新资源和科技人才流动存在一定的障碍。要全面实现长三角一体化发展战略,需要进一步打造跨区域的创新联盟以及创新协同中心,建立和完善覆盖长三角区域的政策互通、资源共享、人才流动机制,促进科技资源、科技人才的高效流动,创新资源得到合理配置,创新功能实现互补协作。根据长三角区域经济发展基础和差异,围绕自身发展特色打造重点产业,差异化布局产业发展方向,减少同质化竞争,鼓励长三角各地围绕重点产业、技术领域组建一批跨区域产业技术创新联盟,加快推动共性关键技术攻关,通过长三角一体化共享平台,实现产业链、创新链上下游的协同创新,提升长三角区域重点产业的国际竞争力。

3. 以全球卓越城市为目标,全面融入全球科技创新网络

面向未来,上海加快建设"五个中心",持续提升上海城市能级和核心竞争力,全球影响力不断扩张。2018年,《上海市城市总体规划(2017—2035年)》(简称"上海2035")正式发布,明确提出到2035年把上海建成"卓越的全球城市"。构建开放共融的创新生态体系,是上海打造"卓越的全球城市"重要的推进器。上海作为长三角区域一体化战略的"龙头",需要以更加开放的姿态融入全球的

科技创新网络,将上海乃至长三角区域纳入世界经济发展的重要节点,不断提升其国际化发展水平和国际影响力。中国国际进口博览会、浦江创新论坛、中国(上海)国际技术进出口交易会、上海国际工业博览会等重大国际性科技交流活动,持续提升上海科技创新的国际影响力,打造国际化科技创新思想交流、互动的平台,增强上海在全球创新链中的重要作用。

营造更加开放自由的学术交流氛围,吸引全球智力集聚。上海始终心怀国际视野,紧扣全球影响力,代表国家发起国际大科学计划,为应对人类所面临的共同挑战贡献智慧。2018年,由上海科学家倡议发起的"人类表型组"国际大科学计划,得到16个国家科学家的认同和参与。预计2020年,上海将代表中国正式宣布发起"人类表型组计划"。此外,由上海科学家发起并主导的"全脑介观神经联接图谱""全基因组标签计划"等国际大科学计划前期准备工作也在加快推进。推动国际大科学计划,吸引更多的全球科学家参与,增强上海在国际学术界的影响力和话语权,进一步确立上海在国际科技创新网络中的重要节点。2019年10月,世界顶尖科学家协会上海中心正式揭牌,并向全球发布世界顶尖科学家科学社区方案。协会将建立国际联合实验室,打造具有产业转移转化能力的科学"基地",支持全球的年轻科学家和基础科研的发展。目前,已有多名获诺贝尔奖的顶尖科学家加盟该基地,项目涉及生物医药、人工智能、新能源、新材料、量子科学等前沿科研领域。"世界顶尖科学家论坛(World Laureates Association Forum)"是由世界顶尖科学家协会发起的论坛,每年10月底,邀请一批诺贝尔奖、沃尔夫奖、拉斯克奖、图灵奖、麦克阿瑟天才奖等全球顶尖科学奖项得主与中国两院院士科学家、全球顶尖青年科学家共同讨论人类当前与未来面临的科技挑战、人类命运的可持续发展等宏大主题,聚焦基础科学和源头创新,发布最顶尖科技成果与思想理念,打造具有全球影响力的国际科学交流平台。2018年首届世界顶尖科学家论坛吸引26位诺贝尔奖得主,9位沃尔夫奖、拉斯克奖、图灵奖、麦克阿瑟天才奖等世界著名学术奖项获得者出席。2019年第二届世界顶尖科学家论坛吸引44位诺贝尔奖获得者和21位图灵奖、沃尔夫奖、拉斯克奖、菲尔兹奖得主出席。世界顶尖科学家论坛强调开放、合作和科技共同体的观念,推动上海学术交流国际化和高端化,进一步增强上海的科技创新能力。

学术期刊是学术交流和传播的重要平台,是科学评价、学术交流、文化传承的主要载体,也是创新成果积累和科技竞争力的重要标志。近年来,上海学术期刊高速发展,打造了一批有国际影响力、领跑全国的品牌学术期刊。据统计,上海共有56种社科学术期刊被收录为CSSCI(2019—2020)核心期刊(总568种),

收录数量位居全国第二;上海现有35种英文期刊中,18种被SCI收录,8种进入Q1区,Q1区数量占国内所有被SCI收录期刊的44%。截至2019年3月,EI数据库共收录中国期刊225种,其中有32种上海科技学术期刊被收录,包括23种中文期刊和9种英文期刊,占比处于全国领先地位。[①] 虽然部分学术研究已在国际上形成了一定的影响力,但如中医药临床研究、中医药文化等具有中国传统特色的学科领域与国外的研究理论和方法有所不同,相关的学术研究很难在具有国际影响力的学术期刊上发表。科技工作者需要在具有国际影响力的学术期刊上发表论文,引导更多的科技工作者在相应的学科领域开展研究。但目前国内的学术期刊影响力还不足以让更多的科技工作者参与研究,势必会造成相关领域研究的没落。加强传统文化和科技创新相融合,营造具有中国特色的创新文化,支持和鼓励中医药等行业协会、学术期刊的发展,打造具有国际影响力的社会团体和学术期刊,引领学科的融合发展。

(三)突出"原始创新"导向,浓厚创新文化氛围

原创水平是评价一个国家或一个地区科技创新水平和实力的最重要的标志之一。上海深入实施创新驱动发展战略,加快建设具有全球影响力的科创中心以来,大飞机、量子卫星、"蛟龙号""克隆猴"等重大科技成果持续涌现,"GV—971"取得重大突破,上海在原始创新方面已然走在了全国的前列,但与全球卓越城市相比还有一定的差距,生物医药、集成电路、人工智能等重点产业领域的核心技术更多被美国等发达国家所"垄断",这就迫切需要上海加快从"模仿创新""引进消化吸收再创新""集成创新"转向"原始创新",主导基础学科、重点产业的发展发现,为全球科技创新提供"上海方案"。

1. 提升创新策源能力

从全球科技竞争的领域来看,全球各国纷纷将科技创新的目光聚焦在人工智能、先进制造业、半导体、量子信息科学和5G等决定未来经济发展的关键技术上,在以上领域具有优势的国家开始对本国的技术实行保护主义。由于中国科技创新起步较晚,在新兴战略性科技创新的核心的底层技术仍然存在较大短板,如半导体上游基础配件均依赖进口。从中兴事件到华为事件,利用科技优势对中国进行打压的事件屡见不鲜。随着全球针对科技创新的竞赛愈演愈烈,中国科技创新正面临着巨大的挑战。[②] 严峻的全球科技竞争态势,倒逼中国科技

---

① 数据来源:《上海期刊发展报告2019》。
② 《2019中国创新生态发展报告》。

创新需要更多的"硬科技""核心技术""原始创新",才能在未来的科技创新中百舸争流,弯道超车(见图296)。

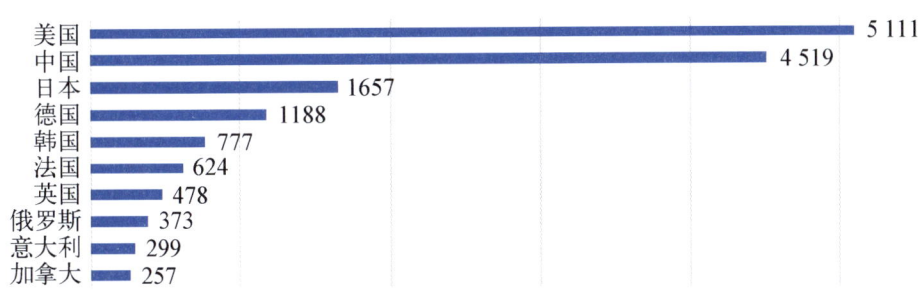

图296　2018年研发投入排名前十的国家(亿美元)

来源:UNESCO

2019年年初,上海发布"科改25条",这为深化科技体制机制改革,解除科研院所、高等院校、科技企业等创新主体的束缚,提升创新策源能力提供了政策指引。张江综合性国家科学中心是国家创新体系的基础平台,通过前瞻性研究、原创性研究、基础性研究,引领原创成果的重大突破。李政道研究所、国际人类表型组创新中心、量子创新中心、国际灵长类脑科学研究中心、上海脑科学与类脑研究中心、上海交大张江科学园、复旦张江国际创新中心等一批一流科研机构和创新平台的建设和运行,进一步增强上海科学研究领域的创新策源力。2017年,中国科学院神经科学研究所成功攻克了体细胞克隆猴这一世界性难题,为建立脑图谱研究工具猴和脑疾病模型猴提供了核心技术,为我国科学家在"全脑介观神经联接图谱"国际大科学计划中取得主导地位奠定了基础,标志着我国在非人灵长类研究领域实现了由"并跑"到"领跑"的转变。在"2018年度中国科学十大进展"评选中,"基于体细胞核移植技术成功克隆出猕猴"和"创建出首例人造单染色体真核细胞"两项成果出自上海科学家团队,并以高票位列前两名。2018年,上海科学家在国际权威期刊《科学》《自然》《细胞》上共发表原创论文85篇,占全国总量的32.2%。

人才是科技创新的第一资源和原动力。近年来,上海通过打造创新生态、完善人才战略、提升创新策源能力,吸引更多的国内外人才集聚,在更多的研究领域实现了从0到1的突破,填补国内空白的重大原创性成果,解决"卡脖子"的难题。

在接受调查的1355位科技工作者中,41.7%认为原创性科技成果少是当前科技领域存在的最为突出的问题,排在所有问题的首位。科技工作者对原创性的研究和成果的关注比以往任何时候都要高(见图297)。

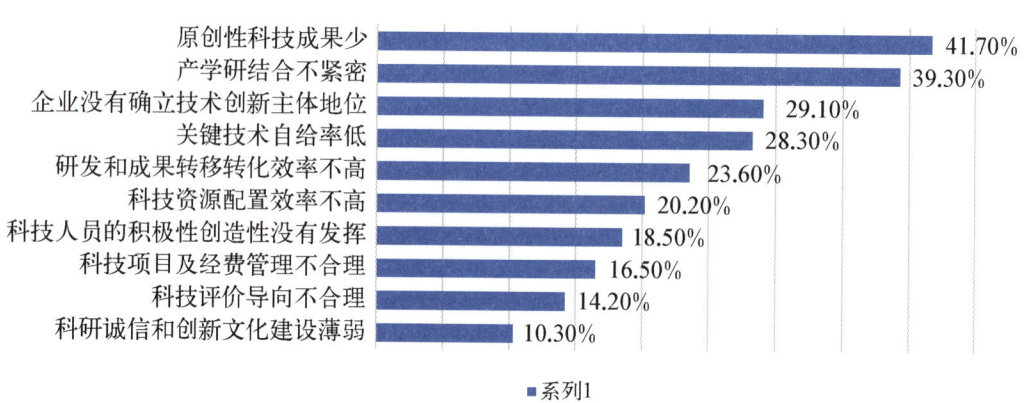

图297　当前科技领域存在的突出问题

数据来源：2019上海市科协调查问卷整理

2. 完善人才评价体系

长期以来，我国的人才评价主要由政府相关部门邀请的专家为主要评价人员，以政府相关建设项目成果为主要评价依据。分类评价不足、评价标准单一、评价手段趋同、评价社会化程度不高、用人主体自主权落实不够等问题长期存在，无法准确地对人才的业绩和能力作出评价。2019年6月，《关于我市分类推进人才评价机制改革的实施方案》出台，为分类健全人才评价标准、改进和创新人才评价方式提供了政策依据。上海作为国际化大都市，人才评价需要积极对标国际通行的做法和规则，鼓励人才自由流动，吸引更多高层次人才集聚。下放人才评价主体，减少政府对科技人才评价的干预，努力把权和利真正放到市场主体手中。下放人才评价主体。上海市科技精英、上海青年科技英才是由上海市科协评审的。上海市科技精英已评选16届，每两年一届，每届当选的上海市科技精英及提名奖获得者分别不超过10名。上海青年科技英才评选每两年一届，已评选九届。从第七届起，对科技人才按照基础研究类、成果转化类和企业创新类进行分类评选，每类青年科技英才不超过10名，总计不超过30名。2019年11月，来自生命科学、数学物理学、天文和地学、化学新材料、信息电子、能源环保、先进制造、交通建筑、前沿交叉9大领域的50位获奖青年科学家荣获首届科学探索奖。该奖项是由腾讯、北京大学等共同发起，面向基础科学和前沿技术领域，面向45岁以下的青年科技工作者。上海市科技精英、上海青年科技英才、科学探索奖等人才称号和奖项都是由非政府组织发起的人才评价评审，更多采用社会组织、用人主体对人才进行客观评价，保证公平公正公开。积极发挥行业组织、学会在人才评价中的积极作用。行业组织、学会代表着某个行业、研究领域的社会性、自发性组织，对行业产业的发展和研究领域的突破起着引导作用，聚集了大批相关行业和领域的科学家、高端人才,团结科研院所、高等院校、科技企业等用人主体,他们比政府机构更加懂得产业行业、研究领域发展需要什么样的人才,缺乏什么样的人才,需要进一步推动行业组织、学会制定人才评价指标,分类别、分层次、分阶段开展人才评价。如此率先在集成电路、人工智能、生物医药等战略新兴产业领域推动有领军企业行业协会等牵头制定人才评价标准,对今后的人才评价,让用人主体、让行业发挥专业作用。

在接受调查的1 355位科技工作者中,以科研绩效评价为主,忽视质量和潜力指标、人才评价的社会化和市场化机制不健全、科技人才的分类分层评价还不完善、评价手段较为单一是科技工作者认为的目前科技人才评价存在的主要问题(见图298)。

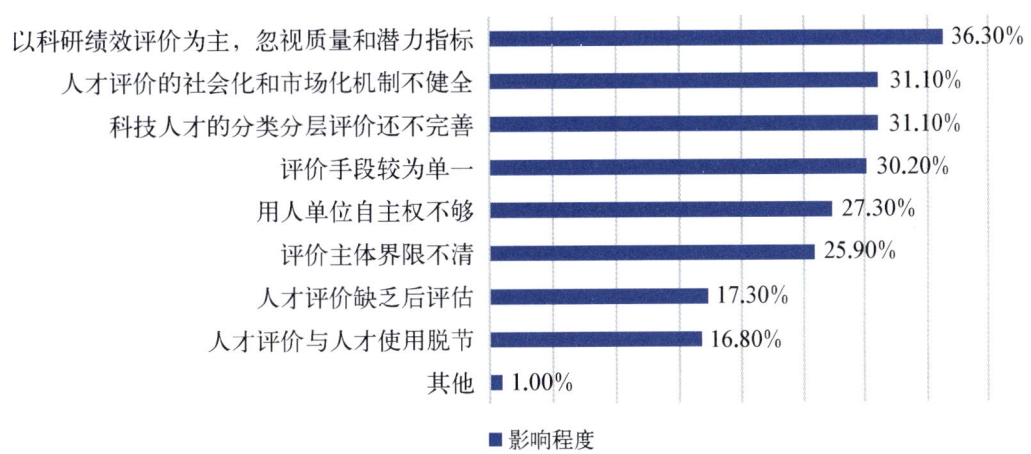

图298　目前科技人才评价存在的主要问题

数据来源:2019上海市科协调查问卷整理

3.营造科学探索氛围

创新文化的实质是思想解放。创新文化能为科技工作者营造一个追求卓越、求真求实、勇于创新和敢于质疑的氛围,营造一个支持创新、保护创新和鼓励创新的良好外部环境。硅谷一直是全球科技创新的集聚地,云集全球顶尖的科技企业和科技人才。硅谷独特的创新文化,吸引着全球科技精英集聚在这里。一是敢于创新。一个创新的社会应该抱有随时接受新思想、新事物的开放心态。科技工作者更应该主动创新、敢于创新,让创新文化深入人生观和世界观。二是挑战权威。美国教育鼓励"敢于质疑,挑战权威",培育学生的"叛逆精神",始终保持"质疑"的信念开展科技创新。"八叛逆(the Traitorous Eight)"是硅谷发展史上最有名的人物,他们对导师肖克利(1956年度诺贝尔物理学奖得主)的管理、商业化及性格等方面产生了质疑,并选择了集体离开,后共同创立了仙童公司,进而衍生出英特尔等著名企业。三是宽容失败。硅谷甚至美国都推崇"Just do it"理念。在科技创新过程中,最可怕的不是失败,而是害怕失败。硅谷的投资家们有一个流行的看法,即失败三次以上的创业者最值得投资。在硅谷投资者眼中,创新者从每一次失败之中获取了经验,都是一次成功的试错。四是多元共融。来自世界各地的创业者们聚集在这里,经常去参加各种各样的活动,和不同肤色、不同宗教信仰、不同学科背景但同样怀有创新梦想的人们积极开展交流。

在接受调查的1 355位科技工作者中,仅有11.4%的科技工作者认为宽容失败的氛围非常好;80%的科技工作者认为宽容失败的氛围比较好、一般。说明科技工作者对目标的宽容失败的氛围还有一定的期待(见图299)。

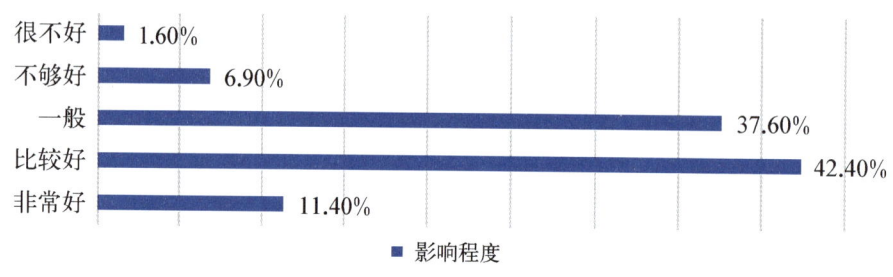

图299 宽容失败的氛围

数据来源:2019上海市科协调查问卷整理

上海建设卓越全球城市,构建创新文化环境,应积极发挥社会团体、学术学会、科技企业的作用,营造敢于创新、敢于质疑、宽容失败、多元共融的科学探索氛围。重视科学普及。全国科普日由中国科协发起,全国各级科协组织和系统举办的各类科普活动。2019年上海市"全国科普日"共汇集3 761项科普活动。科普展、大咖科普讲座、科普影片赏析、科普舞台剧、科普现场秀等活动精彩纷呈,让更多的青少年走出课堂,了解前沿创新,动手参与创新,感受创新的激情。上海市科协积极推进上海国际科普产品博览会和上海国际科学与艺术展双展联动,办好上海科协大讲坛、"解读科学类诺贝尔奖"等品牌科普论坛及上海科普电影周,促进科普国际化,提升科普的影响力,从小培育青少年的创新精神。加强观念培育。加强基础教育中"敢于质疑、宽容失败"精神的培育,破除传统教育思维理念,树立强烈的开放意识,提倡敢为人先、敢冒风险的精神。

在接受调查的1 355位科技工作者中,12.3%的科技工作者认为科技社团提供的交流机会非常好;47.2%的科技工作者认为科技社团提供的交流机会比较好;35.4%的科技工作者认为科技社团提供的交流机会一般。上海的科技社团、社会组织、学术学会需要参与到科技工作者开展科技创新的过程中,为科技工作者提供更多交流学习的机会(见图300)。依靠社会组织、单位自身开展学术交流、协同创新、学术论坛等,鼓励科技工作者碰撞创新火花,敢于对已有的科技创新提出质疑。支持青年人才。引导社会组织、科技企业加强对青年科技工作者的培育,让青年科技工作者走上科技创新的前台,发挥青年科技工作者的创造力。任何一个科技创新、技术突破都需要创新文化作支撑,构筑开放多元共融的创新文化环境将推动上海建设卓越全球城市建设的进程。

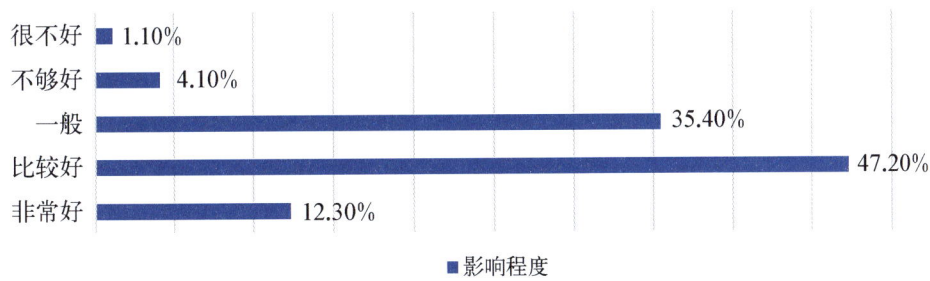

图 300　科技社团提供的交流机会

数据来源:2019 上海市科协调查问卷整理

分报告三
政策保障篇
(科技工作者成长舞台与政策体系)

一、科技人才发展的政策评析

科技人才政策是指国家机关、政党及相关机构在一定时期内采取的涉及科技人才队伍培养、引进和管理等活动的一系列法令、措施、办法、条例的总称,既包括专门针对科技人才的政策,也包括科技体制改革、高等教育等政策中涉及科技人才的政策。党中央一直高度重视科技创新和科技人才发展工作,不断强化顶层设计和系统部署。上海及兄弟省市围绕中央人才工作决策部署,扎实推进改革,不断创新科技人才体制机制。

(一)国家层面科技人才政策评析

1. 我国科技人才政策发展历程

改革开放以来,科技人才政策始终围绕经济社会发展需求,聚焦国家重大战略,历经恢复与重建期、调整建立期、改革成型期、创新突破期四个阶段。

第一阶段:科技人才政策恢复与重建期(1978—1992年)。1978年"全国科学大会"上提出"科学技术是生产力""知识分子是工人阶级的一部分""四个现代化建设的关键是科学技术现代化"等论断,成为当时恢复、制定各项人才政策的依据。**一是政策的恢复与建立**。党的十一届三中全会后,知识分子的工人阶级属性重新得到社会认可,国家恢复了高考制度、建立科技奖励制度、学位制度、知识产权制度,调整了留学生管理政策,实施职称评审制度等,科技人才政策在拨乱反正的基础上向着正确的方向转变。**二是着手开展科技体制改革**。1984年实行经济体制改革之后,国家先后下发了《关于科学技术体制改革的决定》(1985年)和《关于进一步推进科技体制改革的若干决定》(1987年),中国开始放宽放活科技人员管理政策,鼓励科技人才将研究与生产相结合,朝着服务经济改革的方向发展。由于路径依赖,这一阶段的科技人才政策摆脱不了"计划"思维束缚,且单一的政策制定主体单纯依靠行政手段和指令性计划,导致科技人才政策创新不够、激励不足。

第二阶段:科技人才政策调整建立期(1993—2002年)。随着中国社会主义市场经济体制改革目标的确立和科教兴国战略的提出,人才的重要性开始凸显,科技人才政策发生新的变化。**一是科技人才政策法规不断完善**。先后颁布了

《中华人民共和国科学技术进步法》(1993年)、《深化科技体制改革实施要点》(1994年)、《关于加速科学技术进步的决定》(1995年)三项重要的科技体制改革文件,科技人才管理开始有法可依,科技人才政策的制定也有章可循,科技人才队伍建设开始步入依法(章)办事的新阶段。**二是科技人才政策实施对象转向加强高层次人才队伍建设,并形成分层次、多渠道培养优秀人才的工作体系。**1995年全国科技大会提出"科教兴国"战略,围绕培养和选拔高层次科技人才目标,国家先后设立院士制度,建设高校创新体系,启动"211工程""985工程",并以多种形式吸引留学人才回国。**三是面向市场需求调整人才政策。**《关于加强技术创新,发展高科技,实现产业化的决定》(1999年)等政策的颁布,引导技术开发类研究机构实现企业化转制,鼓励科研人员从事科技成果商品化、产业化工作,不断调动科技人才的积极性、主动性。这一阶段在探索科技发展规律和市场经济运行规律的基础上,科技人才政策的管理思路、管理手段发生了转变,具备了一些适应社会主义市场经济发展的新型特征,科技人才政策体系框架初步搭建。

第三阶段:科技人才政策的改革成型期(2003—2012年)。基于知识经济时代全球科技人才激烈竞争的实际,中国对人才发展规律的认识有了重大突破,将"人才工作"上升到"强国战略"高度。在以"人才发展规划"为主要政策工具的指引下,人才政策进入了全面展开、整体推进的新阶段。**一是注重科技人才资源开发的顶层设计和规划。**《中共中央、国务院进一步加强人才工作的决定》(2003年)确立了人才强国战略和"党管人才"的原则;2010年、2011年分别颁布了《国家中长期人才发展规划纲要(2010—2020年)》《国家中长期科技人才发展规划(2010—2020年)》,对科技人才发展目标规定得更明确,人才队伍建设任务更具体,人才管理体制机制改革措施更具针对性。**二是建设"创新型国家"、培养"创新型科技人才"成为各项科技人才政策的宗旨和导向。**根据2006年党中央、国务院发布的《国家中长期科学和技术发展规划纲要(2006—2020年)》要求,中组部等相关部门分别牵头组织开展海外高层次人才引进计划、"2011计划""百千万人才工程"国家级人才选拔,相关部委围绕纲要先后发布了99条配套政策,共同推进高层次人才的引进与培养。**三是"人才管理改革试验区"的先行先试。**根据《国家中长期人才发展规划纲要(2010—2020年)》精神,2010年,北京中关村、广州南沙、深圳前海、珠海横琴四个人才管理改革试验区成立。这一创新性的制度安排促进了人才与政、企、学、资等市场主体的有机融合,加快了科技人才发展体制机制的深入改革。

第四阶段:科技人才政策的创新突破期(2013年至今)。党的十八大以来,把人才资源开发放在科技创新最优先的位置。这一阶段科技人才政策以人才发展体制机制深化改革为实施关键。**一是强调科技人才工作的新定位、新要求和新作为**。党的十九大立足中国特色社会主义进入新时代的新要求,提出人才是"赢得国际竞争主动的战略资源",要实施更加开放、有效的人才政策,构建具有全球竞争力的人才发展制度体系。**二是以问题为导向,深化人才发展体制机制改革**。在中共中央印发《关于深化人才发展体制机制改革的意见》的指导下,着手突破人才发展工作中长期存在的难点问题。**三是人才创新生态环境建设被提到重要位置**。鼓励人才创新创业的生态环境,既需要健全、严格的知识产权保护,公平的商业规则和创新的科技成果转化机制,也需要诚实守信、敢为天下先的社会环境。

2. 国家出台的主要科技政策

习近平总书记深刻指出,**发展是第一要务,人才是第一资源,创新是第一动力**。从科教兴国到人才强国、再到创新驱动发展战略,党中央一直高度重视科技创新和科技人才发展工作,不断强化顶层设计和系统部署。

一是科技人才培养政策。我国人才培养政策主要包括青年科技创新人才培养、国内高层次创新人才培养以及领域专业技术人才培养,初步形成了针对不同阶段,接力式的人才培养计划支持体系。**以人才计划与工程作为培养、支持和凝聚人才的重要抓手**。2010年出台《国家中长期人才发展规划纲要(2010—2020年)》,面向国际国内两种人才资源,启动实施了以"创新人才推进计划""青年英才开发计划""高素质教育人才培养工程"等为代表的12项重大人才工程。随后推出实施的国家高层次人才特殊支持计划、教育部推进的"长江学者计划"等,以及其他部门、行业协会针对特定产业人才的各类计划,共同构建了我国符合人才成长规律、覆盖人才成长全周期的人才计划与工程。**大力培养支持青年科技人才成长**。为更好培养青年科技人才,我国设立了专门面向青年人才的计划、工程。例如,1994年开始实施的"国家杰出青年基金支持计划"、2010年开始实施的"青年英才开发计划""国家优秀青年科学基金项目"等。同时,我国各类科技奖励和科研资助中都设有针对青年科技人才的项目。这些计划涵盖的年龄面从35岁到45岁不等,资助金额20万~500万元不等。2015年,科协启动"青年人才托举工程",旨在帮助青年科技人才在创造力黄金时期做出突出业绩,努力成长为品德优秀、专业能力出类拔萃、社会责任感强、综合素质全面、具有国际视野的学术技术带头人,成为国家主要科技领域高层次领军人和高水平创新团队的重要后备力量。**不断完善高层次人才支持政策**。2012年中组部实施"国家高层次人才特殊支持计划"、2017年中共教育部党组印发了《关于加快直属高校高层次人才发展的指导意见》,按照中央对人才发展体制机制改革的总体部署等人才计划、工程，积极响应创新驱动发展战略对高层次人才的需求，提出了营造良好人才发展政策环境的具体办法，激发高层次人才创新创造创业活力。**加强对紧缺领域专业技术人才培养**。我国紧缺领域专业技术人才培养政策的制定，紧跟国家产业发展及企业需求，形成了政府调控、院校引导、单位吸引、学生自愿的培养机制。**弘扬科学家精神，加强科研人员作风和学风建设**。2018年5月，国务院办公厅发布《关于进一步加强科研诚信建设的若干意见》，对进一步推进科研诚信制度化作出部署。2019年6月，科技部发布《关于进一步弘扬科学家精神加强作风和学风建设的意见》，明确提出科研人员应当弘扬爱国、创新、求实、奉献、协同、育人的科学家精神，加强自身作风和学风建设。

二是科技人才引进政策。随着国家人才引进政策的不断完善，我国海外人才引进工作逐步制度化、规范化和常态化，逐步确立了以重大人才工程和计划为依托，以外籍人才引进便利化为重要举措的海外人才引进体系。**加快出台外籍高层次人才引进便利化政策**。2004年，公安部会同外交部发布施行《外国人在中国永久居留审批管理办法》，标志着我国外国人永久居留管理制度正式建立。2013年，《外籍高层次人才来华提供签证及居留便利有关问题的通知》，开始放宽外籍人员来华政策。明确对于无法在中国申请"绿卡"的人员，可办理2~5年有效的外国人居留证件。2017年4月，公安部发布《外国人永久居留证件便利化改革方案》，标志着外国人永久居留证件便利化改革正式启动。

三是科技人才激励政策。科技人才创新创业激励政策旨在激发科技人才创新创业的内驱力，释放科技人才活力。目的是通过保障和增加科技人才收入及营造创新创业良好环境，激发科技人才创新创业积极性主动性。**优化基于岗位设置的工资制度**。事业单位实施绩效工资工作向纵深推进，绩效工资分配向关键岗位、业务骨干和做出突出成绩的人才倾斜。人力资源社会保障部推动研究制定完善事业单位高层次人才收入分配激励政策，积极调动高层次人才创新创业积极性。**发挥科研项目经费的激励引导作用**。2018年，国务院出台《关于优化科研管理提升科研绩效若干措施的通知》，允许试点单位从基本科研业务费、中科院战略性先导科技专项经费等稳定支持科研经费中提取不超过20%作为奖励经费，由单位探索完善科研项目资金的激励引导机制。**科技成果转化股权激励力度**。《国务院关于优化科研管理提升科研绩效若干措施的通知》规定，科研人员获得的职务科技成果转化现金奖励计入当年本单位绩效工资总量，但不受总量限制，不纳入总量基数。

四是科技人才流动政策。科技人才合理有序流动对人才合理分布与人才价值发挥具有重要作用。**破除人才流动的体制机制障碍**。2017年，科技部印发了

《"十三五"国家科技人才发展规划》,明确要清除人才流动障碍,完善科技人才流动配置机制,按照市场规律让科技人才自由流动。**形成统一规范的人力资源市场体系**。2018年,国务院公布《人力资源市场暂行条例》,着力解决市场体系统一性、市场要素流动性、市场运行规范性、市场主体公平性和市场监管5个方面的问题,明确提出国家要建立政府宏观调控、市场公平竞争、单位自主用人、个人自主择业、人力资源服务机构诚信服务的人力资源流动配置机制。**鼓励高层次人才向中西部和东北地区流动**。2017年,《教育部办公厅关于坚持正确导向促进高校高层次人才合理有序流动的通知》指出,高校高层次人才流动要服从服务于立德树人的根本任务和高等教育改革发展稳定大局,服从服务于西部大开发、东北老工业基地振兴和"一带一路"倡议等国家重大发展战略。**高校院所、企业之间人才共享**。2017年,《中共教育部党组关于加快直属高校高层次人才发展的指导意见》鼓励高校在与科研机构、企业签署人才流动共享协议的基础上,通过协同创新、建立联合实验室、联合开展重大科研攻关等方式,实现人才资源优势互补。教学科研人员在学校同意的前提下,按规范的制度和程序到科研机构、企业兼职。同时,高校可根据实际需要设立一定比例的流动岗位,吸纳企业、科研机构、行业部门和其他组织优秀人才到学校兼职。

五是科技人才评价政策。科技人才评价是以科技人才为对象的人才评价活动,是选拔、使用和培养科技人才的重要手段,是科技人才工作的重要抓手。中央和各级地方政府对改进科技人才评价工作一直非常重视。2018年,国家层面密集出台人才评价相关文件。2月,中共中央办公厅、国务院办公厅印发《关于分类推进人才评价机制改革的指导意见》,分类健全人才评价标准,改进和创新人才评价方式,加快推进重点领域人才评价改革,健全完善人才评价管理服务制度。7月,中共中央办公厅、国务院办公厅颁布了《关于深化项目评审、人才评价、机构评估改革的意见》,指出要科学地设立人才评价指标,要突出品德、能力和业绩导向,推行代表作制度,注重标志性成果的质量、贡献和影响,并强调要根据单位实际建立人才分类评价指标体系,突出岗位履职评价,完善内部监督机制,使人才发展与单位使用更好地协调统一。10月,科技部、教育部、人力资源社会保障部、中国科学院和中国工程院联合发布《关于开展清理"唯论文、唯职称、唯学历、唯奖项"专项行动的通知》,破除人才评价错误导向。

(二)各省市科技人才政策主要亮点与借鉴

1. 各省市人才政策创新举措

近年来,各省市结合地方经济社会发展、产业特色和人才需求,创新人才发展体制机制，加强试点示范，形成了各具特色的人才引进培养、人才激励、服务保障、区域人才一体化等政策措施。为上海持续推进人才体制机制改革，建设具有全球影响力的科技创新中心提供宝贵经验借鉴。

一是聚焦顶尖人才，加强支持力度。北京、江苏、杭州、广州等地相继出台了吸引激励顶尖人才的针对性措施。**北京**实施"全球顶尖科学家及其创新团队引进计划"，建立人才与项目的对接机制，给予顶尖科学家及其创新团队任务专项和人才专项经费支持，人才专项用于奖励顶尖科学家及其创新团队成员，顶尖科学家不少于50%，团队成员不少于30%~40%，其他经费奖励给聘用单位；深入实施"北京高校高精尖创新中心建设计划"，依托高校引进一批战略科学家，形成国内外创新资源深度融合、前沿基础研究与应用技术创新紧密结合的体制机制。运用大数据、云计算等手段动态绘制"全球高端人才分布地图"，建立海外人才供需精准对接机制。**江苏**提出要大力引进金字塔塔尖人才；对引进世界一流的顶尖人才团队，实施顶尖人才顶级支持计划，简化程序、一事一议、特事特办，最高给予1亿元项目资助。**杭州**也提出对顶尖人才和团队的重大项目实行"一事一议"。加大国内外智力柔性引进力度，深入实施钱江特聘专家计划、"115"引进国外智力计划。**广州**顶尖人才最高可获千万元房补。**山东**推出《引进顶尖人才"一事一议"实施办法》，按照用人单位实际给付的劳动报酬50%比例给予引进顶尖人才津贴，并按项目实施总投资的30%给予综合资助，最高资助5000万元。

二是通过放开户籍制度，增加资金保障、实行个税优惠等手段，加大引才力度。近年各大城市相互竞争，频繁出台系列新政吸引人才集聚。**在放开户籍限制方面，武汉**对于在本市创业就业的大学生，毕业三年内无须买房即可落户，博硕士可直接落户。**成都**提出实施"蓉漂"计划，推行"先落户后就业"；全日制本科及以上毕业生，实行凭毕业证落户制度。**杭州**硕士以上学历者可享受先落户后就业的政策。**西安**推出"史上最宽松"户籍政策，并实施"海底捞式"落户服务。**南昌**放宽至中专以上学历可零门槛落户。**广东**方面，**东莞**大幅放宽入户限制，鼓励人才扎根东莞市就业创业；**江门**推进"百名博（硕）士引育工程"计划，着力引进高层次人才，全面取消积分制入户，因地制宜进一步放宽外来人口落户条件。**深圳**只要大专以上学历、满足年龄小于35岁，且缴纳了深圳社保即可申请落户。**在增加资金保障方面，广州**对于新引进入户的全日制应届本科生，只需在广州工作满一年，即可获得2万元住房补贴，硕士研究生可获得3万元。博士研究生以及副高级以上专业技术人才，可获得5万元住房补贴；**深圳**对人才的一次性生活补贴和租房补助方面，本科学历可补贴1.5万元，硕士2.5万元，博士3万元；提供30万套人才住房解决应届生租房困难，研究生以上学历可优先承租，并享有优先购买人才住房权；**南京**对外地应届生来面试者提供1 000元补贴，租房补贴的扶持力度也越来越大，年限从2年改为3年，即毕业3年内在南京工作都能获得与学历相对应的租房补贴，学士每月600元、硕士每月800元、博士每月1 000月；**杭州**对来杭工作的全球本科及以上学历应届毕业生（含毕业5年内的回国留学人员、外国人才）发放一次性生活补贴，其中本科1万元、硕士3万元、博士5万元。另外，**广东率先出台"个税减免"等突破性政策**，对在大湾区工作的境外（含港澳）高端人才和紧缺人才予以个人所得税补贴。

三是创新多样化的引才引智方式。广东独创国际合作引智模式，形成部省市区四级联动，引进独联体专家50多位，与40多家独联体科研院所和企业建立合作70多项。**深圳**设立"引才伯乐奖"。鼓励深圳市企事业单位、人才中介组织等引进和举荐人才，对引进人才（团队）、引进单位和中介机构给予奖励补贴。**江苏**建立人才举荐制度，针对重点领域，凡经专家库内3名以上专家推荐，可直接入选相应人才计划；同时建立"江苏人才云"大数据平台，动态掌握人才家底。湖北建立全球产业领军人才信息库和搜索引擎，充分发挥国际高端猎头和产业、行业协会的引才作用。**安徽**加大政府猎头力度，每年由省领导带队集中开展1～2次海外人才招聘活动，在海外人才密集地区建立引才工作站。**福建**建立企业人才环境监测点，探索"重大项目＋高端团队"的项目引才聚才方式。**重庆**成立了全国首家"猎头基地"，以市场化手段，推动猎头行业发展，大力引进人才，培育孵化猎头企业，扶持重庆市猎头行业发展，形成产业园发展特色，建设特色项目。**更多地区采取柔性引才方式**，不求所有、但求所用，不求所在、但求所为。如江苏首创"科技副总"机制，成都高新区、建立与世界接轨的"双向离岸"柔性引才机制，安徽通过搭建平台、合作对接、海外筑巢、亲情乡情等渠道，柔性引进各类"高精尖缺"人才。

四是优化重点领域和行业研究人才布局，重视产业人才、技能人才队伍培养。各地积极布局重点领域和行业的科技人才培养，尤其针对交叉科学和研究薄弱的领域和地区。如**北京**市科委重视交叉科学对科学研究集成创新的重要作用，于2012年在科技新星计划中启动科技新星交叉学科合作课题，鼓励科研人员开展跨领域交叉学科合作研究。**江苏**六大高峰工程对省重点行业、战略性新兴产业领域承担项目研发、实施科技成果转化的高层次人才和人才团队进行重点培养和持续跟踪。**广东**则对经济相对落后、研究力量相对薄弱的粤东西北地区多措并举，采取了加大科研经费资助力度、增加生活补助、定向培养人才、派驻科技专家服务团等措施培养和吸引人才政策，促进当地科技和经济发展。**广州**的亮点在于其"121人才梯队工程"，对于城市高端后备人才培育非常重视。在

行业特色上,吸引金融人才战略是其长期计划,主抓金融和基础教育的高端人才。**同时多省市鼓励企业引导产业人才、技能人才教育及培养,人才供给与需求紧密对接**。2017年,**贵安新区**的贵州电子科技职业学院与华为公司合作,成立了华为大数据学院,首开混合所有制办学先河,实行企业化管理运营,为贵安新区乃至贵州省输送大批大数据产业技能人才。**浙江**也明确推动部分人工智能工程师学院,建设100家产教结合的人工智能人才培训基地。

五是整合人才服务机构,创新科技人才服务模式。面对人才的快速集聚,各兄弟城市逐步加大对人才服务水平的提升力度,创新服务模式。**在提高管理流程便利化水平上,广东、武汉等省市整合人才公共服务机构,做到"一个窗口对外"**。**广东省**整合省人力资源服务机构,实行统一管理、统一监督、统一许可。同时,积极构建主体多元、功能齐全、运转高效、服务便捷的人才综合服务体系,打造吸引人才新优势。一个"窗口"对外,统筹协调各项人才工作。2017年,**武汉市**把招才引智列为"一把手工程",结束过去17个部门共管人才的历史,成立了武汉市招才局,对全市人才工作职能、政策、资金、力量进行统筹,实现一个"窗口"对外,一张政策清单,专项基金"一个口子报、一个口子出";在完善人才服务,为人才提供高质量生活上,**南京市**在全国率先为人才购房出台专门文件开辟优先通道,创造性提出人才优先购房,保障人才生活居住条件。在人才覆盖范围上,首次将机关事业单位人才纳入政策范围,将各类人才全范围覆盖。在商品房供应范围上,明确全市可售商品房均对人才优先供应。在优先权利上,规定人才购房最优先按人才优先、其他购房人递进的顺序选房。

六是建立区域人才一体化发展机制,建设"世界高端人才集聚区"。近年来,部分地区积极推动区域人才一体化建设,地方政府通力合作,为营造良好的区域人才生态,使人力资源配置与产业发展相适、与功能定位相合。2017年,**京津冀三地**共同发布了《京津冀人才一体化发展规划(2017—2030年)》,这是我国首个跨区域人才规划,也是首个服务国家重大战略的人才专项规划,明确提出将以13项重点工程为抓手,在2030年基本建成"世界高端人才聚集区",打造区域人才一体化发展共同体。**广东**为推进粤港澳大湾区人才一体化发展,设立粤港澳大湾区人才一体化专项,加强港澳引才借智,研究制定《粤港澳大湾区核心技术基础研究攻关技术实施方案》,借力港澳人才资源开展广东省产业发展急需紧缺的核心技术攻关,建立湾区一站式、综合性人才工作平台,推进人才往来便利化和协调创新,促进湾区人才融合发展。

2. 对上海的启示

兄弟省市"引人""用人""留人"的突破性政策实践,有力地推动了人才体制机制改革,充分释放创新活力,为地方经济高质量发展提供了强劲动力。与各省市相比,上海的人才政策还存在以下几方面的差距与不足。

第一,上海侧重于海外人才需求,对本土人才需求不明确;侧重于高端人才引进,对中低端人才重视不够。近年来,上海的人才政策,特别是高层次人才政策,主要在不断完善和改进海外创新创业人才等提供了包括居留许可、家庭保障以及相关配套措施,释放出对海外留学、国际人才以及高端人才提出了明确的需求信号,但对于中低端人才,特别是科技创新所需的技能人才、管理人才缺乏有效的培养和重视。同时,相比于其他城市,如成都、杭州的本科以上直接落户,上海的户籍政策一直比较严格,对国内高层次人才吸引力不足,不利于本土人才的引进和发展。

第二,上海人才引进需求针对性不足,缺乏人才分类和细分。如缺乏紧缺人才和常规性人才分类。在科创型人才方面,上海2010—2017年的人才政策中,多数政策延续前期的人才计划,如领军人才、拔尖计划等,体现为常规性的人才选拔和培养,缺乏突破。在产业发展方面,上海当前建设全球科创中心,联合全球航运中心、金融中心等的建设,缺少针对相关行业的人才引进与培养计划。**此外,缺少对产业人才的细分**。上海的人才政策以综合性的高层次人才为主,对引进人才的产业方向尚未进行明确的标注,同时对全球科创中心的建设中前沿科技领域的人才引进缺乏配套的政策措施。与之相比,北京的《关于优化人才服务促进科技创新推动高精尖产业发展的若干措施》配套其科创中心建设,对高精尖产业的人才服务与引进进行了明确的资金支持和配套服务,而其他省市都有重点的产业领域人才区分,如深圳对综合性人才需求之外的高技能人才、人文社科人才的引进与培养,广州对先进制造业、金融业的人才需求,杭州对创业人才以及信息经济人才的侧重,武汉对高技能人才和"总部经济"的需求,南京对文化产业人才的需求等,体现出不同城市的需求层次。

第三,人才政策中市场化和社会化机制不够,相关支持政策缺乏。在人才引进中,各地人才政策对于各种工作站、社团、猎头、孵化器等的引才功能均有提及。如湖北、安徽、重庆等地均利用猎头、产业、行业协会等方式,吸引高层次人才。杭州依托海外专业社团、人才大使、人力资源服务机构等力量,提高其人才绩效。北京提出创造性地开发使用海外人才资源,设立海外人才寻访资金等,深圳市对广交会、海外人才工作站的依托等。上海在市场化机制和社会机制引人用人方面还比较欠缺,需要形成一套完善的人才引进的社会化操作机制,涵盖市场机构、政府机构、非盈利机构以及大型会议等,完善资金、人员、信息、平台的配置。同时目前对于各地对社会化的人才引进机构的配套政策力度也不足,需要进一步提出针对性的支持举措。

上海的人才政策可以考虑从以下几方面学习和借鉴。

一是加大重点产业紧缺产业人才的培养，为产业转型升级提供优质动力。大力发展生物医药、集成电路等优势产业，培育人工智能等新产业新业态，建立以关键核心技术为突破口的前沿产业集群，培育具有国际市场竞争力的开放型产业体系是上海建设具有全球影响力的科创中心的题中应有之义。**目前，上海应当加大重点产业紧缺人才的培养，学习浙江、贵州等省市建设实训基地、混合所有制学校等，引导企业深度参与到产业人才的培养之中，让产业发展对人才的需求在人才培养阶段得到充分体现。**

二是充分利用市场机制，集聚海内外高层次人才。吸引、集聚海内外高层次人才是上海建设具有全球影响力的科技创新中心，不断增强科创中心策源能力的首要命题。目前，上海应当学习重庆等省市，充分利用市场机制引进海内外人才，**发挥人才中介机构等社会组织在人才引进中的重要作用。同时，争取"个税补贴"等政策举措，吸引海内外高层次人才。**长期以来，在沪工作的高层次人才，特别是外企人才，对个人所得税税负问题反映较为强烈，不少外企高管为此将工作聘任关系转至新加坡、中国香港。目前，上海应当学习广东省、深圳市相关做法，市级层面要积极争取国家财政部和国家税务总局支持，以落实习近平总书记交给上海的三项新的重大任务，建设具有全球影响力的科技创新中心为契机，谋求对国内外来沪创新创业的高层次人才、紧缺人才实行"个税补贴"的政策突破。

三是完善人才保障，解决科创人才后顾之忧。上海生活成本不断提高，提升人才吸引力、建设优质人才队伍面临挑战。目前，**上海科技管理部门应当成立专门的科技人才管理部门，全面统筹科技人才工作，**打通人才成长全周期的培养与保障政策。各类创新主体均应当积极筹建"人才蓄水池"，打造一支规模宏大、素质优良、结构合理、适应市场需求的科技人才队伍，为上海科创中心建设提供强劲动力。**同时，向广东、南京等省市学习，给予人才更多的倾斜性政策，保障人才优质生活条件。**对于科创中心建设中急需的高层次、紧缺人才，给予一定程度的住房补贴，探索赋予优先购买商品房的权利。

四是牵头出台专项跨区域人才规划，推动长三角人才一体化发展。在加速推进长三角一体化国家战略的过程中，上海已进入创新驱动发展、经济转型升级的关键时期。**目前，上海应当学习京津冀，落实国家战略，大力推动专项长三角区域人才规划。**在科技创新中心的建设工作中，应当依托上海的产业基础的行业创新网络建设、产学研体系重构与监管以及软硬科学人才的市场化培养。在与市场、社会、行业等方面精确定位指导上，应当不断提升对人才和创新服务的公共化水平与竞争力，谋划实施长三角一体化的人才战略，把上海的品牌和长三角人才优势发挥出来。

二、科技人才分类评价机制改革

建立科学的人才评价机制，是深化人才发展体制机制改革的核心内容，对于推动科技人才体制机制改革具有重要牵引作用，对于调动广大科技工作者的积极性、激发创新创业活力、加快实施创新驱动发展战略具有重要意义。

（一）上海科技人才评价的现状与瓶颈问题

1. 上海科技人才评价总体情况

近年来，针对人才评价中存在的突出性问题，上海不断优化人才评价机制，着力推进人才分类评价，改进人才评价方式，完善人才评价管理机制。

一是加强顶层设计，研究出台上海分类推进人才评价机制改革实施方案。为深入贯彻落实中共中央办公厅、国务院办公厅印发的《关于分类推进人才评价机制改革的指导意见》，上海于2019年6月出台分类推进人才评价机制改革的实施方案。方案突出分类健全人才评价标准，突出品德评价。创新多元评价方式，坚持用人主体评价为主，引入市场评价和社会评价，并就科技人才、哲学社会科学和文化艺术人才、教育人才、医疗卫生人才、技术技能人才、金融人才、企业经营管理人才、基层一线和青年人才等重点领域人才提出分类评价制度和体系。通过创新人才评价机制，发挥人才评价指挥棒作用，为上海当好新时代全国改革开放排头兵、创新发展先行者提供坚强的人才保障。

二是降低人才参与创新的门槛。职称不再作为申报科研项目和人才计划的限制性条件。如上海市科委取消了启明星计划、学术/技术带头人计划、扬帆计划等人才计划和上海市自然科学基金项目、生物医药引导项目等科研项目申报中关于职称的限制性条件，对《上海市优秀科技创新人才培育计划管理办法》和《上海市自然科学基金管理办法》相关条目进行修订，受到广大科技工作者的欢迎。**取消职称评审中对职称外语和计算机的限制性要求**，取消工程师职称评审中对发表论文的硬性要求，代之以体现业务水平的工作报告。**推进职称评审管评分离**，试点将部分高级职称评审权由政府主管部门下放到用人单位和行业组织，如上海市科委将计算机软件高评委、高新技术成果转化领域高评委和两个工程系列中评委下放到了有关单位。**开通高层次人才"直通车"**，畅通海内外优秀青年人才评聘高级职称的"绿色通道"。

2. 上海科技工作者评价调查主要结论

一是对科技人才分类评价机制改革总体评价满意。随着全国及上海不断探索建立科学的科技人才分类评价机制，此次调查问卷显示（见图301），认为上海进行科技人才分类评价机制改革非常满意的占7.80%，比较满意的占50.50%，一般的占38.70%，不太满意的占2.40%，说明科技工作者对目前推进的科技人才分类评价机制改革基本上持肯定态度。

二是在当前科技领域存在的问题中，科技评价导向不合理并不是最突出的问题。在对当前科技领域存在的突出问题判断中，14.20%的科技工作者认为"科技评价导向不合理"，远低于原创性科技成果少（41.70%）、产学研结合不紧密（39.30%）、企业没有确立技术创新主体地位（29.10%）、关键技术自给率低（28.30%）等问题（见图302）。

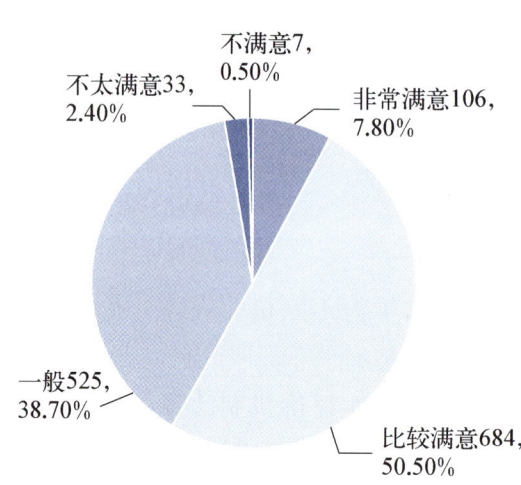

图301 对上海进行科技人才分类评价机制改革的评价

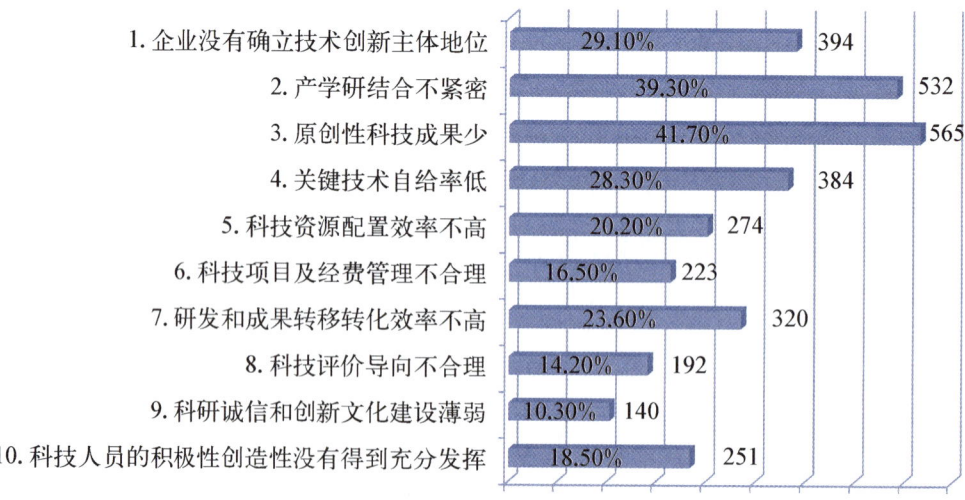

图302 当前科技领域存在的突出问题

三是评判科技工作者优秀的标准中,科技工作者最看重同行认可和产业界认可,而且注重科学道德高尚。在对于科技工作者是否优秀的重要标准评价中,59.00%的科技工作者更看重同行评价,43.70%的看重产业界认可,这个数据较2017年全国科技工作者状况调查中,分别增加了21.8和27.7个百分点。同时,科技工作者对于科学精神和科学道德较为看重,19.00%的科技工作者认为科学道德高尚是评价人才优秀的重要标准,而《第四次全国科技工作状况调查报告(2017年)》显示此数据仅为13.9%。另外,科技工作者比较看重产业界结合的能力(17.50%)、有团队合作精神(16.20%)、科学普及能力(9.20%)、具有爱国奉献精神(9.20%)(见图303)。

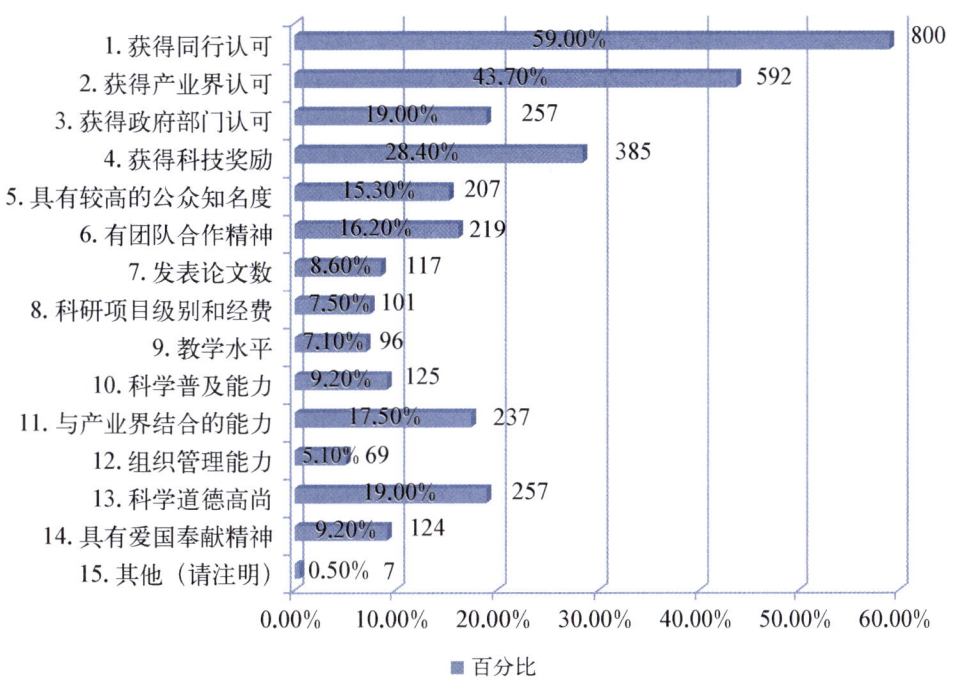

图303 评价科技工作者是否优秀的重要标准

3. 上海科技人才评价存在的主要问题

经调研,目前上海在科技人才评价中,仍存在着人才评价导向不够合理、人才评价机制尚不健全、人才评价体系标准和方式方法还不完善、用人单位自主权不够等问题。主要表现如下。

一是人才评价指标重视量化和显性指标,而忽视质量和潜力指标。目前以科研绩效评价为主,过分强调论文、专利等科研产出的数量,缺乏对人才素质特点、工作过程、科研质量和实际效用的评价,且尚不足以反映科技人才的发展潜质,没有很好地体现科研过程本身的贡献和价值。如用于评价技术转移人才发展、成长过程的长效评价大多集中论文、专利、获奖等可量化的技术重点上,忽略了对技术转移过程的商务能力、知识产权管理、技术实施管理等方面实施能力的关注。问卷调查显示,针对目前科技人才评价存在的主要问题,排在首位的是认为以科研绩效评价为主,忽视质量和潜力指标,占比36.30%;其次是认为科技人才的分类分层评价还不完善(31.10%);人才评价的社会化和市场化机制不健全(31.10%);评价手段较为单一(30.20%)(见图304)。

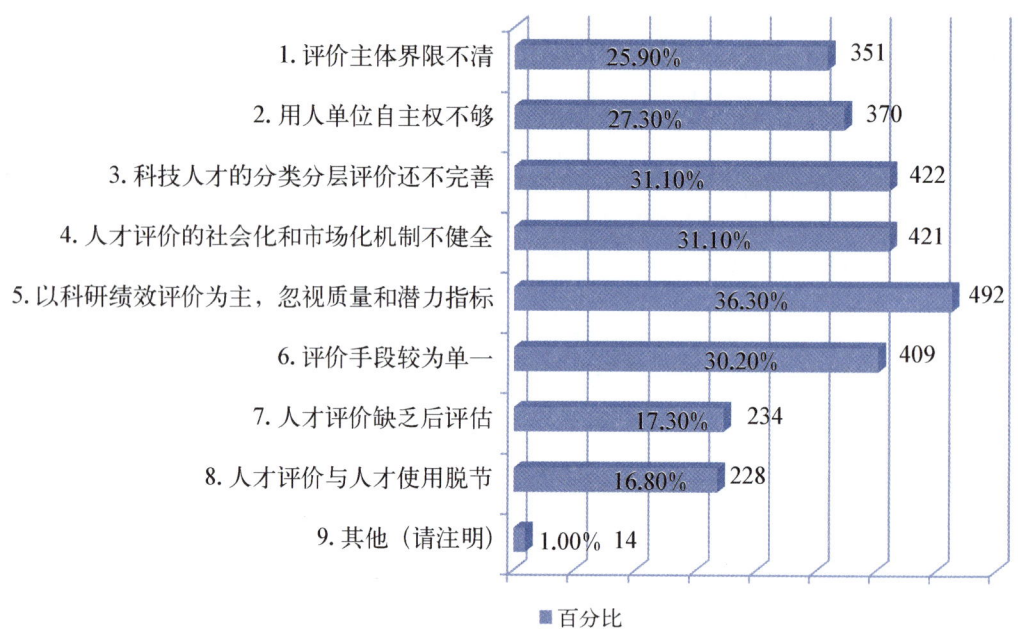

图304 目前科技人才评价存在的主要问题

二是对科技人才的分类分层评价机制不尽完善。目前对科技人才的评价体系未加有效区分,对技术转移人才及综合人才等重视程度不足。例如职称序列中未见技术转移人才、科技管理人才的序列,尽管部分用人主体已设专职从事技术转移工作的岗位,但仍然参考其他科技人才或行政人才的标准进行评价,缺乏技术转移指标的评价导向。

三是人才评价手段较为单一,社会化和市场化机制有待进一步加强。目前对人才的评价更多停留在凭经验、拍脑袋的印象阶段,与世界范围内标准、科学、规范的人才评价模式尚有差距。同时,尚缺乏有效的数据库管理系统,能够使用的科学评价工具数量有限、质量不高,评价手段的灵活性和兼容性不够。科研人员社会化和市场化的同行评议不够,参与评价的专家绝大多数是某个专业领域的学术专家,而非专业的人才管理和人才评价专家。

四是人才评价存在短期一次性和功利化倾向,评价结果尚未得到较好的应用。

目前对科技人才的评价周期较短,更关注对人才直接的、近期的测评,不符合科研活动长期性、探索性的规律。如基础研究、应用研究、技术开发产出成果具有滞后性和不连续性,但现有人才评价往往是短期一次性评价。由于评价结果可以带来大量的科研资源富集,人才选拔计划成了各个利益集团争夺的焦点,导致功利化倾向出现,以显性业绩、争取资源的数量代替评价标准。同时,各类人才评价结果存在一次性使用现象,部分人才计划入选者往往被贴上永久性标签,缺乏对人才的持续性跟踪管理和考核评价。在问卷调查中,有22.70%的科技工作者认为人才评价上过于注重各类"帽子",是影响上海科技人才队伍建设的主要制约因素。

(二)科技人才评价的国外经验

1. 各类主体在科技人才评价中享有较高的自主权

例如,德国大学和科研院所完全围绕本校(院所)的教学和科研定位制定相应的人才评价指标和方法,政府不过多干预。美国一直秉承学术自由的原则,不做统一的人才评价制度安排,各个高校和科研院所内部都分别建立科学、系统的科研人员考核体系,一般都特别强调工作成绩和实践能力。

2. 强调人才评价的社会价值导向

国外对基础研究类人才注重学术声誉、创新潜力和科研管理能力。英国卡文迪许实验室在人才招募和任用方面,首先坚持优先考虑有卓越研究潜力的人;对负责人的遴选标准要求科学家必须在科学研究上成就卓著、具有崇高的学术威望。英国REF评估体系的评估方向主要有科研成果、科研影响力和科研环境三个方面,三者分别占比60%,25%和15%;成果形式也不全是以学术论文为准。美国大学注重考查人才的作品质量及发展空间,重视人才在专业协会等参与专业学术活动的活跃程度和贡献。哥伦比亚大学的终身教授职位不只是对过去成就的奖励,更体现了大众对候选者的信心,他们相信这些学者将在其研究领域发挥重大作用并产生更多优秀成果。

3. 强调人才评价的岗位贡献度

国际上非常强调人才评价以实现机构和岗位目标为导向和个人工作对于机构各级目标的贡献度。例如法国的研究机构对人员的评价,明确实行分类评价,科研及工程技术类人员的年度评价与其参与项目的执行情况紧密联系。美国针对不同的岗位设立不同的评议制度,定期接受评价,对于应用研究和技术开发类人才,也往往通过评价项目来评价,以生产力为主要评判标准,评价其对参与科研项目的贡献和项目的运行状态,注重通过经济效益反映社会效益。

4. 建立科学评价方法体系

国外为开展评估,建立了规范、系统的科研与教学成果统计管理体系。例如德国许多大学都有一套行之有效的教师管理评价体系,包括相应的指标体系、数据库和组织机构,并且正在逐步同教师的选聘、评价工作相结合,提高了数据的及时性、可靠性、普适性。

美国对升职评价、终身教授评价等一般采用校内和校外同行相结合的评价方式。如美国费米实验室和美国国立卫生研究院等科研机构都专门设有评聘专家组或专家委员会,负责科研人员的晋升考核,注重听取外部同行专家的意见,形成动态机制,激发科研人才的科研精神,尤其针对青年科研人才,在评价时更加注重质量,鼓励创新。

5. 具有良好的监督机制

发达国家高校对教师的评聘结果具有一套严格的考核制度,通过相应的程序实现后评价,以确保选聘教师的"名副其实"。美国对应用研究和技术开发类人才实行"宽进严出"的评价机制,采用"市场化、标准化、规律化"的微观指标严格精确地度量科技产出,并建立良好的专家信用体系,开展有效的监督检查。德国不仅将严格的评价和考核适用于选聘人才,而且贯穿于日常管理、晋升评价等全过程,同时,还用于各级各类科研项目的申请之中。

6. 国外社会组织通过制定规范和标准等措施促进人才的专业化建设

在美国,社会工作者协会对内通过制定伦理守则、社会工作范围、专业规范和标准等,促进社会工作者队伍的专业化。首先,协会制定了社会工作者伦理守则(1960年),加强社会工作者的道德建设,并使其成为美国社会工作专业人员共同认可的专业价值理念、专业理想与社会使命。伦理守则曾经经历1967年、1979年、1990年、1993年和1996年的多次修订,以适应时代发展和社会工作专业服务实践的客观要求。其次,协会制定美国社会工作的实务范围内容、优先领域以及工作方法等。社会工作者协会根据时代发展和宏观环境的变化来调整其服务对象、服务内容、工作方法等。最后,协会持续不断地发展、修订和完善社会工作者的专业资格和能力认证体系,注重社会工作者的实务工作能力,进而提高协会的整合性、行业性以及专业能力建设水平。

三、优秀科技人才的激励

人才激励是指通过各类有效的激励手段,引起人才的需求、动机和欲望,形成某一特定目标并在寻求这一目标的过程中持续保持高昂的情绪和积极状态，发挥潜力，以达到预期效果的活动。科技人才激励既是对科学发现和技术发明的承认，也是对科技人员做出的贡献的肯定。激励政策完善的目的是为了体制机制逐步健全，激发人才创新活力，以及为创新型人才发展提供良好环境。

（一）上海优秀科技人才激励的现状与瓶颈问题

1. 上海优秀科技人才激励总体情况

为了加快推进科创中心建设，牢固树立人才引领发展的战略地位，上海的科技人才激励制度在不断改进和优化，积极采取不同的人才激励方式，适应了不同阶段社会经济发展的需要。

一是试行按行业分类调控事业单位绩效工资总量工作。上海合理确定各行业所属事业单位收入水平，建立事业单位收入调控办法和增长机制。8家市管国有企业开展了职业经理人薪酬制度改革试点；上汽集团、上海化工研究院、百联集团等单位依据《张江办法》实施了股权出售、科技成果收益分成、股票期权等多个激励计划。

二是改革调整人才培养体系，营造有利于人才脱颖而出的发展环境。如上海市科委根据科技人才成长规律，设立了青年科技英才扬帆计划、青年科技启明星计划、优秀学术/技术带头人计划和浦江人才计划等，搭建了多层次人才培养体系，不分领域、不设门槛，特别注重为青年人才提供"第一桶金"。

三是改革创新科研经费使用和管理方式，进一步提高了劳务费的比例和标准。在项目经费管理上，进一步下放了预算调剂权限，允许科研项目实施中发生的会议费、差旅费、国际合作与交流费在不突破支出预算总额的前提下调剂使用；在项目支出内容上，将劳务费支出占专项经费支出控制比例由原先的20%提高至30%，将原劳务费支出控制比例50%的适用范围由原来的软件开发类、软科学类项目扩大到基础研究领域项目。

四是加快突破科技成果转移转化的关键制约，激发科技人才创新积极性。明确将科技成果的使用权、处置权、收益权等"三权"下放给单位和科研团队，明确科技成果转移转化扣除直接费用后净收入的70%以上可用于奖励个人和团队，极大激发了科技人员的活力。2019年3月出台的《关于进一步深化科技体制机制改革增强科技创新中心策源能力的意见》提出竞争性科研项目中用于科研人员的劳务费用、间接费用中绩效支出，经过技术合同认定登记的技术开发、技术咨询、技术服务等活动的奖酬金提取，职务科技成果转化奖酬支出，均不纳入事业单位绩效工资总量。

2. 上海科技工作者激励调查主要结论

一是科研经费不足现象比较突出,科技管理制度仍存在问题。调查显示,在科技工作者在科研工作中遇到的主要困难中,38.40%的科技工作者反映科研经费不足,排首位,其次是科技管理制度不灵活(30.20%)、研究成果转化难(29.20%)、很难争取到科研项目(26.80%)、科研方向和工作不受重视(25.30%)(见图305)。

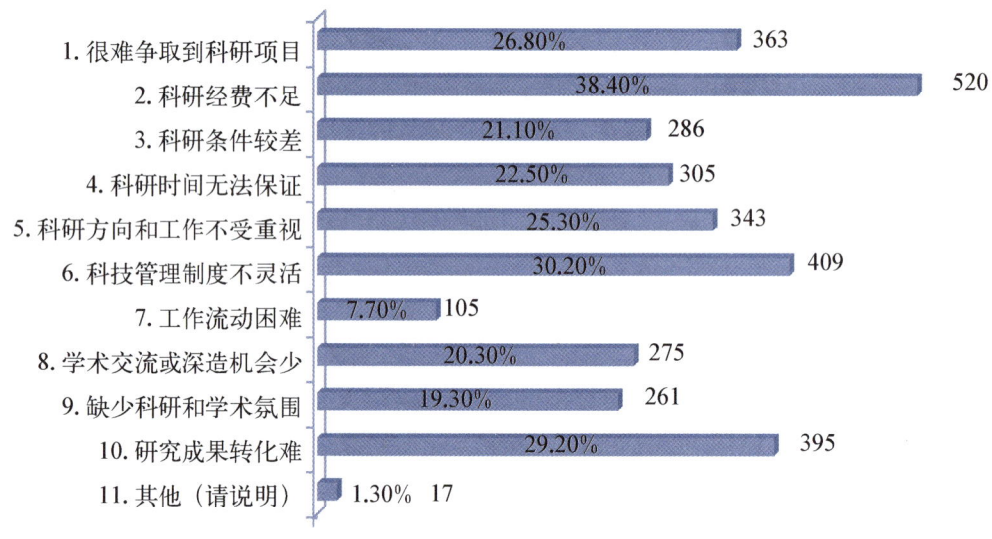

图305 科技工作者在科研工作中遇到的主要困难

二是科技工作者认为工作的满意度主要来自工作稳定性和专业特长发挥,对收入满意的比例不高。从反映工作特征的十四个方面来看,首先是科技工作者对工作稳定性(49.80%)、发挥专业特长(30.10%)满意度较高,其次是自我成就感(20.00%)、工作自主性收入(18.70%)、收入(18.00%)。科技工作者认为当前个人职业发展各方面最为满意的是对目前工作(48.90%)和对工作平台(28.30%),选择收入最为满意的占比仅为8.00%(见图306、图307)。

三是大部分科技工作者认为自身收入水平处于中层或中下层,经济压力较大。调查显示,29.90%的科技工作者认为个人收入水平在当地属于中层,与《第四次全国科技工作状况调查报告(2017年)》同类数据相比,降低了2个百分点。52.1%的科技工作者认为在当地处于中下或下层,与2017年第四次全国科技工作状况调查数据十分接近。仅有10.5%的科技工作者认为自身收入水平处于中上层或上层。在科技工作者面临的压力中,47.10%的科技工作者认为来源于工作本身,排首位,其次就是经济收入(31.20%)。而在科技工作者面临的主要生活难题中,44.20%的科技工作者认为是收入低,占比最大,与2017年全国调查

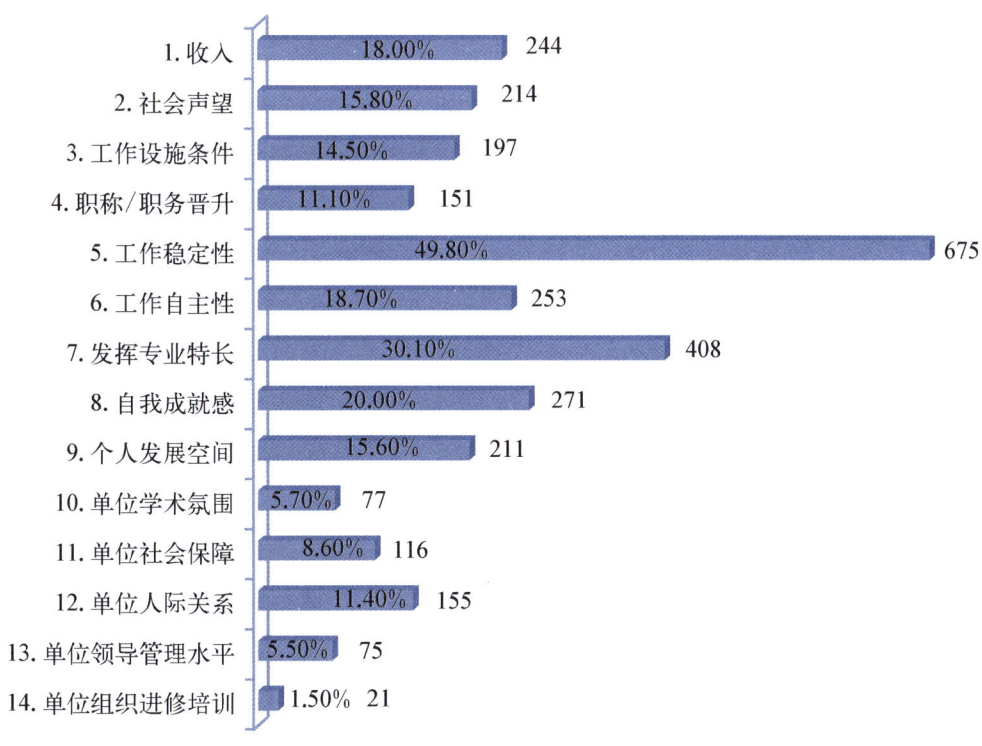

图306 对工作满意程度主要来源

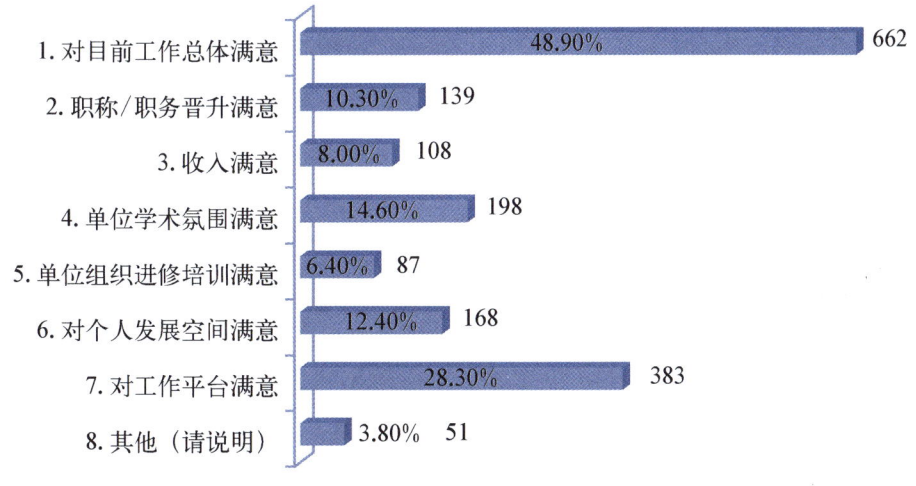

图307 当前个人职业发展各方面满意度

结果十分接近(46.8%)(见图308~310)。

四是工资待遇和生活成本是影响人才激励最主要的因素,而最有效的激励方式是设立人才基金或奖项。在反映人才激励的15个因素中,科技工作者认为影响最大的前五位依次为工资待遇(37.20%)、生活成本(32.70%)、子女入学(32.30%)、

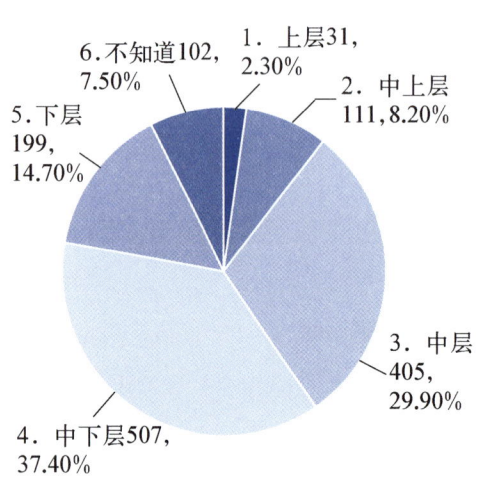

图308 个人收入在当地的水平

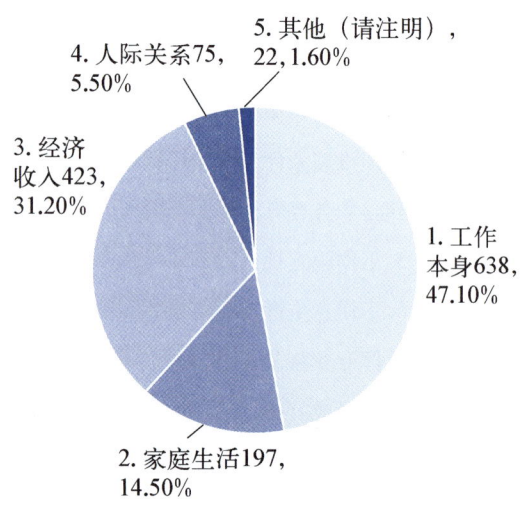

图309 个人压力来源

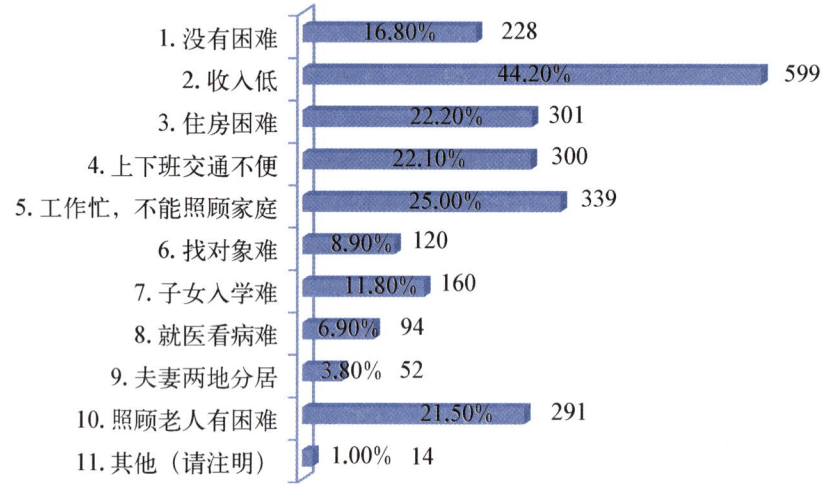

图310 生活中的问题或困难

社会保障(31.80%)、住房条件(29.30%)。在对所在单位激励方式的评价中,科技工作者认为非常有效的激励方式前三位依次为设立人才基金(20.40%)、设立人才团队基金(20.10%)、设立人才奖(19.60%)(见图311、图312)。

3. 上海优秀科技人才激励机制存在的主要问题

一是科研人员薪酬体系未能充分体现价值导向。目前上海市科研人员的收入总体相对不高,且稳定性收入部分比例较低。事业单位科研人员的收入构成主要由基本工资、绩效工资、课题费中的人员费用、成果转化收入等四部分组成,其中,绩效工资总额限制难以体现科研人员的实际工作量和实际贡献;成果转化

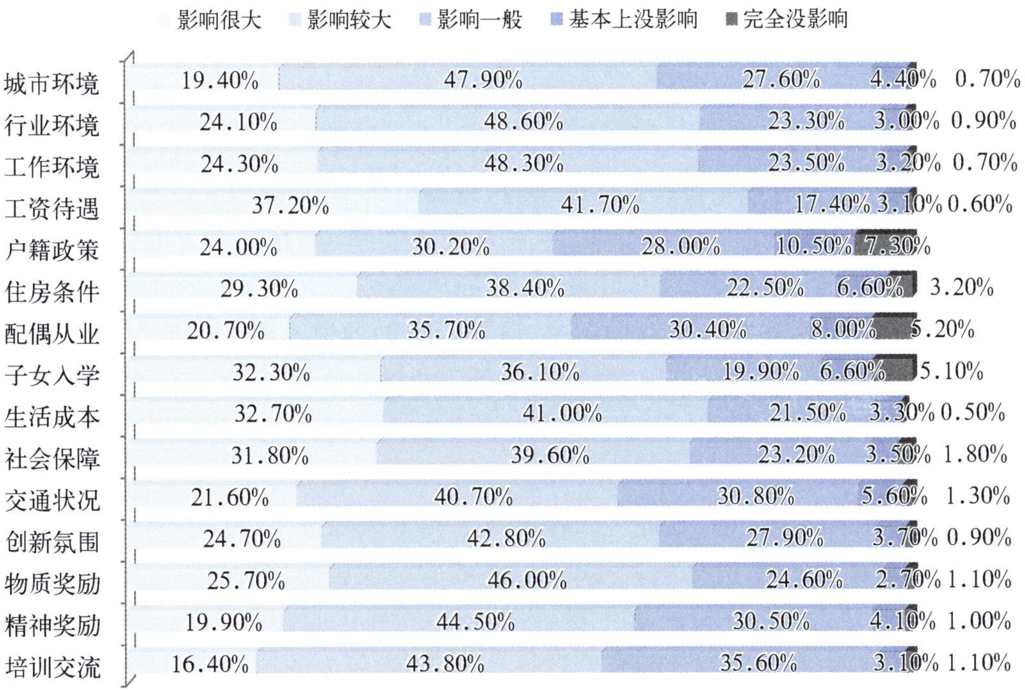

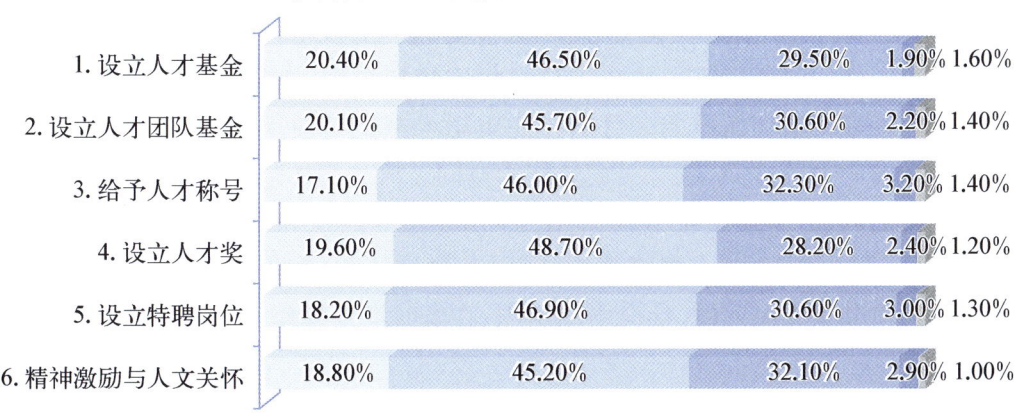

图 311　激励因素对工作生活的影响程度

图 312　单位激励科技工作者的最主要方式

收入可以不纳入绩效工资总额,但受益面还不大。同时,对高层次人才实施高薪酬势必降低其他人员薪酬水平,使得科研院所难以为高层次人才提供具有国际竞争力的薪酬,在国际人才市场上的竞争优势不够。另外,对于转制后的院所,受到国资委对工资总额和职工人均收入的限制要求,严重影响了科研人员创新创造的积极性。

二是对优秀科技人才评奖激励的社会性和独立性不够。当前各类高端人才获奖者,很多是政府体系中先评选、先资助过的人。评选这样的人觉得"保险系数高",相对而言,那些没有得到过政府扶持人员的机会就不多。换言之,人才奖项不能过分依赖政府奖励,或不能在已经获得政府奖励的人员中"打转转""锦上添花"。特别是针对青年科技人才的举荐,科协组织作为第三方,要独具慧眼,真正筛选出在一线、在新兴领域行业、专业上取得实绩、具有高潜力的优秀人才。只有彰显科协自己的特色,不断出新人、不断出新成果,才会有长久的生命力。

三是青年优秀科技人才激励不足,脱颖而出的通道不顺。青年人才是科技创新的主力军,是未来人才队伍的中坚力量。在目前科研环境中,青年人才还较难发挥更大的作用。第一,从国家到地方的各类人才计划项目繁多,碎片化现象突出,"帽子"多、层次多,青年人才为追逐"帽子"分散精力,内在发展变成了外界逼迫,无法静下心来。第二,青年人才牵头承担重大任务少,目前还存在项目安排惯于论资排辈现象,有任务、有岗位也不敢放心大胆使用青年人才。第三,对35岁以下青年人才的支持严重不足,专门支持青年人自由探索的项目缺乏,青年人才的创造力和想象力未能充分发挥。第四,青年人才成长缺乏"领路人"机制,大部分青年人在成长道路的关键时刻需要有人举荐,而目前对领军人才获得成果的要求超出对其带队伍、举荐年轻人的要求,青年人才难以快速成长。

四是社会各界共同优化环境、促进科技人才激励的合力不足。尊重创新创造的文化氛围不够完善,社会太浮躁、太急功近利的现状,短期内还很难做到很大的改观。老一辈科学家科技强国科技报国情怀深厚,青年科技人才的思想引领在当前就显得迫切而重要。目前在注重学术道德引领、增强党对科技人才的凝聚力和向心力等方面,还有很大的作为空间。人才工作也存在政府职能转移、形成合力的问题,亟须加强"组织优化"。历年来党组织和政府直接抓科技人才作用明显,但在当下,越来越需要统战部门、科技社团、产业园区、创业孵化器共同发力。尤其是人民团体、社会中间组织,在新时期发挥作用的空间还很大。

(二)优秀科技人才激励的国外经验

1. 建立完善的科技奖励制度

科技奖励既是对科学发现和技术发明的承认,也是对科技人员做出的贡献的肯定。科技奖励体现着权威性和荣誉性,能够突出杰出科技人员的角色地位,对引导科技人员的行为模式、产生更强的激励效果具有重要作用。

美国具有十分健全的科技奖励制度,设立的科技奖励难计其数,有面向全球性的科技奖励、有政府和社团设立的面向全美的奖励,也有学会行会企业面向自己系统的科技奖励,但奖项之间内容不重复,有各自的特点。如美国以总统名义设立的科技奖项"费米奖""总统科学奖""总统技术奖""美国政府创新奖""美国杰出青年学者奖"等,虽然数量不多,但权威性强。美国国家部委和美国科学院、美国工程院、国家科学基金会和美国科学技术促进会等机构设立的科技奖励,其授奖机构学术地位高、权威性强,在科技界和社会上反响良好。另外还有美国全国性自然科学学会和各州科学院、学会的下属分会、公司企业和个人设立的奖项,这类奖项难以计数,基本上由学术团体和咨询机构组织评定,具有领域广泛、形式多样的特点。

法国科技奖励一个突出特点是纯精神奖励很多,比如法国国家科研中心的"科学研究奖章",其奖章制度没有任何物质奖励,仅仅是荣誉性质。但由于评选出的获奖者研究贡献巨大,被法国学术界高度认同。其他一些诸如法国电力公司设置的铜质奖章,由于奖金额度非常小,只有一两千法郎,其实也就意味着奖励是以精神奖励为主。

日本的科技奖励制度始于明治初期,之后经过100多年的发展,目前已形成中央政府及各省厅、各都道府县和社会力量三大奖励主体构成的奖励体系。日本中央政府设置的科技奖励只针对个人,对获奖者的年龄、科技工作年限、曾获奖项等要求非常严格,以确保其荣誉的崇高地位;47个都道府县所设置的奖项,经常为中央政府科技奖提供候选项目,其奖励模式深受中央政府级奖项影响;学术团体、发明协会和企业等社会力量设置的奖项在日本科技奖项中比例最大,其中,不少奖项地位很高,享受的颁奖规格和宣传力度有时甚至与国家最高规格相仿。

2. 运用优厚丰富的人才激励手段

为科技人才提供较高的薪酬和完善的福利保障,是激励他们进行创新创业的有效途径。优厚的薪资、完善的福利保障和丰富的奖酬金制度是世界一流大学、高科技公司吸引人才的通用手段。

美国大学采用多样化的薪酬体系保障了大学教师的经济来源,也为美国引进高水平、高质量的人才和先进的科研设施奠定了坚实的物质基础。据美国大学教授协会的调查表明,2016—2017年,美国大学教师的福利支出约为基础薪酬的30.7%。而据哈佛大学官网显示,2016年,哈佛大学最高等级的教授最高年薪为43.45万美元,临时教授、讲师最低年薪为5.12万美元。同时,哈佛大学2015财政年度支付全体教职工的薪水福利达22.11亿美元,占所有支出经费的50%。哈佛大学为教师提供优越的个人及家人医疗政策和完备的退休福利政策,如教师享有终身教育学费补助、上下班交通补贴,还可享受州内各种折扣,包括购房、贷款、网费、免费参观博物馆等。康奈尔大学也有明确的政策规定,一个教师如果被连续聘任12个学期后,聘期内获得助理教授、副教授或教授中的任何一个职位,被推选出并进入终身制,院长就能批准他享受1学年的半薪学术休假或1学期的全薪学术休假。再如美国许多跨国公司在政府的扶持下,在海外尤其是发展中国家建立研发机构,如英特尔中国研究中心、微软中国研究院,并且建立起了一套适合市场竞争需要的用人机制,对核心人才实行"特岗特薪"并培养和重用他们。美国科技型企业也擅于运用利润分成、收益分成和高层经理等短期奖金、股票期权、员工持股计划等长期激励措施,来激发员工的创新热情。

英国大幅度提高人才待遇,拨出专款对经政府严格认定的数百名杰出外籍人才给予10万英镑以上年薪。

3. 出台吸引人才的税收激励政策

国外有些国家对海外引进的专业人才除提供高薪外,还有减免税的优惠。如新加坡为了增强对高端人才的吸引力,出台了专门针对外国人的税收优惠,称作"海外工作者纳税人计划",给予国际人才5年的税务优惠期。新加坡政府规定,企业在招聘、培训海外人才的支出,以及为外籍高端人才提供高薪和住房等福利待遇的支出,可以享受减免税。另外,新加坡还和很多国家签订了避免双重征税的协议。再如芬兰对外籍科技人员实行优惠税率政策,将外籍科技人员的税率减低到当地人员的58%,以吸引外籍人才。

4. 营造良好的科研创新环境

良好的科研创新环境是激励科技人才创新创业的重要手段,为此很多国家采取了很多措施。例如,美国公众对于科学研究的独特性具有普遍认知,形成了宽容的科学研究环境,对待失败比较宽容,为科技人才研发活动提供了广阔的空间,这种宽容失败的科研环境保护了科技人才创新活动的积极性。德国为了激发国民的创新热情,将2004年和2005年分别定为"创新年"和"爱因斯坦年",同时也坚信传统的创新文化可以使德国摆脱自然资源贫乏劣势,实现持续富强。英国时任首相布莱尔曾于2002年发表了"科学至关重要"的演讲,并在英国权威性科学杂志上发表了题为"让牛顿自豪"的文章,政府随后也制定了"10年科技发展规划",使得"服务于创新全过程"成了10年内英国创新文化建设的核心内容。

四、国际顶尖科技人才的引进

随着知识经济的全球化,科技人才跨国迁移已经逐渐成为各个国家参与全球科技发展、加深交流合作的重要途径,各国围绕人才展开的竞争也越来越激烈,许多发达国家已经发起了一些颇具影响力的人才引进计划。改革开放以来,我国及上海出台了一系列关于科技人才引进政策,有效地促进了优秀科技人才归国工作,促进了经济社会发展和科技进步,为建设创新型国家提供了有力支撑。

(一) 上海国际顶尖科技人才引进的现状与瓶颈问题

1. 上海国际顶尖科技人才引进总体情况

党的十九大报告指出,实行更加积极、更加开放、更加有效的人才政策。上海秉持开放理念,持续敞开大门,不唯地域聚英才。

一是以事业平台引才,汇聚全球英才。依托上海光源、蛋白质中心、干细胞、量子通信等世界能级的大设施、大平台,上海集聚了诺贝尔物理学奖得主、李政道研究所首任所长弗兰克·维尔切克,世界级化学泰斗、诺贝尔化学奖得主巴里·夏普莱斯以及潘建伟团队等近500名海内外顶级科学家,墨子号卫星、大飞机、天宫等一大批举世瞩目的科技成果陆续在上海产生。

二是为主体放权,助力科研机构引才。中科院上海生科院、上海有机所、上海科技大学等单位建立成功引才机制。如上海科技大学通过全球招聘已选聘387位专任教师,其中包括98位常任教授,289位特聘教授。在师资队伍中,除3位诺贝尔奖得主外,还有6位美国国家科学院院士、2位英国皇家学会会士、26位中国科学院院士、3位中国工程院院士。

三是积极引进海外高层次人才。截至2018年年底,在沪工作外国人达21.5万人,位居全国首位;在沪工作和创业的留学人员达16万余人,留学人员在沪创办企业5 200余家,注册资金超过8亿美元。

2. 上海科技工作者引进调查主要结论

一是科技工作者当时回国工作的主要动机是与家人团聚、看重国内发展机会和报效祖国,大多数不打算再次向海外流动。调查显示,32.78%的科技工作者回国首先是与家人团聚,其次是认为国内发展机会更多(25.46%)、报效祖国(17.58%)。但再次流向海外的意愿不强烈,86.30%的科技工作者不打算将来再去国外工作。这一调查结果与2017年全国调查基本吻合,2017年调查结果表明有一年以上海外留学经历的科技工作者选择回国的主要原因是与家人团聚(41.9%)、报效祖国(23.8%)和国内发展机会多(22.7%)。81.1%的科技工作者表示不打算将来再去国外工作(见图313)。

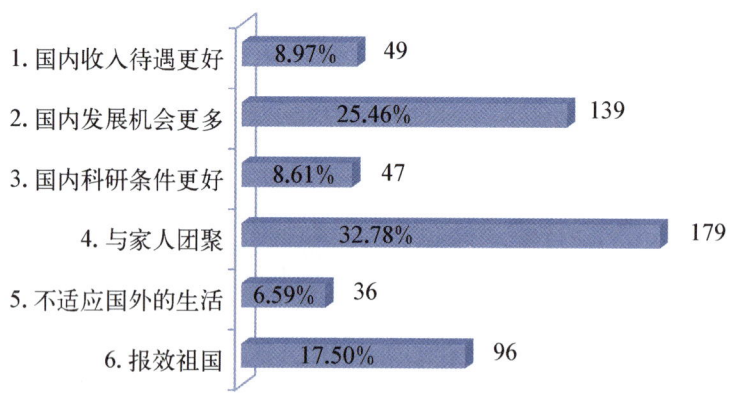

图313　回国工作的主要动机

二是国外经历中，学到的各种专业知识、积累的各种专业经验对回国后科技工作者的工作影响最大。 调查显示，在科技工作者国外工作经历中对其回国后的工作影响较大的方面，27.10%的科技工作者认为是国外工作中积累的各种专业经验，列首位，其次是国外工作中学到的各种专业知识（26.48%）、国外工作中收集的各类最新成果（17.76%）（见图314）。

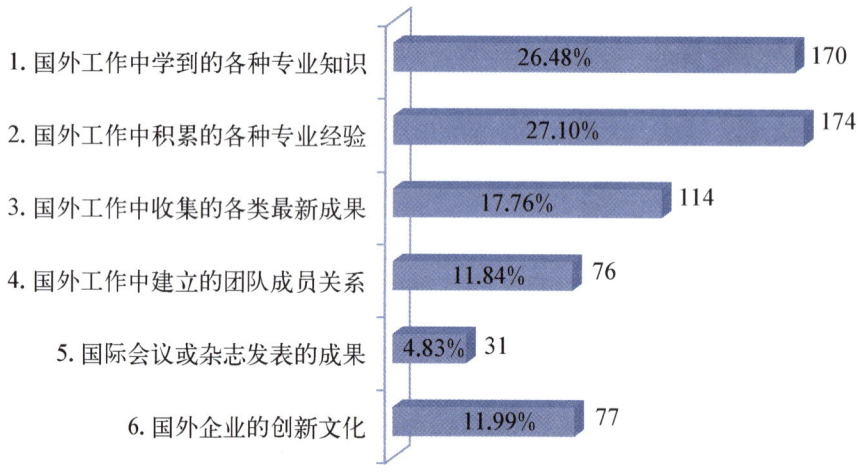

图314　有国外工作经历的人认为对回国后的工作影响大的选项

三是人才发展的事业平台缺乏、人才引进经费支持不足是上海在国际拔尖人才引进面临的主要困难。 调查显示，在国际拔尖人才引进面临的主要困难中，38.40%科技工作者认为人才发展的事业平台缺乏，列首位，其次是国际拔尖人才引进的经费支持不足（31.50%）、人才引进后的服务保障不够（30.70%）、科研机构选人用人缺乏自主权（30.10%）（见图315）。

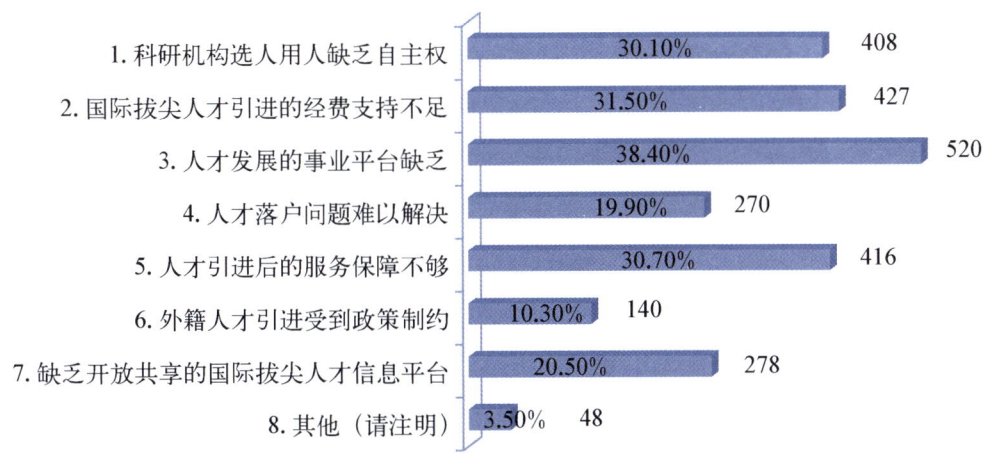

图 315　上海在国际拔尖人才引进方面面临的主要困难

四是上海吸引科技人才的最大优势是较多的事业发展机会、开放的社会氛围和较高的国际化程度。调查显示,上海在吸引科技人才的最大优势方面,58.50%的科技工作者认为是事业发展机会多,列首位,其次是社会氛围开放(46.20%)、国际化程度高(35.60%)(见图316)。

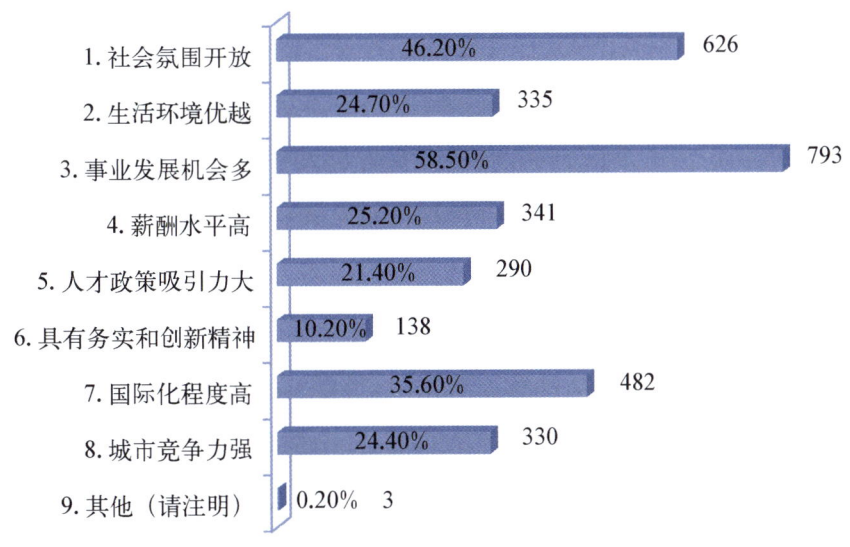

图 316　上海吸引科技人才的优势

3. 上海国际顶尖科技人才引进存在的主要问题

一是从国际顶尖科技人才的数量和质量来看,还未能达到全球科创中心要求。第一,缺乏科技创新领域大师级人物。与北京等城市相比,上海在"高被引科学家"等高精尖缺人才方面的数量上还明显处于劣势。第二,缺乏旗舰型、引

擎型企业家群体。缺少比尔·盖茨、扎克伯格等具有世界影响力的企业家,以及马云、马化腾、任正非等对国际有深远影响的中国企业家。第三,**缺高潜力、对未来具有带动引领效应的青年人才**。《福布斯》"30位30岁以下俊杰榜单"榜单鲜见来自上海的青年人才。

二是国际顶尖人才的引进机制尚不完善。目前,缺少基于高层次人才基础上的顶尖人才遴选标准和评估、认定机制,及针对顶尖人才的专项支持计划。另外,"主动出击"力度方面较为不足。驻外使领馆、海外机构、专业社团等的引才聚才作用方面还要强化,海外人才联络站的功能定位需进一步明晰;企业、孵化器有赴海外引才动机,尚需更精准化的支持和引导。

三是海外人才引进政策还有待进一步改进优化。出入境政策措施中外籍人才认定门槛高,对于海外引进人才的永久居留、子女入学、国民待遇、退休等方面的特殊政策仍需完善。海外引进人才社会融入不足,生活待遇政策没落地;政策针对性不强、不接地气等问题依然存在。海外人才申办永久居留证审批周期还比较长,由于海外人才永久居留许可的审批权在公安部,本市在加快办理时效方面的工作空间比较有限。

四是人才引进后配套措施不够。第一,**人才引进后的服务跟不上**。人才引进是人才工作的起点,人才服务是人才工作的重心。在工作实践中,一些地方和单位对高层次人才引进高度重视,求贤若渴,不惜重金,但人才引进来之后,服务却跟不上,或事业平台没有及时建成,或引进人才在小环境中格格不入,或引进人才团队核心人员的生活问题无法解决,最终轻则影响了引进人才的积极性,降低了人才的创新效能,重则导致双方不欢而散。第二,**对顶尖人才的团队引进不足**。高水平科研成果产出离不开"成建制"的课题组,包括首席科学家、研究员等领军人才,以及副研究员、博士后、研究生、实验技术人员、平台支撑人员等各类专业人员。在过去的人才引进中,受制于科研资源的限制,往往过于注重团队领军人才的引进和待遇,而对创新团队其他人才的引进和待遇没有同步考虑,影响了团队的组建,以及团队成员的积极性和创新的整体效率。因此,在考虑引进一些国际顶尖人才时,需要同步考虑创新团队的引进问题。

(二)国际顶尖科技人才引进的国外经验

1. 完善移民法,为人才引进提供政策保障

国外发达国家主要凭借绿卡、入籍、人才签证和短期工作签证等完备的移民政策,为引进顶尖人才提供保障。美国推出的技术移民制度、欧盟推出的蓝卡计

划、德国推出的高端人才落户许可制、法国推出的"优秀人才居留证"等,都是针对高端人才引进而采取的有力措施。

美国将技术移民作为获取科技人力资源的重要来源,《美国移民法》明确规定:"第一优先者为具有特优、特殊或特异技能的外国人、著名教授或杰出研究人员、跨国企业的经理或管理级人员;第二优先者为具有高学位、特殊专长且其专长能为美国带来实质利益的专业人士,或在科技、艺术、商业等方面有出众的特殊能力的人。"同时,通过颁发种类繁多的临时工作类签证来满足本国对高科技人才的需求,以巩固自身科技人才资源优势,如 H-1B 签证、H-2B 签证、O-1 签证等。其中,H-1B 签证着重行业中的专长,发放对象为学士或以上学历的拥有良好教育背景人士,例如大学教授、建筑专家和工程师等,美国通过颁发 H-1B 签证,允许美国公司雇用临时外国专业科技人才,在美国最多可以工作 6 年时间,而且原则上雇主可以给持有 H-1B 签证的外国高科技人才申请办理永久居留权(绿卡)。而 O-1 签证更着重在行业中的成就,是为在教育等领域具有突出贡献、卓越研究能力或国际知名度的人才而设立的签证。

德国从 2012 年开始实施"蓝卡"法案,鼓励国外高技术人才来德工作生活。蓝卡持有者缴纳医疗保险,全家都可以享受免费医疗。蓝卡持有者只要纳税并缴纳社保 5 年,即可以享受相当于标准养老金 1/3 的退休金,缴纳 15 年社保即可享受每年不低于 3 万欧元的标准养老金。

英国从 2011 年开始实施"杰出人才签证计划",由内政部设立 Tier 1 杰出人士(Exceptional talent)类别的签证通道,以鼓励在理工科、人文科学、工程技术以及艺术类非常优秀的领军人才到英国工作。根据这一规定,英国政府每年将引进 1 000 名各个专业领域已经得到公认或有潜力的一流人才。"杰出人才"资质的认定是由皇家学会、英格兰艺术理事会、皇家工程院、英国学院等一流机构进行评估和推荐。

2017 年 1 月,日本法务省实施新制度,对于满足一定条件的高端科研人员和专业技术人员等外国人才,根据学历、工作经验和年收入等换算的分数档次,允许其在日本居住 1~3 年即可获得永久居住权(之前为 5 年)。日本政府此举致力于创造使拥有高级技术和知识的外国人才容易来日的环境,以帮助经济增长。

2. 出台人才引进计划,吸引集聚顶尖人才

随着全球化的深入和知识经济的发展,各国围绕人才展开的竞争越来越激烈,许多发达国家已经率先发起了一些颇具影响力的人才引进计划,以高规格事业平台和高水平待遇条件,吸引集聚国际顶尖科学家。

德国吸引国际科研人员的主要平台是洪堡基金会,通过提供经费支持,吸引外国有才华的科学家来德国的大学和科研机构从事科研工作,并帮助他们发展。其中洪堡教席奖是德国高端人才战略的重要举措之一,于2008年启动,旨在吸引全世界最顶尖的科研人才到德国进行长期研究工作,申请者需是已在国外一流大学或科研机构取得卓越成果的科学家。"洪堡教席奖"向每位获奖者提供高达500万欧元研究经费,开展长达5年的研究项目,其中18万欧元作为获奖者个人薪酬的优厚条件。

法国政府从2008年开始推出"卓越人才"计划,由国家科学研究署具体负责。该计划目的是为了吸引优秀的外国或海外法籍科技人才,为其提供最好的科研环境,完成具有重大影响的科研项目。该计划提供优秀青年学者、短期和长期优秀高级学者等三类职位。优秀青年学者职位获得者最高可获得50万欧元的经费支持,优秀高级学者职位获得者最高可获得100万欧元的经费支持。2009年开始,法国实施了"优秀青年人才回归"计划,吸引在法国获得博士学位后前往其他国家工作,具有世界级创新潜力的高水平年轻学者再次回法国开展科研。"优秀青年人才回归"计划由国家科学研究署负责实施,通过研究项目招标形式进行,获得资助的年轻学者可在最长3年的期限内获得70万欧元经费支持。

为了帮助大学吸引和留住优秀的学者,加拿大于2000年发起了首席研究员计划(Canada Research Chairs Program),每年预算投入3亿加元,在全国范围内设立2 000个首席研究员岗位,并且每年为获得该职位的科研人员提供10万或20万加元经费,用以支持他们在各学科领域内开展世界水平的科研工作。

日本于2007年实施"亚洲人财资金构想计划",投入大量财政资金,加强政府、高校和企业三方合作,加大对IT、医药、知识产权、国际经营等人才紧缺专业在日优秀留学生资助力度,努力为日本企业吸引和培养更多创新性人才。

新加坡高度重视人才战略,将引进国外优秀人才作为一项长期国策,建立了完整的人才引进工作体系,吸引了一大批国际优秀人才。如新加坡实施的A*STAR Investigatorships计划,吸引在国际上能力卓越、对本领域研究具有创造力的优秀博士后研究人员,给予最高50万美元的研究奖励。A*STAR Investigatorships获得者,将获得持续的资助,以及优良的研究条件和基础设施支持,获得与世界最顶尖生物医药研究专家指导的机会。另外,新加坡政府还推出了"投资居留计划""国外人才居住计划""长期回国计划""外国学者访问计划"等一系列人才引进计划,用最优惠的政策、最优越的工作环境和最高效的管理服务,吸引世界各地的各类优秀人才为其服务。

作为发展中国家的印度,大力引导海外人才回国服务,如积极实施海外定居高层次专家短期回国服务计划,通过柔性引进方式吸引海外科技领域顶尖印度专家回国工作,推动印度经济发展和技术进步。

3. 设立全球猎头机构,搜寻并挖掘国际顶尖人才

国际顶尖人才由于其身份的特殊性与重要性,他们的流动往往涉及企业、行业甚至国家的技术机密及技术安全,涉及诸多的法律性问题,而这些都有赖于猎头公司依法运作,妥善解决与处理。据统计,海外高层次人才的流动70%以上是通过猎头公司运作的。而顶尖人才的流动,这一比例更高。为了满足国际顶尖人才需求,政府直接设立或委托企业、社会组织设立全球性人才猎头机构已经成为一种普遍趋势。

新加坡经济发展局在海外设立了八个"联系新加坡"联络处,专门负责在海外招揽新加坡所需的高端人才。新加坡还大力投入举办各类全球、亚太科技峰会,邀请顶尖科技人才前往新加坡参观了解,如2013年起举办的全球青年科学家峰会,每年邀请10名以上诺贝尔奖得主和数百名全球最优秀的青年学者参与。

新西兰成立了特别人才工作小组,专门在欧洲、美国和印度以及中国搜罗高层次人才并发出考察邀请。一旦这些人同意移民,其移民部门就会迅速办妥工作和定居手续。作为发达国家的德国也积极争取在国外工作的德国高级科技创新人才。

德国在2003年成立了一个名为"德国学者组织"的机构,致力于吸引海外的德国籍高级人才回国。由于大部分出国发展的德国人才都是到美国,所以该机构在美国建立了德国人才网络,帮助有意回国发展的德国人才与本国用人机构联系。

4. 利用重金引进人才

发达国家对优秀科技人才的引进,其中一个重要特点是不惜花费重金。例如,德国政府以及研究机构从2001年开始投入了上亿欧元的资金,启动了"赢取大脑"工程,目的是留住德国本土人才以及吸引国外人才到德国来。该工程为各国高水平的研究人才提供数目可观的特别研究基金,供他们独立组建研究小组。除了德国籍的研究人员外,此举还吸引了美国、英国等国家的高水平研究人员。最近几年德国基因工程研究的巨大发展就受益于"赢取大脑"工程。再如,日本2016年拨款10亿日元设立卓越研究员制度。在特定研究型大学和卓越研究生院,面向优秀青年研究人员设立稳定职位,引导青年人才挑战新领域研究,取得独创性研究成果。对于被认定的年轻优秀人才,设置"卓越研究员"岗位的产学研机构将负担其工资薪酬并保证"终身雇佣"。

近年来,以沙特阿拉伯为代表,通过巨额投入,打造顶级科学机构,并以此为平台吸引人才。2014年,沙特阿拉伯已拥有全球3 000多位引用量前1‰科学家中的180位,仅次于美英两国。沙特阿拉伯能集聚众多的高被引科学家显然与其近几年大力投资本国的世界一流大学建设有关。成立于2009年的阿卜杜拉国王科技大学以创建世界一流的研究型大学为目标,学校建设总投资约27亿美元,年度科研经费高达15亿美元。为了在短时间内建立起世界级的科研人才队伍,阿卜杜拉国王科技大学一方面以极高的工作条件和生活待遇开展开放式的全球招聘,另一方面通过权威专家学者的推荐对新兴领域的世界顶尖人才进行定向挖掘,集聚了来自全球70多个国家和地区的数百名高水平研究人员。

五、上海市科技人才政策体系建设与完善

上海市全面落实了国家关于人才工作的各项部署,紧紧围绕"人才是第一资源,创新是第一动力"的理念,聚焦科技创新中心建设的核心任务,遵循创新规律和人才成长规律,着力加强科技创新人才队伍建设、健全科技人才培养支撑体系、提升科技人才服务效能,集聚人才资源,厚植人才优势,夯实科技事业发展的基础。

(一)当前上海科技人才政策解读

1. 上海科技人才政策的主要进展

目前,上海科技人才政策体系涵盖了人才引进、培养、流动、评价、激励等各个环节,基本上形成了比较完备的科技人才政策体系。但从政策广度和深度上看,政策各个功能模块并不均衡,科技人才政策体系还需要进一步加强。

一是完善顶层制度设计,推进人才发展体制机制改革。 为推动人才发展体制机制改革,上海先后出台多项文件完善顶层制度设计。自上海"科创中心22条"明确了关于人才工作的6条意见后,2015年6月,市委办公厅、市政府办公厅又联合印发了"人才20条",强调"聚、放、活"。"聚"是大力集聚一批站在科技前沿、具有国际视野和能力的领军人才;"放"是尊重市场主体地位,通过简政放权释放人才活力;"活"是重点突破人才激励、评价、培养、流动等方面的体制机制

障碍和政策瓶颈。2016年9月,上海市委、市政府印发"人才30条",落实中央文件精神,在人才培养、引进、积极、流动、评价等人才发展体制机制方面进行了全面的再完善、再突破、再创新。"人才30条"是在涵盖"人才20条"的基础上,着重在人才发展体制机制方面进行了再完善、再突破、再创新,是"人才20条"的"优化版、加强版、升级版"。"人才30条"从加大紧缺急需的海外高层次人才引进力度、创新科学高效的人才管理制度、强化人才创新创业激励机制、优化人才创新创业的生态环境等方面,提出了突破性的政策措施。

二是以人才计划、工程为抓手,加大青年人才、高层次人才培养力度。上海全面落实国家人才强国战略,通过扩大支持范围、完善支持政策、创新支持方式、营造制度环境,更大程度、更广领域加大本地区青年人才、高层次人才的培养支持力度。紧紧围绕科创中心和张江国家科学中心建设,**上海市已初步形成层次分明、各有侧重、较为完整的科技人才计划体系**,陆续推出了促进35周岁及以下优秀青年科技人员脱颖而出的启明星计划,以培养和选拔一批50周岁及以下进入世界科技前沿的学科带头人和领军企业科技创新的技术带头人的优秀学术、技术带头人计划,与市人社局共同推出以资助留学回国人员研发、创业等为主的浦江计划以及鼓励32周岁及以下青年科技人员大胆创新探索的扬帆计划。**青年人才培养与支持上**,上海市科委实施"青年科技英才扬帆计划"和"启明星计划",二者之间形成了良好衔接。持续加大科技人才计划资助力度,实现启明星计划资助额度翻番,扬帆计划支持人数和资助额度两个翻番,鼓励支持更多年轻人大胆探索。上海市科协培育和评选科技精英、青年科技英才、大众科学奖等项目,科技人才举荐表彰工作品牌效应显现。**高层次人才的引进支持上**,2018年上海发布《人才高峰工程行动方案》,提出在"人才高地"基础上筑起"人才高峰",抓牢加快推进具有全球影响力的科技创新中心建设中的"关键少数",着力在上海有基础有优势的领域,集聚造就若干能够走在全国前头、走在世界前列的"宗师泰斗",形成若干人才高峰。**同时,上海重视产业人才、技能人才队伍建设**。上海建设"五个中心"、打响"四大品牌",对产业人才、技能人才提出新要求。2018年,上海市出台《技能提升计划(2018—2021年)》是上海市技能人才队伍建设的纲领性文件,明确新时代下技能人才队伍的新站位、新要求、新任务,围绕重点产业、重点区域、重大工程形成若干技能人才高地。上海市科协聚焦科创中心建设重点领域、区域产业发展等,创新"院士圆桌会议"模式,办好工博会科技论坛、长三角科技论坛、上海科技论坛、上海科协大讲坛等学术活动。重点在集成电路、人工智能、生物医药等领域,推动建立专业委员会、学会联盟、学会联合体、跨学科联盟等,为产业人才打造良好交流合作平台。

三是充分实践人才引进试点,聚天下英才而用之。2016年12月,公安部支持上海科创中心建设出入境政策"新十条"正式实施,旨在吸引海外人才创新创业、方便外籍华人安居乐业、对外籍投资者申请永久居留给予倾斜、为外国学生就读和创新创业提供便利,将促进上海吸引和集聚更多海外高层次人才、创新创业人才和海外投资者。2017年,上海为充分实践人才引进试点,全年共出台8个相关细化文件、办事指南。针对高层次人才办理上海市海外人才居住证出台细化规定,对符合认定标准的外籍高层次人才,经上海张江国家自主示范区或上海自贸试验区管委会推荐,可直接申请在华永久居留。为了提高人才引进办事效率,上海市针对高校留学生申请在张江自主示范区兼职创业、张江国家自主创新示范区外籍人才申请口岸人才签证或变更为人才签证、外国留学生在张江自主示范区办理工作证明等多方面出台了办事指南。同时,张江自主示范区深化海外人才永久居留服务试点,设立了23个外籍人才工作服务试点。同时,上海市科协积极推动"海外智力为国服务行动计划",同海外科技团体及科技工作者建立经常、密切、畅通和便捷的联系,建立规范有效的工作机制,动员、团结和组织广大海外科技工作者为促进科学技术创新贡献智慧和力量。

四是加大人才激励力度,完善上海科技成果转化"三部曲"。上海市根据国家部署,结合上海市实际,形成与国家法律政策相匹配的地方促进科技成果转化"三部曲"。2015年出台《关于进一步促进科技成果转移转化的实施意见》。2017年出台《上海市促进科技成果转化条例》正式实施,破解"有权转、愿意转、如何转"的制度性瓶颈,基本解决了成果转化动力问题,进一步明确了对完成、转化科技成果做出重要贡献的人员给予奖励和报酬。2017年6月出台《上海市促进科技成果转移转化行动方案(2017—2020)》,着眼于解决科技成果转移转化的能力问题,将"精准培育专业化、国际化技术转移服务人才"列为重点任务之一加以推进。

五是破除人才流动障碍,促进人才有序、自由流动。党的十八大以来,国家出台多项科技人才流动与服务保障政策,健全人才顺畅流动机制,破除人才流动障碍,促进人才资源合理流动、有效配置。尤其是近两年,进一步畅通高校、科研院所与企业之间人才流动渠道,促进人才在不同地区间有序自由流动。上海出台的"人才20条""人才30条"中,也对促进人才有序、自由流动做出明确部署,建立了学校、企业、社会融合的人才流动"旋转门"机制,推动科研人才双向流动,为企事业单位之间科技人员的流动建立了制度保障,明确事业单位科技人员可以到企业兼职兼薪,或保留人事关系离岗创业。高校科研单位也可聘请企业科技人员兼职。推进博士后工作与企业科技创新的结合,鼓励和支持博士后"两站""一基地"和企业"四平台"的对接融合。

六是树立正确评价导向,完善人才评价机制。2018年国家层面密集出台人才评价相关文件,包括《关于分类推进人才评价机制改革的指导意见》《关于深化项目评审、人才评价、机构评估改革的意见》《关于开展清理"唯论文、唯职称、唯学历、唯奖项"专项行动的通知》,树立正确评价导向和指标,优化科研生态环境。2019年,在全面落实"三评"文件精神的基础上,上海市出台《关于进一步扩大高校、科研院所、医疗卫生机构等科研事业单位科研活动自主权的实施办法(试行)》,全面推进科技体制机制改革,为科研人员放权松绑。2019年上海出台"科改25条"中充分遵循中央文件精神,树立正确的人才使用导向,按照"谁用谁评价、干什么评什么"的原则,以职业属性和岗位要求为基础,实行分类评价,推行代表性成果评价制度。注重个人评价与团队评价相结合,尊重认可团队成员的实际贡献,清理"唯论文、唯职称、唯学历、唯奖项"问题(见表41)。

表41 上海"科创中心22条"发布以后有关科技人才政策文件

序号	发 文 名 称	发 文 号
1	《关于加快建设具有全球影响力的科技创新中心的意见》	沪委发〔2015〕7号
2	《关于深化人才工作体制机制改革促进人才创新创业的实施意见》的通知(人才20条)	沪委办发〔2015〕32号
3	《关于服务具有全球影响力的科技创新中心建设实施更加开放的海外人才引进政策的实施办法(试行)》	沪人社外发〔2015〕35号
4	《关于服务具有全球影响力的科技创新中心建设实施更加开放的国内人才引进政策的实施办法》	沪人社力发〔2015〕41号
5	《关于加快推进中国(上海)自由贸易试验区和上海张江国家自主创新示范区联动发展实施方案》	沪府发〔2015〕64号
6	《关于进一步促进科技成果转移转化的实施意见》	沪府办发〔2015〕46号
7	《关于完善本市科研人员双向流动的实施意见》	沪人社专发〔2015〕40号
8	《国有科技型企业股权和分红激励暂行办法》	财资〔2016〕4号
9	《上海市科研计划专项经费管理办法》	沪财教〔2015〕95号
10	《关于完善本市科技创新领域专业技术职称评聘工作的实施细则》	沪人社专发〔2016〕2号
11	《上海高等教育布局结构与发展规划(2015—2030年)》	沪教委发〔2015〕186号
12	《关于进一步深化人才发展体制机制改革加快推进具有全球影响力的科技创新中心建设的实施意见》(人才30条)	沪委发〔2016〕19号

(续表)

序号	发文名称	发文号
13	《关于加强和改进本市教学科研人员因公临时出国管理工作的实施意见》	沪委办〔2016〕37号
14	《关于持有〈外国人永久居留证〉的海外高层次人才直接办理〈上海市海外人才居住证〉的实施办法》	沪人社外发〔2016〕41号
15	《关于调整职称外语和计算机能力考试政策有关工作的通知》	沪人社专发〔2017〕2号
16	《上海市促进科技成果转移转化移动方案2017—2020》	沪府办发〔2017〕42号
17	《上海市教育委员会关于进一步促进科技成果转移转化工作的指导意见》	沪教委科〔2016〕81号
18	《优化促进科技成果转化有关个人所得税受理事项管理规程（试行）》	沪地税函〔2016〕39号
19	《股权激励与技术入股有关个人所得税受理事项管理规程（试行）》	沪地税函〔2017〕3号
20	《上海市促进科技成果转化条例》	上海市人大公告第53号
21	《关于深化简政放权优化事业单位人事管理有关工作的通知（试行）》	沪人社规〔2017〕6号
22	《上海高校留学生申请在张江国家自主创新示范区兼职创业证明（推荐申请在学习类居留许可上加注"创业"）办事指南》	沪张江高新管委〔2017〕92号
23	《张江国家自主创新示范区外籍华人申请在中国永久居留办事指南》	沪张江高新管委〔2017〕90号
24	《张江国家自主创新示范区推荐外籍高层次人才申请在华永久居留的认定管理办法（试行）》	沪张江高新管委〔2017〕89号
25	《张江国家自主创新示范区外籍人才申请口岸人才签证或变更为人才签证办事指南》	沪张江高新管委〔2017〕91号
26	《上海高校外国留学生到张江国家自主创新示范区就业办理工作证明的办事指南》（修订稿）	沪张江高新管委〔2017〕110号
27	《关于具有本市户籍留学人员其持外国护照子女享受优惠政策的通知》	沪人社外发〔2017〕4号
28	《上海市高级专业技术职务任职资格评审（审定）委员会管理办法》	沪人社规〔2017〕28号
29	《关于本市外资研发中心聘用外籍人才来沪工作办理工作许可相关事宜的通知》	沪人社规〔2017〕39号

(续表)

序号	发 文 名 称	发 文 号
30	《关于印发外国人来华工作许可服务指南(暂行)的通知》	沪人社外〔2017〕181号
31	《关于本市地方国有控股混合所有制企业员工持股首批试点工作实施方案》	沪国资委改革〔2017〕18号
32	《上海加快实施人才高峰工程行动方案》	上海市市委组织部
33	《关于来沪人员随迁子女就读本市各级各类学校实施意见》	沪府办规〔2018〕5号
34	《关于开展2018年度上海市科学技术奖推荐工作的通知》	沪科〔2018〕98号
35	《上海市"超级博士后"激励计划实施办法》	沪人社专〔2018〕194号
36	《关于做好香港澳门台湾居民就业创业服务工作的通知》	沪人社规〔2018〕31号
37	《关于加快推进一流开放大学建设的意见》	沪教委终〔2018〕3号
38	《上海高等学校创新人才培养机制 推进一流本科建设试点方案》	沪教委高〔2018〕14号
39	《上海高等学校创新人才培养机制 发展一流研究生教育试行方案》	沪教委高〔2018〕75号
40	《关于推进实施〈张江国家自主创新示范区企业股权和分红激励办法〉有关工作的通知》	沪国资委分配〔2018〕301号
41	关于转发《财政部 税务总局 人力资源社会保障部关于继续实施支持和促进重点群体创业就业有关税收政策的通知》的通知	沪财发〔2018〕1号
42	《技能提升计划(2018—2021年)》	沪委办发〔2018〕24号
43	《关于进一步深化科技体制机制改革增强科技创新中心策源能力的意见》	沪委办发〔2019〕78号
44	《关于进一步扩大高校、科研院所、医疗卫生机构等科研事业单位科研活动自主权的实施办法(试行)》	沪科规〔2019〕2号
45	《关于促进新型研发机构创新发展的若干规定(试行)》	沪科规〔2019〕3号

2. 上海科技人才政策体系建设调查的主要结论

一是上海科技人才制度建设中的薄弱环节主要是人才分配激励机制、人才选拔任用机制和人才培养机制。针对上海市科技人才制度建设存在的不足,问卷调查显示排在前三位的是人才分配激励机制(43.70%)、人才选拔任用机制(37.30%)、人才培养机制(34.50%),它为未来完善上海科技人才政策体系提供了参考(见图317)。

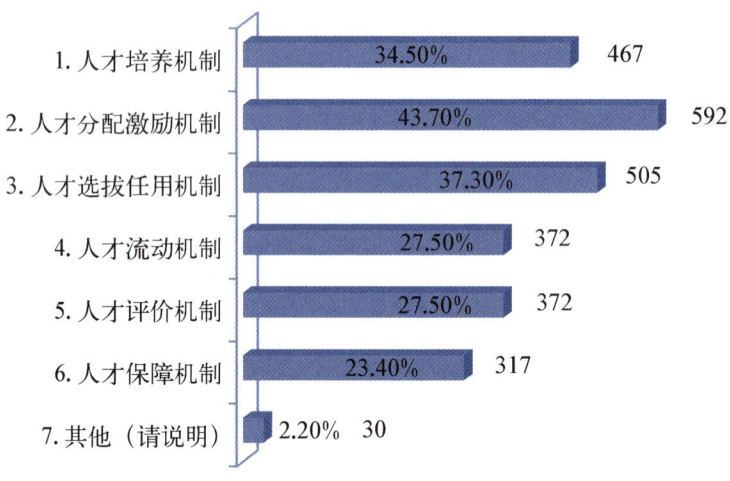

图 317　上海市科技人才制度建设存在的不足

二是科技工作者认为上海科技人才政策对其成长有一定影响，对落实效果比较满意。 对于近年来上海出台的系列科技人才政策，46.60%的科技工作者认为对其成长或工作有一定影响，31.80%的科技工作者认为影响一般。同时，49.70%的科技工作者对上海科技创新政策落实比较满意，37.60%的满意度一般（见图 318、图 319）。

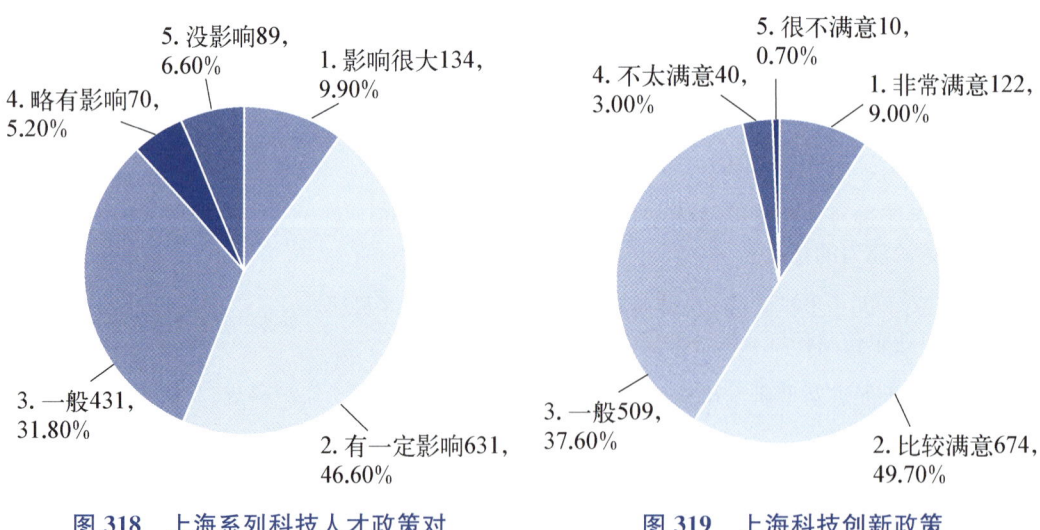

图 318　上海系列科技人才政策对个人成长或工作的影响

图 319　上海科技创新政策落实的满意度

三是上海科技人才政策体系在政策落实机制、政策设计不符合单位的实际需求等方面还存在问题。 针对上海科技创新政策体系存在的问题，调查问卷显示排在前三位的分别是政策落实机制不够完善（42.10%）、政策设计不符合单位的实际需求（34.40%）、政策体系不尽完善（23.80%），说明未来科技人才政策还需要在落实、设计及体系建设上进一步优化完善（见图320）。

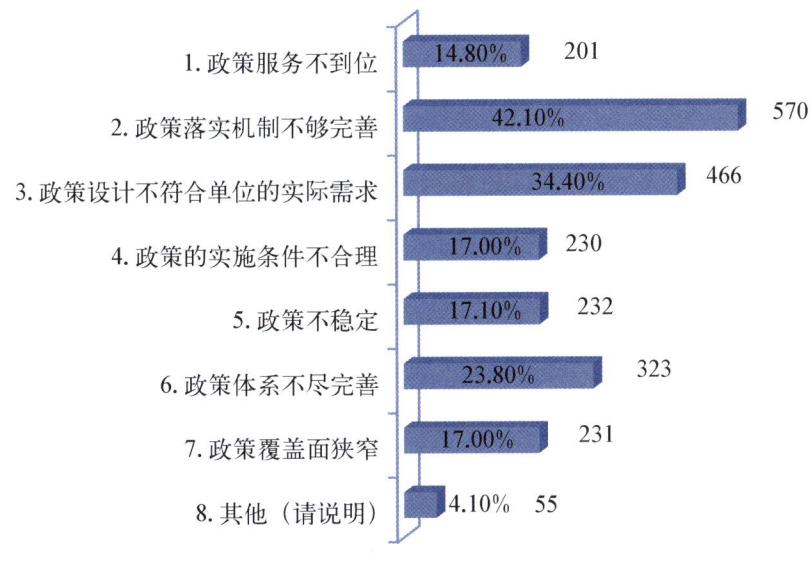

图 320　上海科技创新政策体系存在的主要问题

（二）新形势下上海科技人才政策体系的建设与完善建议

创新驱动实质上是人才驱动，大力培养和吸引科技人才已成为世界各国赢得国际竞争优势的战略性选择。我国已进入全面建成小康社会和进入创新型国家行列的决胜阶段，深入实施创新驱动发展战略、全面深化科技体制改革的关键时期，必须深刻认识并准确把握经济发展新常态的新要求和国内外科技创新的新趋势，大幅提升科技创新能力，建设一支数量与质量并重、结构与功能优化的科技人才队伍。上海在建设具有全球影响力的科技创新中心战略目标下，要更加重视人才的第一资源作用，大力集聚海内外高层次人才，激发各类人才的创新创业活力，为上海的转型升级奠定坚实的人才资源基础。

目前，上海科技人才政策体系涵盖了人才引进、培养、流动、评价、激励等各个环节，基本上形成了比较完备的科技人才政策体系。但从政策广度和深度上看，政策各个功能模块并不均衡，科技人才政策体系还需要进一步加强、完善。在新形势下，上海科技人才政策体系建设要以习近平新时代中国特色社会主义思想为指导，深入实施人才强国战略和创新驱动发展战略，坚持党管人才，遵循人才成长规律，构建更加开放、积极的科技人才政策体系。

1. 上海科技人才政策体系建设的相关建议

抓人才是上海构筑战略优势、打造战略品牌、实现战略目标的第一选择和最优路径。围绕"加快构建具有全球竞争力的人才制度体系,努力建设世界一流的人才发展环境,让上海成为天下英才最向往的地方之一",上海科技人才政策体系应立足中国国情和上海特点,借鉴国内外相关制度建设的有益经验,科学设计、合理规划、加强创新,积极稳妥地推进。

一是科技人才政策体系要更加重视法制化建设。从发达国家的经验来看,美、欧、日等国基本建立了完善的促进创新创业的法律法规制度,并将促进科技人才的发展穿插在不同的法律法规、政策工具中发挥作用。关于科技人才的培养,科技人员权益的保护,科技人员的表彰和奖励,促进科技人才的流动以及引进海外人才的管理等方面,都有一整套的法律依据,并在国家战略层面制定促进科技创新的法规政策,从而促进科技人才的培养和发展。上海促进科技人才发展的法规体系还不够完善,需要进一步从立法的层面保障科技人才的引进、培养、流动等,尽快加强促进科技人才的各项法律制度建设。

二是科技人才政策体系要更加接轨国际。上海科技人才面临的创新环境与全球科技创新最活跃的城市相比还存在较大差距,特别是一些体制机制和政策方面存在诸多尚未接轨、未能融入的地方,表现在创新激励、知识产权保护、开放合作、创新文化包容、宜居宜业等诸多方面,在未来中长期规划中,需要与全球最先进的创新创业环境接轨,遵循全球认同的创新规则,学习和借鉴先进的创新经验,为吸引全球优秀人才加入上海全球科创中心建设中提供与全球接轨的创新环境。

三是科技人才政策体系要更加注重创新和先行先试。一方面,在全球化的形势背景下,科技政策要从遵循人才发展规律的角度出发,学习借鉴发达国家的成功经验进行创新,加快与国际接轨,缩小差距实现赶超。另一方面,现有的上海科技人才政策还面临着国家层面的制度性制约和地方层面的旧框架制约,突破传统体制机制制约需要有一个渐进的,甚至是革命性的过程,需要采取在特定区域进行试验,由点到面进行突破。因此,需要进一步的创新和先行先试科技人才政策,在体制机制转型过程中突破人才政策瓶颈。

2. 分类推进上海科技人才评价机制改革的对策建议

一是明确科技人才评价导向,强调道德优先、社会价值和以人为本。把品德作为人才评价的首要内容,加强对人才科学精神、职业道德、从业操守等评价考核,倡导诚实守信,强化社会责任,抵制心浮气躁、急功近利等不良风气,从严治理弄虚作假和学术不端行为。评价要由主要关注"过去成果"转向主要关注"现实影响和未来潜力",**确立以人才实绩为主的评价核心**,重点考虑个人对机构、团队绩效和产业发展的贡献，考虑促进学科发展、人才培养和社会影响力等要素。同时，结合国家重大科研、工程、产业、国际科技合作等项目的实施以及创新创业基地的建设开展评价。**树立"大人才观"**，人才评价体系要有利于营造适合大批创新型人才成长的土壤和环境。

二是坚持分类分层，完善科技人才评价标准。从创新链的视角来看，科技创新活动历经基础研究、应用研究、技术开发、成果转化等多个阶段，可以相应地将科技人才分为基础研究人才、应用研究人才、技术开发人才、技术转移人才、科技战略研究人才、科技管理人才等。**对主要从事基础研究的人才**，强调科研价值评价导向，着重评价其提出和解决重大科学问题的原创能力、成果的科学价值、学术水平和影响等。**对主要从事应用研究和技术开发的人才**，强调创新创造业绩评价导向，着重评价其技术创新与集成能力、取得的自主知识产权和技术突破、成果转化及对产业发展的实际贡献等。**对主要从事技术转移服务的人才**，着重评价其技术评价对接、商务分析谈判、知识产权和技术实施管理能力以及技术转移绩效等。**对主要从事科技战略研究的人才**，着重评价研究应用价值、决策影响力、战略性思维、社会责任感和管理能力等。**对主要从事科技管理服务的人才**，着重评价其技术支持能力、服务对象满意度、行业评价认可度等。

三是尊重用人单位在人才评价中的主导作用，创新多元评价方式。按照"谁用谁评价、干什么评什么"的原则，**支持用人单位结合自身功能定位和发展方向评价人才**。在用人主体评价为主的前提下，按照社会和业内认可的要求，采用人才评价的国际惯例和国际标准，**对于高层次人才的评价积极推行国际同行评议方式**，建立以同行评价为基础的业内评价机制，充分发挥学术共同体的同行评价作用。同时，**积极培育发展各类人才评价社会组织和专业机构**，充分发挥市场、社会等多元评价主体作用。**大力发展人才评价服务外包业务**，委托专业化、市场化、国际化的机构进行评价，推动职能部门评价方式的转变。

四是创新和丰富人才评价手段。采取灵活多样的形式，通过考试、评审、考评结合、考核认定、个人述职、面试答辩、实践操作、业绩展示、第三方人才测评等不同方式的结合、组合使用，更全面地展示科技人才的工作，以便更公允地评价成效。**探索运用新技术的评价手段**，如引入新科技、智能化技术。大力开发利用大数据平台，充分运用云计算和大数据等技术，为用人主体和人才提供高效便捷服务，加强评价专家数据库建设和资源共享。

3. 优秀科技人才激励的对策建议

一是探索科学的表彰机制。**根据市场的需求合理设立奖项，鼓励社会力量设奖**。在国外发达国家中，社会力量设奖作为国家奖励体系的重要一部分，不仅激励了科研人员的研究工作,而且极大地促进了国家的科技进步。建议在完善政府科技奖励政策的前提下,放宽社会力量设奖的限制、扩大社会力量设奖的范围。政府要帮助社会力量提升设奖地位和颁奖规格,同时可以通过给设奖企业适当减税、颁发荣誉称号等引导社会力量设奖。**放大视野,拓宽举荐途径**。现有的奖励推选方式多是事先向单位申报,建议研究允许个人或科研团队以自荐方式参选的办法,或设计由其他科研人员联名推举,甚至特设公举、公荐方式(由相关学术权威部门操作)的举荐方式,推选优秀科技人才。**丰富激励内涵,重视精神奖励,提高奖项的荣誉度和影响力**。同国外发达国家相比,我国科技奖励在比重上更侧重于物质奖励。随着社会文明程度逐步提高,广大科技工作者对精神奖励的需求也会日益强烈。欧美亚洲一些科技发达国家的成功实践提供了借鉴:首先,科技奖项需请行业内顶尖造诣的专家进行评审,评审的对象及项目需具有突出科研水平和学术价值;其次,在奖励运行的各个阶段通过官方网站、社交网络、主流杂志、电视新闻等扩大宣传,且每轮宣传都持续一定的周期,扩大影响;最后,采取隆重的颁奖仪式,请政界名人等参与颁奖,提高颁奖规格。通过提高奖项的荣誉度来鼓励科研工作者进行科学。建议在对科研人员的奖励上,增设一些影响力较大的纯精神奖励,加大创新团队和人才的宣传力度,相关媒体要以开设创新专栏等方式,加大对技术创新难点、研发过程中科研人员科学求索精神的宣传力度,展现科研团队和人员的创新业绩和贡献,提升科研人员创新成就感、荣誉感,激发献身科技事业的热情。**将"奖项目"改为"奖个人",彰显科技人员的角色与贡献**。而我国及上海的科技奖励系统大部分是奖励项目,通过项目来体现人的作用。由于每一项目获奖人员都是数人或 10 人以上,人数较多,有时会存在排名问题造成的不公而影响到激励效果。与之相比,目前美国绝大多数科技奖励是以奖励科技人员为主,只有少部分奖励是以资助项目而设。建议在奖项对象设置上,增加科研人员个人奖项,体现"以人为本"的思想、突出作出贡献的科研人员的价值,提高科技奖励的含金量。

二是赋予科研单位更大的薪酬分配自主权。研究制定科研院所绩效工资总量核定办法,建立绩效工资水平正常增长机制。**进一步调整绩效工资总额范围**。对于科研院所在科技成果转化中应外部委托而进行的技术开发、技术咨询、技术服务获得的收益所得,允许不纳入绩效工资总额。**探索更加灵活的分配方式**。以增加知识价值为导向,探索制定科研院所领导/经理人年薪制、高层次人才协议工资制、课题研究人员项目工资制等灵活分配方式的实施原则和程序办法。

三是拓宽科技人才激励渠道,激发人才创新活力。在保持以荣誉称号、职级晋升、职称审批和奖金分配等精神和物质多种奖励手段的同时,要毫不避讳地为优秀科技人才开辟创收之路，加大激励力度。要突破某些制度规章制约，以市场价值回报人才价值，以财富效应激发聪明才智，让科技人员和创新人才通过创新创造价值，实现财富和事业双丰收。允许高层次科技人才以任何合法的方式取得工资收入之外的报酬，在全社会形成"科研致富""科创致富"的效应，使得高层次科技人才通过科研、科创为社会做贡献的同时，也得到与其贡献相匹配的致富回报。同时，对优秀科技人才给予"学术充电期"，由用人单位自主选定人员，给予其一定的类似"学术假期"时间用于自行安排学习"充电"，以避免业余时间用于钻研的劳累，进而进一步释放人才创新活力。

四是营造"尊重人才，尊重创造"的良好氛围。发展创新文化，倡导追求真理、追逐梦想、团结协作的创新精神，营造科学民主、学术自由、严谨求实、开放包容的创新氛围。完善激励创新、宽容失败的政策环境，改变频繁考核、过度量化、急功近利等现象，为优秀科技人才长期学术积累创造宽松的环境。尊重优秀科技人才的学术追求，尊重人才探索未知的科学源动力，鼓励自由探索，淡化成果导向，充分激发创新活力、释放创新潜能。引进、创办、参与大型国际文化活动，大力营造海纳百川、追求卓越、开明睿智、大气谦和的城市文化，培育鼓励创新、宽容失败的社会风尚。

4. 国际顶尖科技人才引进的对策建议

一是打造人才发展事业平台，集聚国际顶尖人才。以重大建设项目为载体集聚一批国际顶尖人才。参照国际标准，对张江国家科学中心和李政道研究所等一批世界级科研平台给予重点倾斜与支持，创造软硬件都达到国际一流水平的科研环境。按照"价值引领、需求导向、打造高水平团队、一流管理"思路，打造人才发展事业平台，吸引和培育科技创新人才。**以"高峰人才"方案，吸引集聚国际顶尖人才**。包括为高峰人才量身创设新型工作机构，不受行政级别、事业编制、岗位设置、工资总额限制。按需建设定制式实验室，优先保障充足便捷的科研场地，优先使用张江科学城布局的大科学装置。在工作机制方面，突出国际通行做法，为高峰人才构建一流软环境。实施高峰人才全权负责制，实施用人权、用财权、用物权和技术路线决定权、内部机构设置权等"五权下放"。同时，在考核方面实行外部中长期考核机制，财务方面实行综合预算管理，并授予高峰人才学术出国自主权，建立行政助理制度。

二是发布紧缺急需人才清单，改进人才发现机制，精准延揽国际顶尖人才。建立紧缺人才清单制度，围绕上海科创中心建设中重点发展产业定位，同时重点面向张江科学中心用人需求，依托相关机构设立需求发布平台，定期发布机构清单与相关科学工程、国家实验室和科研机构载体清单，并定期面向全球发布紧缺人才需求，面向全球引进高端人才及团队，瞄准全球顶尖高校、科研院所、知名企业的头部、核心的拔尖人才及项目团队，进行重点引进。凡是纳入紧缺急需人才清单的，实行"一人一策、一事一议"。**建立专门在全球搜索、关注、接触、挖取人才的猎头部门**，实施全球英才招聘计划，以海外高端留学人才与华裔人才为重点，外国高级人才为补充，通过猎头与各海外社团的合作，吸纳具有战略意义和领军作用的全球顶尖人才。**推动科技人才举荐工作国际化、规范化、制度化**。设立"引才伯乐奖"，鼓励人才中介组织、猎头机构和专家个人等引进和举荐人才，对引进张江科学中心紧缺急需人才、功能型平台和双创急需人才到机构任职的，给予资金奖励。

三是优化国际顶尖人才引进服务环境。在张江国家科学中心等一流科研机构为核心，集孵化器、天使投资、创业金融等资源要素为一体的模块化功能区，打造高端生活设施、便捷交通设施、一流医疗教育配套的一体化、综合性、多功能创新社区，为科技创新人才提供优质工作、生活配套服务。依托市人才中心的千人计划专窗、高峰人才专窗等，为国际顶尖人才提供一揽子创新创业"上门服务"，一站式生活居住配套服务，帮助国际顶尖人才更好地扎根、服务于上海。

后 记

"天地风霜尽,乾坤气象和。"辞旧迎新,上海市科协的第二部《蓝皮书》面世了,距离上海市科协发布首部《蓝皮书》已五年有余。五年来,上海科技工作者队伍发生了哪些变化?他们的工作生活状况如何?有什么新的诉求和意愿?为此,在上海市科协党组领导下,上海市科协组织开展了2019年度上海科技工作者状况调查与研究。本次调研由上海市科协调宣部牵头,上海科技管理干部学院、上海市科学学研究所、上海研发公共服务平台等单位的十余位专家共同参与。

本书由总报告和三个分报告组成。上海市科协党组成员、二级巡视员黄兴华和上海科技管理干部学院院长王建平担任全书的总负责人。王建平、章荣冰、宋明毅、杨耀武、张群、齐丹莉等负责框架设计。总报告由上海科技管理干部学院承担,负责人王建平,统稿人于博,主要撰写人为孙希昀、高显扬、顾承卫、王敬英。"分报告一"由上海科技管理干部学院承担,负责人于博,统稿人高显扬,主要撰写人为高显扬、顾玲琍、龚晨;龚晨、张骅、于博等参与问卷设计和统计处理。"分报告二"由上海研发公共服务平台承担,负责人吴贝贝,统稿人童欧蓝,主要撰写人为吴贝贝、童欧蓝。"分报告三"由上海市科学学研究所承担,负责人祝侣,统稿人祝侣,主要撰写人为祝侣、武雨婷、薛雅。一年来,参与调研与报告起草的各位专家精诚合作,不辞辛苦,数易其稿,终成本书。

本书在调研和起草过程中，得到很多单位领导和专家的大力支持。尤其感谢中国科学技术大学上海研究院常务副院长、浦东新区科学技术协会副主席陈良高，上海市政协委员、上海公共外交协会理事、上海里格律师事务所首席合伙人安翊青，中国合格评定国家认可中心用户专委会主管段润石，上海海事大学科技处副处长冯道伦，复旦大学电子商务研究中心副主任、浦东电商协会秘书长黄岳，浦东新区软件行业协会秘书长朱开端，上海市集成电路行业协会副秘书长陶金龙等同志为本报告的撰写提供了宝贵意见和鲜活的材料。感谢浦东新区办公室主任严杰同志协助我们开展了浦东高新园区、创业园区、专业技术协会和部分高新技术企业的专题访谈。

感谢上海市科协各部门、直属单位、区科协和50余家科技工作者状况调查站点，在开展问卷调查的过程中给予大力支持和积极配合，确保了1800多份问卷调查顺利完成，成为本书最有价值的数据来源。

感谢上海市科委发展研究处处长孙中峰、上海市科委人才处处长曲介庸、上海市委组织部人才处调研员杨德华、上海社会科学院人事处处长高子平研究员、复旦大学人才发展研究中心主任姚凯教授等领导和专家，在本书成稿后提出了切实中肯的修改建议，有助于本书的进一步修改完善。

感谢上海社会科学院人力资源研究中心副主任汪怿研究员对总报告提纲提出宝贵建议，为总报告文字审核付出大量的心血。感谢上海科学普及出版社领导及责任编辑，为本书的编辑出版做出了不懈努力。

由于受时间、经验和水平所限，本书难免存在不足和疏漏之处，敬请批评指正。

图书在版编目(CIP)数据

上海科技工作者发展报告:2015—2019 / 马兴发主编. —上海:上海科学普及出版社,2020.4
ISBN 978-7-5427-7712-6

Ⅰ.①上… Ⅱ.①马… Ⅲ.①科学工作者-人才培养-研究报告-上海-2015-2019 Ⅳ.①G316

中国版本图书馆CIP数据核字(2020)第053315号

策划统筹　蒋惠雍
责任编辑　俞柳柳
装帧设计　赵　斌

上海科技工作者发展报告(2015—2019)
马兴发　主编
上海科学普及出版社出版发行
(上海中山北路832号　邮政编码200070)
http://www.pspsh.com

各地新华书店经销　上海盛通时代印刷有限公司印刷
开本 787×1092　1/16　印张 20.25　字数 400 000
2020年4月第1版　2020年4月第1次印刷

ISBN 978-7-5427-7712-6
定价:88.00元
本书如有缺页、错装或坏损等严重质量问题
请向工厂联系调换
联系电话:021-37910000